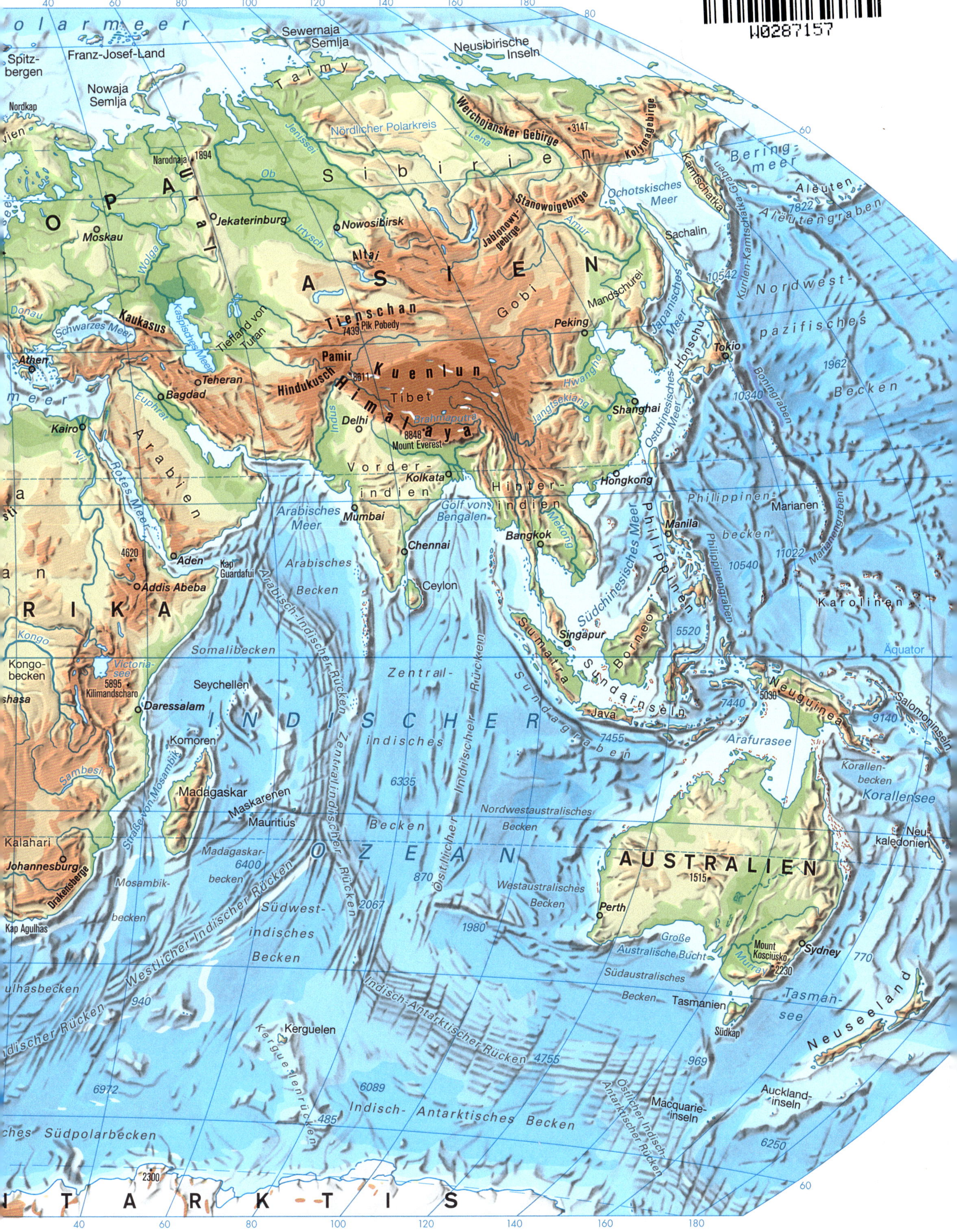

olarmeer
Spitz-bergen
Franz-Josef-Land
Sewernaja Semlja
Neusibirische Inseln
Nowaja Semlja
Nordkap
Taimyr
Nördlicher Polarkreis
Jenissei
Lena
Werchojansker Gebirge
3147
Kolymagebirge
Beringmeer
Narodnaja
1894
Ural
Ob
Sibirien
Kamtschatka
Aleuten
7822
Aleutengraben
Ochotskisches Meer
Stanowoigebirge
OPA
Moskau
Jekaterinburg
Nowosibirsk
Irtysch
Amur
Sachalin
Jablonowygebirge
Altai
Wolga
ASIEN
Gobi
Mandschurei
10542
Kurilen-Kamtschatka-Graben
Nordwest-pazifisches Becken
Donau
Kaukasus
Kaspisches Meer
Tiefland von Turan
Tienschan
7439 Pik Pobedy
Peking
Japanisches Meer
Honschu
Tokio
Schwarzes Meer
Athen
Pamir
8611
Kuenlun
Hwangho
Boningraben
1962
Teheran
Hindukusch
Himalaya
Tibet
Ostchinesisches Meer
Shanghai
10340
Bagdad
Euphrat
Indus
Brahmaputra
Jangtsekiang
Kairo
Arabien
Delhi
8848 Mount Everest
Nil
Rotes Meer
Vorderindien
Kolkata
Hinterindien
Hongkong
Philippinenbecken
Marianen
Arabisches Meer
Mumbai
Golf von Bengalen
Mekong
Manila
Philippinen
Philippinengraben
Marianengraben
Bangkok
Südchinesisches Meer
11022
10540
4620
Aden
Kap Guardafui
Chennai
Arabisches Becken
Addis Abeba
Ceylon
Karolinen
RIKA
Arabisch-Indischer Rücken
Borneo
Singapur
Sumatra
5520
Kongo
Kongobecken
Victoriasee
5895 Kilimandscharo
Somalibecken
Zentralindisches Becken
Äquator
Seychellen
Sundainseln
Sundagraben
Neuguinea
5030
7440
Salomoninseln
Daressalam
INDISCHER OZEAN
Java
9140
Komoren
Zentralindischer Rücken
Östlicher Indischer Rücken
7455
Arafurasee
Sambesi
Straße von Mosambik
Madagaskar
6335
Korallenbecken
Korallensee
Maskarenen
Mauritius
Nordwestaustralisches Becken
Neukaledonien
Kalahari
Madagaskarbecken
6400
AUSTRALIEN
1515
Johannesburg
Drakensberge
Mosambikbecken
870
Westaustralisches Becken
Perth
Südwestindisches Becken
2067
1980
Kap Agulhas
Westlicher Indischer Rücken
Große Australische Bucht
Mount Kosciuszko
2230
Sydney
Murray
770
ulhasbecken
Südaustralisches Becken
Tasmansee
940
Tasmanien
Südkap
Neuseeland
ndischer Rücken
Kerguelen
Kerguelenrücken
Indisch-Antarktischer Rücken
4755
969
6972
6089
Indisch-Antarktisches Becken
Macquarieinseln
Aucklandinseln
Östlicher Indisch-Antarktischer Rücken
485
ches Südpolarbecken
6250
2300
NTARKTIS
40
60
80
100
120
140
160
180

Unsere Erde

Einführungsphase
Nordrhein-Westfalen

Herausgeben und bearbeitet von:

Sandra Böker, Maximiliane Bonauer, Dr. Kerstin Hepp,
Niklas Kaeseler, Velix F. Kühnen, Johanna Mühr,
Florian Tim Rudnip, Jens Schmitz, Dr. Nils Thönnessen

in Zusammenarbeit
mit der Verlagsredaktion

Cornelsen

Unsere Erde

Redaktion: Hans-Ragnar Steininger

Bildassistenz: Anja Schwerin und Matthias Stephan

Webcodes: Henning Aubel, Dortmund

Grafik und Illustration: Franz-Josef Domke, Hannover; Oliver Hauptstock, Dortmund; Dieter Stade, Hemmingen und Hans Wunderlich, Berlin

Karten: Peter Kast, Ingenieurbüro für Kartographie, Wismar

Umschlaggestaltung und Layoutkonzept: Sudio SYBERG, Berlin

Technische Umsetzung: Straive

Titelfoto: Satellitenbild von Elba, Italien
(Foto: SciencePhotoLibrary/EUROPEAN SPACE AGENCY, StockFood GmbH)

www.cornelsen.de

1. Auflage, 1. Druck 2022

Alle Drucke dieser Auflage sind inhaltlich unverändert und können im Unterricht nebeneinander verwendet werden.

Druck: Grafisches Centrum Cuno GmbH & Co.KG, Calbe

ISBN 978-3-06-230158-2(Schülerbuch)
ISBN 978-3-06-230105-6(E-Book)

Mr. Ameen Faisal

1

2

3

4

5

6

STAR ALLIANCE
7

Hinweise zur Arbeit mit dem Buch

Liebe Oberstufenschülerin, lieber Oberstufenschüler,

auf dieser Doppelseite finden Sie Hinweise zur Arbeit mit diesem Oberstufenband, der für Grund- und Leistungskurse konzipiert ist. Der Band **Unsere Erde Einführungsphase** knüpft dabei an Ihre Kompetenzen an, die Sie in der Sekundarstufe I im Fach Erdkunde erworben haben.
Zu jedem Großkapitel werden Themen- und Raumbeispiele zur Wahl angeboten – hierdurch erhalten Sie die Möglichkeit, eigene Schwerpunkte zu setzen. Neben Angeboten zur Weiterentwicklung Ihrer sach-, methoden-, urteils- sowie handlungsbezogenen Kenntnisse und Fähigkeiten finden Sie vielfältige Möglichkeiten, den eigenen Kompetenzzuwachs zu überprüfen:
Neben thematischen Karten, Methodenseiten und Übungsklausuren finden Sie Lern- und Trainingsmaterialien mit Aufgabenstellungen in diesem Oberstufenband.

Ihre Schulbuchautorinnen und -autoren wünschen Ihnen eine erfolgreiche Arbeit auf Ihrem Weg zum Abitur!

Am Anfang eines jeden **Hauptkapitels** finden Sie ein großes Bild oder eine thematische Karte mit Bezug zum Thema.
Die Inhalte und die zu erwerbenden Kompetenzen sind unten auf der Seite aufgeführt.
Webcodes/QR-Codes weisen Ihnen den Weg zu zusätzlichen Informationen und Materialien im Internet. Die Eingabemaske finden Sie im Internet unter www.cornelsen.de. Über den QR-Code können Sie direkt zur gewünschten Information gelangen.

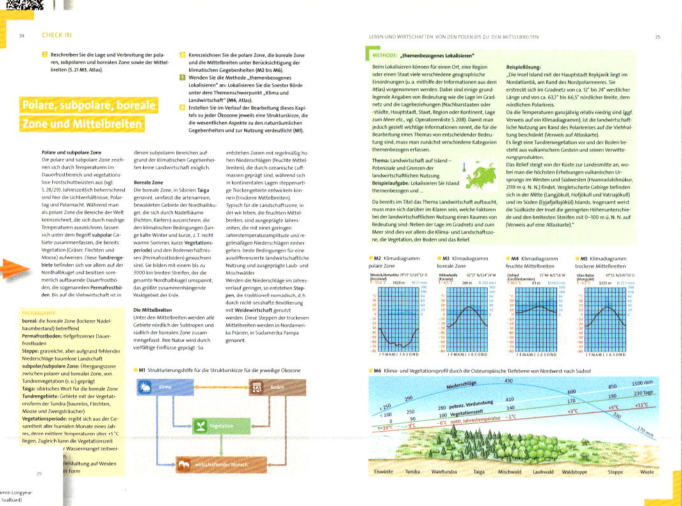

Mithilfe der **CHECK-IN**-Seiten erhalten Sie einen Überblick über die Problemstellung des jeweiligen Oberthemas; diese Seiten sind wie alle Themenseiten auch strukturiert.
Die **Materialien** – dies können Karten, Bilder, Grafiken, Modelle, Quellentexte u. a. sein – sind mit dem Buchstaben **M** und fortlaufenden Nummern gekennzeichnet (z. B. **M2**).

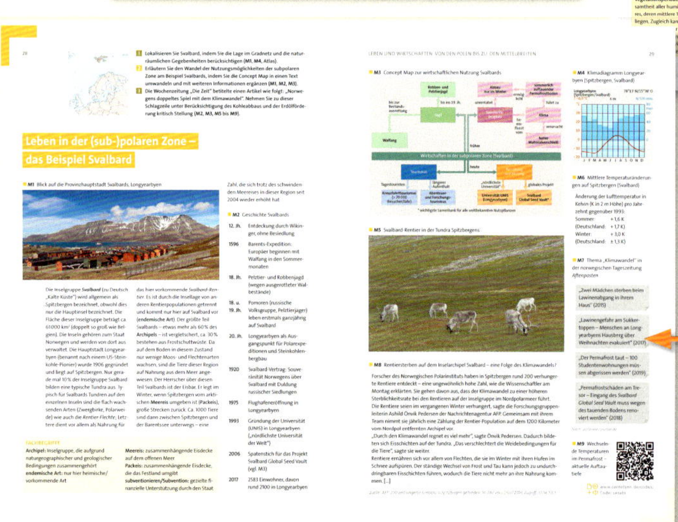

Arbeitsanweisungen stehen am Anfang jeder Doppelseite, sie helfen bei der Aneignung, Anwendung und Überprüfung von Kenntnissen und Fähigkeiten. Aufgaben mit dunkleren Aufgabennummern wie diese **3**, sind schwieriger; hierzu erhalten Sie Lösungstipps im Anhang ab Seite 210. Aufgaben mit dem Zeichen MK lösen Sie mithilfe von **Medien.** Wichtige **Fachbegriffe** sind fett gedruckt und werden unten auf der Seite im Kasten FACHBEGRIFFE erläutert.

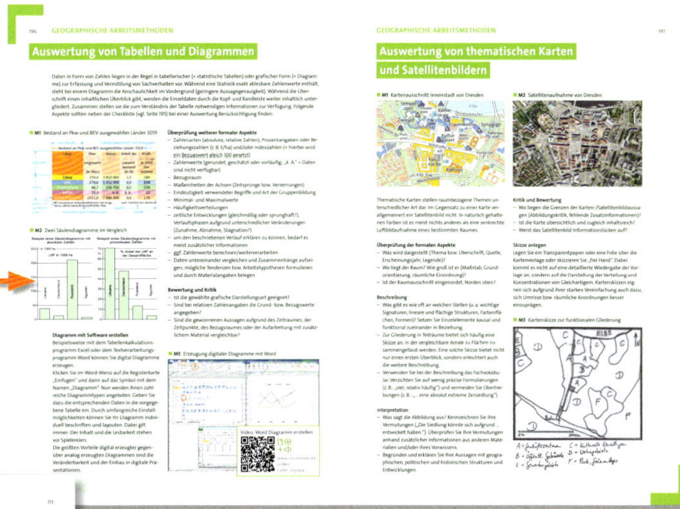

Auf **Methodenseiten** werden diejenigen Methoden detailliert vorgestellt, die schwerpunktmäßig in der Oberstufe zur Anwendung kommen. Die dazugehörenden Arbeitsschritte werden step by step erklärt. Abschließend können Sie mithilfe von Arbeitsanweisungen die jeweilige Methode selbstständig einüben.

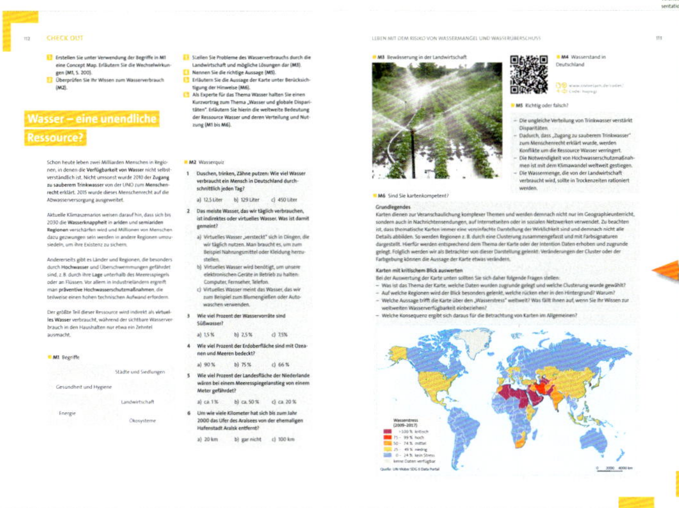

Auf den **CHECK-OUT**-Seiten am Ende der Großkapitel finden Sie jeweils eine Zusammenfassung, mit deren Hilfe Sie Ihre neu erworbenen Kompetenzen festigen können.

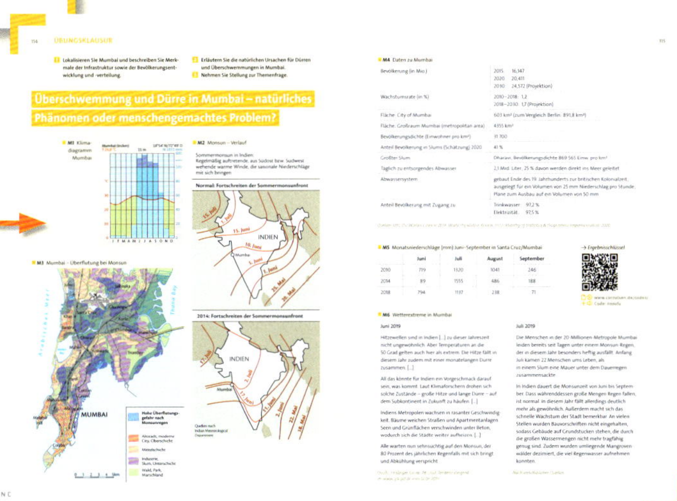

Übungsklausuren am Ende eines jeden Großkapitels bieten die Möglichkeit zur Einübung und Vorbereitung auf eigene Klausuren. Mithilfe des hinter dem QR-Code liegenden Ergebnisschlüssels können Sie Ihr eigenes Ergebnis mit einer Musterlösung vergleichen.

Im Anhang finden Sie neben den **Lösungstipps** zu den schwierigen Aufgaben ein **Register.** Es verweist auf die Seiten im Buch, wo die einzelnen Fachbegriffe erklärt werden. Außerdem steht Ihnen ein **Lexikon** unter dem QR-Code auf der Seite 219 zur Verfügung.

KLIMAWANDEL – DIE GLOBALE HERAUSFORDERUNG?

Minister des maledivischen Kabinetts unterzeichnen unter Wasser eine Forderung nach weltweiter Reduktion der CO_2-Emission.

ERWEITERUNG DER GEOGRAPHISCHEN KOMPETENZEN

In diesem Kapitel lernen Sie Ursachen und mögliche Auswirkungen des Klimawandels kennen. So erhalten Sie die Möglichkeit, sich einen eigenen Überblick über die Rolle des Menschen bei der weltweiten Klimaveränderung zu verschaffen. Auf Grundlage dieses Wissens sollen Sie lernen, mögliche Auswirkungen des Klimawandels in ökonomischer, ökologischer, politischer und sozialer Sicht fundiert beurteilen zu können.

Inhalte

– Natürlicher Treibhauseffekt
– Anthropogen bedingter Treibhauseffekt
– Anstieg der CO_2-Konzentration in der Luft als Ursache für den Klimawandel

Aktualisierungen dieses Kapitels

www.cornelsen.de/codes
Code: ciquvo

Medien und Methoden
- Schemata, thematische Karten, Luftbilder, Grafiken
- Erstellung von Nutzungsvergleichen
- Podiumsdiskussionen
- Thematische Raumanalyse

Bewertungen
- Weltweite Dimension des Klimawandels
- Rolle des Menschen beim Klimawandel
- Lösungsansätze

Aktionen und Handlungserwartungen
- Beteiligung an der öffentlichen Diskussion bzgl. der Rolle des Menschen beim Klimawandel
- Beispiele für verantwortungsvollen Umgang mit dem Klima

1 Beschreiben Sie das Foto auf der Auftaktseite und diskutieren Sie die mögliche Wirkung dieser Maßnahme (Seite 8/9).

2 Übertragen Sie das Schaubild in Ihr Heft, integrieren Sie Ihr Vorwissen und ergänzen Sie es im Verlauf des Kapitels schrittweise auf der Grundlage Ihres neuen Wissens (**M6**).

3 Beschreiben Sie die Entwicklung der Lufttemperatur und der CO_2- und CH_4-Konzentration in der Atmosphäre (**M3** bis **M5**).

4 Werten Sie die Karikatur aus (**M1**).

5 Erklären Sie den Zusammenhang zwischen dem Klimawandel und der Flutkatastrophe in NRW im Juli 2021 (MK Internet).

6 Erläutern Sie zentrale Auswirkungen des Klimawandels an einem weiteren aktuellen Beispiel (**M2**, MK Internet).

7 Nehmen Sie Stellung zur Leitfrage: „Klimawandel – die globale Herausforderung?" (**M2** bis **M 5**).

Klimawandel – die globale Herausforderung?

M1 Karikatur zum Klimawandel

In den Nachrichten bekommen wir regelmäßig neue Informationen über die katastrophalen Folgen eines sich offenbar verändernden Klimas.
Es herrscht ein weitgehender wissenschaftlicher Konsens von rund 97 Prozent aller Wissenschaftler, dass der Temperaturanstieg weitgehend menschengemacht ist. Als Ursache des Temperaturanstieges werden die Zunahme von **Treibhausgasen** in der Atmosphäre gesehen. Eine direkte Folge dieser Erwärmung ist der **Meeresspiegelanstieg** und die Abschwächung des Jetstreams. Auch wird die höhere Belastung von **Ökosystemen** und die Zunahme von **extremen Wetterereignissen** von den meisten Menschen mit dem Klimawandel in Verbindung gebracht. Als Beispiel dient die verheerende Flutkatastrophe in weiten Teilen Deutschlands im Juli 2021 mit 184 Toten und Dutzenden zerstörten Städten und Gemeinden auch in NRW. Dagegen sind die wissenschaftlichen Prognosen zur zukünftigen Temperaturveränderung sowie die daraus resultierenden Folgen noch mit zahlreichen Unsicherheiten behaftet. Klimaskeptiker sprechen von natürlichen Klimaschwankungen.
Der UN-Generalsekretär António Guterres nennt den Klimawandel das „entscheidende Thema unserer Zeit". Bundeskanzlerin Angela Merkel bezeichnet den Klimawandel sogar als eine „Menschheitsaufgabe". Die Kommissionschefin der EU, Ursula von der Leyen, spricht von der Klimakrise, bei der jetzt gehandelt werden muss, bevor es zu spät ist und sie nicht mehr beherrschbar ist.
Um das Phänomen des Klimawandels genauer verstehen und mögliche Handlungsoptionen ableiten zu können, gilt es, zunächst zentrale Ursachen und Auswirkungen genauer zu untersuchen, bevor im letzten Kapitel die entscheidende Frage, ob wir diesen Wandel überhaupt noch aufhalten können, thematisiert wird.

FACHBEGRIFFE

Treibhausgas: Gas, das einen Teil der vom Boden abgegebenen langwelligen Wärmestrahlung, das sonst ins Weltall entweicht, absorbiert. Dazu gehören u. a. Wasserdampf (H_2O), Kohlenstoffdioxid (CO_2) und Methan (CH_4).

Meeresspiegelanstieg: beruht auf dem Abschmelzen des Gletschereises sowie des Eises an den Polkappen. Hinzu kommt noch das physikalische Phänomen, dass Wasser sich bei Erwärmung ausdehnt.

Ökosystem: eine natürliche ökologische Einheit von Lebensgemeinschaften, Pflanzen, Tieren und nichtbiologischen Umweltfaktoren wie Klima, Wind und Boden. Die Stoffkreisläufe sind im Ökosystem ausgeglichen (ökologisches Gleichgewicht).

extreme Wetterereignisse: Ereignisse wie Starkregen, Hitzewellen oder tropische Stürme

Parts per Million (ppm): Maßeinheit zur Messung des CO_2-Gehalts in der Luft (1 ppm = 1 Teil auf 1 Million Teile)

Parts per Billion (ppb): Maßeinheit zur Messung des CH_4-Gehalts in der Luft (1 ppb = 1 Teil auf 1 Milliarde Teile)

M2 Ausgewählte Auswirkungen des Klimawandels

Verheerende Waldbrände verwüsten Australien

Polkappen schmelzen

Gletschersterben in den Alpen

Die Inselgruppe der Malediven versinkt

Dürrekatastrophe im Sudan

Anstieg des weltweiten Meeresspiegels mit Prognose bis zum Jahr 2100

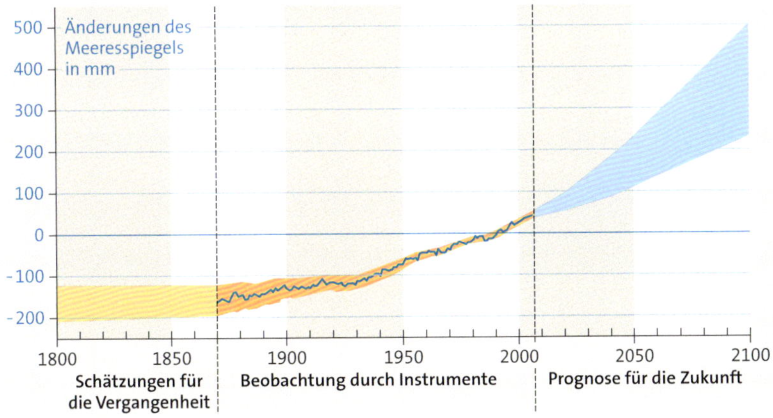

Die fünf wärmsten Jahre seit 1880 nach Abweichung vom globalen Durchschnitt

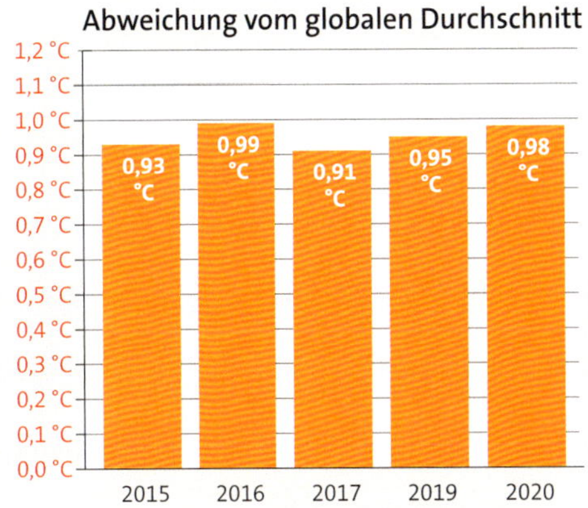

Quelle: World Meteorological Organization (WMO)

M3 Weltweite Kohlenstoffdioxid-Konzentration in der Atmosphäre

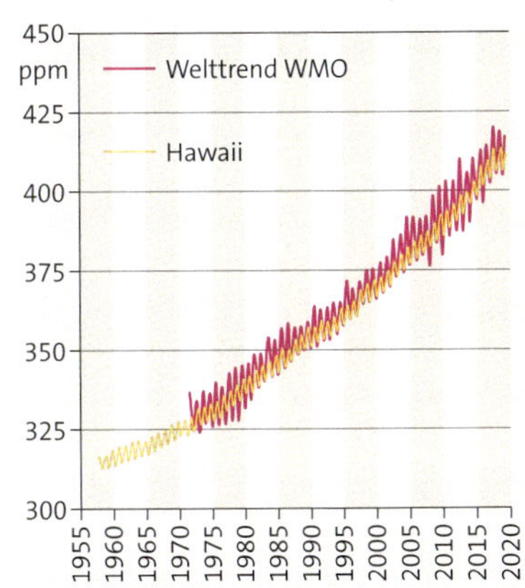

M4 Weltweite Methan-Konzentration in der Atmosphäre

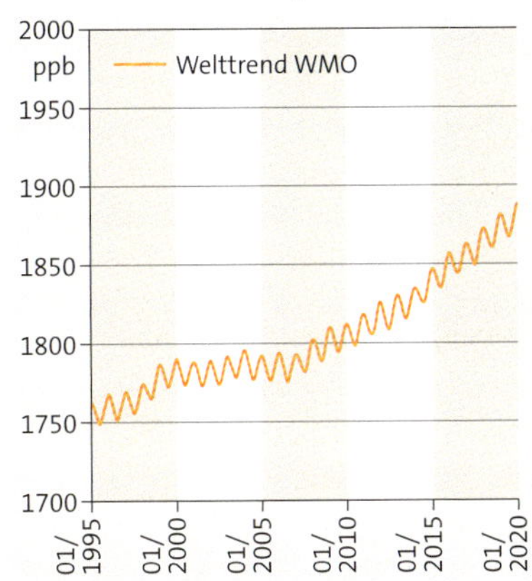

M5 Mittlere Jahreslufttemperatur auf der Erdoberfläche

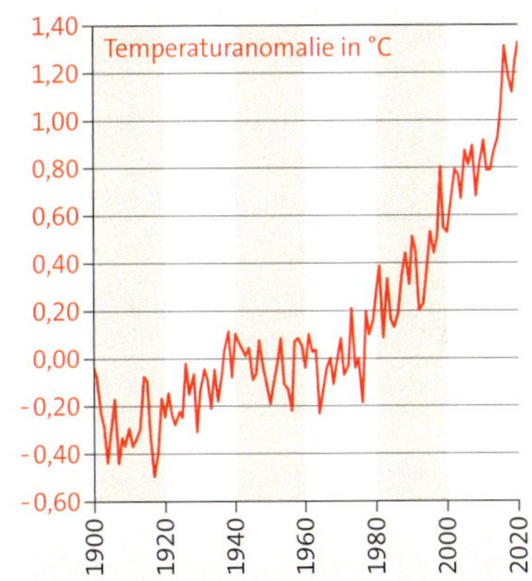

M6 Ausschnitt aus der Lernmatrix zum Thema Klimawandel

Ihr Vorwissen:

Notieren Sie hier Ihr Vorwissen, um dieses schrittweise überprüfen zu können.

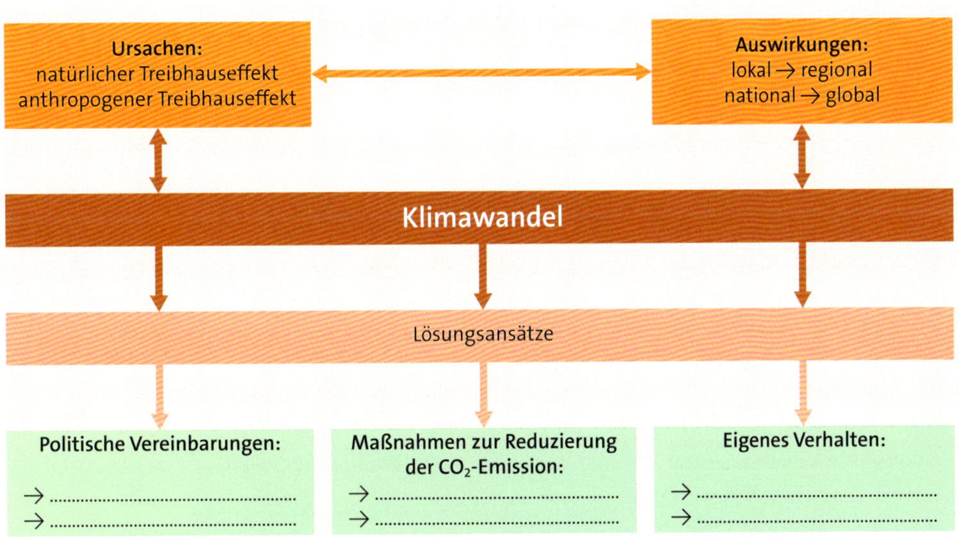

Der Treibhauseffekt – droht uns eine Überhitzung?

1 Kennzeichnen Sie den natürlichen Treibhauseffekt (**M1** bis **M3**).

2 Erläutern Sie die Entwicklungen, die seit dem Beginn der Industrialisierung zum anthropogenen Treibhauseffekt führen (**M2** bis **M4**).

3 Stellen Sie Klimaveränderungen in Deutschland/NRW und ihre Folgen dar (**M3, M5**).

4 Nehmen Sie Stellung zum häufig geäußerten Appell, der Klimawandel gehe uns alle an (**M1** bis **M5**).

Natürlicher Treibhauseffekt
Die Temperaturen auf unserer Erde werden durch die Sonneneinstrahlung bestimmt. Hier kommt es zu einem Energieaustausch, bei dem die kurzwellige solare Einstrahlung (das Licht) von der Erdoberfläche **absorbiert** wird und in langwellige terrestrische Ausstrahlung (die Wärme) umgewandelt wird. Die absorbierten Energien werden somit an die Atmosphäre zurückgegeben, wobei ein entscheidender Teilbetrag als sogenannte Gegenstrahlung nochmals zur Erdoberfläche zurückkommt. Diesen Teilbetrag bezeichnet man als den Treibhauseffekt, wobei die Lufthülle wie Glasfenster eines Treibhauses das einfallende Licht durchlässt, die ausgehende langwellige Wärmestrahlung aber größtenteils zurückhält. Dabei werden jene Gase, welche die Wärmestrahlung absorbieren, als Treibhausgase bezeichnet. Durch den natürlichen Treibhauseffekt steigt die Temperatur der Erde im Mittel von −18 °C auf +15 °C. Ohne den natürlichen Treibhauseffekt würde der Planet Erde einfrieren.

Anthropogener Treibhauseffekt
Seit Beginn der Industrialisierung (ab 1850) nimmt der Eintrag von Treibhausgasen in die Atmosphäre deutlich zu. Einerseits versechsfachte sich die Weltbevölkerung von 1850 bis 2021 auf 7,9 Mrd. Menschen. Andererseits veränderten die Menschen dramatisch die natürlichen Ökosysteme. Im Zusammenspiel sind diese beiden Komponenten Antriebskräfte der Klimaänderungen, wodurch die **Energiebilanz** des Klimasystems sehr deutlich beeinflusst wird.
Als Treibhausgase gelten neben dem Kohlenstoffdioxid (CO_2) Methan (CH_4), Lachgas (N_2O), Ozon (O_3) und Fluorchlorkohlenwasserstoffe (FCKW). Sie tragen zusammen den gleichen Anteil zum anthropogen bestimmten Treibhauseffekt bei wie Kohlenstoffdioxid. Obwohl ihr Anteil in der Atmosphäre insgesamt nur rund 1 % ausmacht, wird die langwellige Wärmeausstrahlung in noch größerem Ausmaß absorbiert.

M1 Beispiele für natürliche Ursachen von Klimaänderungen

extraterrestrische Ursachen	terrestrische Ursachen
– Solarkonstante, ultralangfristiger Trend – Solarkonstante, Variation durch Sonnenaktivität, Pulsationen u. a. – Rotation der Milchstraße – Meteore und Meteoriten – Monde (Gezeitenkräfte)	– Kontinentaldrift – Vulkanismus – Waldbrände – Zusammensetzung der Atmosphäre – Salzgehalt des Ozeans – Eis- und Schneebedeckung – Vegetation

M2 Schema des Treibhauseffektes

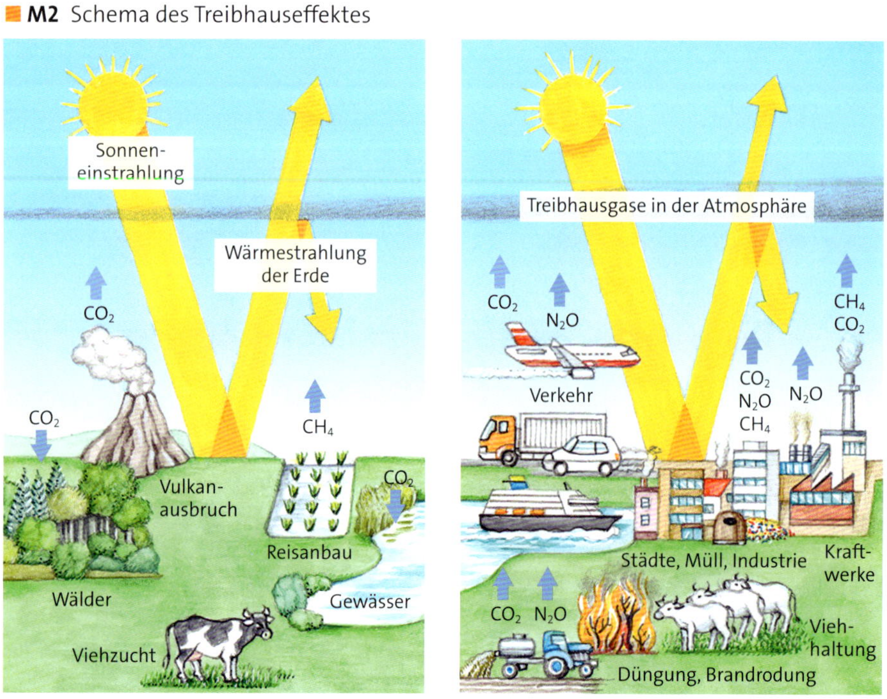

FACHBEGRIFFE
Energiebilanz: Verhältnis zwischen Energiezufuhr und Energieverbrauch bei der Erwärmung der Erde
Absorption: Aufnahme von Licht durch Oberflächen. Dabei wird die Energie des Lichts von den Molekülen eines Körpers absorbiert und in Bewegungsenergie umgewandelt.
Kaufkraftparität (KKP): Unterschied zwischen dem Wert einer Währung in unterschiedlichen Währungsräumen. Ein US-$ kann in einem Entwicklungsland eine höhere Kaufkraft haben als in den USA.

M3 Deutschland unter den Top 3 bei Klimaschäden 2018

Der Hitze- und Dürresommer 2018 hat das Thema Klimawandel in Deutschland ganz nach oben auf die Agenda gebracht. Deutschland hat einem Ranking der Entwicklungsorganisation Germanwatch zufolge im Jahr 2018 erstmals zu den drei am stärksten von Extremwetter betroffenen Staaten gezählt. Wegen der Hitzewellen, Stürme und Dürren des Jahres 2018 landete Deutschland hinter Japan und den Philippinen auf Platz drei im Klima-Risiko-Index von Germanwatch [...].
Insgesamt sei es in Deutschland 2018 klimabedingt zu mehr als 1200 Todesopfern gekommen – vor allem infolge der Hitzewelle im Sommer, aber auch durch schwere Stürme. Zudem verursachte das Extremwetter rund 4,4 Milliarden Euro Schaden, insbesondere in der Landwirtschaft. Die Zeit zwischen April und Juli 2018 war mit Temperaturen von 2,9 °C über dem Durchschnitt die heißeste, die jemals in Deutschland gemessen wurde. Im Oktober 2018 waren 70 Prozent des Bodens von Dürre betroffen, was zu großen Ernteausfällen führte.
[...] Im Langfrist-Index, der die Jahre 1999 bis 2018 auswertet, sind Puerto Rico, Myanmar und Haiti die Länder, die am stärksten von Stürmen, Überflutungen und Dürren betroffen waren. [...]
Der jährlich veröffentlichte Klima-Risiko-Index basiert auf einer Datenbank des Rückversicherers Munich Re und Daten des Internationalen Währungsfonds (IWF). Er vergleicht die durch Extremwetter verursachten Todeszahlen und Sachschäden [...].

500 000 Tote

Die weltweite Erderwärmung lässt Extremwetterereignisse wie Trockenphasen und Stürme häufiger und stärker werden. In den vergangenen 20 Jahren hätten insgesamt mehr als 12 000 solcher Ereignisse knapp eine halbe Million Menschen das Leben gekostet und kaufkraftbereinigt rund 3100 Milliarden Euro Schäden verursacht, teilte Germanwatch mit. „Der Klima-Risiko-Index zeigt, dass massive Klimawandelfolgen weltweit zunehmen – sie treffen immer öfter auch Industrienationen wie Deutschland oder Japan", sagte Maik Winges, einer der Autoren der Studie. [...]

Quelle: Organisation sieht Deutschland unter den top drei bei Klimaschäden. In: www.welt.de, dpa/jmi, veröffentlicht am 04.12.2019

M4 Natürliche und anthropogene Treibhausgase

Charakteristische Daten	**Treibhausgase**	
	Kohlenstoffdioxid (CO_2)	Methan (CH_4)
gegenwärtige Konzentration (in ppm)	395	1,8
Verweildauer in der Atmosphäre (in Jahren)	120	10
gegenwärtige Zu-/Abnahme (in Prozent/Jahr)	+0,5	+0,3
Beitrag zum Treibhauseffekt (in Prozent)	60	20
Klimawirksamkeit bezogen auf ein Molekül CO_2	1	25–36
anthropogene Quellen	Verbrennung zur Erzeugung von Strom, Wärme und Mobilität	Landwirtschaft, Fracking, Klärwerke, Mülldeponien

M5 Temperaturen in Nordrhein-Westfalen im Sommer 2020

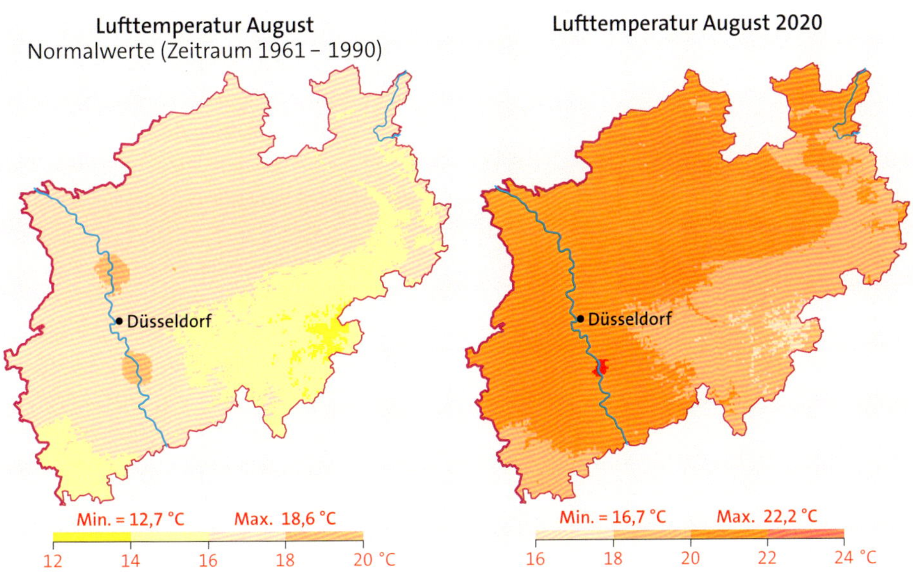

Die mittlere Jahrestemperatur in NRW ist zwischen den Jahren 1990 und 2019 auf 9,9 Grad Celsius angestiegen.
In ganz Deutschland lag die mittlere Jahrestemperatur nach Angaben von Kachelmannwetter im Jahre 2018 sogar bei 10,5 Grad Celsius. Das ist der höchste Wert, der jemals bis 2020 gemessen wurde.

1 Stellen Sie die politischen Vereinbarungen für den Schutz des Klimas seit 1992 dar.
2 Beschreiben Sie die Rolle von China und den USA bei den CO_2-Emissionen (**M1, M2**).
3 Erläutern Sie die Dimensionen der Nachhaltigkeit (**M5**).
4 Erörtern Sie die Bedeutung des Klimaschutzes für die Dimensionen der Nachhaltigkeit (**M3, M5**).
5 Überprüfen Sie den aktuellen Stand bei der Umsetzung des Pariser Klimaabkommens (**M4,** MK Internet).
6 Wie bewerten Sie die Rolle der Industriestaaten bei der Umsetzung der Klimaziele, auch vor dem Hintergrund der Dimensionen der Nachhaltigkeit (Bedeutung der Wirtschaft) (**M1** bis **M5**).

Klimaschutz – was macht die Politik?

Der Diskussion um konkrete Maßnahmen zum Klimaschutz begegnen wir in unserem Alltag. Neben Artikeln in Fachzeitschriften nimmt die Berichterstattung in den Medien zu und wir werden täglich zum Nachdenken angeregt. Die wichtigste Entscheidungsebene stellt dabei die Politik dar. Aus diesem Grund ist es sinnvoll, sich die Entwicklung von Klimaschutz als politischer Maßnahme genauer anzusehen.

Den Startschuss für internationale Klimapolitik bildete die Konferenz von Rio. Im Jahr 1992 trafen sich über 100 000 politische Vertreter aus 178 Ländern, um über Umwelt- und Entwicklungspolitik zu beraten. Bei dieser Konferenz wurden die Rahmenbedingungen für eine globale Entwicklungs- und Umweltpolitik geschaffen. Ein zentraler Inhalt war die AGENDA 21, ein internationales Aktionsprogramm für eine nachhaltige Entwicklung, sowie eine Klimarahmenkonvention als völkerrechtliche Grundlage von internationalen Klimaverhandlungen. Diese hatten das Ziel, den Ausstoß der durch Menschen verursachten Treibhausgase zu begrenzen. Einen weiteren Meilenstein bildete der Klimagipfel in Kyoto 1997. Hier wurden zum ersten Mal konkrete Zielsetzungen zur Reduktion der drei wichtigsten Treibhausgase Kohlenstoffdioxid, Methan und Lachgas verabredet. Ziel für die Industrieländer war es, die Treibhausgas-Emissionen basierend auf den Werten des Jahres 1990 bis zum Jahr 2014 um 5,2 Prozent zu senken.
Als Fortschreibung der Ergebnisse von Kyoto sollte auf der Weltklimakonferenz in Paris 2015 ein neues, für alle Staaten verbindlich geltendes Klimaschutzabkommen verabschiedet werden. Als Ergebnis wurde im Pariser Abkommen festgeschrieben, die Erderwärmung auf deutlich unter plus 2 Grad im Vergleich zum vorindustriellen Niveau und langfristig sogar auf plus 1,5 Grad zu begrenzen. Der Weltklimavertrag konnte bereits im Oktober 2016 ratifiziert werden, nachdem mindestens 55 Staaten, die für wenigstens 55 Prozent der globalen Treibhausgasemission verantwortlich sind, diesen unterzeichnet haben. Dadurch, dass Länder mit sehr hohen Emissionen wie China, Brasilien, Indien und die USA dieses Abkommen ratifiziert haben, hat das Klimaabkommen von Paris eine größere Verbindlichkeit als das Kyoto-Protokoll.
Der kurzzeitige Austritt der USA aus dem Abkommen (2019-2021) zeigt allerdings, wie dieses Thema die politischen Lager in einzelnen Ländern spaltet.

M1 Daten und Fakten zum Pariser Klimaabkommen*

	Anteil Weltbevölkerung	Anteil CO_2-Emissionen	Anteil Verbrauch Erneuerbare Energien	Ratifizierung des Pariser Klimaabkommens
China	18,6 %	28,0 %	17,2 %	Ja
USA	4,4 %	15,9 %	19,7 %	Ja
Indien	17,9 %	5,8 %	4,3 %	Ja
Russland	1,9 %	4,8 %	k. A.	Nein
Japan	1,7 %	3,8 %	4,0 %	Nein
Deutschland	1,1 %	2,4 %	11,0 %	Ja
Südkorea	0,7 %	1,8 %	0,4 %	Ja
Kanada	0,5 %	1,7 %	2,0 %	Ja

nach Angaben der UN, EIA und BP

M2 Die CO_2-Emissions-Weltspitze

M3 Umweltbewusstsein in Deutschland

Im Mai 2020 veröffentlichte das Bundesministerium für Umwelt, Naturschutz und nukleare Sicherheit (BMU) gemeinsam mit dem Umweltbundesamt (UBA) zum zwölften Mal die Ergebnisse seiner Repräsentativumfrage zum Umweltbewusstsein in Deutschland.
Für zwei Drittel der Bevölkerung stellt der Umwelt- und Klimaschutz eine grundlegende Bedingung dar, um Zukunftsaufgaben zu bewältigen. Es gibt große Zustimmung für mehr Umwelt- und Klimaschutz in den Bereichen Energie, Landwirtschaft und Verkehr. Unter den Problemen, denen sich Deutschland sowohl im Jahr 2018 als auch 2019 gegenübersieht, sind Umwelt- und Klimaschutz für die Menschen eine prioritäre Herausforderung.
Im Vergleich zur Vorgängerstudie lässt sich erkennen, dass die Bedeutung in den Augen der Bevölkerung zugenommen hat: Während 2016 rund die Hälfte aller Befragten angaben, dass Umwelt- und Klimaschutz eine sehr wichtige Herausforderung sei, sind es 2018 mit 64 Prozent sowie 2019 mit 68 Prozent deutlich mehr.

Umwelt- und Klimaschutz als zentrale Herausforderung
Die Umweltqualität in Deutschland wird im Vergleich zu früheren Studien schlechter eingeschätzt. So bewerten in 2019 insgesamt 76 Prozent der Befragten die Umweltqualität in ihrer eigenen Stadt oder Gemeinde als sehr gut oder recht gut, in Bezug auf ganz Deutschland sind es 60 Prozent. Sowohl die lokale als auch die bundesweite Bewertung ist in 2019 und 2018 im Vergleich zu 2016 um einige Prozentpunkte geringer ausgefallen.
Besonders divergiert die Bewertung der Umweltqualität zwischen Inland und Ausland. So schätzen nur 7 Prozent die weltweite Umweltqualität als gut ein, während 93 Prozent sie als eher schlecht oder schlecht einstufen.

Kritische Bewertung der Leistung relevanter Akteure
Das Engagement zentraler Akteure für den Umwelt- und Klimaschutz wurde 2018 und 2019 deutlich schlechter bewertet als in den früheren Erhebungen. Nur 18 Prozent der Befragten meinten 2019, dass die Bundesregierung genug für den Umwelt- und Klimaschutz tue. 11 Prozent sind der Auffassung, die Industrie tue genug, und 27 Prozent der Befragten meinen, dass die Bürgerinnen und Bürger genug tun, um die Umwelt zu schützen.
Mit Ausnahme der Umweltverbände zeigt sich eine große Unzufriedenheit der Menschen mit dem umweltpolitischen Engagement relevanter Akteure.

Basierend auf: Umweltbundesamt: Umweltbewusstsein in Deutschland. Juni 2020

M4 Wichtige Bestimmungen des Pariser Abkommens (2015)

Abschwächung des Klimawandels: Emissionsminderung
- langfristiges Ziel, den Anstieg der weltweiten Durchschnittstemperatur auf deutlich unter 2 °C gegenüber vorindustriellen Werten zu begrenzen
- im Idealfall sogar auf 1,5 °C zu begrenzen

Transparenz und globale Bilanz
- Festlegung von strengeren Zielen nach jeweils 5 Jahren, wenn sich dies nach wissenschaftlichen Erkenntnissen als erforderlich erweist
- Fortschritte bei der Verwirklichung des Langzeitziels über ein Transparenz- und Rechenschaftspflichtsystem verfolgen

Anpassung
- Erhöhung der Anpassungsfähigkeit an den Klimawandel
- Unterstützung der Entwicklungsländer in größerem Umfang

Verluste und Schäden
- Verhinderung, Minimierung und Ausgleich von Verlusten und Schäden im Zusammenhang mit den nachteiligen Auswirkungen des Klimawandels
- Verbesserung der Zusammenarbeit in verschiedenen Bereichen (z. B. Frühwarnsysteme, Notfallvorsorge und Risikoversicherung)

Rolle der Städte, Regionen und lokalen Behörden
- Neben den Vertragspartnern haben u. a. Städte, Behörden auf regionaler und kommunaler Ebene, die Zivilgesellschaft und die private Wirtschaft ihre Anstrengungen zu verstärken und Maßnahmen zur Emissionsminderung zu unterstützen.

Unterstützung
- Unterstützung durch die EU und andere Industrieländer, um in Entwicklungsländern Emissionen zu verringern und diese Länder widerstandsfähig gegen die Auswirkungen des Klimawandels zu machen
- Die Industrieländer haben ihr derzeitiges gemeinsames Ziel bekräftigt, bis 2020 jährlich 100 Milliarden US-Dollar zu mobilisieren, und sie beabsichtigen, dieses Ziel bis 2025 fortzuschreiben; für die Zeit danach wollen sie ein neues und ehrgeizigeres Ziel festsetzen.

Quelle: https://www.lpb-bw.de/pariser-klimaabkommen/

M5 Die Dimensionen der Nachhaltigkeit

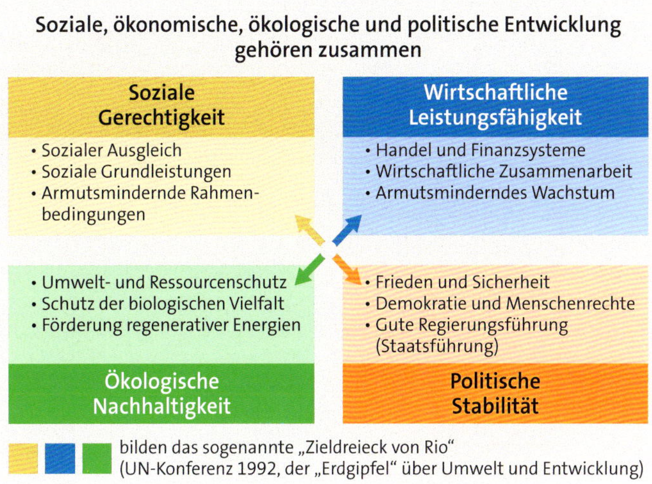

1 LEBEN UND WIRTSCHAFTEN VON DEN POLEN BIS ZU DEN MITTELBREITEN

Kartoffelanbau in Qaqortoq, im Süden von Grönland

ERWEITERUNG DER GEOGRAPHISCHEN KOMPETENZEN

In diesem Kapitel lernen Sie die Besonderheiten der polaren und subpolaren Zone, der borealen Zone und der Mittelbreiten kennen. Sie erkennen die Auswirkungen des Klimawandels auf diese Zonen und die besonderen Herausforderungen für den wirtschaftenden Menschen in diesen Landschaftszonen. Sie werden darüber hinaus methodisch in der vernetzten Materialauswertung gesammelt und entwickeln Ihre Präsentationsfähigkeiten weiter.

Inhalte

- Klimatische Charakteristika der polaren, der subpolaren und der borealen Zone sowie der Mittelbreiten
- Anthropogen bedingte Veränderungen in diesen Landschaftszonen
- Landwirtschaftliche und wirtschaftliche Produktionsbedingungen unter Berücksichtigung des Zusammenwirkens der Geofaktoren

Aktualisierungen dieses Kapitels
www.cornelsen.de/codes
Code: diziyo

Medien und Methoden
- Themenbezogenes Lokalisieren
- Klausurbearbeitung
- (Vernetztes) Auswerten unterschiedlicher Darstellungsmittel, z. B. von Klimadiagrammen und Wirkungsgefügen

Bewertungen
- Eignung von Siedlungs- und Wirtschaftsräumen in Bezug auf das Geofaktorengefüge
- Maßnahmen zur Überwindung der (natürlichen) Nutzungsgrenzen
- Einflüsse des Klimawandels

Aktionen und Handlungserwartungen
- Diskussionsbeteiligung zur Nachhaltigkeit menschlichen Handelns in diesen Zonen vor dem Hintergrund des Klimawandels

1 Beschreiben Sie das Kapiteleinstiegsbild der Seite 16/17 und stellen Sie den Bezug zum Thema dieser Doppelseite dar.

2 Beschreiben Sie die Anordnung der Beleuchtungszonen und erklären Sie die damit verbundenen Folgen für die äquatorialen und die polaren Regionen (M1, M2, M4).

3 Stellen Sie die Entstehung der Hadley-Zelle in Form eines Fließdiagrammes dar (M3, S. 201 MK).

4 Erklären Sie die Auswirkung der Corioliskraft auf die globalen Luftdruck- und Windsysteme (M3):
a. mithilfe eines erläuternden Textes (M5).
b. mithilfe eines Stop-Motion-Videos (M5, S. 206 MK).

Klimazonale Gliederung der Erde

M1 Unterschiedliche Einstrahlungswinkel – Folgen für die beleuchtete Fläche

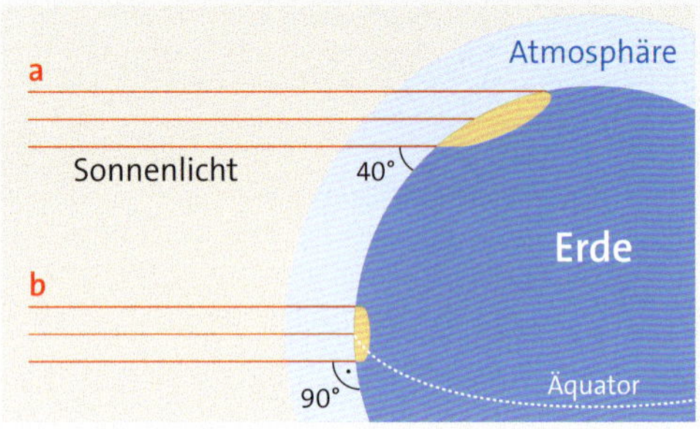

Energieinput und Einstrahlungswinkel

Warum kann man auf Grönland Kartoffeln anbauen? Um diese Frage zu beantworten, muss man sich zunächst die **klimarelevanten** Prozesse ansehen. Treibende Kraft dafür ist die Sonne. Zudem spielt ihr **Einstrahlungswinkel** eine Rolle. Der Einstrahlungswinkel auf der Erde hängt von zwei Komponenten ab: der Lage im Gradnetz und der Stellung der Erdachse zur Sonne. Letzteres verändert sich im Jahresverlauf, sodass mehr oder weniger stark ausgeprägte Jahreszeiten auftreten. Es entstehen die Beleuchtungszonen. In den Tropen ändert sich aufgrund ihrer Lage der Einstrahlungswinkel im Jahresverlauf nur wenig, in unseren Breiten jedoch ändert er sich im Verlauf der Jahreszeiten; in den Regionen zwischen den Polarkreisen und an den Polen treten die Phänomene Polarnacht und Polartag in Erscheinung.

M2 Beleuchtungszonen der Erde

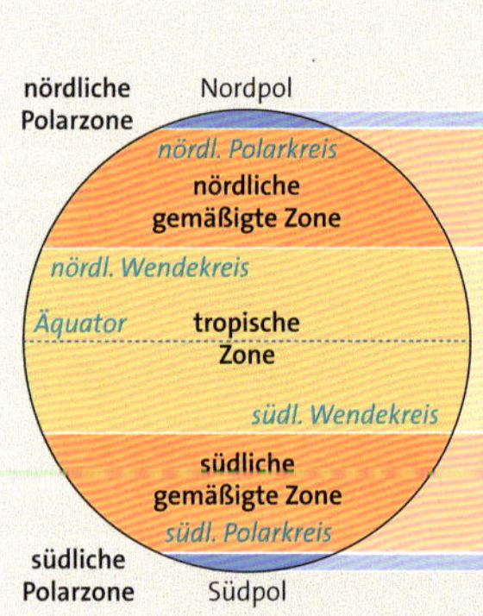

geogr. Breite	Tageslänge in Stunden 21.6.	21.3./23.9.	21.12.	Temperatur im Jahresmittel
90° N	24	12	0	−23 °C
66,5° N	24	12	0	−7 °C
50° N	16	12	8	+6 °C
23,5° N	13,5	12	10,5	+24 °C
0°	12	12	12	+26 °C
23,5° S	10,5	12	13,5	+22 °C
50° S	8	12	16	+4 °C
66,5° S	0	12	24	−8 °C
90° S	0	12	24	−33 °C

Folgen für die klimatischen Bedingungen

Die Einstrahlungsintensität hat Auswirkungen auf alle weiteren Prozesse, da Ausgleichsströmungen entstehen, die wir als Wind oder Meeresströmungen kennen. Am Ort der stärksten solaren Einstrahlung (zwischen den Wendekreisen) steigen aufgrund der eingestrahlten Energie feuchtwarme Luftmassen auf. Durch diese Luftbewegung nach oben entsteht in Bodennähe ein **Tiefdruckgebiet**. Da warme Luft in der Lage ist, viel Feuchtigkeit zu speichern, und die Temperatur mit zunehmender Höhe absinkt, kondensiert das gasförmige Wasser: Es entstehen zunächst feine, in der Luft schwebende Wassertröpfchen und Eiskristalle, die in großer Anzahl Wolken bilden. Können die Aufwinde der Wirkung der Schwerkraft nicht mehr standhalten, fallen Wasser und Eiskristalle – je nach Lufttemperatur – als Niederschlag zu Boden. Eine ähnliche Richtung nimmt die Luft; abgekühlte Luftmassen sinken ab. Durch die Reibung der Luftmoleküle beim Absinken erwärmt sich die Luft, sie ist sehr trocken und klar. Die von oben drückenden Luftmassen erzeugen in Bodennähe ein **Hochdruckgebiet**. Zwischen dem Äquator und den Wendekreisen wird diese Zirkulation als **Hadley-Zelle** bezeichnet und ist die Grundlage der Passatwinde (**Passatzirkulation**). Hier treffen die Passatwinde in der **innertropischen Konvergenzzone (ITC)** (lat. *convergere* = zusammenlaufen) aufeinander. Neben Zellen wie der Hadley-Zelle existieren einige die Erde umspannende Windsysteme, die als Jetstreams bezeichnet werden.

FACHBEGRIFFE

Einstrahlungswinkel: Winkel zwischen Sonnenstand und Erdboden
Hochdruckgebiet: Gebiet hohen Luftdrucks (> 1013 mbar)
Innertropische Konvergenzzone (ITC): Zone zusammenlaufender Passatwinde, die sich mit dem jahreszeitlich wechselnden Sonnenstand zwischen den Wendekreisen verschiebt
klimarelevant: das Klima erzeugend, bestimmend, beeinflussend
kondensieren: Wechsel des Aggregatzustands von gasförmig zu flüssig
Passatzirkulation: tropisches Windsystem mit bodennaher Ausgleichsströmung (Passatwind)
Tiefdruckgebiet: Gebiet niedrigen Luftdrucks (< 1013 mbar)

M3 Globale Luftdruck- und Windsysteme

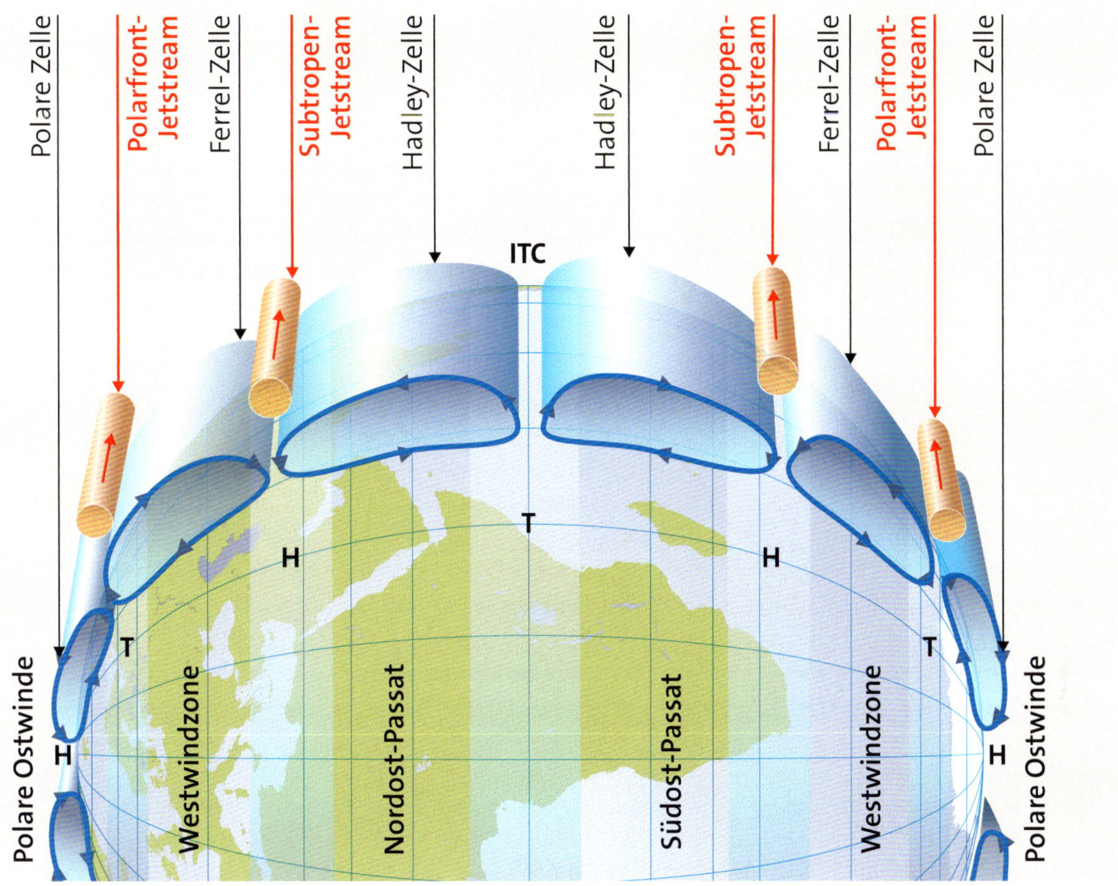

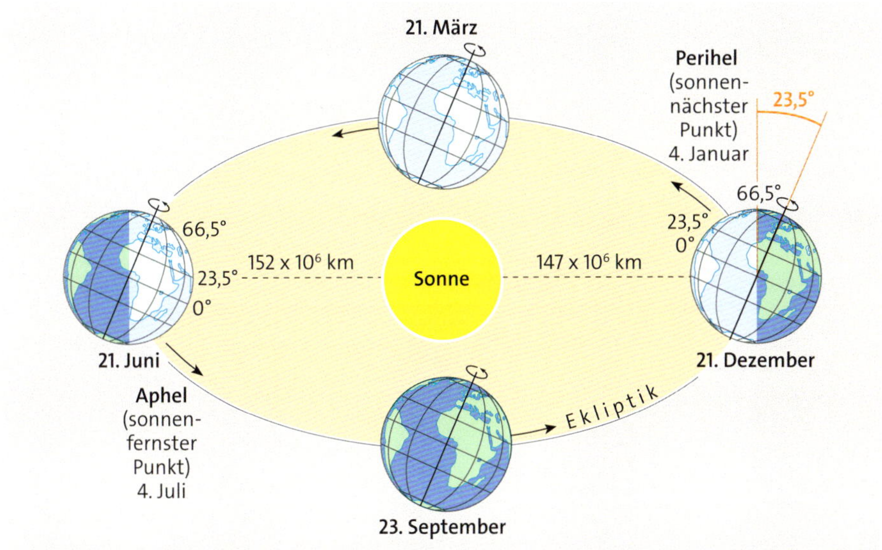

M4 Überblick über die Entstehung von Jahreszeiten aufgrund unterschiedlicher Beleuchtungsintensität aus astronomischer Sicht

M5 Wirkung der Corioliskraft

Betrachtet man die Wind- und Drucksysteme genauer, so stellt man fest, dass die Winde nicht in Nord-Süd-Richtung vom Hoch- zum Tiefdruckgebiet verlaufen, sondern in ihrer Zugbahn abgelenkt werden. Durch die Drehung der Erde um ihre eigene Achse werden Luftströmungen abgelenkt, da sich die Erde unter ihnen wegdreht. So kommt es dazu, dass diese Winde immer von ihrer Richtung aus gesehen nach rechts abgelenkt werden. Winde, die auf der Nordhalbkugel von Norden nach Süden wehen (Nordwinde), werden so zu Nordostwinden. Diese Ablenkungskraft durch die Erdrotation wird als *Corioliskraft* bezeichnet und beeinflusst alle fliegenden Objekte, z. B. auch Flugzeuge.

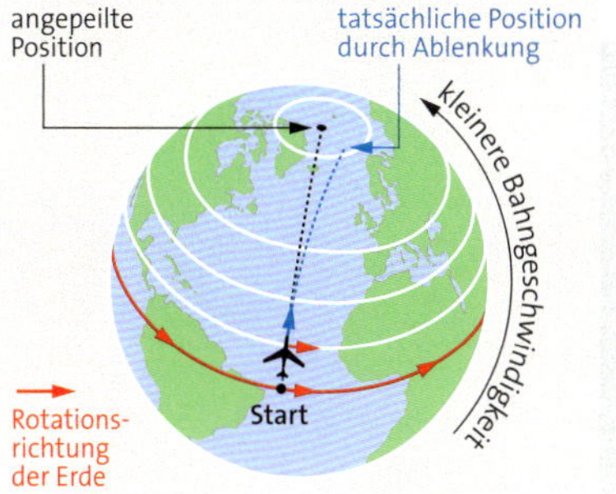

1 Beschreiben Sie das Zustandekommen von unterschiedlichen Klimazonen und erläutern Sie das Gliederungsmuster der Klimazonen der Erde (**M2**, **M3**, Atlas).

2 Vergleichen Sie Eigenart und Lage von Klima- und Landschaftszonen und erläutern Sie die Unterschiede.

3 Erklären Sie das Phänomen des Steigungsregens und die Auswirkungen für die Luv- und für die Lee-Seite (**M1**).

4 Erstellen Sie ein Wirkungsgefüge zur Entstehung von Landschaftszonen der Erde mithilfe der bisher behandelten Aspekte in diesem Lehrwerk (S. 201 MK).

5 Zeigen Sie anhand einer Landschaftszone auf, auf welche Elemente ein Klimawandel Einfluss nimmt.

Klima- und ökozonale Gliederung der Erde

Klimazonen
Die globale Anordnung der Luftdruck- und Windgürtel führt dazu, dass sich unterschiedliche klimatische Bedingungen entwickeln: Während in Äquatornähe bei gleichbleibenden Temperaturen sich regelmäßig Niederschläge entwickeln (vgl. Hadley-Zelle), bleibt es an den Wendekreisen trocken und warm. Es entstehen also Zonen mit unterschiedlichen Ausprägungen der **Klimaelemente** (Temperatur und Niederschlag), die als Klimazonen voneinander unterschieden werden. So ergibt sich für verschiedene Klimazonen ein charakteristisches Abbild des jeweiligen Klimas.

Muster der klimazonalen Gliederung der Erde
Wer sich das globale Gliederungsmuster der Klimazonen genauer ansieht, der stellt fest, dass diese Zonen nicht ringförmig, also nicht breitengradgetreu über die Erde verteilt sind. Das **Relief** und die Landmassen sind ebenso klimarelevant wie unterschiedlich temperierte Meeresströmungen. Aufgrund dieser Einflussfaktoren entsteht ein spezifisches Muster von Klimazonen, das sich differenziert über den gesamten Globus erstreckt.
Treffen Luftströmungen auf Hindernisse, so werden sie an deren windzugewandten Seiten (Luv) zum Aufsteigen gezwungen. Beim dabei stattfindenden Abkühlen kondensiert immer mehr Wasser, sodass es zu regnen beginnt (Steigungsregen). Ein Beispiel für dieses Phänomen ist die Region um die Stadt Bergen in Norwegen (vgl. S. 34, M1). Überwinden die Luftmassen das Hindernis, so erwärmen sie sich wieder durch die Reibung der Luftteilchen auf der windabgewandten Seite (Lee).

M1 Luv-und-Lee-System

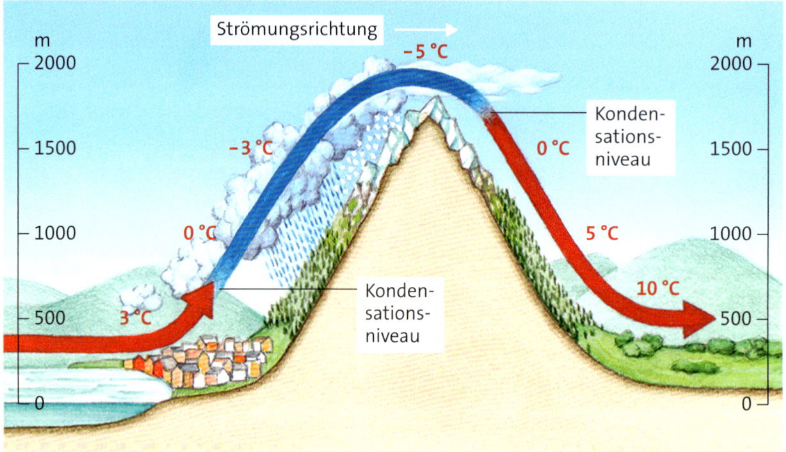

Klima- und Landschaftszonen
Die verschiedenen Klimazonen bieten aufgrund ihrer Temperatur- und Niederschlagsbedingungen im Laufe eines Jahres unterschiedliche Voraussetzungen für Böden, Pflanzen, Tiere und den wirtschaftenden Menschen. Somit lassen klimatische Bedingungen in einer Region auch Rückschlüsse auf die **Bodenbildung** zu; diese ist in ihrer chemischen und physikalischen Intensität ebenfalls von den Klimaelementen abhängig. Gleiches gilt für die natürliche Vegetation. So lassen sich aus der klimazonalen Gliederung der Erde die Landschaftszonen ableiten, die neben den Klimaelementen zusätzlich das **Relief** und den Boden, die **Vegetation** und die menschliche Nutzung berücksichtigen.

FACHBEGRIFFE
Bodenbildung: Prozess, der über Gesteinszersetzung (physikalische und chemische Verwitterung) und Humusbildung den Geofaktor Boden bildet
globales Förderband: Zusammenspiel der globalen Hauptmeeresströmungen
Klimaelemente: grundlegend: Temperatur und Niederschlag
Klimazone: Zone mit gleichen klimatischen Bedingungen
Landschaftszone: Zone mit ähnlichen Bedingungen für Vegetation, Bodenbildung und menschliche Nutzung, resultierend aus den klimatischen Bedingungen
Ökozone: eine mögliche Einteilung von Landschaftszonen
Relief: Oberflächenform
Steigungsregen: Regen, der durch den Aufstieg feuchtwarmer Luftmassen an Berghängen entsteht
Vegetation: Pflanzenarten in einer Region/einem Ökosystem

M2 Globale Hauptmeeresströmungen – das globale Förderband

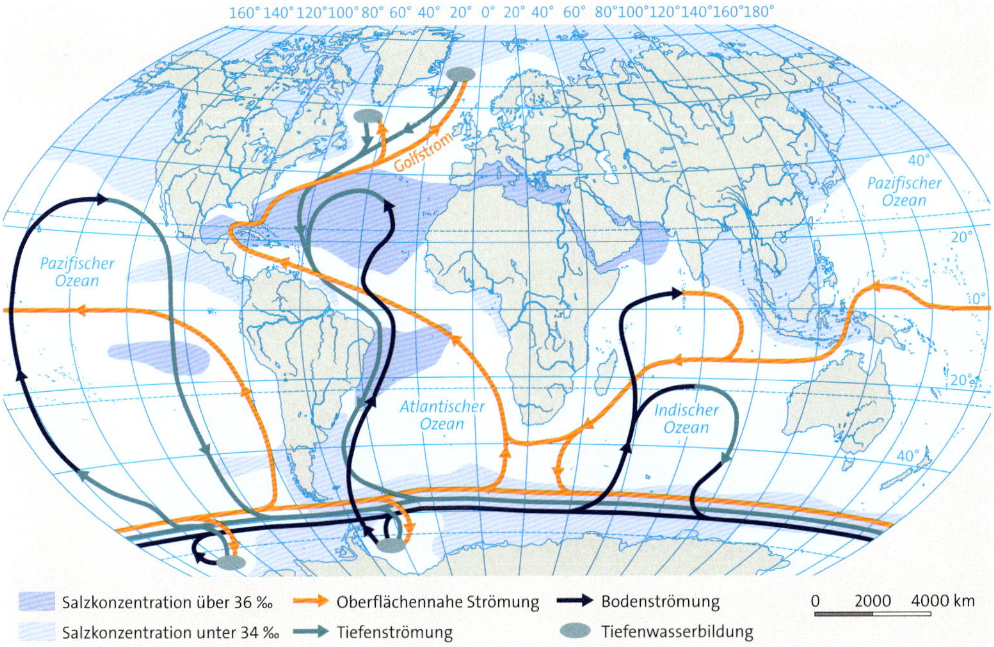

Die in den Ozeanen enthaltene **Salzkonzentration** variiert je nach Region ein wenig. Konzentrationen von 34–36 ‰ sind normal.

Begriffe:
Bodenströmung: unterscheidet sich von der Tiefenwasserströmung, weil sie direkt am Ozeanboden verläuft

Tiefenwasserbildung: Regionen, in denen das abgekühlte Oberflächenwasser in die Tiefe absinkt

Meeresströmungen können für kalte oder warme Lufttemperaturen in Küstennähe und damit unterschiedlich große Verdunstungsmengen sorgen. So beeinflussen sie die Klimaelemente an einem Ort fundamental. Die Meeresströmungen, die in ihrer Hauptausprägung als **globales Förderband** bezeichnet werden, werden sowohl oberflächennah von den vorherrschenden Winden als auch von den Temperatur-, Druck- und Salzgehaltsverhältnissen gesteuert. Dabei driften die warmen *Oberflächenströmungen* von den tropischen Gebieten am Äquator in die subpolaren Zonen Richtung der Pole, wo sie abkühlen, zu Boden sinken und als bodennahe *Tiefenwasserströmung* zum Äquator zurückfließen.

M3 Landschaftszonen der Erde (in Anlehnung an die Ökozonen nach SCHULTZ)

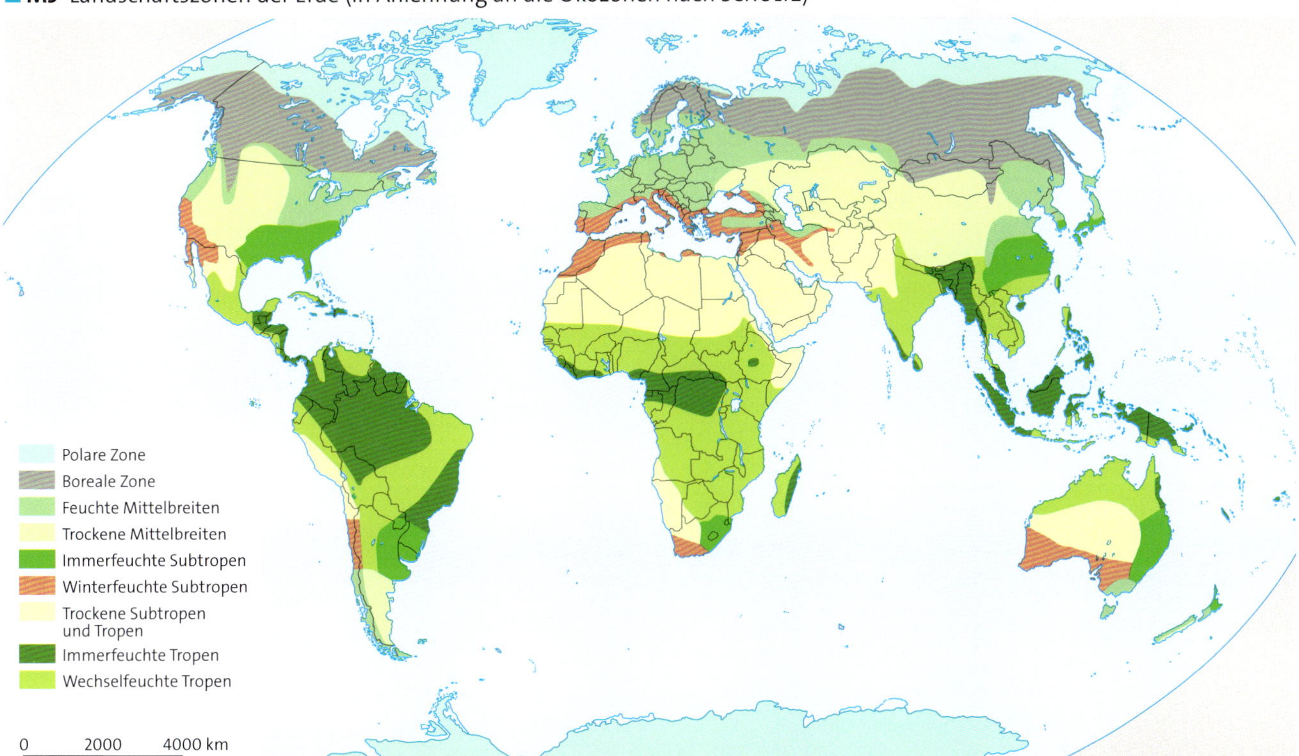

Landschaftszonen sind Großräume, die sich durch ein vergleichbares Klima, vergleichbare Oberflächenformen, Böden, Lebensweisen von Pflanzen und Tieren sowie Ertragsleistungen in der Land- und Forstwirtschaft und deren Wechselwirkungen auszeichnen. Die Ökozonen nach Schultz sind eine mögliche Einteilung von Landschaftszonen.

Landschaftszonen im Überblick

Landschaftszonen (nach Schultz)	Polare / Subpolare Zone		Boreale Zone	Feuchte Mittelbreiten	Trockene Mittelbreiten	Winterfeuchte Subtropen
Anteil an der gesamten Landfläche	10,8 %	4,0 %	13,1 %	9,7 %	11,1 %	1,7 % 4,0 %
Verteilung	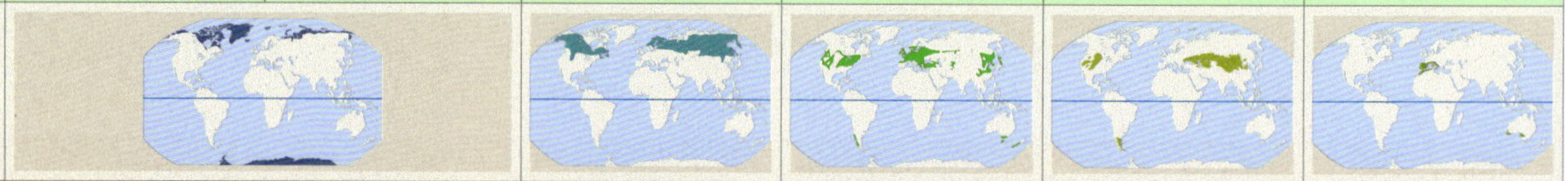					
Klimazone	Polare	Subpolare	Gemäßigte Zone Kaltgemäßigte	Kühlgemäßigte	Kontinentalgemäßigte	Winterfeuchte Subtropen
Klimadiagramm	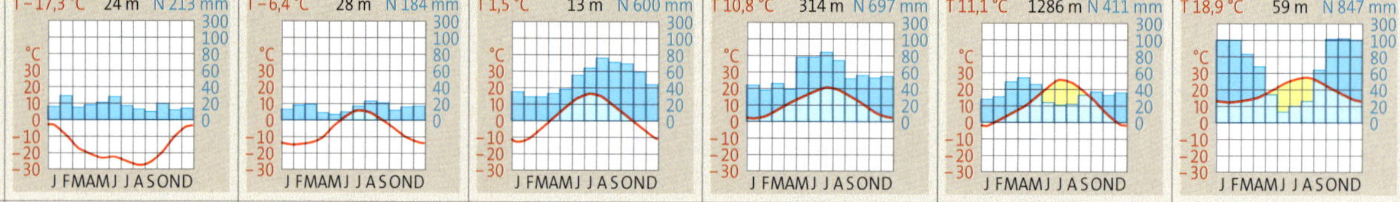 Mc Murdo (Antarktis/USA) T −17,3 °C 24 m N 213 mm	Spitzbergen (Norwegen) T −6,4 °C 28 m N 184 mm	Onega (Russland) T 1,5 °C 13 m N 600 mm	Stuttgart (Deutschland) T 10,8 °C 314 m N 697 mm	Salt Lake City (USA) T 11,1 °C 1286 m N 411 mm	Messina (Italien) T 18,9 °C 59 m N 847 mm
Monate ≥ 10 °C (≥ 18 °C)	0 (0)	0 (0)	2–3 (1)	5–7 (4)	5–7 (5)	8–12 (4–6)
Jahresmittel der Temperatur	unter −10 °C	−10 °C bis 0 °C	−5 °C bis 10 °C	um 5 °C	10 °C bis 15 °C	12 °C bis 24 °C
Niederschlag	< 250 mm	< 500 mm	250 bis 500 mm	500 bis 1000 mm	< 500 mm	400 bis 1000 mm
weitere Merkmale	Niederschlag nur als Schnee	Niederschlag meist als Schnee	kurze warme Sommer, kalte Winter, hohe Temperaturunterschiede, 6–12 humide Monate	küstennah: maritimes Klima, mit zunehmender Küstenferne zunehmend kontinentales Klima	kontinentales Klima: Winterkälte und sommerliche Trockenheit (< 200 mm), hohe Niederschlagsvariabilität	trockene warme Sommer, milde feuchte Winter (Winterregen)
Jahreszeiten	ausgeprägte Jahreszeiten					
Zonale Vegetation	Kältewüsten	Tundra	Borealer Nadelwald, Taiga	Laub- und Mischwald	Steppe und Halbwüste	Hartlaubgehölze
Vegetationsperiode Tagesmittel über 5 °C	0 Monate	0 bis 3 Monate	3 bis 6 Monate	mehr als 5 Monate	0 bis 4 Monate	6 bis 9 Monate
Typische Vegetation dieser Zone	Anökumene, polare Wüste	polwärts Flechten und Moose, äquatorwärts Zwergsträucher	Lärchen, Fichten, Birke, Tanne, Moorgebiete auch Birken und Pappeln	Buchen, Eichen, Ahorn	Grassteppe, trockenes Grasland, Wüstensteppe	Mittelmeervegetation, z. B. Olivenbäume
Foto						
Oberer Bereich: Vegetation	 Kältewüste	Tundra	borealer Nadelwald	Mischwald	Steppe	subtropische Hartlaubgewächse
Unterer Bereich: Zonales Bodenprofil A-Horizont (Humus) B-Horizont (Verwitterungstiefe) C-Horizont (unverwittertes Gestein) Permafrost	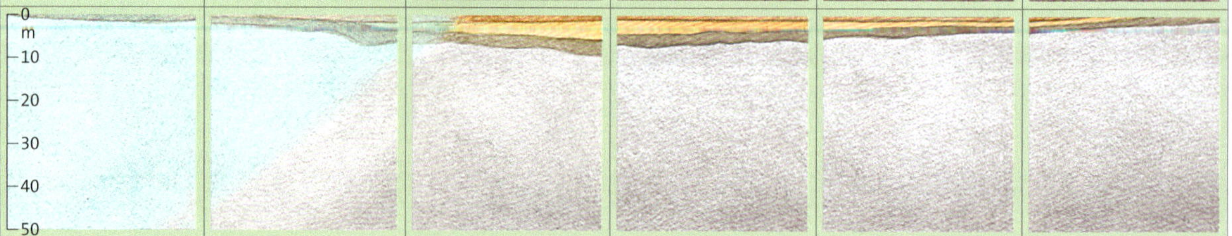					
Bodenzone	nährstoffarme Rohböden, die zum Teil im Sommer nur oberflächlich auftauen, Staunässe		nährstoffarme und zum Teil saure Böden (häufig Podsol), Staunässe	vielerorts fruchtbare Böden mit hohem Humusgehalt	äußerst fruchtbare Böden mit humusreichem Oberboden	nährstoffarme Böden mit geringer Tiefe
Begrenzende Faktoren	Permafrost	zu niedrige Temperaturen	Frostgefahr, geringe Nährstoffverfügbarkeit	Frostgefahr	Wassermangel, Frostgefahr, kurze Vegetationsperiode	Wassermangel, eingeschränkte Nährstoffverfügbarkeit
Art der Landnutzung	Anökumene	Rentiere (Nomadismus)	Forstwirtschaft, Torfabbau	Ackerbau, Sonderkulturen sowie Nutzviehhaltung	bei hohen Niederschlagsmengen: Getreideanbau; bei geringen Niederschlagsmengen: Weidewirtschaft	ungünstig für Ackerbau, Dauerkulturen (z. B. Oliven, Mandeln), Bewässerungsfeldbau, Gewächshauskultur
Grad der Landnutzung	Anökumene	keine bis extensive Viehhaltung	geringe bis extensive Landnutzung	kapitalintensive Landnutzung	intensive bis extensive (Halbwüste) Landnutzung, je nach Niederschlagsmenge	zum Teil intensive Landnutzung

Immerfeuchte Subtropen	Tropische / subtropische Trockengebiete		Sommerfeuchte Tropen		Immerfeuchte Tropen
4,0 %	14,4 %	6,4 %	7,0 %	9,4 %	8,4 %
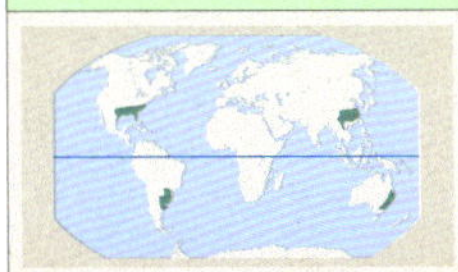			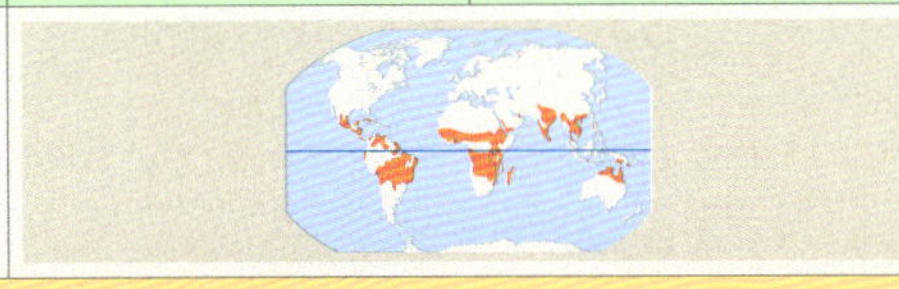		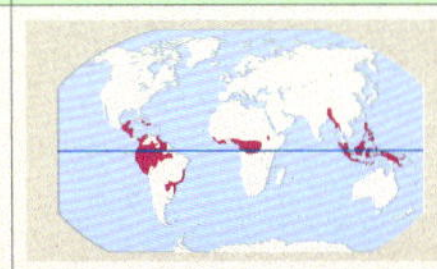
Immerfeuchte Subtropen	Trockene Subtropen	Wechselfeuchte Tropen			Immerfeuchte Tropen
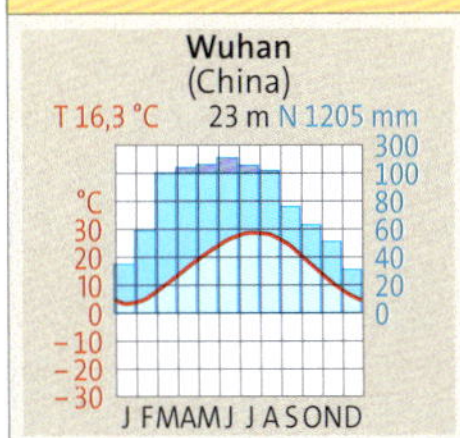	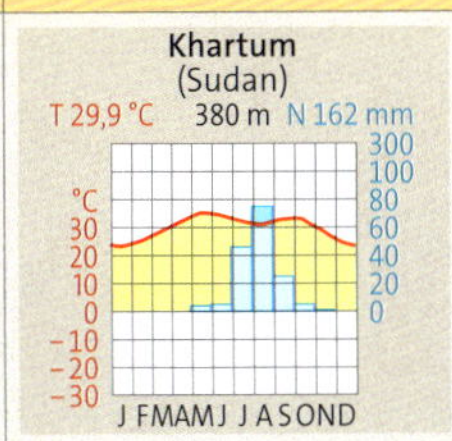	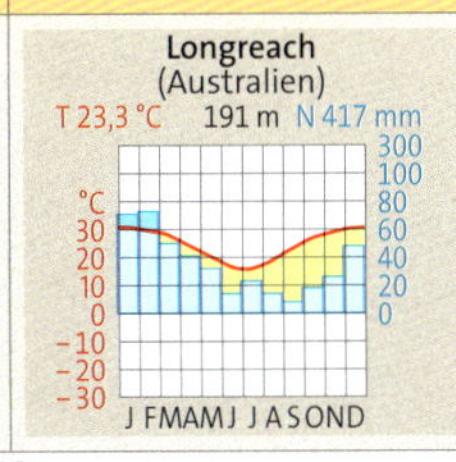	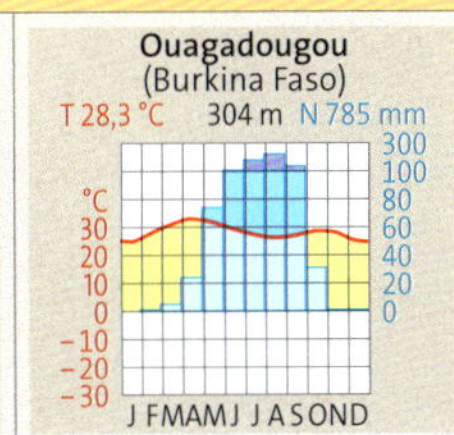	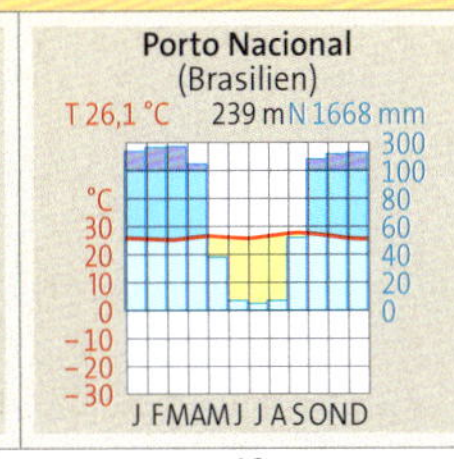	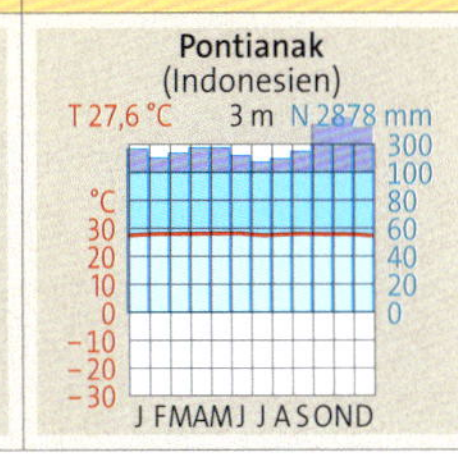
8–12 (4–7)	12 (5–12)		12 (12)		
12 °C bis 24 °C	über 20 °C		über 24° C		
1000 bis 1500 mm	< 500 mm		500 bis 1000 mm	1000 bis 1500 mm	> 1500 mm
warmgemäßigtes, vollhumides Klima, hohe Luftfeuchtigkeit, „Ostseitenklima"	0 bis 2 humide Monate	0 bis 4,5 humide Monate, kurze Regenzeit, lange Trockenphase	4,5 bis 7 humide Monate, eine ausgeprägte Regenzeit	7 bis 9,5 humide Monate	9,5 bis 12 humide Monate, feuchtwarmes Klima
keine Jahreszeiten – Tageszeitenklima (Trocken- und Regenzeiten)					
Subtropischer Regenwald	Strauchsteppe bis Wüsten	Dornstrauchsavanne bis Wüste	Trockensavanne	Feuchtsavanne	Tropischer Regenwald
12 Monate	0 bis 4 Monate		6 bis 9 Monate		12 Monate
Subtropischer Regenwald, Lorbeerwald	spärliche Wüstenvegetation, vereinzelt Gräser	Pflanzen müssen Wasser speichern können, z. B. Sukkulenten	Schirmakazie, Affenbrotbaum, kniehohes Grasland	Grasland und lichte Wälder, Trockenwälder	regengrüne Feuchtwälder, Stockwerkbau

					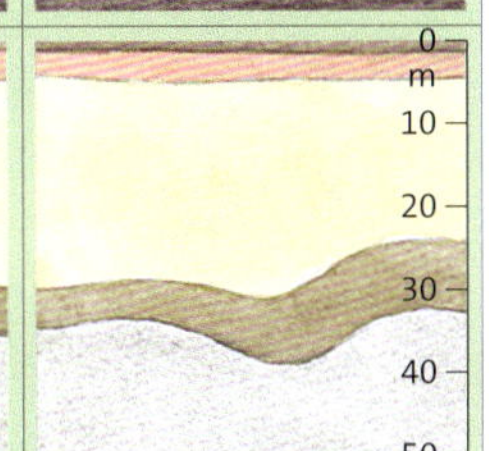
saure, nährstoffarme Böden mit geringem Humusgehalt	nährstoffarme Böden mit geringer Tiefe		stark verwitterte, basenreiche und eher wenig fruchtbare Böden	stark verwitterte, basenreiche und eher wenig fruchtbare Böden	stark verwitterte, wenig fruchtbare Böden
Nährstoffarmut	Wassermangel, eingeschränkte Nährstoffverfügbarkeit		Wassermangel, eingeschränkte Nährstoffverfügbarkeit		Nährstoffarmut
Ackerbau, Reis	Wanderweidewirtschaft und Oasenwirtschaft der Trockenräume		Hirse, Mais, Erdnüsse, Reis, Bohne, Baumwolle, Ziegen, Schafe (Weidewirtschaft)	Sorghum, Hirse, Reis, Maniok, Mais, Erdnüsse, Baumwolle, Rinder	Bananen, Kakao, Kaffee, Zuckerrohr, Maniok, Nutzviehhaltung
intensive Landnutzung	keine Landnutzung bis extensive Weidewirtschaft (Nomadismus)		extensive Landnutzung	zum Teil intensive Landnutzung	intensive Landnutzung

1 Beschreiben Sie die Lage und Verbreitung der polaren, subpolaren und borealen Zone sowie der Mittelbreiten (S. 21 **M3**, Atlas).

2 Kennzeichnen Sie die polare Zone, die boreale Zone und die Mittelbreiten unter Berücksichtigung der klimatischen Gegebenheiten (**M2** bis **M6**).

3 Wenden Sie die Methode „themenbezogenes Lokalisieren“ an: Lokalisieren Sie die Soester Börde unter dem Themenschwerpunkt „Klima und Landwirtschaft“ (**M4**, Atlas).

4 Erstellen Sie im Verlauf der Bearbeitung dieses Kapitels zu jeder Ökozone jeweils eine Strukturskizze, die die wesentlichen Aspekte zu den naturräumlichen Gegebenheiten und zur Nutzung verdeutlicht (**M1**).

Polare, subpolare, boreale Zone und Mittelbreiten

Polare und subpolare Zone
Die polare und subpolare Zone zeichnen sich durch Temperaturen im Dauerfrostbereich und vegetationslose Frostschuttwüsten aus (vgl. S. 28/29). Jahreszeitlich beherrschend sind hier die Lichtverhältnisse, Polartag und Polarnacht. Während man als polare Zone die Bereiche der Welt kennzeichnet, die sich durch niedrige Temperaturen auszeichnen, lassen sich unter dem Begriff **subpolar** Gebiete zusammenfassen, die bereits Vegetation (Gräser, Flechten und Moose) aufweisen. Diese **Tundrengebiete** befinden sich vor allem auf der Nordhalbkugel und besitzen sommerlich auftauende Dauerfrostböden, die sogenannten **Permafrostböden**. Bis auf die Viehwirtschaft ist in diesen subpolaren Bereichen aufgrund der klimatischen Gegebenheiten keine Landwirtschaft möglich.

Boreale Zone
Die boreale Zone, in Sibirien **Taiga** genannt, umfasst die artenarmen, bewaldeten Gebiete der Nordhalbkugel, die sich durch Nadelbäume (Fichten, Kiefern) auszeichnen, die den klimatischen Bedingungen (lange kalte Winter und kurze, z. T. recht warme Sommer, kurze **Vegetationsperiode**) und den Bodenverhältnissen (Permafrostböden) gewachsen sind. Sie bilden mit einem bis zu 3000 km breiten Streifen, der die gesamte Nordhalbkugel umspannt, das größte zusammenhängende Waldgebiet der Erde.

Die Mittelbreiten
Unter den Mittelbreiten werden alle Gebiete nördlich der Subtropen und südlich der borealen Zone zusammengefasst. Ihre Natur wird durch vielfältige Einflüsse geprägt: So entstehen Zonen mit regelmäßig hohen Niederschlägen (feuchte Mittelbreiten), die durch ozeanische Luftmassen geprägt sind, während sich in kontinentalen Lagen steppenartige Trockengebiete entwickeln können (trockene Mittelbreiten).
Typisch für die Landschaftszone, in der wir leben, die feuchten Mittelbreiten, sind ausgeprägte Jahreszeiten, die mit einer geringen Jahrestemperaturamplitude und regelmäßigen Niederschlägen einhergehen: beste Bedingungen für eine ausdifferenzierte landwirtschaftliche Nutzung und ausgeprägte Laub- und Mischwälder.
Werden die Niederschläge im Jahresverlauf geringer, so entstehen **Steppen**, die traditionell nomadisch, d. h. durch nicht-sesshafte Bevölkerung mit **Weidewirtschaft** genutzt werden. Diese Steppen der trockenen Mittelbreiten werden in Nordamerika Prärien, in Südamerika Pampa genannt.

FACHBEGRIFFE
boreal: die boreale Zone (lockerer Nadelbaumbestand) betreffend
Permafrostboden: tiefgefrorener Dauerfrostboden
Steppe: grasreiche, aber aufgrund fehlender Niederschläge baumlose Landschaft
subpolar/subpolare Zone: Übergangszone zwischen polarer und borealer Zone, von Tundrenvegetation (s. u.) geprägt
Taiga: sibirisches Wort für die boreale Zone
Tundrengebiete: Gebiete mit der Vegetationsform der Tundra (baumlos, Flechten, Moose und Zwergsträucher)
Vegetationsperiode: ergibt sich aus der Gesamtheit aller humiden Monate eines Jahres, deren mittlere Temperaturen über +5 °C liegen. Zugleich kann die Vegetationszeit durch Wärme- oder Wassermangel zeitweise gestoppt werden.
Weidewirtschaft: Viehhaltung auf Weiden oder in nomadischer Form

M1 Strukturierungshilfe für die Strukturskizze für die jeweilige Ökozone

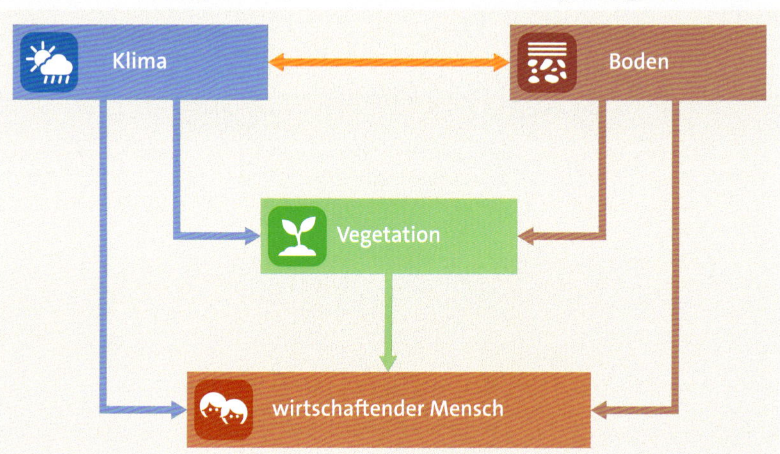

METHODE: „themenbezogenes Lokalisieren“

Beim Lokalisieren können für einen Ort, eine Region oder einen Staat viele verschiedene geographische Einordnungen (u. a. mithilfe der Informationen aus dem Atlas) vorgenommen werden. Dabei sind einige grundlegende Angaben von Bedeutung wie die Lage im Gradnetz und die Lagebeziehungen (Nachbarstaaten oder -städte, Hauptstadt, Staat, Region oder Kontinent, Lage zum Meer etc., vgl. Operatorenliste S. 208). Damit man jedoch gezielt wichtige Informationen nennt, die für die Bearbeitung eines Themas von entscheidender Bedeutung sind, muss man zunächst verschiedene Kategorien themenbezogen erfassen.

Thema: Landwirtschaft auf Island – Potenziale und Grenzen der landwirtschaftlichen Nutzung
Beispielaufgabe: Lokalisieren Sie Island themenbezogen und ...

Da bereits im Titel das Thema Landwirtschaft auftaucht, muss man sich darüber im Klaren sein, welche Faktoren bei der landwirtschaftlichen Nutzung eines Raumes von Bedeutung sind: Neben der Lage im Gradnetz und zum Meer sind dies vor allem die Klima- und Landschaftszone, die Vegetation, der Boden und das Relief.

Beispiellösung:
„Die Insel Island mit der Hauptstadt Reykjavik liegt im Nordatlantik, am Rand des Nordpolarmeeres. Sie erstreckt sich im Gradnetz von ca. 12° bis 24° westlicher Länge und von ca. 63,7° bis 66,5° nördlicher Breite, dem nördlichen Polarkreis.
Da die Temperaturen ganzjährig relativ niedrig sind (ggf. Verweis auf ein Klimadiagramm), ist die landwirtschaftliche Nutzung am Rand des Polarkreises auf die Viehhaltung beschränkt (Verweis auf Atlaskarte).
Es liegt eine Tundrenvegetation vor und der Boden besteht aus vulkanischem Gestein und seinen Verwitterungsprodukten.
Das Relief steigt von der Küste zur Landesmitte an, wobei man die höchsten Erhebungen vulkanischen Ursprungs im Westen und Südwesten (Hvannadalshnúkur, 2119 m ü. N. N.) findet. Vergletscherte Gebirge befinden sich in der Mitte (Langjökull, Hofjökull und Vatnajökull) und im Süden (Eyjafjallajökül) Islands. Insgesamt weist die Südküste der Insel die geringsten Höhenunterschiede und den breitesten Streifen mit 0–100 m ü. N. N. auf (Verweis auf eine Atlaskarte).“

M2 Klimadiagramm polare Zone

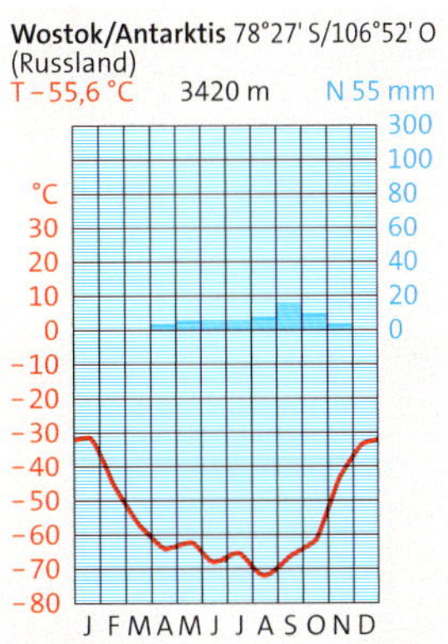

M3 Klimadiagramm boreale Zone

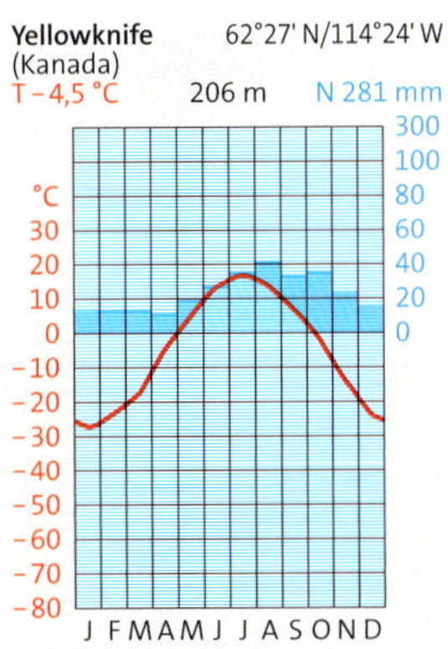

M4 Klimadiagramm feuchte Mittelbreiten

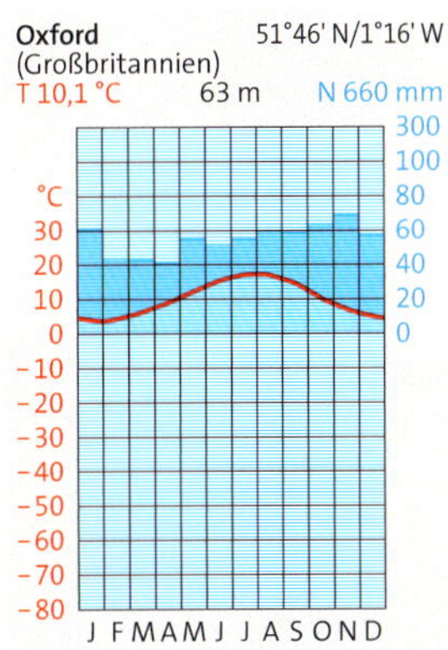

M5 Klimadiagramm trockene Mittelbreiten

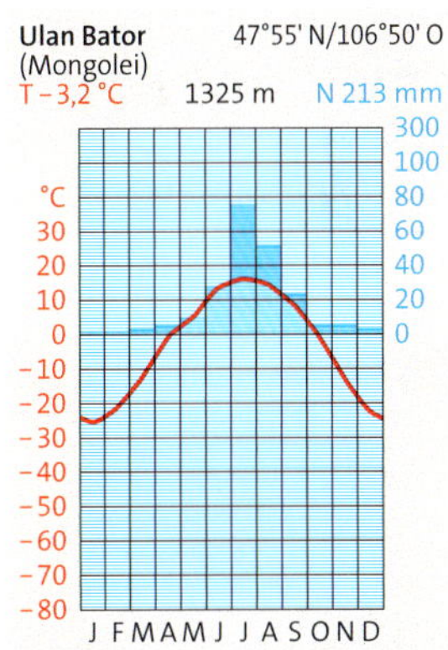

M6 Klima- und Vegetationsprofil durch die Osteuropäische Tiefebene von Nordwest nach Südost

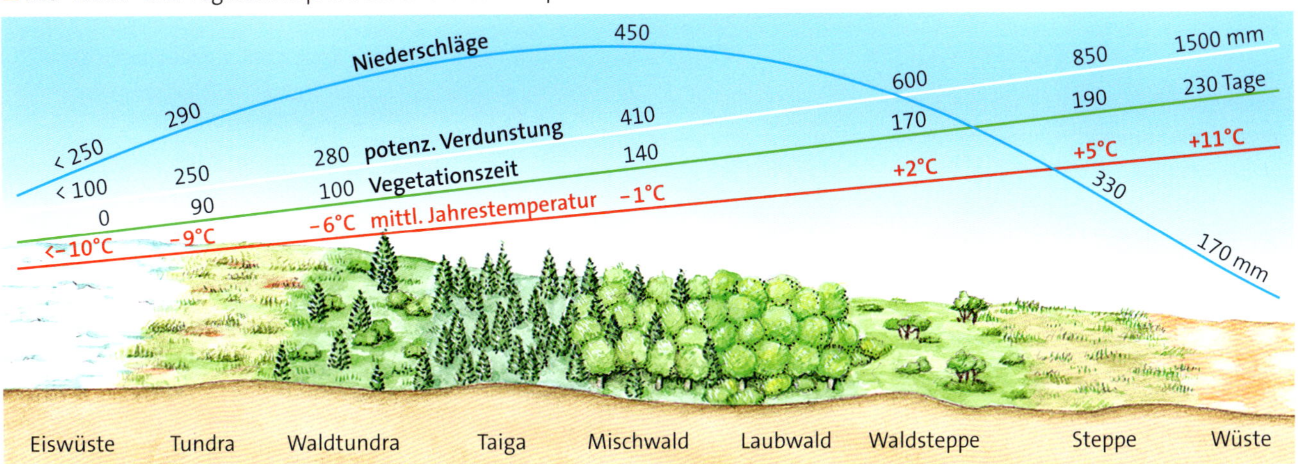

1 Kennzeichnen Sie die Lebensbedingungen in der polaren und subpolaren Zone (**M1, M2**).

2 Erläutern Sie die Auswirkungen der globalen Erwärmung auf die polare Zone (**M2** bis **M5**).

3 Nehmen Sie begründet Stellung zur Frage/Aussage in der Überschrift (neue Chancen oder Risiken).

Leben in der polaren und subpolaren Zone – neue Chancen oder Risiken?

M1 Verbreitung von Permafrostböden auf der Nordhalbkugel

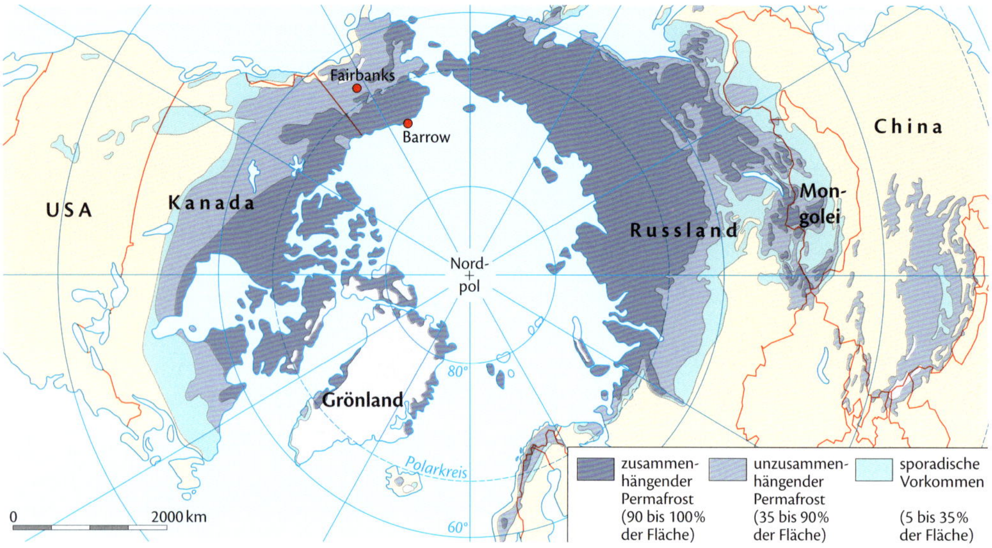

Das Leben in der polaren und subpolaren Landschaftszone ist geprägt von kurzen und kühlen Sommern, kalten und langen Wintern und von starken Gegensätzen wie Polartag und Polarnacht.

Boden und Vegetation

Eis und Schnee bestimmen im Jahresverlauf das Bild dieser Landschaftszone. Landwirtschaft ist in dieser Zone in Form von Ackerbau kaum möglich, da die Vegetationsperiode zu kurz ist und die Bedingungen für eine notwendige Bodenbildung unzureichend sind. Bei großer Kälte finden biochemische Bodenbildungsprozesse in zu geringem Maße statt. Zudem fehlt für die Humusbildung die Vegetation, die das zu verwitternde Material zur Verfügung stellt. Diese kargen Orte werden auch als **Eiswüste** bezeichnet. Im Wechsel der Jahreszeiten können jedoch physikalische Verwitterungsprozesse ablaufen: Beim Tauen des Eises dringt Wasser in feine Spalten im Gestein ein; gefriert es wieder, so dehnt es sich wieder aus und führt zum Absprengen schotterartiger Bestandteile (Frostsprengung). Auf diese Weise kommen im Sommer an einigen Stellen erkennbare **Frostschuttwüsten** zum Vorschein. An manchen Stellen mit Frostschutt können sich erste **Pionierpflanzen** und Pilze niederlassen. Es entstehen zunächst Flechten und Moosteppiche, bevor später auf ihnen Polsterpflanzen, Gräser und Zwergsträucher wachsen, die den arktischen Bedingungen standhalten. Diese Art der Vegetation wird **Tundra** (russisch = waldloses Sumpfland) genannt.

Permafrostböden

Grundlage der Tundra ist der **Permafrostboden**. Er taut im Sommer nur oberflächlich auf, es bildet sich Staunässe.
Gegenwärtig tauen die Permafrostböden aufgrund höherer Temperaturen in den Sommermonaten tiefgründiger auf, frieren aber in den kürzeren Forstperioden nicht mehr so tief ein, sodass passive Kühlsysteme an Gebäuden und der Infrastruktur nicht mehr ausreichen, um starke Schäden zu verhindern. Auch auf die im Boden eingeschlossenen Gase und Organismen hat diese Veränderung großen Einfluss: Die Zersetzungsprozesse intensivieren sich. Da diese Prozesse in der Staunässe unter Luftabschluss erfolgen, entstehen oft Faulgase wie Methan, welches während anhaltender Warmphasen ausgast. Methan (CH_4) ist im Vergleich zu Kohlenstoffdioxid ein 25-mal so wirksames Treibhausgas und verstärkt damit zusätzlich den Klimawandel.

FACHBEGRIFFE

Eiswüste: Landschaft, die nur aus Eis und Schnee besteht
Frostschuttwüste: vegetationslose Landschaft aus Felsen und Gesteinsschutt
kommerzielle Schifffahrt: Schifffahrt, die zum Zweck des Transports von Waren und Gütern oder Personen erfolgt
Pionierpflanzen: erste sich ansiedelnde Pflanzen wie Flechten, Moose und Gräser
Tundra: baumloses Sumpfland mit niedriger Vegetation
200-Meilen-Zone: Zone, die zu einem Küstenstaat gehört, in der er Befugnisse zur Ressourcennutzung hat (Fischerei und Meeresbergbau; entspricht ca. 370 km)

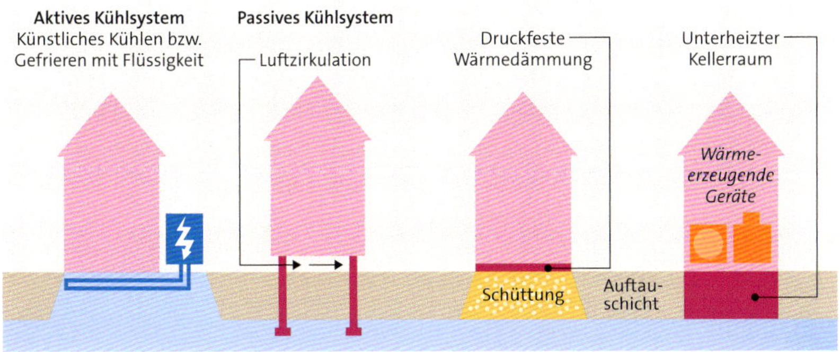

M2 Aktive und passive Kühlsysteme für Gebäude und Rohrleitungen in bzw. auf Permafrostböden

M3 Seewege durch die „Arktis"

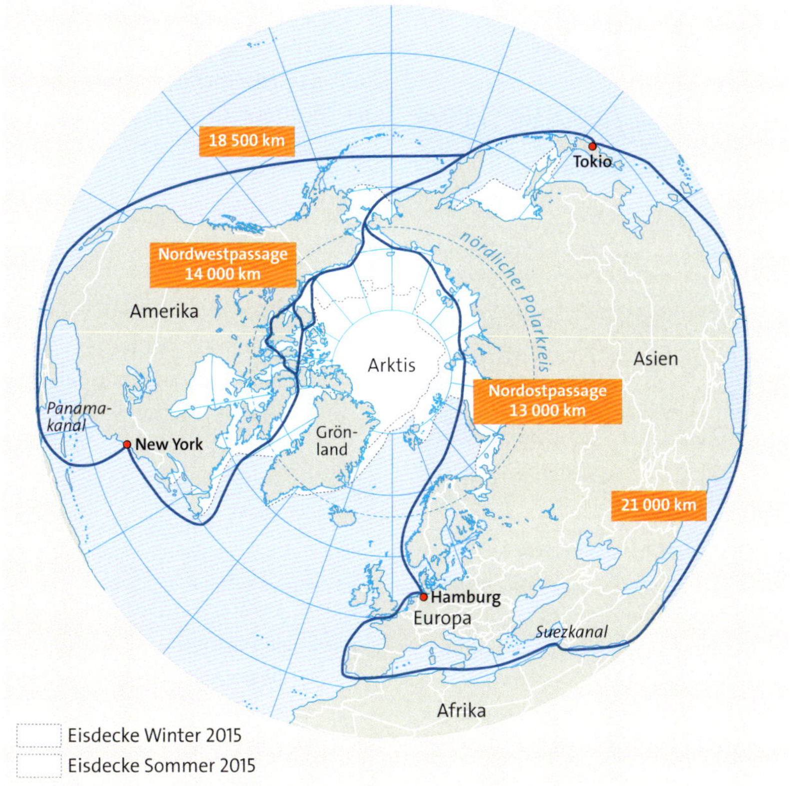

M4 Eisfreie Schiffspassage in der Arktis

„Ein dänisches Containerschiff durchquert in diesen Tagen die Arktis. Das ist bemerkenswert. Denn noch nie hat ein so schwerer Frachter die Route passiert, und erst zum dritten Mal wagt sie ein Frachtschiff überhaupt. Obwohl die Menschen sich in den letzten Jahrhunderten alle nur denkbaren Wege um den Globus erschlossen, Eisenbahnen und Flugzeuge bauten – das nördliche Eismeer blieb lange undurchdringlich: ein halbes Jahr Dunkelheit, minus dreißig Grad, meterdicke Packeis und an der Küste weit und breit keine Menschenseele. Kein Durchkommen. [...]"

Quelle: Livia Gerster: Am Nordpol, denkt man, ist es kalt. In: FAZ vom 26. September 2018, Zugriff: 22.03.2021

M5 Ressourcenstreit und staatliche Zugehörigkeit der Arktis

Die Grundlage bei der Frage nach der staatlichen Zugehörigkeit der Arktis bildet der sogenannte „Festlandssockel", eine Weiterführung der Gesteinsschichten unter dem Festland hinaus auf das arktische Meer. Denn unter der Arktis werden wichtige Ressourcen wie Erdöl, Erdgas und Metalle vermutet. Sie könnten eine wichtige Einnahmequelle werden.

2019 rückte Grönland in den Fokus: Äußerungen des US-Präsidenten Trump zum Kauf Grönlands stießen eine Debatte über die zukünftige Nutzung der Insel an. Obwohl sie überwiegend von einem schrumpfenden Eisschild bedeckt ist, sind jedoch mehr als 400 000 km² entlang der Küste eisfrei (zum Vergleich die Fläche Deutschlands: 357 022 km²). Zwecks Rohstoffabbau sind zwei Erz-Minen auf Grönland in Betrieb (Stand: 2019), weitere Entwicklungsprojekte für interessante Rohstoffe wie Molybdän, Tantal, Zirkon und Seltene Erden, die für die Smartphone-, LED- und Elektromotoren-Herstellung genutzt werden, sollen bald folgen.

Basierend auf: Handelsblatt vom 24.08.2019, „Wettlauf zum Nordpol – Die internationalen Interessen in der Arktis"

1 Lokalisieren Sie Svalbard, indem Sie die Lage im Gradnetz und die naturräumlichen Gegebenheiten berücksichtigen (**M1**, **M4**, Atlas).

2 Erläutern Sie den Wandel der Nutzungsmöglichkeiten der subpolaren Zone am Beispiel Svalbards, indem Sie die Concept Map in einen Text umwandeln und mit weiteren Informationen ergänzen (**M1**, **M2**, **M3**).

3 Die Wochenzeitung „Die Zeit" betitelte einen Artikel wie folgt: „Norwegens doppeltes Spiel mit dem Klimawandel". Nehmen Sie zu dieser Schlagzeile unter Berücksichtigung des Kohleabbaus und der Erdölförderung kritisch Stellung (**M2**, **M3**, **M5** bis **M9**).

Leben in der (sub-)polaren Zone – das Beispiel Svalbard

M1 Blick auf die Provinzhauptstadt Svalbards, Longyearbyen

Die Inselgruppe ***Svalbard*** (zu Deutsch „Kalte Küste") wird allgemein als Spitzbergen bezeichnet, obwohl dies nur die Hauptinsel bezeichnet. Die Fläche dieser Inselgruppe beträgt ca. 61 000 km² (doppelt so groß wie Belgien). Die Inseln gehören zum Staat Norwegen und werden von dort aus verwaltet. Die Hauptstadt Longyearbyen (benannt nach einem US-Steinkohle-Pionier) wurde 1906 gegründet und liegt auf Spitzbergen. Nur gerade mal 10 % der Inselgruppe Svalbard bilden eine typische Tundra aus. Typisch für Svalbards Tundren auf den einzelnen Inseln sind die flach wachsenden Arten (Zwergbirke, Polarweide) wie auch die *Rentier-Flechte*; Letztere dient vor allem als Nahrung für das hier vorkommende *Svalbard-Rentier*. Es ist durch die Insellage von anderen Rentierpopulationen getrennt und kommt nur hier auf Svalbard vor (**endemische Art**). Der größte Teil Svalbards – etwas mehr als 60 % des **Archipels** – ist vergletschert, ca. 30 % bestehen aus Frostschuttwüste. Da auf dem Boden in diesem Zustand nur wenige Moos- und Flechtenarten wachsen, sind die Tiere dieser Region auf Nahrung aus dem Meer angewiesen. Der Herrscher über diesen Teil Svalbards ist der Eisbär. Er legt im Winter, wenn Spitzbergen vom arktischen **Meereis** umgeben ist (**Packeis**), große Strecken zurück. Ca. 1000 Tiere sind dann zwischen Spitzbergen und der Barentssee unterwegs – eine Zahl, die sich trotz des schwindenden Meereises in dieser Region seit 2004 wieder erhöht hat.

FACHBEGRIFFE

Archipel: Inselgruppe, die aufgrund naturgeographischer und geologischer Bedingungen zusammengehört
endemische Art: nur hier heimische/vorkommende Art
Meereis: zusammenhängende Eisdecke auf dem offenen Meer
Packeis: zusammenhängende Eisdecke, die das Festland umgibt
subventionieren/Subvention: gezielte finanzielle Unterstützung durch den Staat

M2 Geschichte Svalbards

12. Jh.	Entdeckung durch Wikinger, ohne Besiedlung
1596	Barents-Expedition: Europäer beginnen mit Walfang in den Sommermonaten
18. Jh.	Pelztier- und Robbenjagd (wegen ausgerotteter Walbestände)
18. u. 19. Jh.	Pomoren (russische Volksgruppe, Pelztierjäger) leben erstmals ganzjährig auf Svalbard
20. Jh.	Longyearbyen als Ausgangspunkt für Polarexpeditionen und Steinkohlenbergbau
1920	Svalbard-Vertrag: Souveränität Norwegens über Svalbard mit Duldung russischer Siedlungen
1975	Flughafeneröffnung in Longyearbyen
1993	Gründung der Universität (UNIS) in Longyearbyen („nördlichste Universität der Welt")
2006	Spatenstich für das Projekt Svalbard Global Seed Vault (vgl. M3)
2017	2583 Einwohner, davon rund 2100 in Longyearbyen

M3 Concept Map zur wirtschaftlichen Nutzung Svalbards

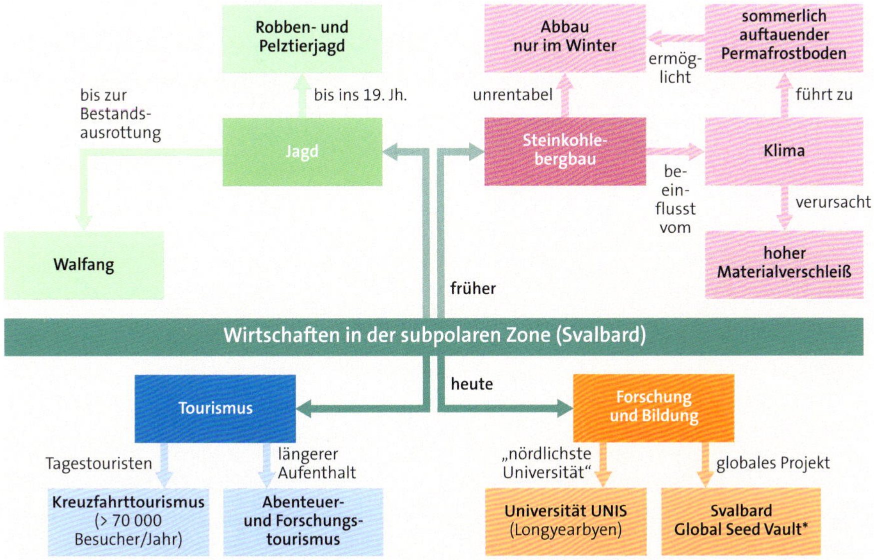

* wichtigste Samenbank für alle weltbekannten Nutzpflanzen

M4 Klimadiagramm Longyearbyen (Spitzbergen, Svalbard)

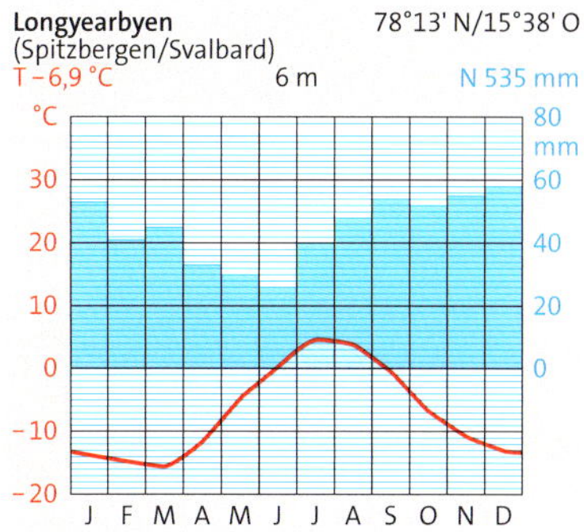

M5 Svalbard-Rentier in der Tundra Spitzbergens

M6 Mittlere Temperaturänderungen auf Spitzbergen (Svalbard)

Änderung der Lufttemperatur in Kelvin (K in 2 m Höhe) pro Jahrzehnt gegenüber 1993:

Sommer:	+ 1,6 K
(Deutschland:	+ 1,7 K)
Winter:	+ 3,0 K
(Deutschland:	± 1,3 K)

M7 Thema „Klimawandel" in der norwegischen Tageszeitung *Aftenposten*

„Zwei Mädchen sterben beim Lawinenabgang in ihrem Haus" (2015)

„Lawinengefahr am Sukkertoppen – Menschen an Longyearbyens Hausberg über Weihnachten evakuiert" (2017)

„Der Permafrost taut – 100 Studentenwohnungen müssen abgerissen werden" (2019)

„Permafrostschäden am Tresor – Eingang des *Svalbard Global Seed Vault* muss wegen des tauenden Bodens renoviert werden" (2018)

Nach: polarkreisportal.de

M8 Rentiersterben auf dem Inselarchipel Svalbard – eine Folge des Klimawandels?

Forscher des Norwegischen Polarinstituts haben in Spitzbergen rund 200 verhungerte Rentiere entdeckt – eine ungewöhnlich hohe Zahl, wie die Wissenschaftler am Montag erklärten. Sie gehen davon aus, dass der Klimawandel zu einer höheren Sterblichkeitsrate bei den Rentieren auf der Inselgruppe im Nordpolarmeer führt.
Die Rentiere seien im vergangenen Winter verhungert, sagte die Forschungsgruppenleiterin Ashild Önvik Pedersen der Nachrichtenagentur AFP. Gemeinsam mit ihrem Team nimmt sie jährlich eine Zählung der Rentier-Population auf dem 1200 Kilometer vom Nordpol entfernten Archipel vor.
„Durch den Klimawandel regnet es viel mehr", sagte Önvik Pedersen. Dadurch bildeten sich Eisschichten auf der Tundra. „Das verschlechtert die Weidebedingungen für die Tiere", sagte sie weiter.
Rentiere ernähren sich vor allem von Flechten, die sie im Winter mit ihren Hufen im Schnee aufspüren. Der ständige Wechsel von Frost und Tau kann jedoch zu undurchdringbaren Eisschichten führen, wodurch die Tiere nicht mehr an ihre Nahrung kommen. […]

Quelle: AFP. 200 verhungerte Rentiere in Spitzbergen gefunden. In: FAZ vom 29.07.2019, Zugriff: 17.08.2021

M9 Wechselnde Temperaturen im Permafrost – aktuelle Auftautiefe

www.cornelsen.de/codes/
Code: sesabi

1. Stellen Sie die Ausbreitung der borealen Zone in Europa dar und beschreiben Sie am Beispiel von Kuopio das kaltgemäßigte Klima (M1, Atlas).
2. Kennzeichnen Sie Finnland als Gunstraum für Holzwirtschaft (M1, M2, M4).
3. Erläutern Sie Strukturen und Bedeutung der Holzwirtschaft in Finnland (M3, M6).
4. Bewerten Sie die Zukunftsfähigkeit der Holzwirtschaft in Finnland (M3 bis M7).

Die finnische Holzwirtschaft – Vorbild für den Umgang mit nachwachsenden Ressourcen?

Finnland ist die Heimat des bedeutendsten Holz-**Clusters** der Welt. Kaum ein anderer Wirtschaftszweig hat so eine lange Tradition, aber auch große Bedeutung für das Land und seine Bewohner. Man unterscheidet dabei zwischen Forstwirtschaft, der holzverarbeitenden Industrie (z. B. Möbel) und der Papierindustrie (M3). Die Aktivitäten im Sektor umfassen die gesamte Bandbreite von Waldmanagement, Anbau und Vermarktung des Holzes bis hin zur Spezialisierung auf Handelsprodukte für den Endverbraucher. Neben den klassischen Einsatzbereichen in der Körperhygiene profitierte die Holzindustrie im letzten Jahrzehnt vor allem vom Verpackungsbedarf des globalisierten Versandhandels. Ein relativ neues Geschäftsfeld ist die Energieerzeugung aus Holz sowie der Einsatz von Holz als Plastikersatz.

M1 Klimadiagramm von Kuopio

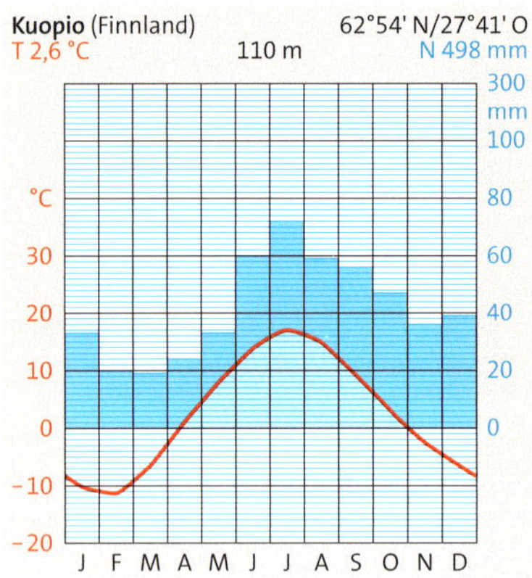

M2 Landnutzung Finnland
Gesamt: 337 547 km², davon…

Forstwirtschaft	213 188 km²
Brachland	50 529 km²
Landwirtschaft	25 047 km²
Verkehr u. sonst. Infrastruktur	5 750 km²
Siedlungsfläche	4 893 km²

Quelle: Eurostat

FACHBEGRIFF
Cluster: räumliche Konzentration wirtschaftlicher Aktivitäten in einem Wirtschaftszweig und eng verbundener Sektoren; umfasst auch Forschungs- oder Verwaltungstätigkeiten im Sektor

Herausforderungen: Nachhaltigkeit und Klimawandel

Durch Nachpflanzungen gelang es, die in den finnischen Wäldern vorhandene Holzmenge trotz kontinuierlicher Fällungen zu steigern. Schon werden im Land Stimmen laut, die die Einschlagmengen erhöhen wollen – unter dem Protest von NGOs wie Greenpeace, die die Forste als wichtige CO_2-Senke und unverzichtbaren Anteil Finnlands bei der Bekämpfung der Erderwärmung betrachten: Eine 20 m hohe Kiefer speichert im Durchschnitt 1 t CO_2. Seit mehreren Jahren sieht sich das Holz-Cluster mit Herausforderungen konfrontiert, die mit dem Klimawandel in Verbindung gebracht werden. Die Produzenten der 200 Mio. jährlich benötigten Setzlinge beklagen zu trockene Sommer und zu milde Winter, was die Nachpflanzungen gefährdet. In den Wäldern selbst verlängert sich zwar die Wachstumszeit, jedoch kämpft man mit vermehrten Waldbränden, Sturmschäden und Insekteneinfällen.

M3 Holz-Cluster: Ökonomische Bedeutung

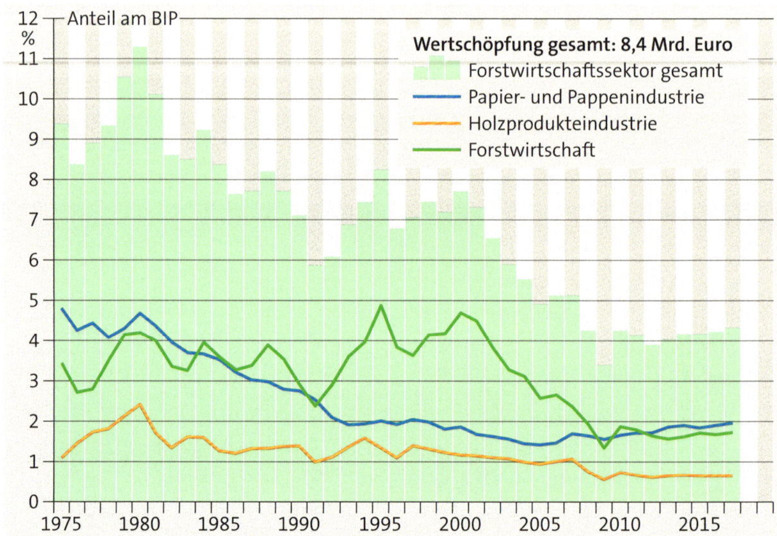

nach: Natural Resources Institute Finland (Luke). In: Finland's forests 2018

M5 Integrierter Werksstandort UPM, Lappeenranta

M4 Finnisches Modell der Holzwirtschaft

Privatpersonen	60 % Waldbesitz
Staat	25 % Waldbesitz
Unternehmen	9 % Waldbesitz
Sonstige	6 % Waldbesitz

Ökonomie
- Circa 620 000 Finnen besitzen Wald. Sie sind im genossenschaftlichen Unternehmen Metsä (Jahresumsatz: ca. 5 Mrd. €) zusammengeschlossen, d. h. sie vertreten ihre wirtschaftlichen Interessen gemeinsam.
- zwei bedeutende Aktiengesellschaften: Stora Enso und UPM Kymmene (beide je ca. 10,5 Mrd. € Umsatz)
- Beschäftigtenzahl weltweit (Metsä, Stora Enso und UPM Kymmene): ca. 55 000
- Produktionsniederlassungen in mehr als 30 Ländern. Beispiel Metsä: vier Werke zur Herstellung von Toiletten- und Küchenpapieren im Großraum Köln/Bonn

Ökologie
- wichtigster Rohstoff: Kiefer (bedeckt fast 50 % des finnischen Waldlands)
- andere bedeutende Arten: Fichte, Birke. Alle drei können sich gut an die klimatischen und Bodenbedingungen im Norden Europas anpassen.

Logistik
- Abtransport der Stämme: abhängig von der Anbindung des bewirtschafteten Waldstücks **multimodal**, d. h. durch verschiedene Verkehrsträger:
- Güterzüge
- LKW
- Flöße: *Stämme werden im Wasser zu riesigen „Paketen" zusammengebunden und von Schleppern zu verarbeitenden Betrieben verbracht*

Produktion
Sogenannte **integrierte Standorte** vereinen mehrere, z. T. voneinander getrennte Produktionsschritte, wie beispielsweise eine Zellstofffabrik, eine Zeitungspapierfabrik, ein Sägewerk, eine Bioraffinerie zur Herstellung von Holzdiesel und ein Forschungszentrum (M5).

Export
große Häfen in Helsinki, Loviisa (ca. 90 km östlich von Helsinki) sowie in Kotka-Hamina nahe der russischen Grenze

M6 Holzverarbeitung in Finnland 2020

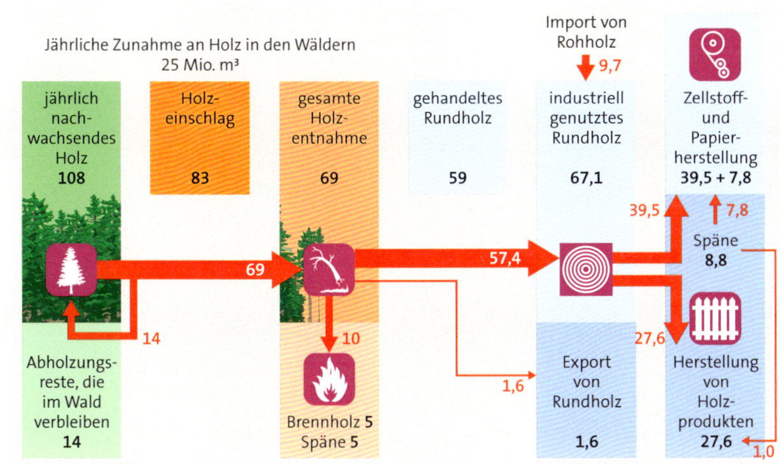

Angaben in Millionen m³
Nach Luke: Forest Industries, 2021

M7 METSO-Programm: Biodiversität für Südfinnlands Wälder

Laufzeit: 2008–2025
Budget: ca. 40 Mio. €/Jahr
<u>Ziele</u>
- Erhöhen des geringen Schutzgrads (<3 %) im Süden des Landes (Landesdurchschnitt: 9 %)
- Schaffen von 1780 km² neuer Schutzfläche (entspricht ca. 2x der Größe Berlins)
- Fokus: artenreiche Wälder mit Mooren oder Wildkraut
- Erhalt des Lebensraums (Habitats) der fünf großen Waldtiere: Bären, Luchse, Wölfe, Vielfraße und Rebhühner

1 Kennzeichnen Sie die globale Ausbreitung der Mittelbreiten. Werten Sie anschließend ein Klimadiagramm Ihrer Wahl aus (**M1, S. 35**).

2 Erläutern Sie beispielhaft die Unterschiede bezüglich Klima, Vegetation und Boden (Humushorizont) entlang der gedachten Achse durch die osteuropäische Tiefebene (**M1, S. 25 M6**).

3 Erklären Sie Zusammenhänge zwischen Klimawandel und Waldwandel (**M3** bis **M6**).

4 Informieren Sie sich selbstständig oder unter Anleitung Ihrer Lehrkraft im Internet zu einem Wald-Thema. Vorschläge: Borkenkäferplage / Sturmtief „Kyrill“ und seine Auswirkungen / „Hitzesommer“ 2018 und 2019.

Die Mittelbreiten

Die Mittelbreiten
Die Räume der mittleren Breiten sind wie die keiner anderen Landschaftszone dem Wechsel der Jahreszeiten unterworfen, der sich v. a. in Temperatur-Ausprägungen (**Amplitude**) beobachten lässt. Sie erstrecken sich von den Polarkreisen bis ca. 40° nördlicher und südlicher Breite. Das namensgebende *gemäßigte* Klima, d. h. ohne Extreme, war ein früher Gunstfaktor für das Leben und Wirtschaften der Menschen in diese Zone. Die wichtigen Kulturpflanzen Weizen und Gerste sind hier ebenso heimisch wie die „großen“ fünf Nutztiere (Schaf, Ziege, Schwein, Kuh, Pferd).

Natürliche und reale Vegetation
Nadel- oder Laubwälder kennzeichnen die **natürliche Vegetation** der Gemäßigten Zone. Dies reicht von relativ anspruchslosen Nadel- und Birkenwäldern im Norden Europas zu den Laubwäldern unserer Breiten. Der **boreale Nadelwald**, auch **Taiga** genannt, umfasst die weltweit größten zusammenhängenden Waldgebiete. In Zentraleuropa sind durch den Wandel von der Natur- zur Kulturlandschaft die meisten dortigen „Urwälder“ – meistens von Buchen dominiert – verschwunden: Wälder wurden für die Forstwirtschaft (vgl. S. 30/31) genutzt oder wichen Acker- oder Bauland. Im heutigen Nationalpark Eifel beispielsweise ersetzte die Fichte viele Laubbäume, und in letzten Jahren verbreitete sich die eigentlich in Nordamerika heimische, **invasive** Douglasie. Heute versucht man, diese Entwicklung rückgängig zu machen, um ein artenreiches Ökosystem zu schaffen. So wie hier unterscheidet sich an den meisten Orten Europas wie auch Amerikas die **reale Vegetation** von der potenziell **natürlichen Vegetation**.

M1 Die Mittelbreiten

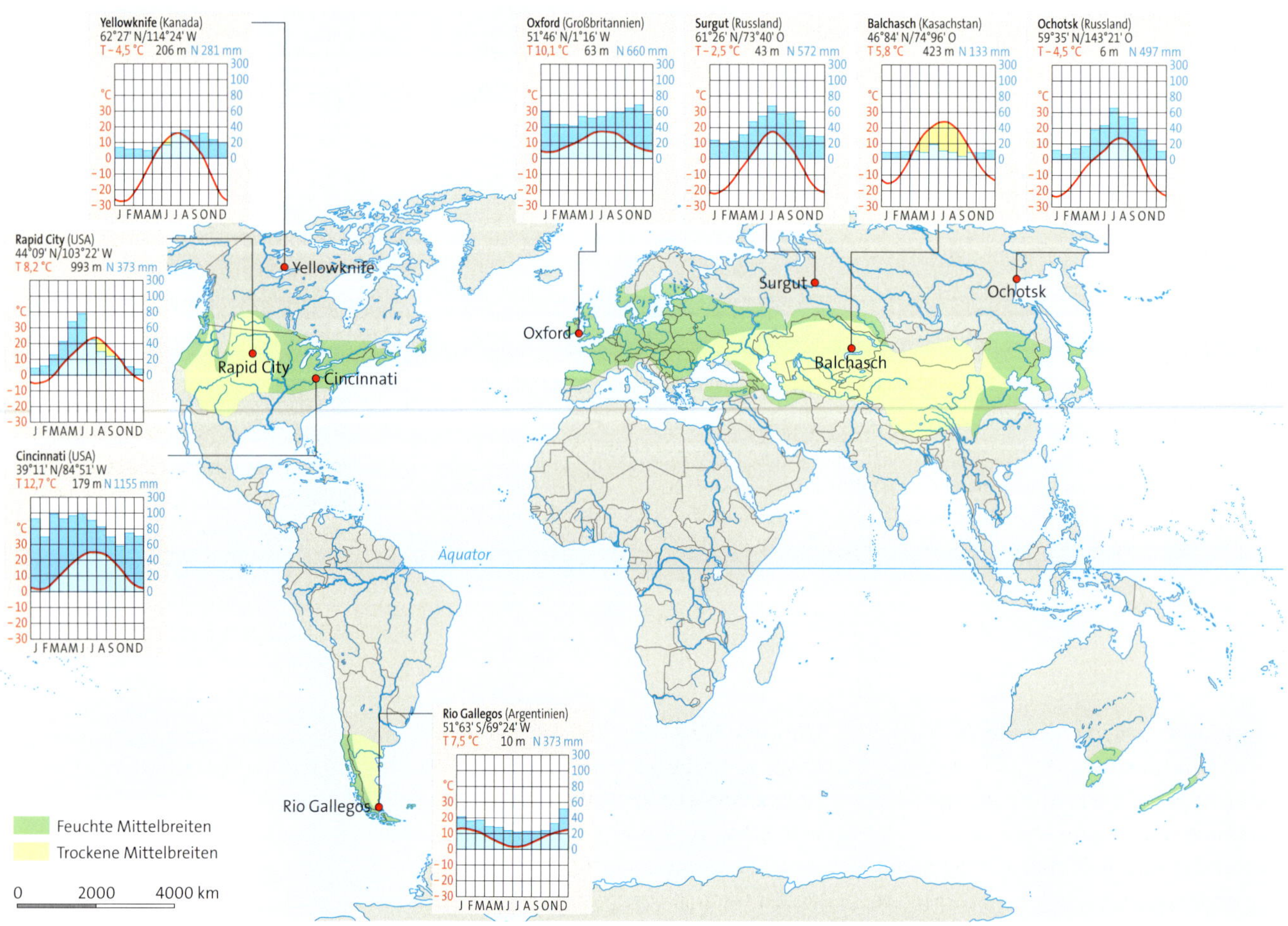

M2 Auswirkungen des Klimawandels auf die Wälder

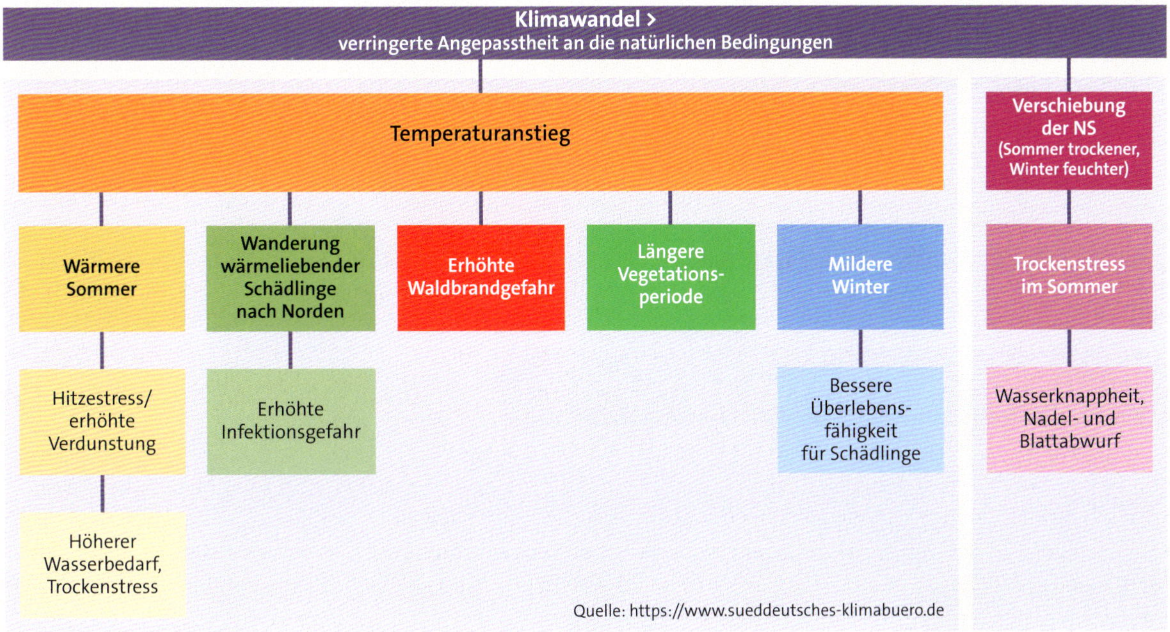

M3 Standorteignung von Fichten-Bestockung im Sauerland/NRW

Klimaszenario/ Modellierte Standorteignung	Aktueller Zustand (Klimadaten 1961–1990) (betrachtete Fläche 199 900 ha)	Temperatur +1 °C, Niederschlag −10 % (betrachtete Fläche 199 900 ha)	Temperatur +2 °C, Niederschlag −10 % (betrachtete Fläche 204 700 ha)
voll standortgerecht (keine besonderen Risiken)	123 800 ha	78 300 ha	67 300 ha

Nach: Ministerium für Umwelt, Landwirtschaft, Natur- und Verbraucherschutz des Landes Nordrhein-Westfalen: Wald und Waldmanagement im Klimawandel. September 2018

M5 Der Wald der Zukunft

Immer höhere Temperaturen, zunehmende Trockenheit und Dürre machen den Bäumen in unseren Wäldern in doppelter Hinsicht zu schaffen: Einerseits müssen sie den Wassermangel verkraften, andererseits tauchen, bedingt durch die Trockenheit, immer häufiger Schädlinge wie der Borkenkäfer auf. [...] Der Wald muss umgebaut werden, und zwar in einen naturnahen Mischwald. Welche Bäume sich dabei besonders eignen, wird intensiv erforscht. [...]
Im Bayerischen Wald soll es künftig mehr Tannen als Fichten geben, weil Tannen mit ihren tieferen Wurzeln besser an Wasservorräte herankommen (...). Doch die Forstexperten interessiert auch, ob bei uns nichtheimische Bäume den Wald fit für die Zukunft machen können, sogenannte „Gastbaumarten". [...]

Quelle: www.br.de: Wald der Zukunft: Die Suche nach klima- und schädlingsresistenten Bäumen

FACHBEGRIFFE

invasive Art: auch als Neophyten bezeichnete, durch den Menschen eingeschleppte Art, die häufig das angestammte Ökosystem verändert
borealer Nadelwald (Taiga): ausgedehnte Nadelwaldzone in Nordeurasien und Nordamerika (bedeckt ca. 10 % der Landoberfläche der Erde)
natürliche/reale Vegetation: die tatsächlich vorkommende im Gegensatz zur möglichen Vegetation (welche menschliche Einflussnahme ausschließt)

M4 Klimawandel heißt Waldwandel

Als Folge der Klimakrise (vgl. M4) sind in den Wäldern aktuell viele Kahlflächen entstanden, die nun wiederbewaldet werden sollen (**Aufforstung**). [...] Das Prinzip lautet „Klumpenpflanzung". Dies bedeutet, immer 30 bis 40 Baumsetzlinge an einer Stelle auszubringen. Zwischen dem nächsten „Klumpen" [...] bleiben viele Meter Abstand. So kann der Wald seine natürliche Dynamik entwickeln. Es wachsen sowohl die gepflanzten Bäume als auch solche, die die Natur einbringt: Entweder, wenn Samen zu Boden fallen und keimen, oder durch Tiere, die den Samen anderer Bäume verbreiten. Die Forstleute setzen dabei auf Arten- und Genvielfalt. Viele verschiedene Baumarten mindern das Risiko, dass künftig durch Baumkrankheiten oder -schädlinge erneut Kahlflächen entstehen.

Quelle: www.wald-rlp.de: Das Wald ist klimakrank - Wie der Klimawandel unsere Wälder bedroht. Stromberg, März 2020

1 Erklären Sie den Unterschied zwischen Wetter und Klima (Vorwissen, M5).

2 Werten Sie drei Klimadiagramme in M1 gemäß den methodischen Vorgaben aus. Verwenden Sie als Formulierungshilfe jeweils das aufgeführte Beispiel (M6).

3 Erarbeiten Sie mithilfe Ihrer Ergebnisse aus Aufgabe 2 eine Checkliste zur Auswertung von Klimadiagrammen (M5 bis M7).

4 Erklären Sie mithilfe der vorherrschenden Windrichtungen, der Meeresströmungen und der Lage das Klima von drei Klimastationen aus M1 (M1 bis M4, Seite 20, Atlas).

5 Erläutern Sie anhand von Beispielen den Unterschied zwischen kontinentalem und maritimem Klima (M1).

Grundlagen des Klimas in Europa

Azorenhoch

Winde bewegen sich vom Gebiet mit höherem Luftdruck (= Hochdruckgebiet) in Gebiete mit niedrigerem Luftdruck (= Tiefdruckgebiet). Vor der westafrikanischen Küste befindet sich das relativ stabile **Azorenhoch**. Die warmen Luftmassen strömen von diesem Hochdruckgebiet über den Atlantik zu den Tiefdruckgebieten (Islandtief), sodass in Europa westliche Windrichtung dominiert. Durch Verlagerung des Azorenhochs im Sommer nach Norden verändert sich im Mittelmeerraum die vorherrschende Windrichtung (vgl. S. 18f.).

Golfstrom

Der **Golfstrom** ist eine rasch fließende Meeresströmung, die durch ihre warmen Wassermassen nicht nur die nordeuropäischen Küsten aufheizt, sondern das Klima in ganz Europa stark beeinflusst. Aufgrund der Verdunstung reichern sich die milden Westwinde über dem Golfstrom mit Feuchtigkeit an. Diese feuchten Luftmassen treffen auf den europäischen Kontinent. Der gleiche Effekt tritt auch bei Winden auf, die über das recht warme Mittelmeer aus Süden nach Europa strömen.

Lage

Wassermassen wärmen sich im Sommer langsamer auf und kühlen sich im Winter langsamer ab als Festland. Deshalb ist das **maritime Klima** von küstennahen Gebieten durch milde Winter und nicht so heiße Sommer geprägt. Je weiter ein Ort vom Meer entfernt ist, desto geringer sind diese ausgleichenden Effekte. Die Sommer werden heißer und die Winter kälter, sodass die **Temperaturamplitude** größer wird. Je weiter ein Gebiet von den Küsten entfernt liegt, desto stärker ist das **kontinentale Klima** ausgeprägt. Zudem nehmen auch mit zunehmender **Höhenlage** die Temperaturen ab.

M1 Ausschnitt aus Europakarte mit Golfstrom und Klimadiagrammen

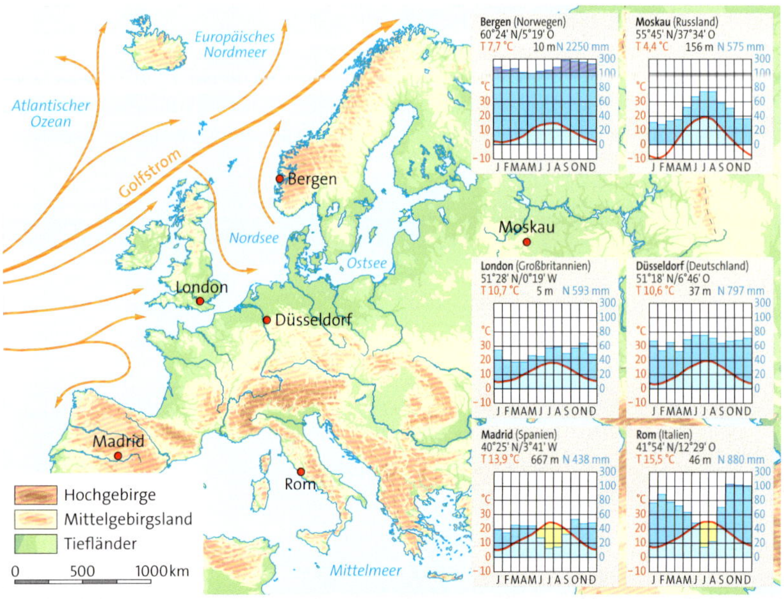

M2 Entstehung von Winden

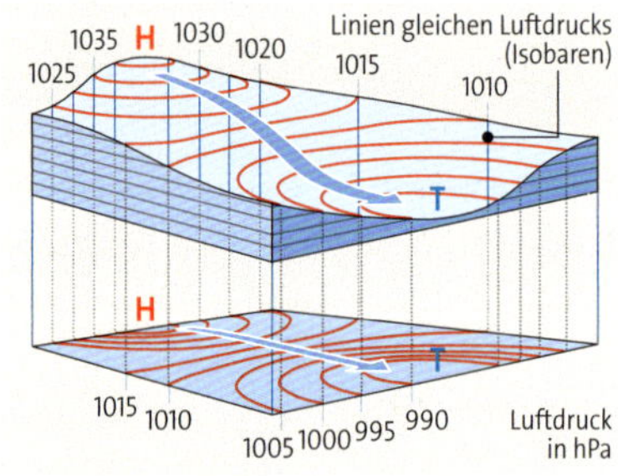

M3 Vorherrschende Windrichtungen im Januar

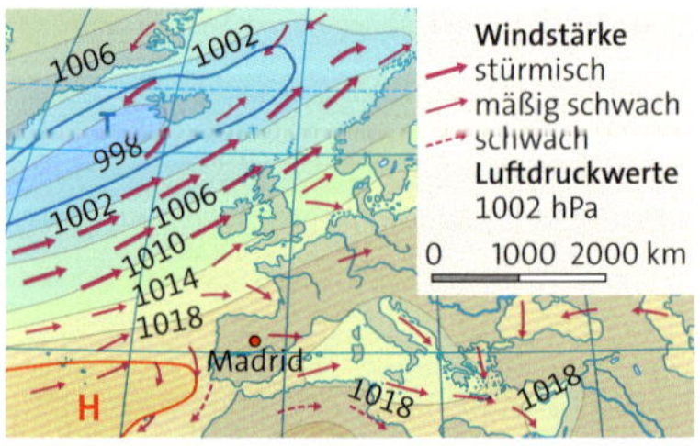

M4 Vorherrschende Windrichtungen im Juli

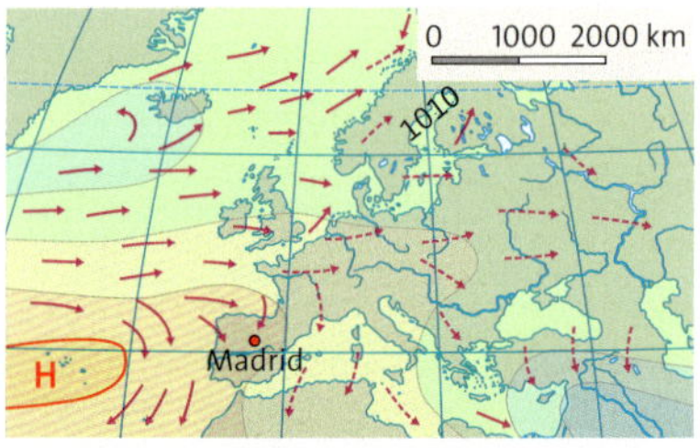

Auswertung von Klimadiagrammen

M5 Auswertung eines Klimadiagrammes

Wetter bezeichnet den Zustand der Atmosphäre zu einem bestimmten Zeitpunkt, an einem bestimmten Ort. Dagegen stellt ein Klimadiagramm die über 30 Jahre gemessenen Durchschnittwerte des Temperaturverlaufs und der Niederschlagsmenge (in mm bzw. Liter pro Quadratmeter) an einem Ort dar. Dabei werden Temperatur und Niederschlag im Verhältnis 1:2 abgetragen (20 °C entsprechen 40 mm Niederschlag), so können durch die Flächen zwischen Niederschlagssäulen und Temperaturkurve aride (trockene) und humide (feuchte) Zeiten dargestellt werden.
Damit Sie die Größen von Klimadiagrammen richtig auswerten können, sollten Sie das Klimadiagramm Ihres Nahraumes immer zum Vergleich heranziehen. Zudem ist zu berücksichtigten, dass man häufig keine Informationen zu klimatischen Risikofaktoren wie Nachtfröste oder **Niederschlagsvariabilität** erfährt. Niederschlagsvariabilitäten können zu Dürren und bei Starkregen zu Bodenerosion oder Überflutungen führen.

M6 Beispiel Rom

Rom liegt an der Westküste von Mittelitalien in Südeuropa (Atlaskarte). Die Klimastation befindet sich 46 m über dem Meeresspiegel bei 42 Grad nördlicher Breite (= Nordhalbkugel) und 12 Grad östlicher Länge.
Die jährliche Durchschnittstemperatur beträgt 15,6 °C. Die wärmsten Monate sind Juli und August mit einer Durchschnittstemperatur von rund 25 °C. Die kühlsten Monate sind Januar und Dezember mit einer Durchschnittstemperatur von ca. 17 °C. Aufgrund der geringen Temperaturamplitude von 7 °C handelt es sich um maritimes Klima (siehe Lage). Insgesamt beträgt an 12 Monaten die Durchschnittstemperatur mehr als 10 °C (Vegetationsperiode). Die Summe der Jahresniederschläge beträgt 874 mm. In den Monaten Oktober bis Dezember fällt mit ca. 350 mm der meiste Regen. Das Niederschlagsmaximum befindet sich im Oktober mit rund 130 mm Niederschlag. Dagegen ist das Klima während der beiden niederschlagsärmsten Sommermonate (Juli und August) arid.
Insgesamt ist das Klima durch eher heiße und niederschlagsarme Sommermonate sowie feuchte und milde Wintermonate gekennzeichnet. Dabei sind nur zwei Jahreszeiten zu beobachten. Rom weist damit ein **mediterranes Klima** auf und liegt in der subtropischen Klimazone. Für die landwirtschaftliche Nutzung bedeutet die aride Phase im Sommer vermutlich eine Vegetationsruhe und damit Einschränkung. Dauerkulturen, die an Trockenphasen gewöhnt sind, oder Bewässerungsfeldbau könnten Lösungen darstellen.

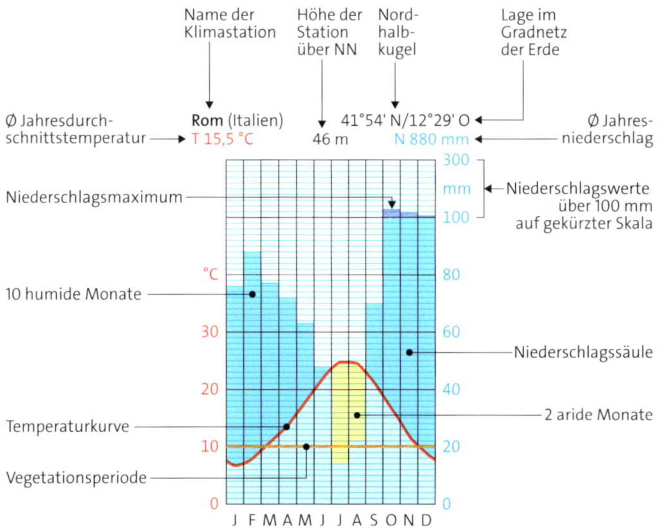

M7 Formulierungshilfen – Redemittel

Das Klimadiagramm zeigt das Klima von ... (Stadt) in ... (Land). Die Klimastation befindet sich ... m über dem Meeresspiegel bei ... Grad ... Breite und ... Grad ... Länge.
Die jährliche Durchschnittstemperatur beträgt ... °C. Die wärmsten/kältesten Monate sind ... mit einer Durchschnittstemperatur von ...°C. Daraus ergibt sich eine Temperaturamplitude von ...°C. Dies weist auf ein maritimes/kontinentales/ ... Klima hin. Insgesamt beträgt an ... Monaten die Durchschnittstemperatur mehr als 10 °C (Vegetationsperiode).
Die Summe der Jahresniederschläge beträgt ... mm. In den Monaten ... bis ... fällt mit ... mm (addiere die Monatswerte) der meiste Regen. Das Niederschlagsmaximum befindet sich im ... mit rund ... mm Niederschlag.
Dagegen ist das Klima während der ... niederschlagsärmsten Monate ... arid.
Insgesamt ist das Klima durch ... gekennzeichnet. Dabei sind ... Jahreszeiten/Regenzeiten/Trockenzeiten zu beobachten. Die Klimastation scheint damit in der ... Landschaftszone zu liegen.
(Leiten Sie themenbezogene Folgerungen ab)
Für die landwirtschaftliche/touristische/industrielle Nutzung bedeutet dies, ...

FACHBEGRIFFE

Temperaturamplitude: Differenz zwischen maximaler und minimaler Temperatur.
Hektopascal (hPa): Einheit für Druck. 1000 hPa = 1 bar, was dem mittleren Luftdruck der Atmosphäre auf Meereshöhe entspricht.
Niederschlagsvariabilität: Schwankungen der monatlichen bzw. jährlichen Niederschlagsmengen
Mediterranes Klima: kennzeichnet sich durch heiße und niederschlagsarme Sommer sowie feuchte und milde Winter.

1 Lokalisieren Sie die Magdeburger Börde und kennzeichnen Sie die anthropogenen sowie natürlichen Voraussetzungen für Intensivlandwirtschaft (**M1**, **M2**, Atlas).

2 Kennzeichnen Sie mithilfe eines digitalen Globus die Lage des Schraderhofs und stellen Sie dar, welchen Herausforderungen sich die Landwirtschaft aktuell gegenübersieht (**M3**, **M4**).

3 Nehmen Sie Stellung zu der Aussage, dass der „Wert intakter Böden ... bei weitem noch nicht in angemessener Weise im Bewusstsein der Öffentlichkeit angekommen [ist]“ (**M1** bis **M3**, **M5**).

Gunstraum Börde – Fallbeispiel Sachsen-Anhalt

M1 Sachsen-Anhalt: Boden, Landwirtschaft und Niederschläge

In keinem anderen Bundesland wird so viel Ackerbau betrieben wie in Sachsen-Anhalt: Circa die Hälfte aller 4200 landwirtschaftlichen Produzenten haben sich auf diese Betriebsart spezialisiert. Auf knapp 1 Mio. ha Land werden vor allem Getreide (bes. Weizen, Gerste), Mais, Zuckerrüben und Raps angebaut. Somit stehen fast 50 % der Landfläche unter Kultivierung – so viel wie in keiner anderen Region. In Nordrhein-Westfalen sind es z. B. nur 40 %. Der Anteil der in der Landwirtschaft Beschäftigten beträgt 2,2 % (D: 1,6 %). Bei einer Durchschnittsgröße von 270 ha sind die Betriebe sogar etwa 4,5-mal so groß wie im Bundesdurchschnitt (60 ha). Der Großteil von ihnen bewirtschaftet die Flächen konventionell, auch wenn der Anteil des ökologischen Landbaus mittlerweile auf mehr als 70 000 ha (verteilt auf ca. 700 Erzeuger) angewachsen ist.

M2 Schwarzerdeprofil

„Segen“ der Eiszeit

Neben anderen Produktionsfaktoren spielt in Sachsen-Anhalt, im Besonderen in der Magdeburger **Börde**, der Boden eine entscheidende Rolle. In der letzten europäischen Eiszeit, der Weichseleiszeit, haben kräftige Gletscher-Fallwinde feinen Staub aus Norddeutschland – der Region der maximalen Ausdehnung der Eiszeit – nach Süden ausgeblasen (**Ablation**). Sie wehten bis an die Mittelgebirge, wo dieser sich absetzt (**Sedimentation**). Löss besitzt ursprünglich eine gelbliche Färbung; durch **Verwitterung** nimmt die **Braun**- oder **Schwarzerde** dann ihre namensgebende Farbe an. **Lössböden** sind locker, was zu einer vorteilhaften Durchlüftung führt, sowie gute Wasserspeicher und sehr fruchtbar. Andere bedeutende Bördegebiete finden sich z. B. in NRW (Soester und Jülich-Zülpicher Börde) oder in Niedersachsen (Hildesheimer Börde).

M3 Interview mit Ulrich Schrader

Sie wirtschaften auf einem der besten Böden Deutschlands – müssen Sie sich da überhaupt um den Erhalt der Bodenfruchtbarkeit Sorgen machen?
Ja natürlich sind wir bestrebt, durch unsere Bewirtschaftungsmaßnahmen die hohe Bodenfruchtbarkeit zu erhalten. Dazu zählen Maßnahmen wie konsequente Mulchsaat und Anbau von Zwischenfrüchten zum Erosionsschutz, eine ausgewogene Fruchtfolge sowie eine angepasste Düngung, auch in organischer Form zum Aufbau von Humus.

Bodenverlust, nicht nur durch Erosion, sondern auch durch Versiegelung, ist in anderen Regionen ein Thema. Auch hier in Magdeburg?
Ja, das ist auch hier ein Thema. In den 1990er-Jahren durch den Bau der A14, die in 300 m Entfernung den Betriebssitz tangiert. Verkehrsstrukturell war sie natürlich dringend nötig, durch den Bau wurden aber viele Flächen zerschnitten. Im Nachbarort Osterweddingen ist ein großes Industriegebiet in den 1990er-Jahren entstanden, welches heute noch weiter wächst. Aktuell baut Amazon dort ein Logistikzentrum. Bedingt durch die verkehrsgünstige Lage (A2, A14) haben sich dort in den vergangenen Jahrzehnten seit der Wende viele große Unternehmen angesiedelt. Von Logistikunternehmen über Großbäckereien, Glasfabriken, Post/DHL usw. wurden mehrere hundert Hektar in Anspruch genommen, die vorher wertvollster Ackerboden waren, mit 90–100 Bodenpunkten. Problematisch war in der Vergangenheit auch, dass nicht nur für die eigentliche Bebauung der Ansiedlungen Flächen benötigt wurde, sondern auch für Ausgleichs- und Ersatzmaßnahmen. Hier wurden dann teilweise Ackerflächen zu Anpflanzungen oder Wald umgewidmet.

Die Sommer 2018 und 2019 waren außergewöhnlich trocken. Welche Strategien haben Sie für solche Fälle?
Die Ernten 2018 und 2019 waren dürrebedingt die schlechtesten überhaupt, seitdem wir hier wirtschaften. Zum einen die sehr geringen Niederschlagsmengen, zum anderen die extrem hohen Temperaturen haben allen Fruchtarten stark zu schaffen gemacht, sodass die Erträge zum Teil nur bei 50 % des normalen Niveaus lagen. Tendenziell kann man für unsere Region allerdings nicht von einem deutlichen Trend zu trockeneren Bedingungen sprechen, da die Jahre 2000–2017 etwas feuchter waren (ca. 530 mm) als der ganz langfristige Durchschnitt (1945-1990, 460 mm). Die Extreme nehmen anscheinend zu. Da das verfügbare Wasser auch vor 2018 in den meisten Jahren der ertragsbegrenzende Faktor war, haben wir uns in der Bewirtschaftung schon immer an dem begrenzten Wasserangebot ausgerichtet und wasserschonend gewirtschaftet, sodass ein genereller Strategiewechsel kurzfristig nicht geplant ist.

Interview des Autors mit Ulrich Schrader, der Schrader Agrardienste GmbH & Co. KG, Magdeburg, im Frühjahr 2020

M4 Lage des Schraderhofs im Stadtteil Beyendorf-Sohlen

M5 Zitat

„Böden (sind) […] entscheidend für die Ernährung, sauberes Trinkwasser, den Hochwasserschutz, die Regulierung des Klimas und die biologische Vielfalt."
Prof. Dr. Vogel, Leiter Abteilung „Bodenphysik" am Helmholtz-Zentrum für Umweltforschung *Quelle: www.eskp.de/klimawandel*

FACHBEGRIFFE

Bodenverlust: durch physikalische Prozesse wie Erosion oder menschliche Prozesse wie Flächenversiegelung entstehend
Börde: sehr fruchtbares Kulturland auf Lössböden
Löss: hellgelbes bis gelblich-braunes, feinkörniges Sediment, dass u. a. durch Nährstoff- und Wasserspeicherung sehr fruchtbare Böden hervorbringt
Schwarzerde (Tschernosem, das): dunkelgrauer/schwarzer, humusreicher Boden mit der höchsten Bodenkennzahl (sog. „100er Boden")
Podsol: saurer, nährstoffarmer Bodentyp

1 Kennzeichnen Sie die räumlichen Strukturen des Maisanbaus in den USA (**M1, M2**).

2 Weisen Sie die Eignung von Illinois als Standort der Maisindustrie nach (**M3** bis **M7**).

3 Stellen Sie am Beispiel der Goulds dar, wie eine moderne „Family Farm“ erfolgreich wirtschaftet (**M6, M7**).

4 Nehmen Sie Stellung zur Zukunftsfähigkeit des Maissektors in Illinois (**M1** bis **M7**).

„Corn Belt“: Illinois – am meisten Mais

M1 Anbaufläche/Mais pro County

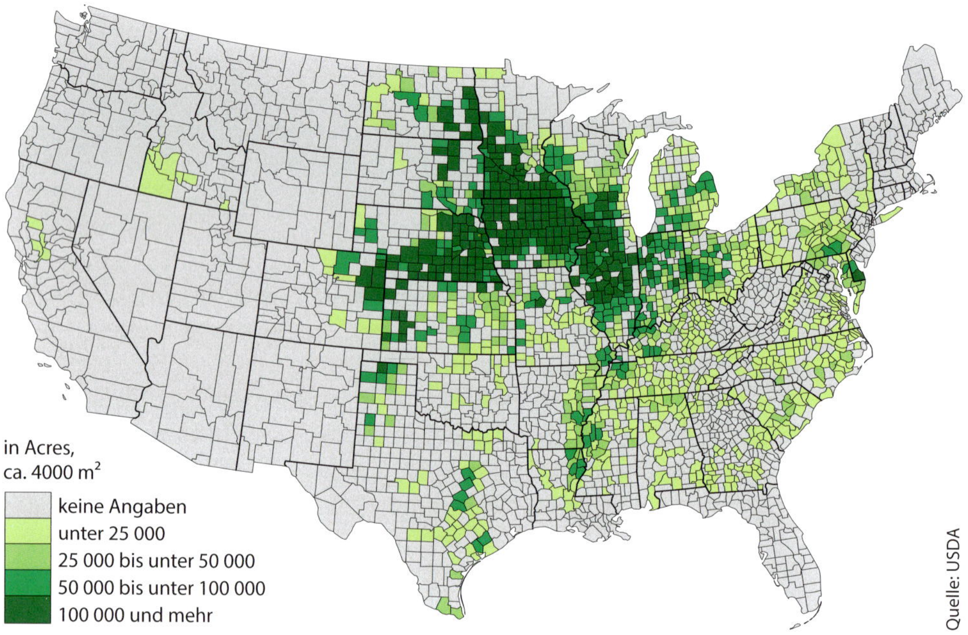

Mais, die „Wunderpflanze“

Keine andere Kulturpflanze bedeckt weltweit mehr Land als Mais. Einst in Mittelamerika aus der wilden Teosinte gezüchtet, erreichte er mit Kolumbus Fahrten Europa und Asien. Seinen weltweiten Erfolg verdankt er u.a. seiner Vielseitigkeit, denn er ist nicht nur Grundnahrungsmittel für ca. 1 Mrd. Menschen, sondern auch beliebt in der Futtermittel- und neuerdings in der Bioethanolindustrie (vgl. S. 170/171). Die Vereinigten Staaten sind mit ihrem sog. „Corn Belt“ (Maisgürtel) der global führende Produzent.

FACHBEGRIFFE

transgener Mais (auch: Genmais, Gv-Mais): Oberbegriff für gentechnisch veränderte Maiszüchtungen, die Resistenzen gegen Herbizide und Pestizide sowie verbesserte Wachstumseigenschaften aufweisen und somit höhere Erträge liefern

Precision Farming (Präzisionslandwirtschaft): in der digitalisierten Landwirtschaft gebräuchliches Verfahren zur punktgenauen („ortsdifferenzierten“) Bewirtschaftung, bei dem unter Einsatz von GPS bedarfsbezogen z.B. bewässert oder gedüngt wird

M2 Maisproduktion (alle Sorten) USA 2009/2020, Top-Staaten

Staat	Produktion (in 1000 *bushel*, ca. 25,4 kg)	
	2009	**2020**
Iowa	2 438 800	2 296 200
Illinois	2 065 000	2 131 200
Nebraska	1 575 300	1 790 090
Minnesota	1 251 250	1 441 920
Indiana	933 660	981 750
South Dakota	719 100	729 000
Kansas	598 300	766 480
Ohio	546 360	564 300
Wisconsin	448 290	516 780
Missouri	446 760	560 880
North Dakota	208 250	247 420
USA total	**13 151 062**	**14 182 479**

Quelle: USDA, National Agricultural Statistics Service, Crop Production 2020 Summary, Washington, D.C., January 2021

M3 Agrarstuktur Illinois

Agrarfläche (in % der Landfläche):	>75
Durchschnittsgröße/Betrieb (ha):	152
zum Vergleich Deutschland (ha):	60
Anzahl der Betriebe:	72 000
Anzahl Großbetriebe	
(>250 000 US-$ Bruttoeinnahmen):	ca. 700
Anteil großer Betriebe/Produktion (in %):	ca. 75
Anzahl/Beschäftigte (in Mio.):	170 000
Gesamtarbeitsmarkt Illinois:	ca. 6,2
Umsatz (in Mio. US-$):	19 000
Hauptprodukte: Mais, Soja, Schweinefleisch	

M4 Standortansprüche von Mais

Keimung: Bodentemperaturen zwischen 8 und 10 °C
Wachstum:
- Tagestemperaturen von mind. >10 °C
- Mais ist sehr frostempfindlich
- Wasser: in der Wachstumszeit 500–800 mm ideal
- Wenn die Temperatur- und Niederschlagsansprüche gut abgedeckt sind, braucht Mais keinen besonders hochwertigen Boden.

Anbaupraxis Corn Belt:
- **Pflanzung/Aussaat:** April – Juni
- **Ernte:** Oktober/November
- **Wachstumszeit:** 120–150 Tage

M5 Klimadiagramm von Decatur/Illinois

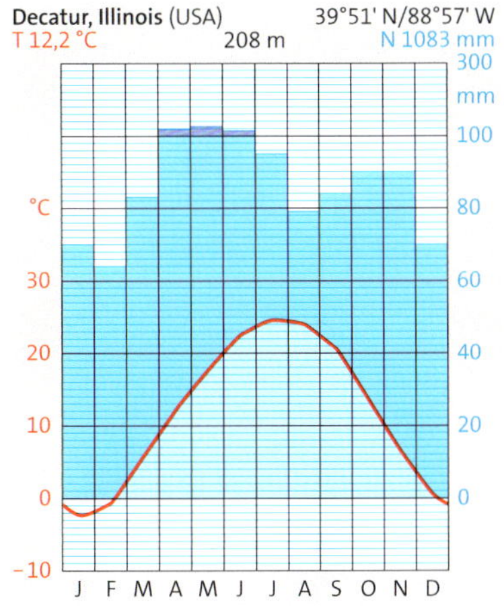

M6 „Corn Country“: Agrarische Monostruktur im ländlichen Illinois

M7 Welcome to Gould Farm, Maple Park!

In Maple Park im Kane County westlich von Chicago betreiben die Goulds in dritter Generation ihren Landwirtschaftsbetrieb.

Betriebs-Chronik

1963: Don Goulds Sohn Eldon macht seinen Abschluss in „Animal Science“. Gemeinsam starten sie ihr eigenes Business, zunächst auf gemietetem Land.

1968: Eldon und seine Frau Sandra kaufen einen Hof (65 ha).

1975–1996: großzügige Erweiterungen des Hofs, z. B. mehrere Gebäude für die Besamung von Sauen und Aufzucht von Ferkeln, Mais- und Weizensilos.

2005: Chris Gould, Eldons und Sandras Sohn, wird verantwortlicher Farm-Manager. Seine Frau Dana unterstützt ihn.

Seit 2008: Verdreifachung der Anbauflächen für Mais, Weizen und Soja durch Zukauf oder Landpacht; Jahresferkelproduktion: 17 000.

Insgesamt bauen die Goulds auf über 1000 ha hauptsächlich Mais, aber auch andere Getreide wie Weizen und Soja an. Einen Teil davon nutzen sie in der Ferkelzucht selbst, den Großteil aber vermarkten sie. Als **spezialisierte** Maisbauern produzieren die Goulds verschiedene Sorten, u. a. Süß-/Zuckermais für den menschlichen Verzehr, Körnermais für die Futter- und Bioethanolindustrien oder Popcornmais.

Wie überall in den USA ist ein Großteil der eingesetzten Maissaat genverändert, sog. **transgener Mais** oder umgangssprachlich Genmais/Gv-Mais.

Auf dem Hof wird im Landbau seit langem Gebrauch von **Precision Farming** gemacht, das z. B. das Ausbringen von Dünger und Pestiziden sowie die Aussaat von neuem Mais vorteilhaft steuert und damit Kosten spart.

Basierend auf: https://www.gouldfarm.com/about

1 Kennzeichnen Sie das Klima am Standort **M1** mithilfe von **M2**. Ordnen Sie es anschließend begründet einem der Standorte A–F zu (**M4**).

2 Erläutern Sie das Positiv- sowie Negativszenario für den globalen Anstieg des Meeresspiegels unter besonderer Berücksichtigung der Gletscher der Feuchten Mittelbreiten (**M6**).

3 Visualisieren Sie die Folgen der anthropogenen Erderwärmung für die Feuchten Mittelbreiten in einer systemhaften Abbildung Ihrer Wahl (Concept Map, Wirkungsgefüge o. Ä.). Gehen Sie dazu wie folgt vor: Schreiben Sie die in diesem Kapitel (S. 16–39) präsentierten Auswirkungen auf kleine Zettel. Vergleichen Sie Ihre Zwischenergebnisse mit Ihrem Partner und erstellen Sie dann gemeinsam Ihr Lernprodukt (**M3**).

4 Im Sommer 2019 besuchte die Bundeskanzlerin Angela Merkel Island. Nehmen Sie Stellung zu ihrer dort auf den Klimawandel bezogenen Aussage, dass „der Preis des Nichtstuns sicher höher sein wird als der Preis des Handelns" (**M7, M8**).

Feuchte Mittelbreiten

Das Leben und Wirtschaften am Rande der Ökumene – der Polaren und Subpolaren Zone – ist von klimatischen Begrenzungsfaktoren geprägt. Das Auftauen des Ewigen Eises bringt einen doppelten Raum- bzw. Nutzungskonflikt mit sich. Zum einen verändert sich der Lebensraum der dort heimischen Menschen und Tiere durch den Klimawandel in schnellem Tempo; Anpassungsstrategien müssen gefunden werden. Zum anderen eröffnet das Schmelzen der Polkappe neue Handelswege und vor allem Zugänge zu den dort lagernden Rohstoffen, nach denen eine global hohe Nachfrage herrscht. Eine mögliche Förderung in diesem labilen Ökosystem ist aber mit Skepsis zu betrachten (→ Svalbard).
Die Feuchten Mittelbreiten sind in vielerlei Hinsicht ein Gunstraum menschlicher Nutzung. Die intensive Forst- und Landwirtschaft sichert die Versorgung der Bevölkerung mit Nahrungsmitteln, Konsumgütern und Arbeitsplätzen und erzeugt Wirtschaftswachstum. Doch auch hier müssen die natürlichen Ressourcen so nachhaltig gemanagt werden, dass die Lebensgrundlagen auch für kommende Generationen erhalten bleiben. Eine relativ neue, aber besonders große Herausforderung dabei ist der Klimawandel.

M1 Klimadiagramm von ...

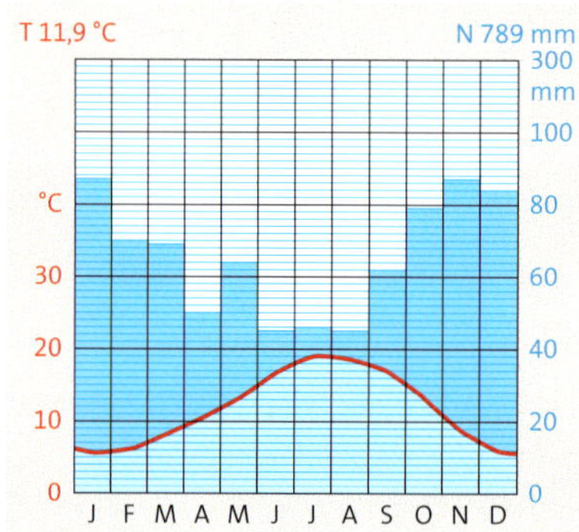

M2 Fachbegriffe

Amplitude
arid/humid
Golfstrom
kaltgemäßigt/gemäßigt/
arid gemäßigt
kontinentales Klima
maritimes Klima
Niederschlagsvariabilität
Vegetationsperiode

M3 Arbeitshilfe Systemgefüge

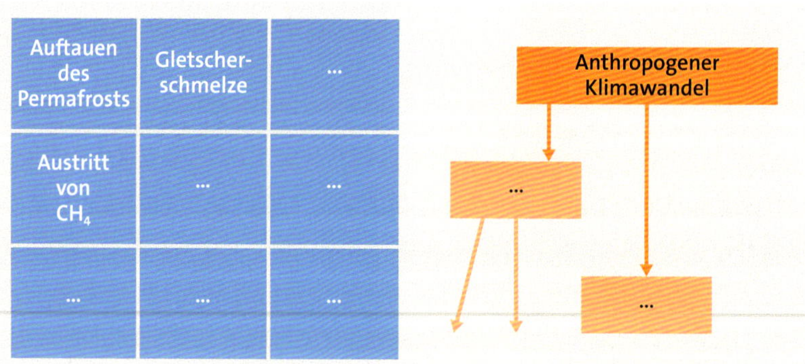

M4 Klimastationen

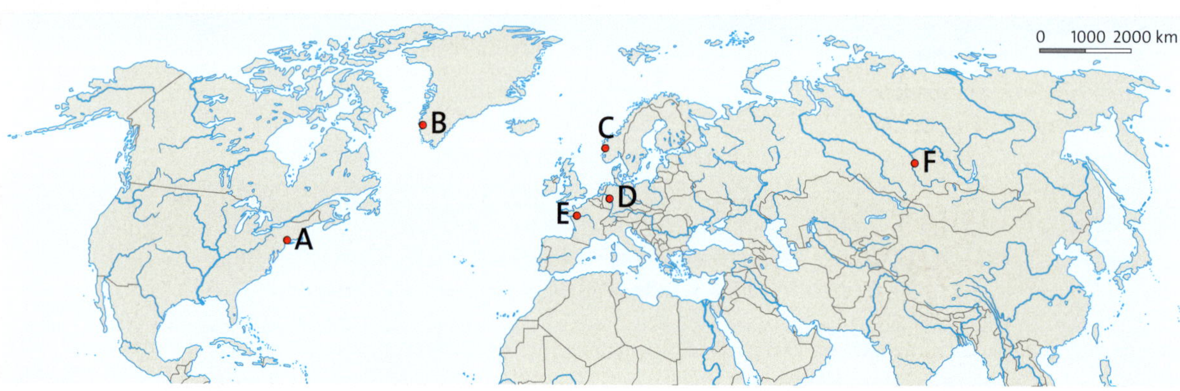

M5 Quiz

Frage 1: Welche Länder haben Hoheitsansprüche am Nordpol?

a) USA, Kanada, Russland
b) Kanada, Russland
c) Dänemark, Norwegen, USA, Kanada, Russland
d) Dänemark, USA, Kanada, Russland

Frage 2: Welche Definition ist für „Permafrost" die genaueste? „Als Permafrost bezeichnet man …"

a) „… einen aus einer Auftau- und einer Dauerfrostschicht bestehenden Boden in der Polaren Zone der nördlichen Hemisphere."
b) „… dauerhaft gefrorenen Boden in der Polaren Zone."
c) „… einen im Sommer sumpfigen, im Winter gefrorenen Boden in der Polaren Zone."
d) „… die gefrorenen Landmassen südlich des Nordpols, die im Zuge des Klimawandels nach und nach auftauen."

Frage 3: Außenseiter: Welcher Begriff passt hier nicht hin?

a) CO_2-Senke
b) „Cool Roof"-Programm
c) Dürresommer
d) Aufforstung

Frage 4: Wodurch zeichnen sich viele landwirtschaftliche Betriebe in der gemäßigten Zone aus? (Mehrfachauswahl erlaubt)

a) Wetterabhängigkeit
b) Bewässerung
c) Spezialisierung
d) konventionelle Landwirtschaft
e) Marktorientierung

Frage 5: Das Klima welcher Städte ist vergleichbar?

a) Bochum, Łódź, Cardiff
b) London, Paris, Wiesbaden
c) Hamburg, Moskau, Dublin
d) Berlin, Prag, Ulan-Bator

LÖSUNG:

www.cornelsen.de/codes/
Code: rehufo

M6 Prognosen zum Meeresspiegelanstieg

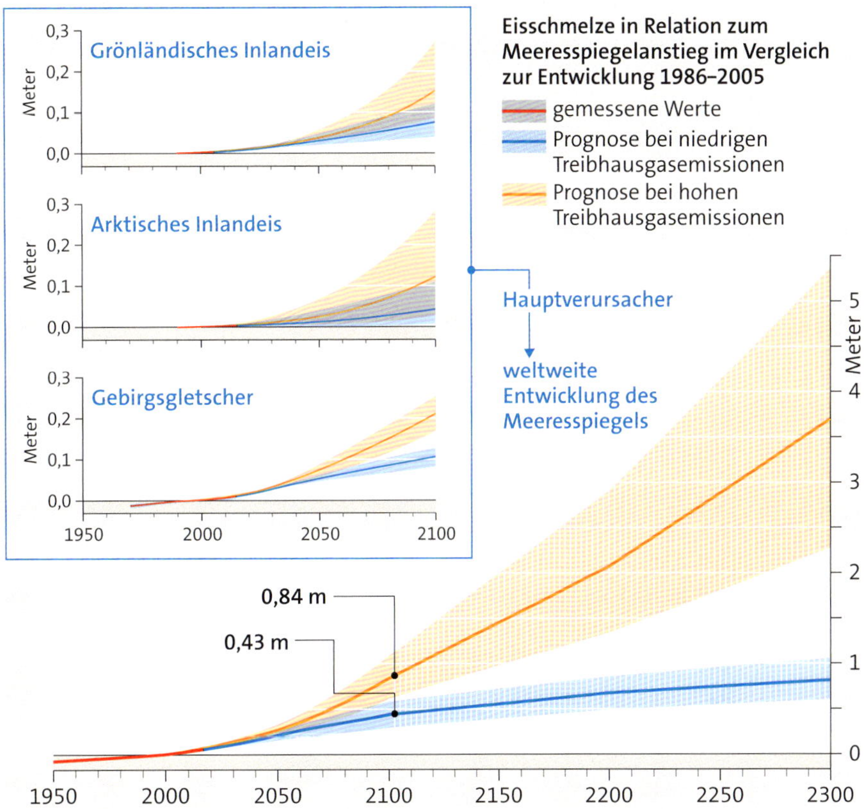

M7 Auswirkungen des Klimawandels auf die isländische Landwirtschaft und Fischerei (ausgewählte Effekte)

positiv	negativ
Raps- und Gerstenanbau möglich; Gerste z. B. nun in 60–70 % des Landes produzierbar (im Vgl. zu 20–30 % vor 25 Jahren)	das Abschmelzen der Gletscher hebt das Land an → manche Häfen sind für große Fischtrawler nur noch bei Flut anlaufbar
Erschließung neuen Kulturlands	Lodde (wichtiger Handelsfisch) migriert nach Norden
Erträge wichtiger Feldfrüchte steigen	Zunahme von Extremwetterereignissen, z. B. zu milde Winter, Wintereinbrüche im Frühjahr, trockene Sommer, Stürme und Starkregen im Spätsommer
starker Anstieg des Makrelenfangs (Zuwanderung aus südlicheren Regionen des Atlantiks)	Beschleunigung der Ozeanversauerung (Abnahme des pH-Werts des Meerwassers) durch zusätzliches CO_2 → Störung des marinen Ökosystems und seiner Nahrungskette

M8 Island: Export von Agrar- und Fischereiprodukten (2017)

Produktgruppe	*Gesamtwert*	*davon*
FISCH	1,78 Mrd. US-$	frisches Fischfilet (53 %), Tiefkühlfisch (22 %), sonst. Frischfisch (10 %), verarbeiteter Fisch (10 %)
OBST & GEMÜSE	1,56 Mio. US-$	Futterpflanzen (29 %), Tropische Früchte (11 %), Kaffee (7,1 %), Tee (5,7 %), Zitrusfrüchte (5,3 %), Kartoffeln (4,7 %)

Klausuren schreiben

Vor dem Schreiben

1. Thema
- Lesen Sie die Themenstellung und die Problemfrage, da sie Ihnen die Zielrichtung der Klausur angibt.
- Markieren Sie die Operatoren.
- Markieren Sie zentrale Begriffe.
  → In der Klausur geht es um/liegt der Schwerpunkt auf ...

2. Aufgabenstellung
- Klären Sie die Operatoren, hinter denen sich in der Regel folgende drei Fragen verbergen:
  1. Was?
  2. Wie? Warum? Wann?
  3. Inwiefern?
- Beachten Sie z. B. Zeiträume, Raumbeispiele.
- Bearbeiten Sie die (drei) Teilaufgaben in der vorgegebenen Reihenfolge, da Zwischenergebnisse zur ersten und zweiten Teilaufgabe z. B. für die Bearbeitung der dritten benötigt werden.

3. Materialien
- Erfassen Sie Kernaussagen des Materials, indem Sie seinen Titel beachten.
- Schreiben Sie sich die Kernaussage neben das Material.
- Markieren Sie z. B. bei Diagrammen den Minimal- bzw. den Maximalwert sowie auffällige Zahlenwerte und beschreiben Sie die Entwicklung (positiv, negativ, kontinuierlich, Abweichungen).
- Verwenden Sie den Taschenrechner, um Differenzen zu berechnen und z. B. absolute Zahlen in prozentuale Angaben umzuwandeln.
- Werten Sie die Materialien entsprechend der Fragestellung aus.
- Beachten Sie Anmerkungen zu den Materialien.

4. Denkkonzept erstellen
Das Materialpaket ist wie ein Mosaik zu verstehen, dessen einzelne Bausteine thematisch zueinander passen.
- Stellen Sie Querverbindungen zwischen einzelnen Materialien her. Tabellen und Texte können z. B. Erklärungen für die Entwicklungen in Diagrammen liefern.
- Weisen Sie gege-benenfalls auch auf Widersprüche hin.
- Achten Sie darauf, dass Sie die Materialien nicht nacheinander abarbeiten, sondern mit Bezug zu den Teilaufgaben.

Thema der

„Apfelanbau
Eine Intensivkultur

Aufgabenstellung:

1. Lokalisieren Sie Südtirol und beschreiben Sie
2. Erläutern Sie die Verbreitung der Apfelanbau Voraussetzungen und Standortansprüche des
3. Nehmen Sie kritisch Stellung zu der Zukunfts besonderer Berücksichtigung der klimatischen

Materialgrundlage:

M1: Apfelanbaugebiete in Südtirol
M2: Steckbrief Südtirol
M3: Klimadiagramm Bozen
M4: Standortansprüche des Apfelbaums
M5: Frostberegnung
M6: Klimatische Veränderungen in Südtirol
M7: Auswirkungen klimatischer Veränderungen mögliche Lösungen

Zugelassene Hilfsmittel:
In der Schule eingeführter Atlas
Taschenrechner
Wörterbuch zur deutschen Rechtschreibung

Klausur:

in Südtirol – mit Zukunft?“

die Verbreitung der Apfelanbaugebiete.
(17 Punkte)

gebiete unter Berücksichtigung der klimatischen Apfelbaums.
(38 Punkte)

fähigkeit des Apfelanbaus in Südtirol unter Entwicklungen.
(25 Punkte)

(1965 bis 2009)

auf den Apfelanbau in Südtirol und

Während des Schreibens

1. Zeitmanagement
– Teilen Sie sich die zur Verfügung stehende restliche Zeit ein.
– Beachten Sie beim Zeitmanagement die Bepunktung der einzelnen Teilaufgaben. In der Regel können bei den Teilaufgaben 2 und 3 die meisten Punkte erlangt werden.

2. Einleitung, Überleitung und Fazit
– Formulieren Sie Einleitungen bzw. Überleitungen zu den Teilaufgaben.
– Formulieren Sie ein abschließendes Gesamtfazit.

3. Fachbegriffe
– Verwenden Sie Fachbegriffe, die im Unterricht thematisiert wurden, um Sachverhalte präzise zu benennen.

4. Formulierungshilfen
– Verwenden Sie Formulierungen, die im Unterricht thematisiert wurden (siehe Anhang).

5. Materialbelege und Quellen
– Belegen Sie Informationen, indem Sie Zahlen, Daten und Fakten den Materialien entnehmen und diese anführen. Bei der Bepunktung einer Klausur wird dies im Bereich der Darstellungsleistung berücksichtigt.
– Machen Sie die Herkunft Ihres Wissens deutlich, indem Sie nach einzelnen Sinnabschnitten die Herkunft von Zahlen, Daten und Fakten durch Quellenangaben (**M 1**, **M 2** etc.) sichtbar machen.

Nach dem Schreiben

1. Korrekturlesen der Klausur
– Korrigieren Sie Ihre Klausur hinsichtlich des Inhaltes sowie der Sprache.
– Verwenden Sie zur Korrektur von Rechtschreibfehlern das Wörterbuch zur deutschen Rechtschreibung.

Eine vollständige Bearbeitung der Klausur inklusiver ausformulierter Lösungshinweise finden Sie unter dem QR-Code.

www.cornelsen.de/codes/
Code: fuwake

1. Lokalisieren Sie Südtirol und beschreiben Sie die Verbreitung der Apfelanbaugebiete.
2. Erläutern Sie die Verbreitung der Apfelanbaugebiete unter Berücksichtigung der klimatischen Voraussetzungen und Standortansprüche des Apfelbaums.
3. Nehmen Sie kritisch Stellung zu der Zukunftsfähigkeit des Apfelanbaus in Südtirol unter besonderer Berücksichtigung der klimatischen Entwicklungen.

Apfelanbau in Südtirol – eine Intensivkultur mit Zukunft?

M1 Apfelanbaugebiete in Südtirol

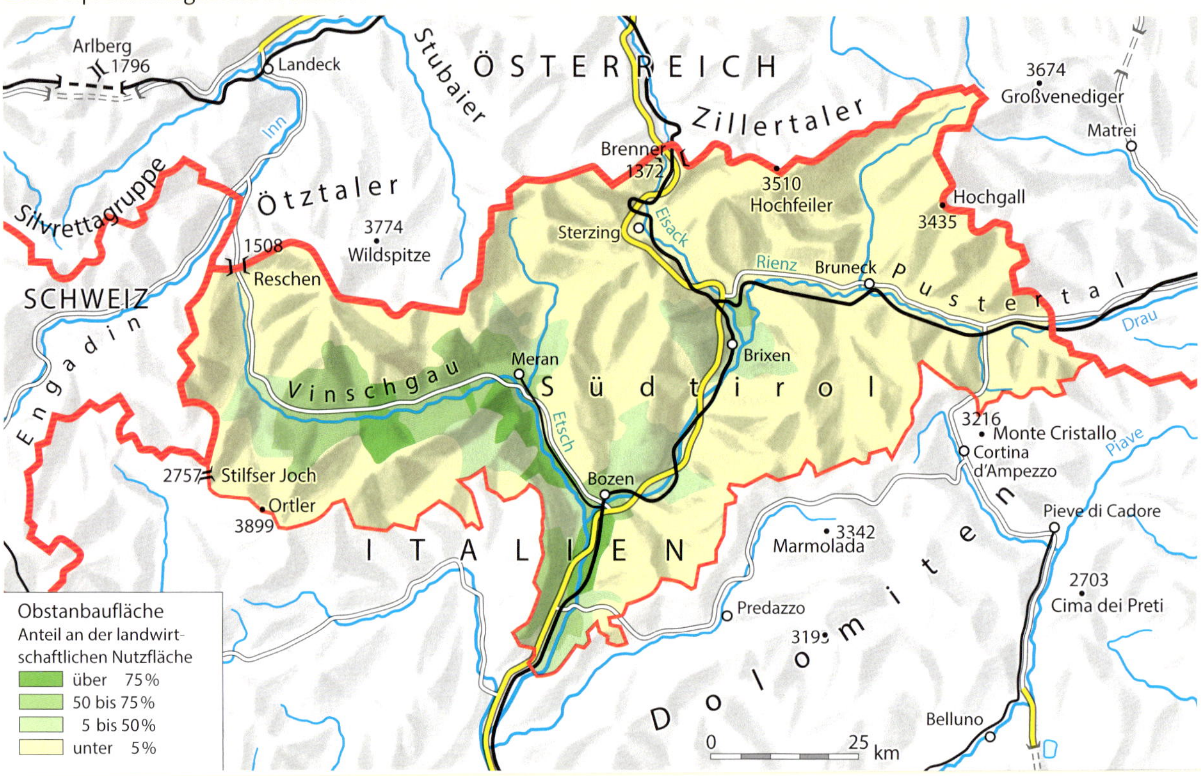

M2 Steckbrief Südtirol

Amtlicher Name	Autonome Provinz Bozen-Südtirol
Hauptstadt	Bozen (Einwohnerzahl 107 739)
Fläche (in km²)	7401 (64,4 % liegen auf über 1500 m Höhe)
Einwohnerzahl insgesamt	533 439
Gesamtflächen der Apfelwiesen (in ha)	19 393 (größtes zusammenhängendes Apfelanbaugebiet der EU)

M3 Klimadiagramm Bozen

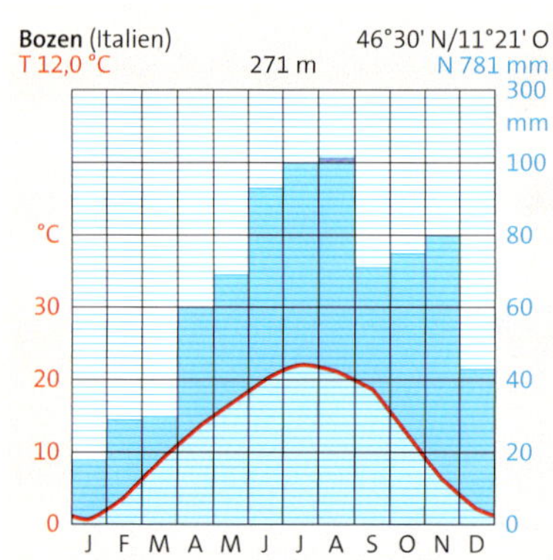

Anmerkung:
Die geschützte inneralpine Lage Südtirols bewirkt, dass vor allem in den Tallagen die Niederschlagsmengen im Normaljahr relativ gering sind, andererseits Kälteeinbrüche aus dem Norden weitgehend abgehalten werden. Die durchschnittliche Anzahl der Sonnentage liegt bei 300 Tagen mit mehr als 2000 Sonnenstunden.

M4 Standortansprüche des Apfelbaums

- klimatische Ansprüche: gemäßigtes Klima mit nicht zu kalten Wintern
- Apfelbäume brauchen mit 500 bis 600 mm Niederschlag/Jahr recht viel Wasser
- optimaler Standort: sonnig und hell, halbschattig, mindestens 6 Std. am Tag Sonne. Kalte bzw. spätfrostgefährdete, nasse und schattige Standorte führen zu schlechter Baum- und Fruchtentwicklung, im schlimmsten Fall zum vollkommenen Erfrieren und vermehrten Krankheitsbefall.
- Blütezeit: April bis Mai (Monate, in denen Spätfröste auftreten können)
- Apfelblüte: verträgt maximal minus ein Grad Celsius
- Erntezeit: Ende September bis Ende Oktober

M5 Frostschutzberegnung

Anmerkung: Die Obstbauern versuchen mithilfe der Frostschutzberegnung in kalten Nächten zur Apfelblüte einen Ernteausfall aufgrund von Frostschäden abzuwenden: So beregnen sie ihre Plantagen, da bei dem Gefrieren des Wasser direkt an der Blüte Energie in Form von Wärme frei wird.

M6 Klimatische Veränderungen in Südtirol 1966 bis 2015

Durchschnittliche Jahrestemperatur	+ 1,5 °C
Durchschnittliche Sommertemperatur	+ 2,2 °C
Durchschnittliche Wintertemperatur	+ 0,8 °C
Anzahl der Sommertage (T max > 20 °C)	+ 15 Tage, von 100 auf 150 Tage
Anzahl der Tropennächte (Nachttemperatur > 20 °C)	+ 20 Tage
Anzahl der frostfreien Tage (T > 0 °C)	+ 16 Tage
Eistage (T max 0 °C)	– 3 Tage
Anzahl der Sonnenstunden	+ 20 %

→ *Erwartungshorizont der Klausur*

www.cornelsen.de/codes/
Code: viduha

M7 Auswirkungen klimatischer Veränderungen auf den Apfelanbau in Südtirol und mögliche Lösungen

Aufgrund steigender Temperaturen findet die Apfelblüte rund zwei Wochen eher statt. Wichtig in diesem Zusammenhang sind die steigenden Nachttemperaturen. Im Obstbau nimmt dadurch die Fruchtgröße zu, während Fruchtfestigkeit und Lagerfähigkeit abnehmen. Die Zunahme der Sonnenstunden führt zu Fruchtschäden (Sonnenbrand). Die zunehmend milderen Winter verringern die Mortalität von Schadinsekten, zudem können durch die höheren Temperaturen im Frühjahr und Sommer zusätzliche Schädlingsgenerationen heranwachsen. Grundsätzlich werden die meisten einheimischen Kulturpflanzen durch große Hitze geschwächt und damit anfälliger für Insekten und Pilzerkrankungen.
Ebenfalls findet im Obstbau aufgrund der steigenden Temperaturen eine Verlagerung von Anbaugebieten bis in Höhen von ca. 1000 m statt. Diese Entwicklung ist allerdings auch mit sozialen Herausforderungen verbunden, wie die Debatte im Raum Mals zeigt, wo Bürger sich gegen das Vordringen des pestizidintensiven Obstanbaus wehren. Im Unterland (Raum zwischen Bozen und Meran) wird es aufgrund der größeren Hitze schwieriger, eine hohe Fruchtqualität zu gewährleisten, was die Umstellung auf andere Kulturpflanzen zur Folge haben kann.
Verfrühtes Austreiben macht Kulturen anfälliger für Spätfröste; da Kaltlufteinbrüche aber seltener werden [...].
Da weniger Wasser zur Verfügung steht und sich die Verdunstung erhöht, ist eine angepasste und gezielte Bewässerung wichtig. Aufgrund der Ausweitung auf neue Flächen und der Intensivierung ist davon auszugehen, dass der Wasserbedarf weiter zunehmen wird. Derzeit werden im Juni 14 Kubikmeter Wasser pro Sekunde für Bewässerungszwecke entnommen; in 30 Jahren, so schätzen Experten, werden es mehr als 16 Kubikmeter pro Sekunde sein. Weil die Wasserverfügbarkeit sinkt, werden Nutzungskonflikte zwischen Landwirtschaft und Haushalten wahrscheinlicher. Um die Zunahme des Wasserverbrauchs gering zu halten, müssen sowohl technologische Aspekte verbessert werden – Wartung des Verteilernetzes, Ausbau der Tröpfchenbewässerung, bedarfsangepasste, boden- und wurzelnahe Bewässerung, Speicherbecken – als auch Fragen der Organisation, wie die Aufgabe der turnusmäßigen zu Gunsten einer mehr bedarfsorientierten und flexibleren Bewässerung.

2

SUBTROPEN UND TROPEN – LEBEN UND WIRTSCHAFTEN IN VIELFÄLTIGEN LANDSCHAFTSZONEN

Viehhirte in Darfur, Sudan

ERWEITERUNG DER GEOGRAPHISCHEN KOMPETENZEN

In diesem Kapitel lernen Sie die wesentlichen Merkmale und Problembereiche der Subtropen und Tropen kennen. Zugleich vernetzten Sie Ihr neues Wissen mithilfe von Wirkungsgefügen. Auf Grundlage dieses Wissens sollen Sie lernen, mögliche Folgen der landwirtschaftlichen Nutzung in diesen Landschaftszonen in ökonomischer, ökologischer, politischer und sozialer Sicht fundiert beurteilen zu können.

Inhalte

– Gliederung der Subtropen und Tropen in unterschiedliche Landschaftszonen und deren Besonderheiten
– Problembereiche und mögliche Lösungsansätze ausgewählter Beispielräume

Arbeiter in Ölpalmplantage, Indonesien

Aktualisierungen dieses Kapitels

www.cornelsen.de/codes/
Code: robave

Medien und Methoden
- Thematische Karten, Grafiken, Tabellen, Diagramme, Satellitenbilder
- Internetrecherche
- Wirkungsgefüge

Bewertungen
- Nutzung und Übernutzung semiarider Gebiete
- Veränderte Nutzung von tropischen Räumen und deren Folgen

Aktionen und Handlungserwartungen
- Maßnahmen zum Schutz arider, semiarider und humider Gebiete
- Mitverantwortung und Veränderung der eigenen Lebensweise

1. Werten Sie drei Klimadiagramme aus und ordnen Sie die Stationen den verschiedenen subtropischen Zonen zu (**M1**, **Atlas**).
2. Erläutern Sie die Entstehung der immerfeuchten Subtropen (**M1**, **S. 18/19**).
3. Nennen Sie die besonderen Eigenschaften des Klimas der Sahara und begründen Sie ihre Trockenheit (**M1**).
4. Analysieren Sie anhand geeigneter Karten die Bevölkerungsdichte und Landnutzung in einem ausgewählten subtropischen Trockenraum am Beispiel der Gobi oder Mojave (**M1**, **Atlas**).
5. Beschreiben Sie die Vegetationsunterschiede innerhalb der Landschaftszone der Subtropen (**M1** bis **M4**).
6. Erklären Sie den Prozess der Bodenversalzung mithilfe der Fachbegriffe aus der Wortwolke (**M5** bis **M8**).
7. Geben Sie eine Stellungnahme zu der Aussage ab: „Die Subtropen sind eine der vielfältigsten Landschaftszonen der Erde.“

Die Subtropen im Überblick

Subtropen als Landschaftszone
Die Subtropen kennzeichnen den Übergang zwischen den Tropen und den Mittelbreiten. Sie können jedoch nicht als einheitliche Landschaftszone gesehen werden, hier gibt es große klimatische Unterschiede.

Die winterfeuchten Subtropen
An den Westseiten der Kontinente entsteht durch die planetarische Zirkulation in der Hadley-Zelle ständiger Lufthochdruck (vgl. Seite 18), der das Klima der Subtropen im Sommerhalbjahr auf der Nordhalbkugel bestimmt. Die Sommermonate sind heiß und trocken. In den Wintermonaten verschiebt sich die Passatzirkulation, feuchte Westwinde bestimmen das Wettergeschehen mit hoher Niederschlagsmengen und milder Temperaturen. Da das Mittelmeergebiet zum größten Teil in dieser Klimazone liegt, bezeichnet man es auch als **Mittelmeerklima**.

Die immerfeuchten Subtropen
Die immerfeuchten Subtropen zeichnen sich durch warmgemäßigte Temperaturen mit einem Niederschlagsmaximum in den Sommermonaten aus. Dabei werden die Niederschläge durch die feuchten Passatwinde bestimmt. Es bilden sich, durch aufsteigende warme Luft, starke thermische Luftdruckgebiete mit einem winterlichen Kältehoch und einem sommerlichen Hitzetief.
In Ostasien werden diese Luftdruckgebiete als **Monsun** bezeichnet: Die Winter werden klimatisch bestimmt durch kühle und niederschlagsarme Winde, die vom Kontinent her wehen, den **Nord-West-Monsun**. Im Sommer bestimmt der **Süd-Ost-Monsun** mit teils starken Niederschlägen die klimatischen Bedingungen. Die immerfeuchten Subtropen (Ostseitenklimate) bieten die größte Artenvielfalt in den Subtropen.

Die subtropischen Trockengebiete
An den Wendekreisen herrscht beständig hoher Luftdruck, die Einstrahlung der Sonne wird nicht durch Wolken behindert. Damit existieren keine periodischen Niederschläge und es kommt zu ausgedehnten Wüstengebieten, den subtropischen Trockengebieten.
Die Sahara ist mit ca. 8,6 Mio. km² die größte zusammenhängende Wüste der Erde. Weitere Wüstentypen in den subtropischen Trockengebieten sind auf den Westseiten der Kontinente die Küstenwüsten (Namib, Atacama), die durch eine kalte küstennahe Meeresströmung sowie die Lee-Lage von Gebirgszügen entstanden sind. Ebenso liegen Binnenwüsten (Gobi, Mojave) im Regenschatten von Gebirgen. Bei ihnen spielt aber der kontinentale Einfluss des Klimas eine weitere Rolle.

M1 Die Landschaftszone der Subtropen

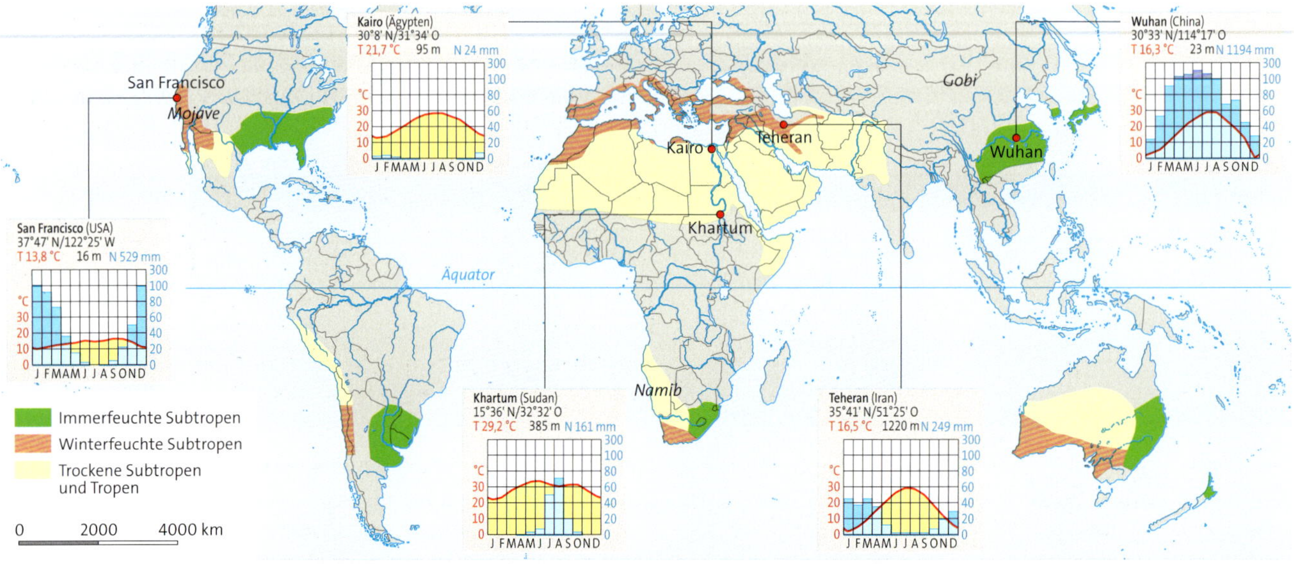

M2 Vegetation auf Sizilien (Italien)

M3 Hoggar-Hammada in Algerien

M4 Everglades in Florida (USA)

M5 Bodenversalzung – Ursachen und Folgen

Bodenversalzung stellt für die Landwirtschaft in ariden und semiariden Gebieten weltweit ein großes Problem dar. Beispielsweise wird im Mittelmeerraum Dünger in der Landwirtschaft verwendet, aber oft die künstliche Bewässerung falsch angewendet. Die im Dünger vorkommenden Salze werden ausgewaschen und versickern. Wegen hoher Temperaturen und unzureichender Bodenbewässerung gelangen die im Wasser gelösten Salze durch kapillaren Aufstieg an die Bodenoberfläche. Das Wasser verdunstet und die Salze reichern sich im fruchtbaren Oberboden an. Das führt bei Pflanzen zu einer gestörten Nährstoff- und Wasseraufnahme, verlangsamt damit ihr Wachstum und führt zu Mangelerscheinungen. Bodenversalzung macht so weltweit pro Tag 2000 Hektar Land unfruchtbar und somit unbrauchbar für die Landwirtschaft. Durch vorbeugende Maßnahmen kann dem entgegengewirkt werden. Die kapitalintensive **Tröpfchenbewässerung** ist eine verdunstungsarme und somit wassersparende Bewässerungsmethode. Aber auch mit viel Wasser kann das Salz aus dem Boden gewaschen und über **Drainagesysteme** abgeführt werden.

M6 Prozess der Bodenversalzung in subtropischen Räumen

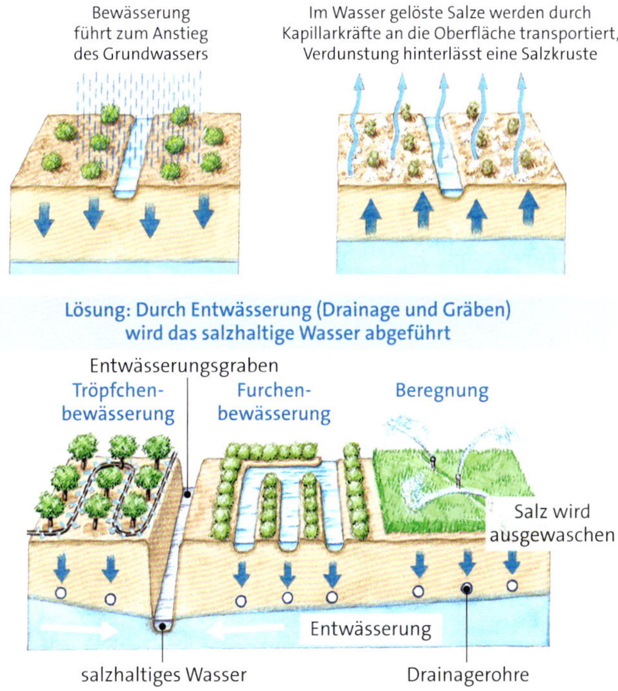

Verändert nach: Memenga, Ina: Bodenversalzung in den Subtropen. In: Praxis Geogaphie, 1/14. S. 9

M7 Wortwolke Bodenversalzung

M8 Bodenversalzung auf einem Baumwollfeld (USA)

FACHBEGRIFFE

Monsun: beständig wehender, halbjährlich die Richtung wechselnder Wind besonders in Süd- und Ostasien

Drainagesysteme: Entwässerung durch gezieltes Abführen von Wasser durch künstliche oder natürliche Systeme unterhalb der Geländeoberfläche.

Tröpfchenbewässerung: Wasser wird genau dosiert über Düsen direkt an die Pflanzen gebracht, was zu einer Minimierung des Wasserverbrauchs führt

semiaride Gebiete: Gebiete, bei denen sich aride und humide Verhältnisse abwechseln, in denen aber in mehr als 6 Monaten aride Verhältnisse vorherrschen

Degradierung von Böden: dauerhafte oder irreversible Veränderung der Strukturen und Funktionen von Böden oder deren Verlust. Unterschieden wird zwischen der *physikalischen* Degradierung, durch Zusammenpressen, Verkleben und Verkrusten der Bodenpartikel und der *chemischen* Degradierung durch den Verlust von Nährstoffen bzw. organischer Materie.

1. Lokalisieren Sie die al-Azraq-Oase und stellen Sie die klimatischen Bedingungen in dieser Region dar (**M1**, **M5**, Atlas oder Google Earth).
2. Erläutern Sie die Entwicklung der al-Azraq-Oase seit den 1980er-Jahren (**M1** bis **M3**, **M6**).
3. Bewerten Sie die intensive Nutzung der al-Azraq-Oase vor dem Hintergrund des naturräumlichen Nutzungspotenzials (**M1** bis **M7**).
4. Suchen Sie bei Google Earth die al-Azraq-Oase und machen Sie einen 360-Grad-View. Beschreiben Sie dann Ihre Eindrücke (Google Earth).
5. Diskutieren Sie die in der Überschrift formulierte Frage (**M1** bis **M9**).
6. Informieren Sie sich über den aktuellen Stand des Kanalprojektes und bewerten Sie dieses (**M9**).

Al-Azraq – ist die Oase durch fossiles Grundwasser zu retten?

Das Königreich Jordanien gehört zu den trockensten Ländern der Erde. Insofern war Wasser schon immer ein besonders kostbares Gut – die Grundlage allen Lebens. Rund 85 Kilometer östlich von der Hauptstadt Amman befindet sich die al-Azraq-Oase (al-Azraq – deutsch: der Blaue). In einem Wüstengebiet von rund 12 000 Quadratkilometern treten hier die einzigen permanenten Süßwasserquellen einer **Grundwasserlinse** an die Oberfläche. Diese werden vom Niederschlag in den angrenzenden Gebirgen gespeist. Zudem gibt es hier noch einen großen **fossilen Grundwasserspeicher** in Tiefen ab 400 m. Bereits in den 1940er-Jahren beginnt die jordanische Regierung das Grundwasser der al-Azraq-Oase zu nutzen. Durch den Bau von teuren Tiefbrunnen können u. a. auch die Städte Amman, Zarqa, Mafraq und Russeifa mit Wasser versorgt werden. Daneben nutzen viele Bauern der Region seit jeher das Wasser der Grundwasserlinse durch illegale Brunnen, um sich, ihre Äcker und ihr Vieh zu versorgen.

M1 Al-Azraq-Oase (31° 83‘ Nord / 36° 83‘ Ost, Sichthöhe: 31 km)

FACHBEGRIFFE

Grundwasserlinse: eine grundwasserführende Schicht der oberen Bodenschichten, die durch Niederschläge gespeist wird
fossile Grundwasserspeicher: seit Jahrmillionen gebildetes Tiefengrundwasser, welches nicht durch Niederschläge erneuert wird
Zisternenwirtschaft: Speicherung von Niederschlagswasser in unterirdischen Wasserbehältern (Zisterne)

Entwicklung ab 1990
Im Feuchtgebiet um die Süßwasserquellen wird 1978 ein 12 km^2 großer Nationalpark gegründet, um u. a. die über 300 000 Zugvögel zu schützen, die hier Rast machen. Tatsächlich steigt der Wasserbedarf für die Städte von etwa zwei Millionen Kubikmetern im Jahr 1979 auf etwa 25 Mio. m^3 im Jahr 1990. Zudem wird geschätzt, dass die enorme Ausdehnung der Landwirtschaft in der Region zusätzlich 25 Mio. m^3 pro Jahr aus der Grundwasserlinse verbraucht. Als Folge trocknen die natürlichen Quellen 1992 aus und das Feuchtgebiet verliert 90 % seiner Wasserflächen. Mit der Übernutzung der Grundwasserlinse fallen zahlreiche illegale Brunnen trocken. Die Bauern vertiefen entweder ihre Brunnen oder kaufen ihr Wasser an den Tiefbrunnen.

M2 Das al-Azraq-Feuchtgebiet mitten in der Wüste

M3 Ausgewählte Maßnahmen der Regierung

- Das Ministerium für Wasserwirtschaft und Bewässerung (MWI) entscheidet, wie viel Wasser gefördert und an wen es verteilt wird.
- Um Teile des Feuchtgebietes zu retten wird die Oase mit jährlich rund 10 Mio. m^3 fossilem Grundwasser aufgefüllt.
- Förderung des Öko-Tourismus in Azraq
- vermehrte Schulungen für die Kleinbauern, wie Wasser gespart werden kann
- Sanierung der maroden Wasserleitungen (Verlust derzeit 50 %)
- Förderung wassersparender Tröpfchenbewässerung
- Verbesserung der **Zisternenwirtschaft** zum Sammeln von Niederschlagswasser
- modernes Saatgut, welches weniger Wasser benötigt

Doch trotz der streng organisierten Wasserverteilung sinkt der Grundwasserspiegel der Grundwasserlinse täglich weiter und gräbt den Experten tiefe Sorgenfalten in die Stirn.

Nach verschiedenen Quellen

M8 Wasser für Amman aus der al-Azraq-Oase

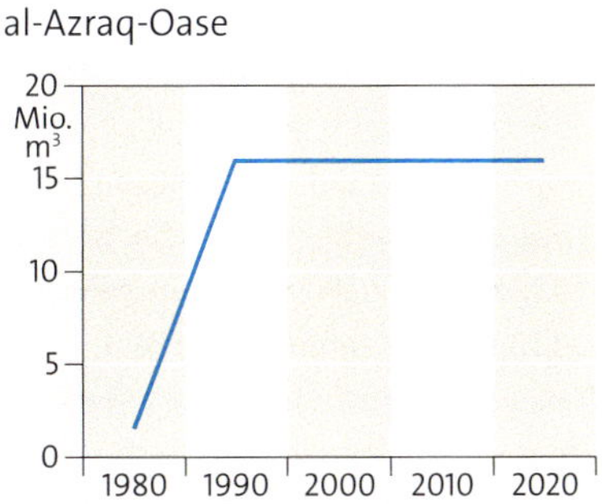

M4 Bevölkerungsentwicklung ausgewählter Städte

Bevölkerung	1984	1994	2004	2020*
Amman	719 000	994 000	1 036 000	2 333 000
Mafraq	26 549	38 393	47 764	148 600
Russeifa	62 870	137 247	227 735	590 800
Zarqa	283 100	350 849	395 227	756 200

*Quelle: https://www.ceicdata.com; * Prognose basierend auf Daten von 2017*

M5 Klimadiagramm al-Azraq-Oase

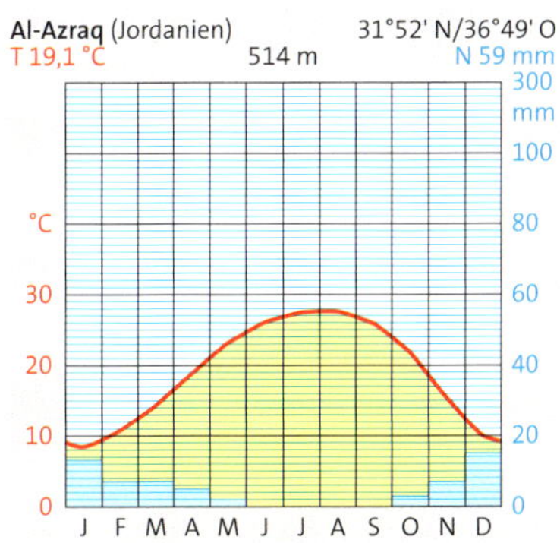

M7 Grundwassernutzung in der al-Azraq-Oase

Tiefe der Brunnen	440 m
Fördermenge/Std.	2100 m^3
Nutzung des Grundwassers in der Oase	20 %
Umleitung in nahegelegene Städte	80 %

M9 Ein Jahrhundert-Projekt

Um die Wasserproblematik langfristig zu lösen, beabsichtigt die jordanische Regierung einen Kanalbau vom Roten Meer zum 400 Meter tiefer gelegenen Toten Meer für rund 10 Mrd. US-Dollar. Hier soll in einer Entsalzungsanlage Trinkwasser für Amman gewonnen werden, um die al-Azraq-Oase dauerhaft zu entlasten. Wegen der Entsalzungsanlage soll deshalb ein Kernkraftwerk gebaut werden. Dieses soll 2025 den Betrieb aufnehmen.

M6 Kleinbauern trocknen aus

Sämtliches Wasser an den staatlichen Tiefbrunnen zu kaufen erscheint zu teuer. Deshalb versuchen viele Bauern die zurückgehenden Wasserreserven mit noch mehr und noch tieferen, meist illegalen Brunnen zu kompensieren und vergrößern dadurch das Dilemma. Tiefbrunnen und kapitalintensive Bewässerungssysteme können sich Kleinbauern nicht leisten. Das gefährdet die Existenz der kleinen und mittleren Betriebe.

1 Lokalisieren Sie das Campo de Dalías in der Provinz Almería und beschreiben Sie die naturgeographischen Bedingungen dieser Region (**M1, M2, M5**, Atlas oder MK Google Earth).

2 Werten Sie die Entwicklung des Campo de Dalías mithilfe der historischen Bilderreihe (seit 1984) von Google Earth aus (**M1, M5, M6**, MK Google Earth).

3 Erstellen Sie ein Wirkungsgefüge zu den ökologischen Folgen der landwirtschaftlichen Nutzung im Campo de Dalías in der Provinz Almería (**M3** bis **M7, S.201** MK).

4 Recherchieren Sie in einem Supermarkt in Ihrer Nähe die Herkunft von Obst und Gemüse.

5 Diskutieren Sie auf der Grundlage Ihrer Supermarkt-Untersuchung die Aussage, dass „wir Verbraucher mit unserem Konsumverhalten verantwortlich für die Umweltprobleme im Campo de Dalías sind".

6 Nehmen Sie Stellung zur Leitfrage: „Campo de Dalías – Überwindung des Wassermangels?"

Campo de Dalías – Überwindung des Wassermangels?

M1 Satellitenbild des Campo de Dalías bei der Stadt El Ejidp 2017

M2 Klimadiagramm El Ejido

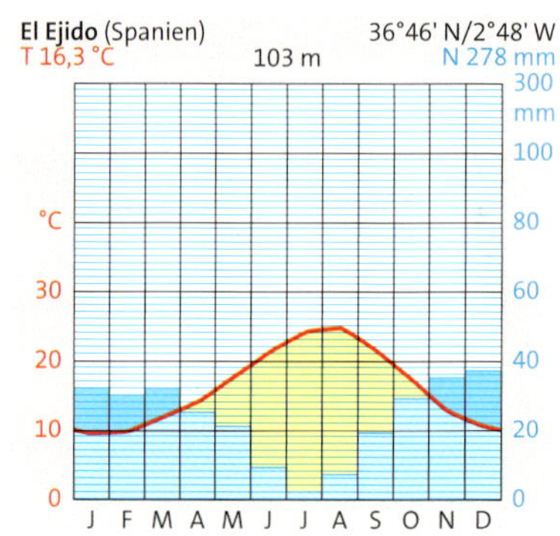

Plastik dominiert das Landschaftsbild
Die Provinz Almería in Spanien ist seit jeher geprägt durch seine landwirtschaftliche Nutzung. Vor 50 Jahren dominierten hier Trockenfeldbau mit Olivenbäumen und Weinreben das Landschaftsbild. Die Bewirtschaftung erfolgte in kleinen Familienbetrieben. Begünstigt wurde der Anbau durch das Mittelmeerklima. Seit den 1980er-Jahren hat sich die Bewirtschaftung dieser **semiariden** Region dramatisch gewandelt.
Im Westen der Provinz Almería befindet sich bei der Stadt El Ejido das rund 27 000 ha große Anbaugebiet des Campo de Dalías. Es gehört heute mit dem Anbau von Produkten wie Paprika, Tomaten, Auberginen, Bohnen, Gurken, Zucchini, Melonen u. a. zu den landwirtschaftlichen **Produktivregionen** Spaniens. Die Bewirtschaftung erfolgt durch bewässerten Anbau unter Plastikplanen oder in Gewächshäusern, wodurch sich das Landschaftsbild radikal verändert hat. Viele traditionelle Landwirte und Familienbetriebe wurden durch die hohen Kosten und Investitionen für Bewässerung, Brunnen und Treibhäuser verdrängt. Heute dominieren vorwiegend internationale **Agrobusinessunternehmen**, die mit hohem Kapitalaufwand streng profitorientiert arbeiten. Zugleich profitiert das Gemüse- und Obstanbauzentrum von Saisonarbeitern aus Nordafrika, der Sub-Sahara und Osteuropa, die z. T. illegal einreisen und als Tagelöhner ohne Sozialversicherungen ausgenutzt werden und somit einen Großteil der über 90 000 Arbeitskräfte ausmachen. Die Unternehmen können auf diese Weise wettbewerbsfähig Obst und Gemüse auf dem europäischen Markt anbieten; sie erzielen damit hohe Gewinne auf Kosten der Umwelt und dieser illegalen Arbeitskräfte. Das Hauptabnehmerland für die Produkte aus dem Campo de Dalías ist mit ca. 70 % Deutschland. So wurden im Jahr 2018 über eine Million Tonnen Gemüse nach Deutschland exportiert.

FACHBEGRIFFE
Produktivregion: landwirtschaftliche Region, auf deren Fläche möglichst effizient und kostengünstig hohe Mengen von bestimmten Produkten angebaut werden
Agrobusiness: Produktion von Agrarprodukten durch Unternehmen mit kapitalintensiver Produktion und hoher Produktionskapazität

M3 Gemüsegarten Europas braucht Wasser

Ausgerechnet in der weitgehend trockenen Provinz Almería wird Gemüse angebaut, welches sehr viel Wasser zum Wachstum braucht. Bisher haben die Bauern Grundwasser für die künstliche Bewässerung nutzen können, doch dieses wird immer knapper. Um Wasser zu sparen, nutzen viele Landwirte die Tröpfchen-Bewässerungsmethode. Diese wassersparende, aber teure Bewässerungstechnik bringt das Wasser über zahlreiche Schläuche gezielt zu den Pflanzen – Tröpfchen für Tröpfchen und nur so viel wie die Pflanze braucht. Doch die Wassersparmaßnahmen der Landwirte reichen nicht aus, um weiterhin so viel Obst und Gemüse für den Export anbauen zu können. Inzwischen gibt es westlich von El Ejido an der Küste eine Entsalzungsanlage. Hier wird aus Meerwasser Süßwasser gewonnen. Bei der Wasserentsalzung wird viel fossile Energie verbraucht, welche das Süßwasser teuer macht und das Klima belastet. Experten forschen an Entsalzungsanlagen, die mit Sonnenergie betrieben werden. Man hofft eines Tages diese umweltfreundliche Methode den Bauern zur Verfügung stellen zu können.

Basierend auf: Tanja Winkler (WDR) – Almería: Der Gemüsegarten Europas braucht Wasser. Vom 03.08.2019

M6 Flächenentwicklung der Gewächshausproduktion in der Provinz Almería

1970	920 ha
1990	16 500 ha
2010	32 800 ha
2020	36 800 ha

M4 Landschaftsbild bei Almería

M5 Flachland des Campo de Dalías in der Provinz Almería

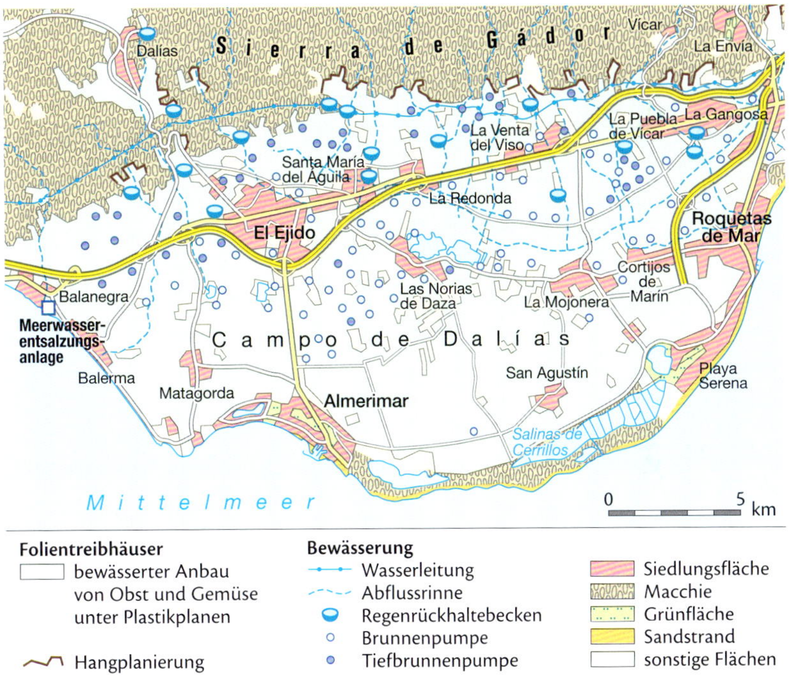

M7 Schematische Darstellung der Tröpfchenbewässerung

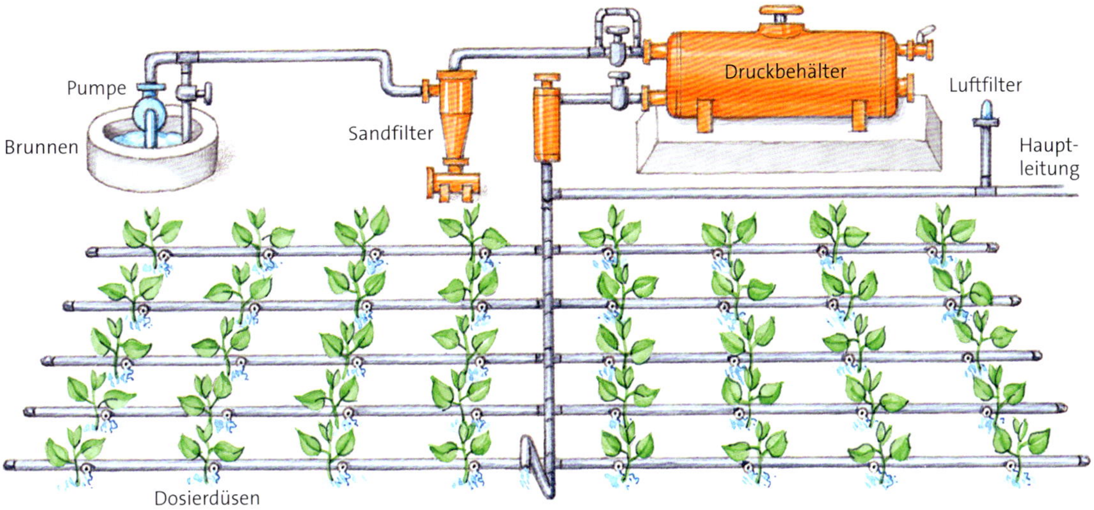

1 Lokalisieren Sie al-Faschir und kennzeichnen Sie die naturgeographische Ausstattung (Klima, Böden) in der Region von al-Faschir (Pilotkarte, **M1, M2, M4**, Seite 23, Atlas).

2 Erläutern Sie, worin die „angepasste Nutzung“ der drei traditionellen Landnutzungsformen bis 1950 bestand (**M1, M4**).

3 Vergleichen Sie die beiden Klimadiagramme und benennen Sie mögliche Folgen für die Landwirtschaft (**M2** und **M3**).

4 Sammeln Sie alle „Veränderungen“, die seit den 1950er-Jahren stattfanden, in einer Tabelle und kennzeichnen Sie deren mögliche Folgen (**M4** bis **M8**).

5 Nehmen Sie Stellung zur Leitfrage: „Desertifikation, ein selbstverschuldetes Problem?“

Al-Faschir – Desertifikation, ein selbstverschuldetes Problem?

M1 Hirsefeld in der Nähe von al-Faschir

Seit jeher gab es drei traditionelle Landnutzungsformen in der Region al-Faschir (1963: ca. 33 000 Einwohner). Im Bereich der Wadis, die während der Regenzeit zeitweise Wasser führen, und im Umfeld von Regenspeichern (Hafire) wurde intensiv Ackerbau betrieben. Zur Regeneration der Böden wurden hier lange **Brachen** eingehalten.
Der übrige Bereich wird durch das aride Klima in der Dornstrauchsavanne bestimmt. Aufgrund der Konzentration der Niederschläge auf wenige Monate können Bauern hier, weit nördlich der **agronomischen Trockengrenze**, nur wenige Pflanzen wie Hirse für die Selbstversorgung anbauen. Dieses mineralstoffreiche Getreide stellt ein Hauptnahrungsmittel dar. Daneben nutzten Nomaden die dürftige natürliche Vegetation für ihre meist kleinen Viehherden. Durch die riesigen Entfernungen und den stetigen Ortswechsel dieser Viehhirten wurde die natürliche Vegetation nur wenig belastet.
Eine niederschlagsreiche Phase von 1950 bis Anfang der 1970er-Jahre führte zu einem Anwachsen der Bevölkerung. Mit dem Bevölkerungswachstum stieg der Nahrungsmittelbedarf. Deshalb weitete sich der Anbau über die agronomische Trockengrenze weiter aus und die Viehbestände wuchsen. Dabei wurde die Tragfähigkeit dieser Region überschritten.

M2 Klimadiagramm al-Faschir (Klimadaten von 1931 bis 1960)

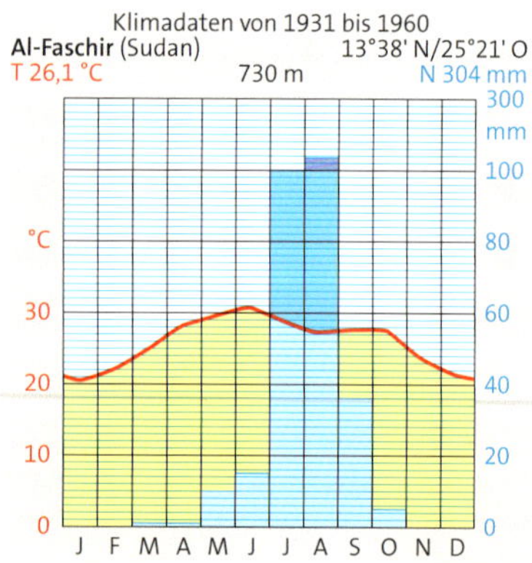

M3 Klimadiagramm al-Faschir (Klimadaten von 1988 bis 2019)

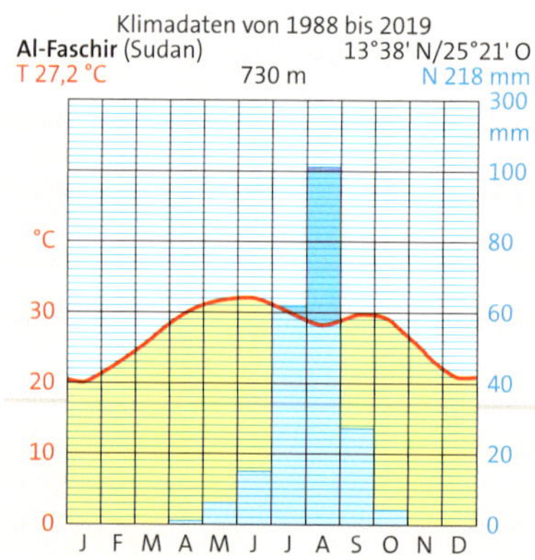

FACHBEGRIFFE

Brache: die Zeit, in der sich der Boden erholen kann, weil nicht angebaut wird

agronomische Trockengrenze: Grenze, bis zu der Regenfeldbau aufgrund des Wasserangebotes in der Regel noch sinnvoll ist (etwa 400 mm Jahresniederschlag). Konzentriert sich der Niederschlag auf wenige Monate, kann auch bei geringeren Niederschlagsmengen noch Regenfeldbau möglich sein. Hier besteht aber aufgrund der Niederschlagsvariabilität ein hohes Ernte-Ausfallrisiko.

Desertifikation: bezeichnet die unwiderrufliche Wüstenbildung in trockenen Gebieten. Die fruchtbare Bodenschicht fehlt vollständig. Im Jahr gehen weltweit rund 12 Mio. Hektar fruchtbaren Bodens verloren (dies entspricht etwa der Ackerfläche Deutschlands).

Tragfähigkeit: gibt die maximale Zahl von Menschen an, die in einem Raum bei angepasster Nutzung für unbegrenzte Zeit existieren können.

M4 Die Region al-Faschir

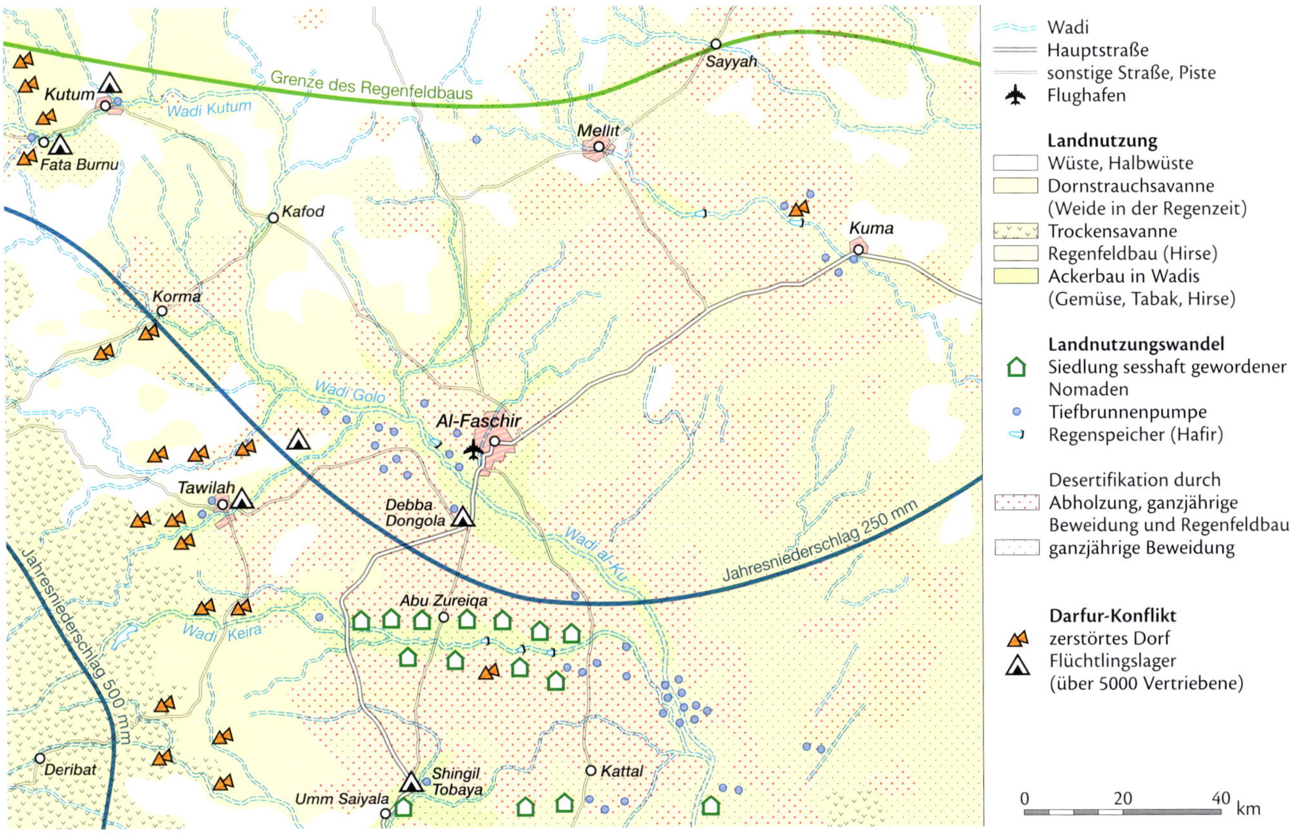

M5 Entwicklung der Einwohnerzahl von al-Faschir

Jahr	Einwohner
1973	51 932
1983	84 298
1993	141 884
2003	231 686
2020*	381 645

** berechneter Wert*

M6 Tierbestand im Sudan 1961 bis 2019

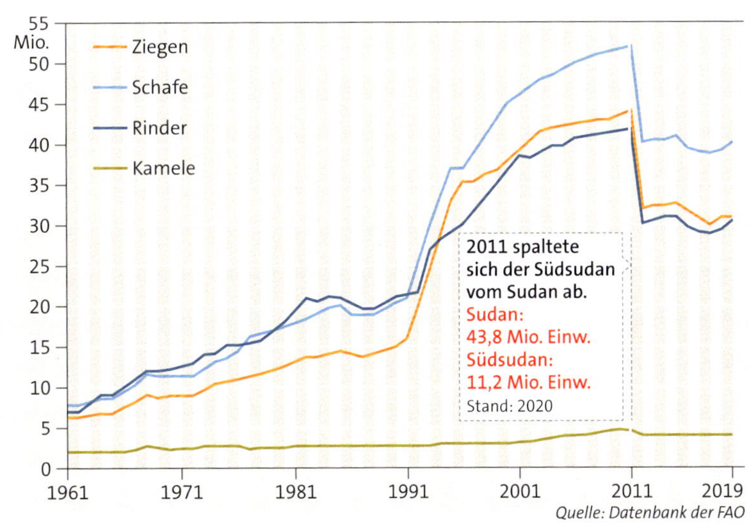

Quelle: Datenbank der FAO

M7 Darfur-Konflikt

2003 kam es zum Ausbruch eines Bürgerkrieges in der Region Darfur. In weiten Gebieten von Darfur wurden Menschen vertrieben. Dies begründet die Flüchtlingslager in der Region von al-Faschir. Der Konflikt hält an.

M8 Sesshaftigkeit der Nomaden und Viehzüchter

In den 1970er-Jahre wurden Tiefbrunnen angelegt und Siedlungen für die Nomaden errichtet. Die Regierung wollte diese Volksstämme besser kontrollieren und verbot das Überschreiten der Landesgrenzen. Viele Nomaden wurden sesshaft. Seitdem wandern nur noch einzelne Familienmitglieder mit den Viehherden auf stark verkürzten Wanderrouten. Damit kommt es zu einer Übernutzung der Weideflächen im Nahraum.
Zudem entstanden immer mehr stationäre Viehzuchten von Städtern im Bereich von al-Faschir. Diese machen heute bei Rindern rund 60% der Viehbestände aus.

1 Kennzeichnen Sie die Klimaveränderungen und deren Auswirkungen der letzten 70 Jahren in al-Faschir (**M1**, Seite 54 **M2** und **M3**).

2 Erläutern Sie das allgemeingültige Wirkungsgefüge zur Desertifikation (**M2**).

3 Erstellen Sie mithilfe von **M2** ein Wirkungsgefüge zur Desertifikation für die Region al-Faschir. Ergänzen Sie dabei auch die Aspekte „sesshafte Nomaden, Klimaänderungen und Flüchtlinge" (S. 54 bis 56, S. 201 MK).

4 Ergänzen Sie die Lösungsansätze zur Eindämmung der Desertifikation in der Region al-Faschir in Ihrem Wirkungsgefüge und erläutern Sie, welche Auswirkung diese haben könnten (**M3** bis **M7**).

Al-Faschir – Desertifikation, keine Möglichkeit zur Vermeidung?

M1 Jahresniederschlagsmengen in al-Faschir

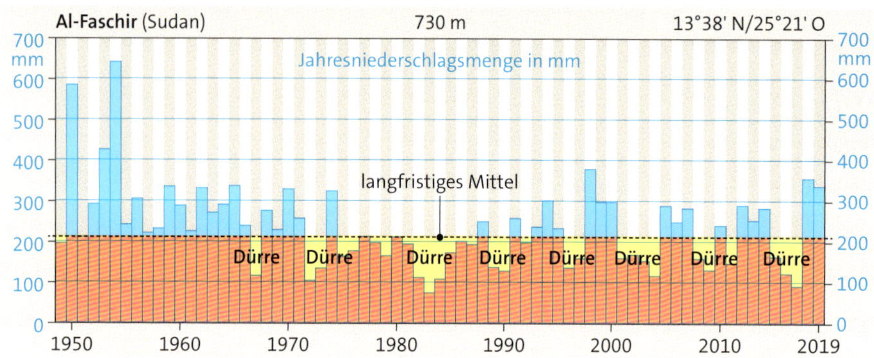

M2 Allgemeines Wirkungsgefüge zum Prozess der Desertifikation

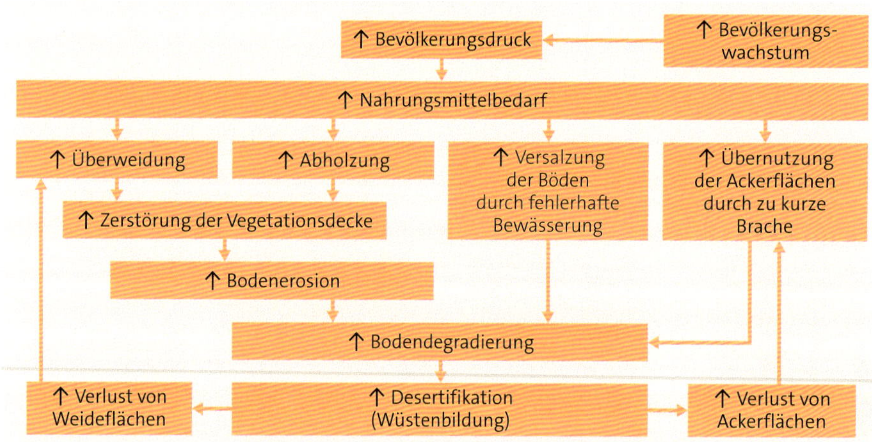

← daraus folgt
↑ nimmt zu, verstärkt sich

Anmerkung: 75 % der weltweiten Landflächen sind inzwischen durch Bodenerosion, Versalzung, Übernutzung, Überweidung oder Austrocknung degradiert.

Wasser prägt das Leben
Durch das Bevölkerungswachstum steigt in al-Faschir der Nahrungsmittelbedarf. Dies führt in regenreichen Jahren zur weiteren Intensivierung des Ackerbaus, einer Ausweitung des Hirseanbaus über die agronomische Trockengrenze hinaus sowie zur Aufstockung von Viehherden.
Dürren führen zu einer Verminderung bis hin zum Komplettausfall von Ernten, insbesondere der Hirseernte. Dies kann Hungerkatastrophen zur Folge haben. Zugleich sind die vegetationslosen und ausgetrockneten Ackerflächen der **Bodenerosion** ausgesetzt. Durch Abtragung geht die fruchtbare obere Bodenschicht verloren.
Nomaden finden während einer Dürrephase kein Futter für ihre Viehherden in der nördlichen Dornsavanne. Dies kann zum Verlust von zahlreichen Tieren führen. Zugleich kommt es an den wenigen Wasserstellen zu einer starken Überweidung. Der vegetationslose Boden wird hier zudem durch den Viehtritt verdichtet und ist so schutzlos der Bodenerosion ausgesetzt.
Schon in normalen Jahren wird viel Brennholz zum Kochen benötigt. In Dürrephasen wird die Abholzung und Herstellung von Holzkohle verstärkt als alternative Einkommensmöglichkeit genutzt. Der trockene Boden ist danach dem Wind schutzlos ausgesetzt und verliert an Fruchtbarkeit.

FACHBEGRIFFE

Dürre: längerer Zeitraum (mehr als ein Jahr), in dem einem Ökosystem weniger Wasser oder Niederschlag zur Verfügung steht, als dieses mindestens benötigt

Bodenerosion: Durch Wind oder Wasser können die fruchtbaren, oberen Bodenschichten besonders dann abgetragen werden, wenn eine schützende Vegetationsschicht fehlt und der Boden ausgetrocknet ist.

Bevölkerungsdruck (auch Überbevölkerung): Zustand, bei dem die Anzahl der Menschen die ökologische Tragfähigkeit ihres Lebensraums überschreitet

M3 Einfache Erd- und Steinwälle

Einfache Erd- und Steinwälle sollen die Ressourcen Boden und Wasser auf erosionsgefährdeten Böden erhalten und deren Nutzbarkeit steigern. [illegible] werden Steinwälle quer zur Hangneigung in großen halbrunden Formen gelegt. Im Vergleich zu Erdwällen sind die Steinwälle wasserdurchlässig. Die Fließgeschwindigkeit des Niederschlagswassers wird abgebremst und das Wasser kann sich deshalb auf dem ganzen Feld verteilen. Der Materialbedarf beträgt pro Hektar ca. 50 Tonnen Steine (10 LKW-Ladungen). Um die Kosten aufzubringen sind Kredite notwendig.

M4 Brennholz sparende Öfen

In vielen Regionen wird traditionell mit Brennholz gekocht. Der Holzeinschlag trägt wesentlich zur Entwaldung und zur Verwüstung bei. Die Umweltorganisation D.A.R.E. engagiert sich vor allem bei der Nutzung von Brennholz sparenden Öfen. Die Öfen benötigen bis zu 80 % weniger Brennholz als das Kochen auf offenen Feuerstellen. Damit spart ein einzelner Ofen auch ca. 2,72 Tonnen CO_2 pro Jahr.

Der Brennholz sparende Ofen

M5 Senkung der Geburtenrate

Ein erster Schritt zur Senkung der Geburtenrate sind die Aufklärung und Verteilung von kostenlosen Verhütungsmitteln. Um eine langfristige Wirkung erzielen zu können, empfehlen Experten darüber hinaus noch drei weitere Maßnahmen für die Senkung der Geburtenrate:

1. Frauen mit Schulbildung bekommen deutlich weniger Kinder.
2. Je mehr Arbeitsplätze vorhanden sind, desto weniger Menschen brauchen viele Kinder zur Absicherung im Alter.
3. Je besser die Gesundheitsversorgung ist, also je weniger Kinder sterben, desto weniger Kinder werden zur Altersabsicherung gezeugt.

M6 Hilfe zur Selbsthilfe

MISEREOR unterstützt im Südsudan den Aufbau von Schulen sowie die Ausbildung von Lehrern

Misereor ist eine Entwicklungshilfeorganisation der katholischen Kirche. Sie organisiert und unterstützt in den Sahelländern Projekte zur Selbsthilfe, die die Eigenständigkeit und das Selbstbewusstsein der Menschen stärkt. Dabei werden Themen wie Geburtenkontrolle, geeignete Bildungsmaßnahmen oder bessere Anbautechniken ganz praktisch angegangen. Mithilfe von Beratern und Kleinkrediten lernen die Menschen vor Ort selbst Projekte durchzuführen. Durch Beratung beim Pflanzenanbau und der Wasservorratswirtschaft können so die Ernteerträge gesteigert werden.

M7 Rückbesinnung auf traditionelle Anbauformen

Der einfache Bauer Yacouba Sawadogo aus Burkina Faso wird auch „Der Mann, der die Wüste aufhielt" genannt. Vor 30 Jahren begann er den verkrusteten und ausgetrockneten Boden mit einer alten, von seinen Vorfahren überlieferten Methode, dem Zai, wieder zu fruchtbarem Land zu erwecken. Er grub kleine Mulden und legte Hirsekörner, Viehdung, Blätter und Asche in sie hinein. Zudem begann er, das Land zu bewalden. Die Bäume spenden Schatten, düngen mit ihren Blättern die Kulturpflanzen und schützen vor Bodenerosion. Der Wald ist heute ein Ort, der lebt, wo einst nur Hitze war. Sawadogo erntet heute dreimal so viel.

1. Beschreiben Sie das Klima in den sommerfeuchten und in den immerfeuchten Tropen (**M1**, **M2** und auf Seite 23).
2. Erklären Sie die Ursachen des Tageszeitenklimas in der Landschaftszone der Tropen (**M2**, Seite 18).
3. Ordnen Sie begründet die Fotos den jeweiligen Vegetationszonen der Tropen zu (**M3** bis **M6**).
4. Erläutern Sie, welche Bedeutung das Klima sowie die Böden für die landwirtschaftliche Nutzung der Tropen haben (**M1**, **M7** bis **M8**).
5. Beurteilen Sie die unterschiedlichen landwirtschaftlichen Nutzungsformen der Tropen (**M8**).

Die Tropen im Überblick

Die Tropen
In den Tropen ist im Vergleich zu den anderen Landschaftszonen die jährliche Sonneneinstrahlung am höchsten und schwankt zugleich am wenigsten (vgl. Seite 18). Somit schwanken die jährlichen Temperaturen nur wenig, sodass hier ein **Tageszeitenklima** herrscht. Je weiter man sich vom Äquator entfernt, desto größer werden die Temperaturschwankungen und geringer die jährlichen Niederschlagsmengen. Statt Jahreszeiten wird in den Tropen zwischen Regen- und Trockenzeiten unterschieden. Die Tropen werden in die immerfeuchte und sommerfeuchte Zone aufgeteilt.

Die immerfeuchten Tropen
In den äquatornahen Bereichen befindet sich aufgrund der relativ warmen Temperaturen sowie hohen jährlichen Niederschlagsmengen als vorherrschende Vegetation der immergrüne tropische Regenwald. Allein von den weltweit rund 300 000 Pflanzenarten kommen zwei Drittel in tropischen Regenwäldern vor, obwohl diese Wälder nur rund 8 Prozent der Landfläche ausmachen. Mit abnehmenden Niederschlagsmengen wird der Wald zunehmend artenärmer, weniger dicht und niedriger.

Die sommerfeuchten Tropen
Bereits wenige Breitengrade vom Äquator entfernt gibt es Trockenzeiten, deren Dauer in Richtung der Wendekreise zunimmt. Dabei ist die Ausbildung der Vegetation abhängig von der Verfügbarkeit von Wasser. Der charakteristische Vegetationstyp der sommerfeuchten Tropen ist die Savanne. Zunächst dominieren riesige **Trockenwälder**. Je länger die ariden Zeiträume werden, umso größer werden die Abstände zwischen den Bäumen. Im Übergang zur Trockensavanne dominieren zunehmend Gräser das Landschaftsbild. Wegen ihres oberflächennahen Wurzelwerks wachsen die Gräser nach Regenfällen rasch, bei Trockenheit sterben aber die oberirdischen Pflanzenteile genauso schnell wieder ab. Bäume haben zwar tiefere Wurzeln, können aber nur bedingt Trockenzeiten überdauern.

M1 Landschaftszone der Tropen (Jahresdurchschnittstemperatur > 24°C)

Tropen	Ø Jahresniederschlag in mm	Anzahl der humiden Monate
Immerfeuchte Tropen	> 1500	9,5 – 12
Sommerfeuchte Tropen		
Feuchtsavanne	1000 – 1500	7 – 9,5
Trockensavanne	500 – 1000	4,5 – 7

M2 Die Landschaftszone der Tropen

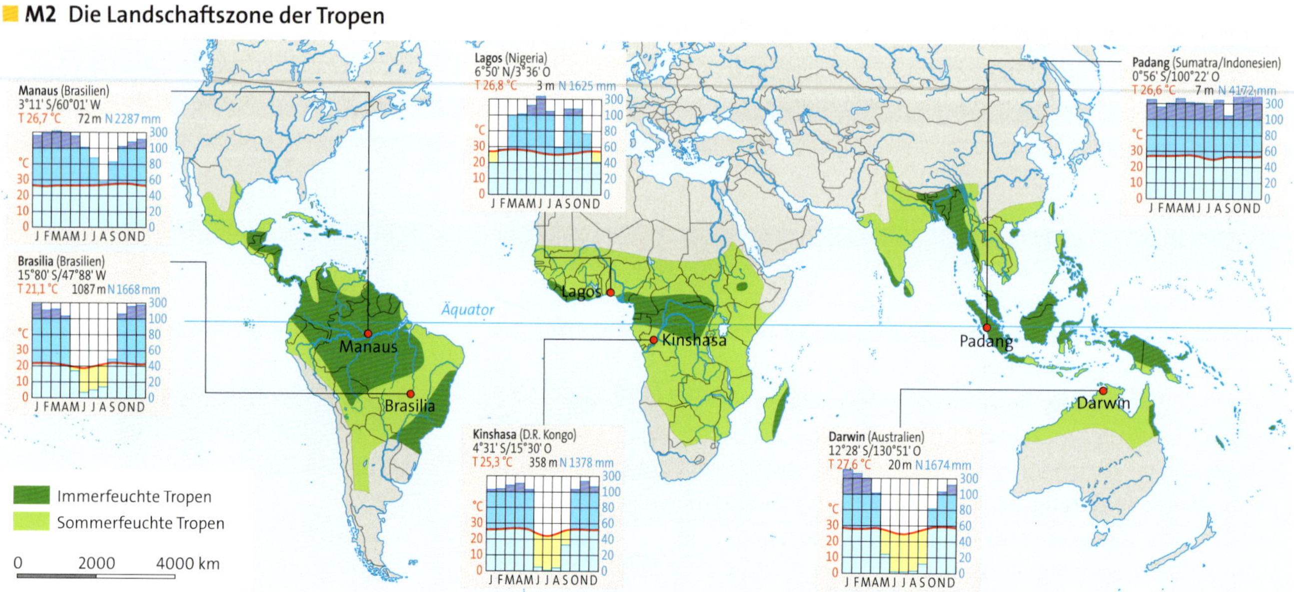

M3 Tarangire-Nationalpark in Tansania

M4 Mato Grosso, Brasilien

M5 Kalimantan, Indonesien

M6 Vegetationszonen der Tropen in Afrika

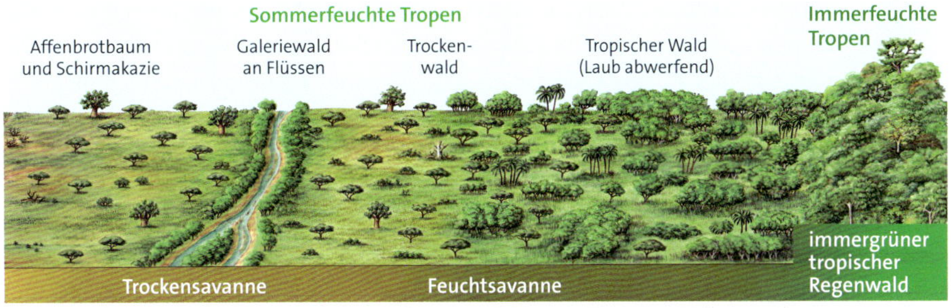

M7 Typische Böden der Tropen

Die durchgängig warmen und humiden Klimaverhältnisse führen bei den Böden der immerfeuchten Tropen und der Feuchtsavanne zu einer tiefgründigen **chemischen Verwitterung**. Zudem werden durch die hohen Niederschläge Nährstoffe in tiefere Bodenschichten verlagert. Ein typischer Bodentyp ist der rötliche Ferrallit. Böden dieses Typs sind tonhaltig und weisen eine extreme Nährstoffverarmung auf, welche die landwirtschaftliche Nutzung erschwert.
Auch die Böden der Trockensavannen sind tiefgründig verwittert. Auch hier dominieren nährstoffarme Böden mit geringen Humusauflagen. Hier führt zudem der Wassermangel zu einer Einschränkung der Nutzung.

M8 Die landwirtschaftliche Nutzung der Tropen

Traditionell nutzen **indigene Völker** die **Shifting Cultivation** in den immerfeuchten Tropen zur Selbstversorgung. Sie bauen u.a. Maniok und Yams an. Diese punktuelle Nutzungsform ist aufgrund der kleinräumigen Eingriffe sowie der langen Brachezeiten (15–30 Jahre) bis etwa zu einer Bevölkerungsdichte von fünf Einwohnern pro km² erträglich für das Ökosystem. Dagegen zerstören die großflächigen Brandrodungen für die Anlage von riesigen **Plantagen** die Fauna und Flora in den immerfeuchten Tropen vollständig. Bei dieser **intensiven Landnutzung** werden exportorientiert **Cash Crops** wie Ölpalmen, Kautschuk, Bananen, Soja und Kakao angebaut.
Auch die Savanne wird intensiv genutzt. Neben massivem Holzeinschlag (Brenn- und Bauholz) und Beweidung werden Flächen durch Brandrodung zu Acker- und Weideland. Je geringer das Wasserangebot ist, desto **extensiver** wird die Landnutzung. Die Folgen durch Übernutzung in den Trockensavannen sind die Veränderung der Vegetation, Artenverarmung sowie Bodenerosion bis hin zur Desertifikation.

FACHBEGRIFFE

Tageszeitenklima: Die Temperaturschwankungen im Laufe eines Tages sind höher als im Jahresverlauf.
Trockenwälder: Wälder, die Trockenzeiten von mehr als 2,5 Monaten ausgesetzt sind. Diese Wälder sind in der Regenzeit grün und werfen in den Trockenzeiten ihr Laub ab.
chemische Verwitterung: Zersetzung von Gestein durch chemische Prozesse, meist unter Mitwirkung von Wasser
indigenes Volk: Ureinwohner eines Raumes
Shifting Cultivation: traditioneller Brandrodungs-Wanderfeldbau der indigenen Völker
Plantage: exportorientierter Großbetrieb, der sich auf ein Agrarprodukt in Monokultur spezialisiert
intensive Landnutzung: Einsatz hoher Investitionen in Hochleistungspflanzen und -tiere, Maschinen, Dünger und Pflanzenschutzmittel für eine möglichst ertragreiche Produktion
Cash Crops: landwirtschaftliche Produkte für den Weltmarkt, die nicht der Selbstversorgung dienen
extensive Landnutzung: meist von Kleinbauern betriebene Landnutzung, mit geringen bis fehlenden Investitionen für Dünger, Pflanzenschutzmittel etc. Damit fallen die Ernteerträge vergleichsweise niedrig aus.

1 Lokalisieren Sie weltweit die Regionen mit immergrünem tropischem Regenwald (**M5**, **M6**, Seite 58 **M2**).

2 Kennzeichnen Sie den Aufbau des immergrünen tropischen Regenwaldes und leiten Sie die daraus resultierende Artenvielfalt ab (**M1**, **M4**).

3 Erläutern Sie unter besonderer Berücksichtigung der tropischen Böden das Modell des Stoffkreislaufs im tropischen Regenwald (**M3**, Seite 59 **M7**).

4 Erklären Sie die Bedeutung der tropischen Regenwälder für die Natur und für den Menschen (**M1** bis **M6**).

Der immergrüne tropische Regenwald – Schatzkammer trotz Nährstoffarmut?

Nahe des Äquators entwickelt sich unter natürlichen Bedingungen überall dort ein immergrüner tropischer Regenwald, wo mindestens 9,5 Monate humid sind. Hohe Temperaturen und ein nahezu unbegrenztes Wasserangebot schaffen ganzjährig günstige Wachstumsbedingungen. Bezüglich Produktivität, **Biomasse** und **Biodiversität** stellen tropische Regenwälder die üppigsten Ökosysteme auf dem Festland dar. Dabei ist der weitaus größte Anteil der Biomasse in Holz gebunden. Die Böden erreichen meist eine große Mächtigkeit, doch sind sie in der Regel wenig fruchtbar. **Ferrallit**, ein typischer Boden der Tropen, besitzt nur eine geringe **Kationenaustauschkapazität** (KAK). Somit können diese Böden wichtige Mineralstoffe nur schlecht speichern. Durch die hohen Niederschlagsmengen werden diese Mineralstoffe zudem in untere Bodenschichten ausgewaschen, wo sie für Wurzeln meist nicht erreichbar sind.

M1 Aufbau des tropischen Regenwaldes

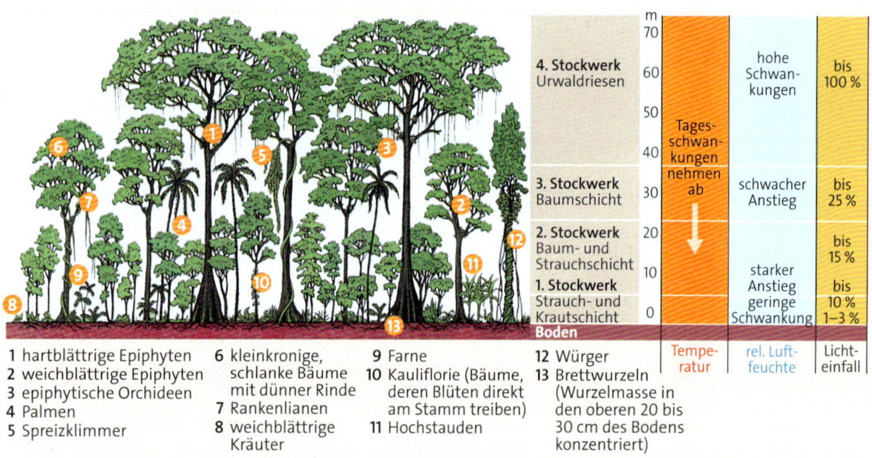

Das feuchtwarme Klima beschleunigt den raschen Abbau organischer Substanz durch Kleintiere und Mikroorganismen. **Humus** als Nährstoffspeicher kann unter diesen Bedingungen kaum entstehen und ist in den tropischen Regenwäldern nur wenige Millimeter dick. Freigesetzte Mineralstoffe werden entweder in tiefere Bodenschichten ausgewaschen oder von einem dichten Netz von Pilzfäden aufgenommen. Diese **Mykorrhiza**-Pilze leben in einer Symbiose mit den Bäumen. Während die Pilze die aufgenommenen Mineralstoffe an die Wurzeln der Bäume abgeben, erhalten die Pilze ihre Nährstoffe direkt vom Baum. Auf diese Weise ist der **Stoffkreislauf** kurzgeschlossen.

Der Boden spielt, anders als in den mittleren Breiten, als Mineralstoffspeicher nur eine untergeordnete Rolle. Daher sind Regenwaldböden nach einer Rodung häufig durch eine schnelle Erschöpfung der Mineralstoffvorräte gekennzeichnet und für eine dauerhafte landwirtschaftliche Nutzung wenig geeignet.

FACHBEGRIFFE

Biomasse: Stoffmasse von Lebewesen (Tieren und Pflanzen)

Biodiversität: Bewertungsmaßstab für die Fülle unterschiedlichen Lebens in einem bestimmten Raum

Kationenaustauschkapazität: Summe der austauschbaren Kationen eines Bodens. Je höher die KAK eines Bodens, desto größer die Möglichkeit, Nährstoffe zu binden

Humus: obere Bodenschicht, die in hohem Maße zur Fruchtbarkeit des Bodens beitragen kann

Mykorrhiza: Lebensgemeinschaft zwischen den Wurzeln höherer Pflanzen und Pilzen

Stoffkreislauf: Umwandlung chemischer Verbindungen, in deren Verlauf erneut der Ausgangsstoff erreicht wird

Epiphyt: Pflanze, die auf anderen Pflanzen wächst, sich aber selbstständig ernährt

Humifizierung: Zersetzung von Biomasse in seine organischen Substanzen zum Humus

Denitrifikation: Freimachen von Stickstoff aus Salzen (z. B. im Kunstdünger) durch Bakterien

Mineralisierung: Abbau von Humus zu mineralischen Ausgangsstoffen

Mikroklima: Klima, welches in einem kleinen Bereich der bodennahen Luftschichten herrscht

Amazonien: Einzugsgebiet des Amazonas und zugleich das weltweit größte tropische Waldgebiet, an dem neun südamerikanische Länder Anteil haben

M2 Regenwald und Klima

Die Brandrodung tropischer Regenwälder ist in doppelter Hinsicht ungünstig für unser Klima. Einerseits sind in einem Quadratkilometer Amazonas-Regenwald ungefähr 20 000 Tonnen Kohlenstoff gespeichert. Wird der Wald zerstört, gelangt das Kohlenstoffdioxid (CO_2) in die Atmosphäre und trägt so zum Klimawandel bei. Zum Vergleich: Unsere einheimischen Wälder speichern nur etwa 12 000 Tonnen Kohlenstoff pro Quadratkilometer. Andererseits gehen Wissenschaftler davon aus, dass allein die Regenwälder am Amazonas zwecks Fotosynthese jährlich rund zwei Milliarden Tonnen Kohlenstoffdioxid aus der Atmosphäre aufnehmen, was immerhin fünf Prozent der weltweiten jährlichen Emissionen entspricht.

M3 Modell des Stoffkreislaufs im tropischen Regenwald

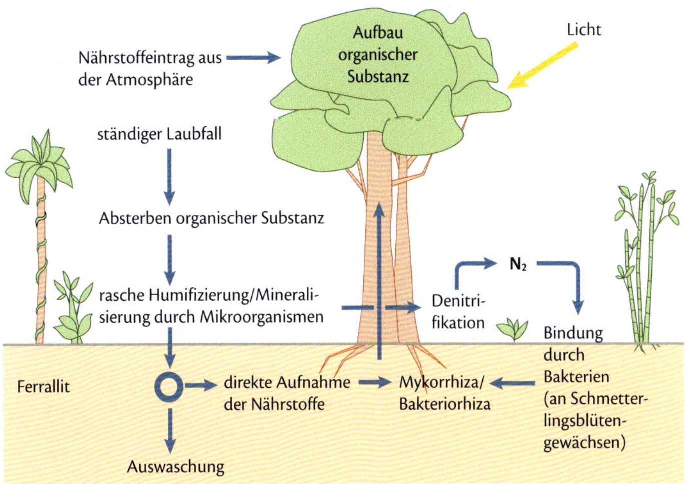

M4 Der tropische Regenwald ist ein komplexes Ökosystem

Die Artenvielfalt nimmt von den Polen zum Äquator hin zu, wobei die Wüsten eine Ausnahme bilden. Tropische Regenwälder gehörten zu den artenreichsten und komplexesten Ökosystemen der Erde. So wurden in Amazonien bis zu 456 verschiedene Baumarten auf einem Hektar gezählt. In ganz Deutschland gibt es dagegen nur 30 Baumarten.
Die Artenvielfalt in immergrünen tropischen Regenwäldern hat u. a. zwei Gründe: Aufgrund seines Stockwerkbaus und des damit verbundenen **Mikroklimas** entstehen zahlreiche Lebensräume mit sehr unterschiedlichen Bedingungen. Aber auch die zahlreichen Wechselbeziehungen zwischen den verschiedenen Arten sind Grund für die große Artenvielfalt.
Es gibt etwa 70 000 Pflanzenarten, die medizinisch genutzt werden. In tropischen Regenwäldern ist die Anzahl an Heilpflanzen besonders hoch, obwohl hier erst rund ein Prozent aller Pflanzen auf ihre Heilwirkung untersucht wurden. Dabei enthält jedes vierte Medikament aus unserer Apotheke Wirkstoffe, die ursprünglich aus Waldpflanzen entwickelt wurden.

M5 Weltweiter Bestand von intaktem tropischen Regenwald (nur die dunkel grünen Flächen)

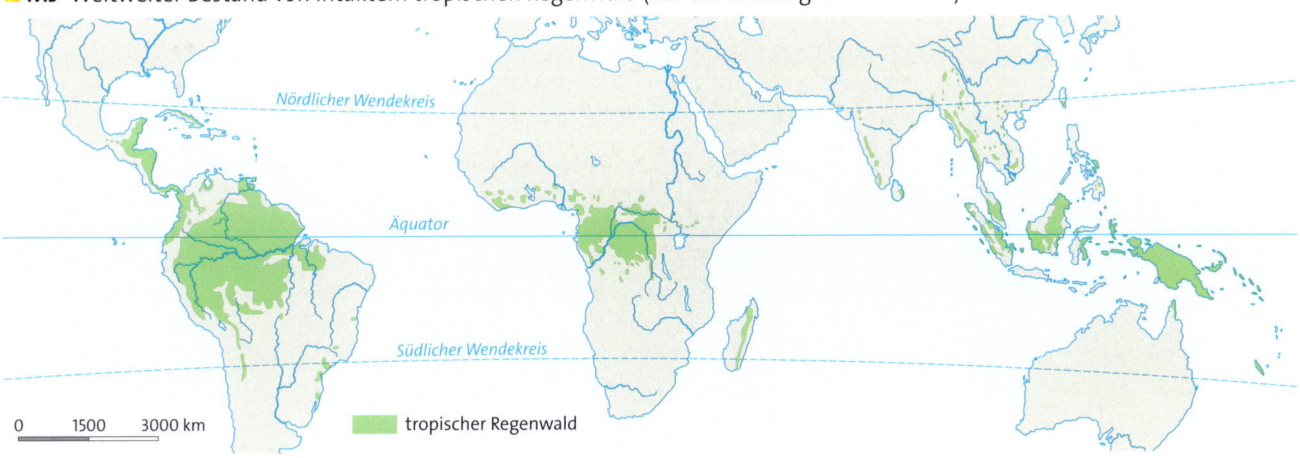

M6 Die fünf Länder mit den größten Anteilen an tropischen Regenwaldgebieten 2020

Länder	Trop. Regenwald (in km²)	Gesamtfläche des Landes (in km²)	Anteil des trop. Regenwaldes an der Gesamtfläche
Brasilien	4 661 979	8 511 000	55 %
Dem. Rep. Kongo	1 769 998	2 345 000	76 %
Indonesien	1 269 998	1 905 000	67 %
Peru	750 289	1 285 000	58 %
Kolumbien	669 999	1 142 000	59 %

1. Lokalisieren Sie West-Kalimantan sowie Pontianak und kennzeichnen Sie die naturräumlichen Bedingungen (**M1** bis **M6**, Seite 48, Atlas oder MK Google Earth).
2. Kennzeichnen Sie die Bedeutung des Palmölsektors für die Provinz West-Kalimantan in Form eines Textes oder mithilfe einer Präsentationssoftware (**M1** bis **M4**, **M6**, Seite 207 MK).
3. Erläutern Sie die Entwicklung des Palmölsektors und mögliche Folgen in West-Kalimantan (**M7** bis **M10**).
4. Erklären Sie mithilfe des Wirkungsgefüges (**M11**) ausgewählte Folgen für den tropischen Regenwald, die durch die Expansion von Ölpalmplantagen in Indonesien hervorgerufen werden (**M7** bis **M10**).

West-Kalimantan – Palmölproduktion in den immerfeuchten Tropen

M1 Ölpalmenplantagen in der Provinz West-Kalimantan, Indonesien

M2 Fruchtstand

M3 Steckbrief Palmöl

Die Ölpalme gedeiht optimal im immerfeuchten Tropenklima bei voller Sonneneinstrahlung. Deshalb wird für Ölpalmplantagen die ursprüngliche Vegetation vollständig beseitigt. Nach rund 4 Jahren trägt die Dauerkultur zum ersten Mal Fruchtstände, aus denen Palmöl gewonnen wird. Palmöl weist bei 20 °C eine feste Konsistenz auf, ist geschmacksneutral, hitzestabil, extrem haltbar und macht Lebensmittel streichfähig.

M4 Daten zur Provinz West-Kalimantan 2020

Indonesien ist der weltweit größte Palmölproduzent. Eines der Hauptanbaugebiete ist Kalimantan. Kalimantan macht mit 71,5 % den indonesischen Teil der Insel Borneo.
In Kalimantan werden rund 35 %, also ca. 14,2 Mio. t Palmöl produziert.
Wie überall in Indonesien werden auch in der Provinz West-Kalimantan Ölpalmen von Kleinbauern und von Großunternehmen auf Plantagen angebaut. Während Kleinbauern durchschnittlich auf 3,5 ha Ölpalmen anbauen, sind die Plantagen durchschnittlich 3600 ha groß.
Durch die Palmölproduktion sind über 350 000 Arbeitsplätze im ländlichen Raum von West-Kalimantan geschaffen worden. Die Einnahmen aus dem Palmölsektor wurden 2019 allein für die Provinz West-Kalimantan auf 1,32 Mrd. US-$ geschätzt.
Aufgrund der weltweit steigenden Nachfrage nach Palmöl scheint der Palmölboom und die damit einhergehende Ausdehnung der Anbauflächen weiter fortzuschreiten.

M5 Klimadiagramm Pontianak

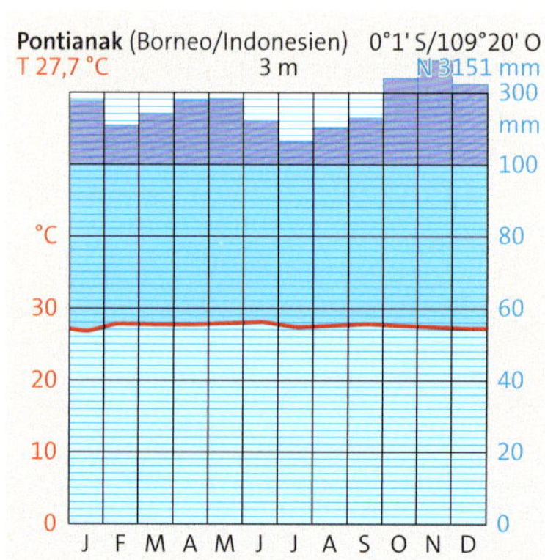

M6 Interview mit einer Palmöl-Bäuerin, in Kalimantan

www.cornelsen.de/codes/
Code: quzofe

FACHBEGRIFFE

Szenario: möglicher zukünftiger Zustand, der aber nicht eintreten muss

Devastierung: bezeichnet hier die Zerstörung einer ursprünglichen Landschaft

M7 Illegale Brandrodung

Für die Palmöl- und Holzindustrie werden jedes Jahr riesige Waldflächen zerstört. Offiziell sollen für Palmölplantagen aber nur Graslandflächen genutzt werden. Doch die Realität sieht anders aus: Zunächst erwerben internationale Holzkonzerne behördliche Genehmigungen zur Nutzung tropischer Edelhölzer. Aus Kostengründen schlagen sie mit Bulldozern Schneisen in den Wald, um die Edelhölzer zu entnehmen. In niederschlagsarmen Jahren wie 2019 trocknen die beschädigten Baumteile aus. Die Waldbrandgefahr steigt so erheblich. Dies nutzen Plantagenbesitzer aus und lassen Feuer legen, um neue Flächen für Palmölplantagen zu schaffen. Dagegen wird in der Regenzeit der Wald gerodet. Indonesien verlor so von 2002 bis 2020 ca. 77,63 Mio. ha Regenwald*, was 15,5 Mrd. t. CO_2-Emissionen entspricht. Dabei werden auch Lebensräume von Wildtieren zerstört. Neben der ökologischen Zerstörung kommt es auch zu sozialen Konflikten. Allein in Kalimantan sind über 90 Holzkonzerne aktiv, die oft auch Palmölplantagen betreiben.

** Zum Vergleich: Die Waldfläche von NRW beträgt 3,41 Mio. ha*

M8 Folgen der selektiven Holzentnahme

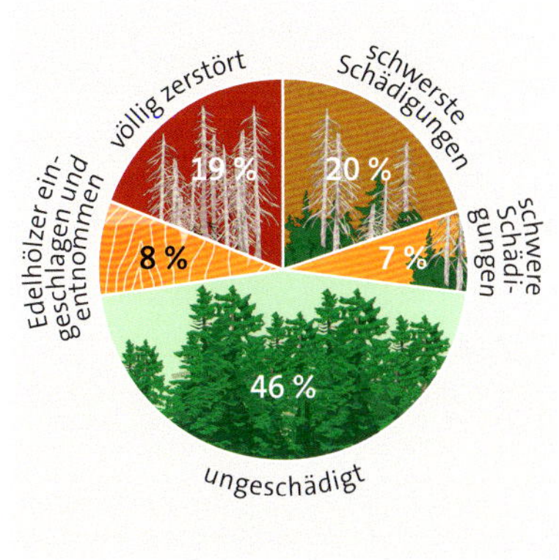

M9 Ausdehnung der Palmölplantagen in der Provinz West-Kalimantan

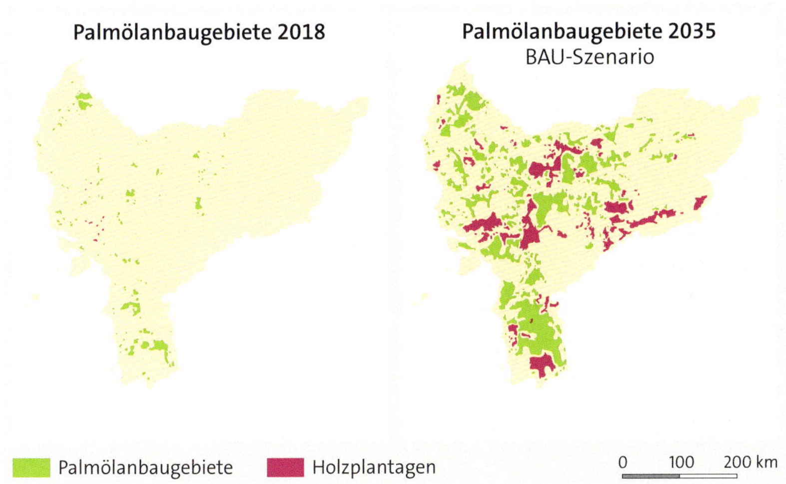

Veränderung der Flächennutzung (in Mio. ha)		
	2016	2035 BAU-Szenario*
Landwirtschaftliche Flächen	5,2	3,2
Wald	5,9	5,3
Buschland	1,9	1,3
Palmölanbau Kleinbauern	1,0	1,4
Palmölplantagen	1,3	4,2

** Business-as-usual-Szenario: Unter der Annahme, dass die derzeitige Entwicklung fortgesetzt wird.*

M10 Soziale Konflikte

Die Ausweitung von Palmölplantagen führt auch zu Landkonflikten zwischen Unternehmen und der lokalen Bevölkerung. [...] So kommt es [...] immer wieder zu Landenteignungen, da die lokalen Regierungen dem Ausbau von Ölpalmplantagen [...] aus nationalem Interesse Vorrang einräumen. Indigene Volksgruppen sowie lokale Kleinbauern sind den Unternehmen gegenüber machtlos, die von der indonesischen Regierung unterstützt werden. Entschädigungen sind, falls sie überhaupt gezahlt werden, unzureichend; weigert sich die lokale Bevölkerung ihr Land zu verlassen, kann es zu gewaltvollen Übergriffen kommen. Die Arbeitsbedingungen auf den indonesischen Plantagen gelten als sehr schlecht.

Quelle: Irene Knoke und Helena inkermann: Palmöl – der perfekte Rohstoff?, Hrsg.: SÜDWIND. Bonn 2015, S. 14

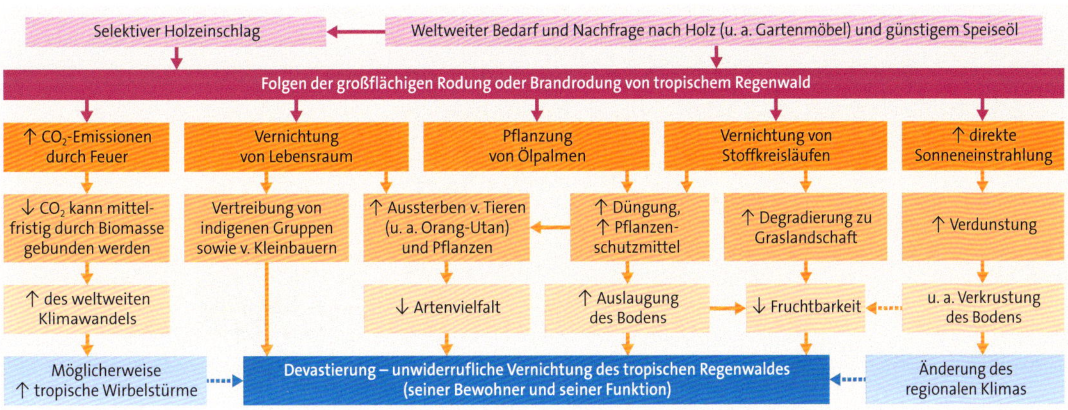

M11 Ausgewählte Ursachen und Folgen der großflächigen Zerstörung von tropischem Regenwald in Indonesien

1. Kennzeichnen Sie die Bedeutung der Palmölproduktion für Indonesien (M1, M2, M4).
2. Erläutern Sie, worin genau Ihre persönliche Verantwortung bei der Zerstörung der tropischen Regenwälder im rund 11 000 km entfernten Indonesien liegt (M3, M6).
3. Legen Sie eine Tabelle an mit sämtlichen Vor- und Nachteilen der Palmölproduktion in den immerfeuchten Tropen von Indonesien (siehe dazu auch die vorherige Doppelseite, Seite 196 MK).
4. Nehmen Sie mithilfe Ihrer Tabelle Stellung zur Leitfrage: „Indonesisches Palmöl – konsumieren oder boykottieren?" (M3, M5, M7).
5. Diskutieren Sie die unterschiedlichen Perspektiven und die daraus resultierenden möglichen Folgen (M8 bis M10).

Indonesisches Palmöl – konsumieren oder boykottieren?

Indonesien hat sich zum weltweit größten Palmölproduzenten und -exporteur entwickelt, da bei niedrigen Produktionskosten die Nachfrage weltweit, aber auch bei der eigenen Bevölkerung kontinuierlich steigt.
Allein 2020 hat Indonesien für etwa 17,4 Mrd. US-$ Palmöl exportiert, womit Palmöl das wichtigste landwirtschaftliche Exporterzeugnis darstellt. Die indonesische Regierung unterstützt die Palmölproduzenten, da so **Deviseneinnahmen** erwirtschaftet und Arbeitsplätze im ländlichen Raum geschaffen werden. Aktuell geht man von rund 4 Mio. Beschäftigten im indonesischen Palmölsektor aus.
Von den 270 Mio. Indonesiern wird Palmöl als Speiseöl und **Biokraftstoff** verwendet. Palmöl ist zugleich das am meisten verwendete Pflanzenöl der Welt. Allein Deutschland hat 2020 fast 1,5 Mio. Tonnen Palmöl importiert. Der günstige Preis und die günstigen Eigenschaften haben dazu geführt, dass Palmöl inzwischen in fast jedem zweiten europäischen Supermarktprodukt steckt. Jeder Deutsche verbraucht rund 18 kg Palmöl pro Jahr. Damit sind internationale Lebensmittelkonzerne sowie deren Konsumenten mitverantwortlich für die enorme Expansion der Palmölanbauflächen.

M1 Palmölproduktion in Indonesien 2018

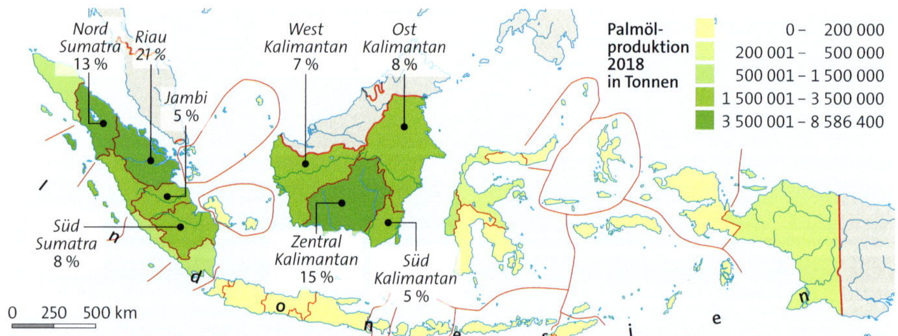

Quelle: Foreign Agricultural Service office of Global Analysis International Production Assessment Division

M2 Produktion und Export von Palmöl in Indonesien

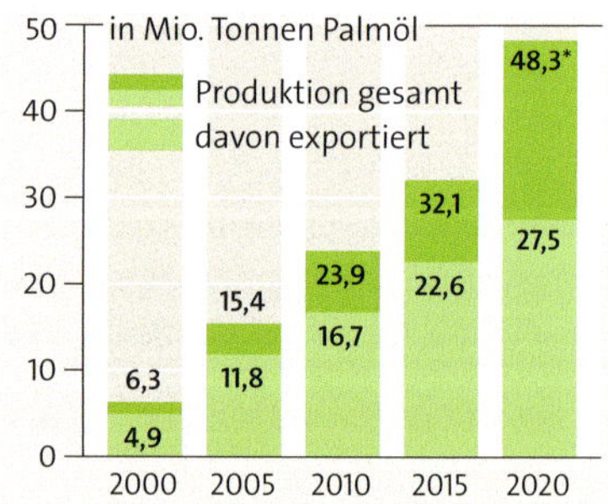

* mit 58,3 % Anteil an der weltweiten Palmölproduktion
Quelle: BPS - Statistics Indonesia

FACHBEGRIFFE

Deviseneinnahmen: Einnahmen in fremden Währungen
Biokraftstoffe: Kraftstoffe, die zum Teil oder vollständig aus nachwachsenden pflanzlichen Produkten erzeugt werden
nachhaltig: bedeutet, dass sozio-kulturelle, ökologische und ökonomische Ressourcen nur so weit verbraucht werden, dass sie auch zukünftigen Generationen in der gleichen Qualität und Quantität zur Verfügung stehen können
Pandemie: eine sich über viele Länder bis über die ganze Welt ausbreitende Seuche, also eine Epidemie großen Ausmaßes

M3 Palmöl – besser als sein Ruf?

www.cornelsen.de/codes/
Code: tirowo

M4 Gesamtfläche der Ölplantagen

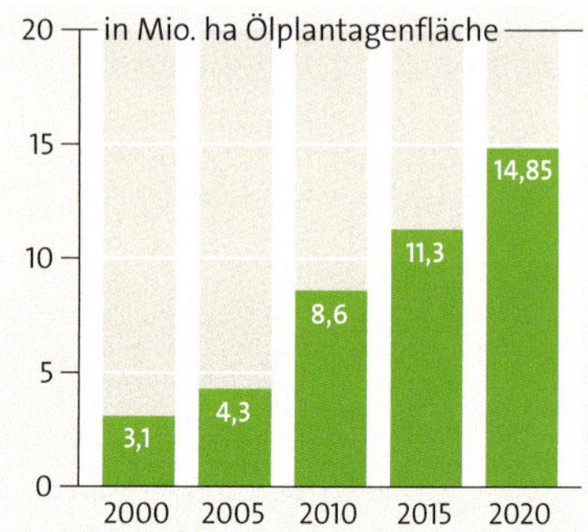

Quelle: BPS - Statistics Indonesia

M5 Zerstörung des tropischen Regenwaldes in Indonesien

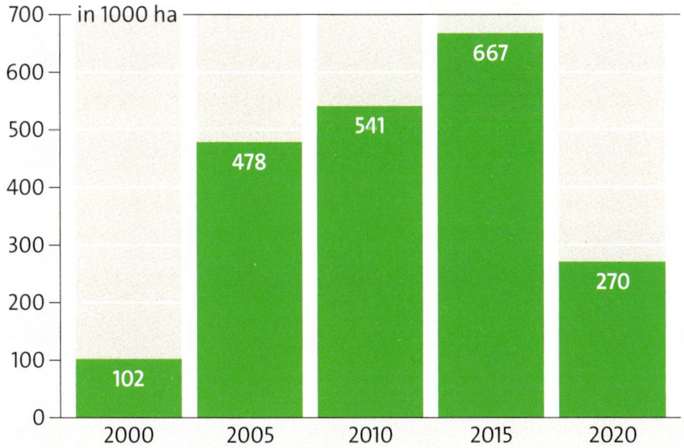

Anmerkung: 2020 verfügte Indonesien noch über insgesamt 84,07 Mio. ha tropischen Regenwald

Quelle: World Resources Institute, 2021

M6 Verwendung von Palmöl in Deutschland 2017

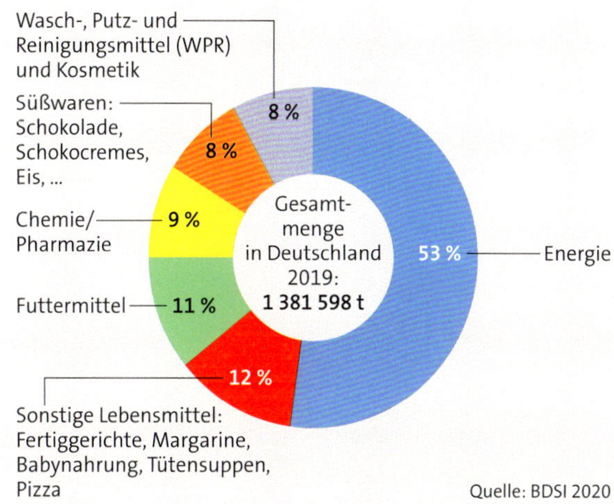

Quelle: BDSI 2020

M7 Jährliche Ölproduktionsmenge pro Hektar

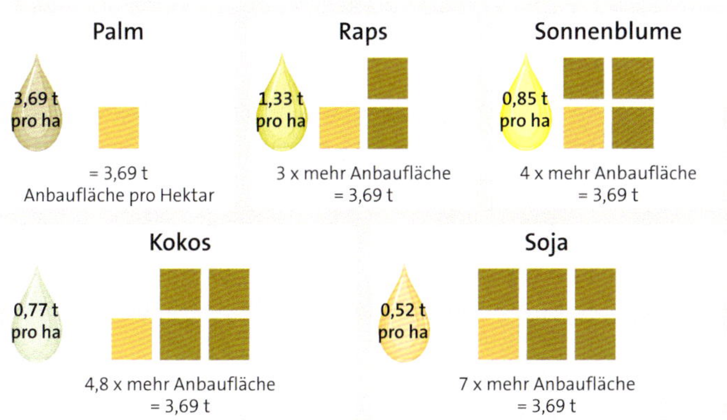

Die Ölpalme nimmt den geringsten Teil der gesamten Anbaufläche für die weltweite Ölgewinnung ein, stellt mit etwa 32 Prozent gleichzeitig aber den größten Anteil der Gesamtproduktion. Da der Flächenertrag von Sonnenblumen-, Kokos- oder Sojaöl durchschnittlich dreimal geringer ist, bräuchte man erheblich mehr Fläche. Zugleich wachsen Soja und Kokosnuss in ökologisch ähnlich sensiblen Regionen wie Palmöl.

Auch Raps- oder Sonnenblumenöl könnten die steigende globale Nachfrage nach Pflanzenölen nicht decken, da die vorhandenen Ackerflächen dazu nicht ausreichen.

Zu bedenken ist zudem, dass zukünftig mit steigender Weltbevölkerung der Bedarf an Pflanzenölen erheblich zunimmt.

M10 Unterschiedliche Perspektiven

- Die EU beschloss im Jahr 2019, Palmöl ab 2021 komplett aus Biokraftstoff zu verbannen.
- Indonesien will illegal geschlagenes Tropenholz exportieren und sein eigenes Palmöl verstärkt selbst verbrauchen.
- Aufgrund der starken Nachfrage will Indonesien die Ölpalmplantagen bis 2025 auf 26 Millionen Hektar vergrößern.
- Die deutsche Bundesumweltministerin weist darauf hin, dass zukünftige **Pandemien** durch mehr Naturschutz verhindert werden könnten. Mehr Naturschutz bedeute auch wieder mehr Abstand zwischen Menschen und Viren von Wildtieren.

M8 Einige Auswirkungen des weltweiten Palmölbooms

Die Anbauflächen von Ölpalmen haben sich im Vergleich zu allen anderen Agrarrohstoffen in den vergangenen Jahren am weitesten ausgebreitet. Neben positiven Aspekten des Palmölbooms kritisieren Experten vor allem zahlreiche Menschenrechtsverletzungen, die Zerstörung von Regenwäldern und damit die Zerstörung von Lebensräumen zahlreicher Tiere wie dem Orang-Utan sowie einen erhöhten Ausstoß von CO_2-Emissionen (u. a. Brandrodung). Studien schätzen, dass rund 50 % der Entwaldung in Indonesien auf Palmöl zurückzuführen sind. Damit trägt die Produktion von Palmöl entscheidend zum Artensterben bei.

M9 Nachhaltige Palmölproduktion

Für eine **nachhaltige** Produktion von Palmöl ist vor allem wichtig, dass für den Anbau keine tropischen Regenwälder mehr zerstört werden. Die international tätigen Konzerne sollten Druck auf die indonesische Regierung ausüben, dass diese darauf achtet, dass ausschließlich Brachflächen und landwirtschaftlich bereits genutzte Flächen in Ölpalmplantagen umgewandelt werden.

Darüber hinaus stehen aber auch Konsumenten in der Verantwortung. Denn nur bei einer steigenden Nachfrage nach nachhaltigem Palmöl besteht auch der Anreiz, dieses zu produzieren.

Klar ist aber auch, dass Feldarbeiter einen Mindestlohn beziehen und internationale Arbeitsrechte eingehalten werden müssen. Ebenso sind eine Einbindung und die Förderung von Kleinbauern, die einen Großteil des Palmöls produzieren, notwendig.

Zudem könnten Industrieländer für den Schutz von Regenwäldern finanzielle Unterstützung leisten, da Regenwaldschutz u. a. eine effiziente Maßnahme zur Reduktion von CO_2-Emissionen ist.

Nach: www.forumpalmoel.org

1. Lokalisieren Sie den Bundesstaat Mato Grosso und erstellen Sie eine Mindmap zur Entwicklung und Bedeutung des Sojaanbaus in Brasilien und in Mato Grosso (Atlas oder Google Earth, **M1** bis **M4, Seite 200**).
2. Erläutern Sie die Entwicklung und Bedeutung des Sojaanbaus für Brasilien und für den Bundesstaat Mato Grosso mithilfe Ihrer Mindmap (**M1** bis **M4**).
3. Kennzeichnen Sie die Entwicklung der Entwaldung im Bundesstaat Mato Grosso mithilfe der Funktion „Timelapse“ von Google Earth. Wählen Sie dazu denselben Ausschnitt wie in **M5** (**M5, M7** und **M10, Seite 199**).
4. Erörtern Sie in Partnerarbeit die Aussage des brasilianischen Präsidenten: „Wir werden unser Land so nutzen, wie wir es für richtig halten“ (**M2** bis **M4** sowie **M6, M9, M10**).
5. Nehmen Sie Stellung zur Leitfrage: „Frisst unser Fleischkonsum die tropischen Wälder Brasiliens auf?“ (**M6, M8 bis M10**).

Mato Grosso – frisst unser Fleischkonsum die tropischen Wälder Brasiliens auf?

M1 Sojaernte in der Nähe von Sorriso im Bundesstaat Mato Grosso

Brasilien verfügt weltweit über die größten tropischen Wälder. Diese bestehen aus dem immergrünen tropischen Regenwald in Amazonien sowie aus riesigen regengrünen Trockenwäldern der Feuchtsavanne. Ebensolche Trockenwälder findet man im Bundesstaat Mato Grosso. In diesem Bundesstaat gehört die Region um die Stadt Sorriso zum Zentrum des Sojaanbaus. Dieser wird von **agrarindustriellen Unternehmen** dominiert, die auf riesigen Feldern günstig Sojabohnen produzieren. Auf der Hälfte des brasilianischen Ackerlandes wird Soja angebaut, was annähernd der Fläche Deutschlands (357 000 km²) entspricht. 2021 rechnet man mit einer neuen Rekordernte von 133 Mio. t Soja und da die weltweite Nachfrage nach Soja ständig steigt, geht man von einer weiteren Expansion des Sojaanbaus aus. Gleichzeitig ist zu beobachten, dass die meisten tropischen Wälder in den Soja-Bundesstaaten Mato Grosso, Pará und Rondonia zerstört werden. Im dünnbesiedelten Bundesstaat Mato Grosso expandiert neben Farmland für den Soja- und Getreideanbau auch Weideland für die Rindfleischproduktion.

FACHBEGRIFFE

agrarindustrielles Unternehmen: Großbetrieb, der nach industriellen Prinzipien (moderne/Agrartechnik hohe Kapital- und Energieeinsatz) Landwirtschaft in großem Stil betreibt.
Agrarlobby: Interessensgruppe, welche die politischen Vertreter bezüglich ihrer Wirtschaftsziele beeinflussen will.
Aquakultur: kontrollierte Aufzucht von im Wasser lebenden Pflanzen und Tieren
Sojaschrot: zerkleinerte Sojabohnen

M2 Verwendung von Soja

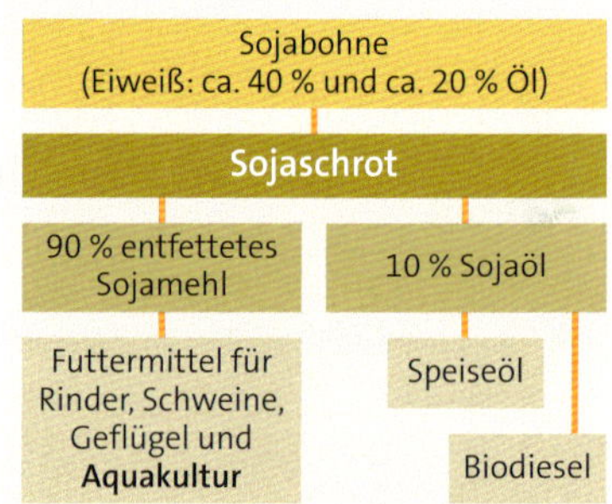

M3 Jährliche Sojabohnenproduktion in Brasilien und Mato Grosso

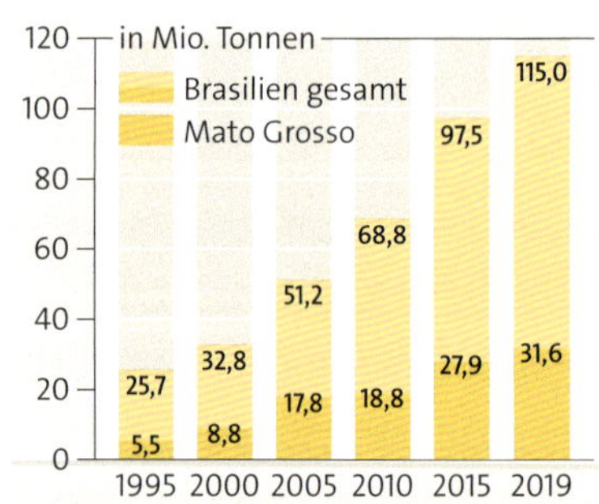

Quelle: IBGE - Kommunale landw. Produktion

M4 Anbaufläche für Sojabohnen in Brasilien und Mato Grosso

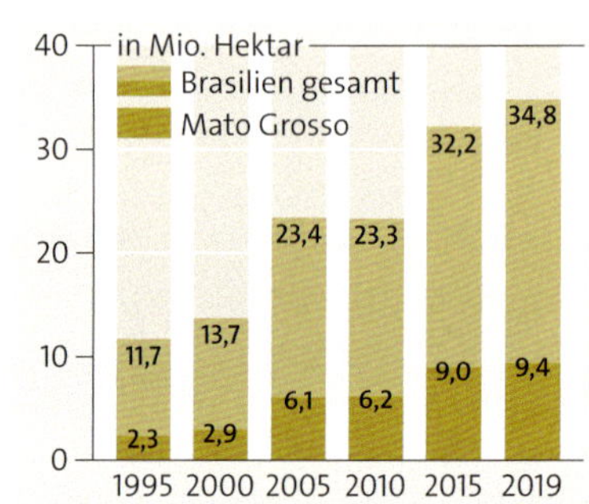

Quelle: IBGE - Kommunale landw. Produktion

M5 Satellitenbild der östlichen Umgebung von Matupá (Mato Grosso) 1985 (Ausschnitt: 10°16'17"S 54°09'10"W, Sichthöhe 90 km)

M6 Soja für Massentierhaltung

Der weltweite Fleischkonsum hat sich in den vergangenen 50 Jahren mehr als vervierfacht und soll bis 2050 nochmals um 30 % wachsen. Dabei wird der größte Teil des Fleisches in Massentierhaltung erzeugt. Längst können beispielsweise die europäischen Viehbestände der Massentierhaltung nicht mehr von einheimisch angebauten Futtermitteln ernährt werden, da die Anbauflächen viel zu klein wären. Deshalb importiert allein die EU 2019 ca. 13 Mio. t Soja aus Brasilien. Allein in Deutschland werden jährlich rund 4,5 Mio. t Soja an Tiere verfüttert. Dabei liegt der jährliche Fleischkonsum in Deutschland inklusive Tierfutter, der industriellen Verwertung und Verlusten bei rund 88 Kilogramm pro Kopf.

M7 Satellitenbild der östlichen Umgebung von Matupá (Mato Grosso) 2000

M8 Raubbau am Tropenwald

Im Vergleich zum Vorjahr nahm 2020 die Waldzerstörung enorm zu. Forscher und Umweltschützer machen Brasiliens Präsidenten Jair Bolsonaro für diesen Verlust des Waldes verantwortlich. Der Staatschef sieht in dem Wald vor allem ein wirtschaftliches Potenzial und will mehr Flächen für Landwirtschaft, Bergbau und Energiegewinnung erschließen. Bolsonaro, der sein Amt im Januar 2019 antrat, ist eng mit der **Agrarlobby** verbunden und zweifelt die Verantwortung des Menschen für den Klimawandel an.

M9 Vermutete Zerstörung der tropischen Wälder in Brasilien bis 2050

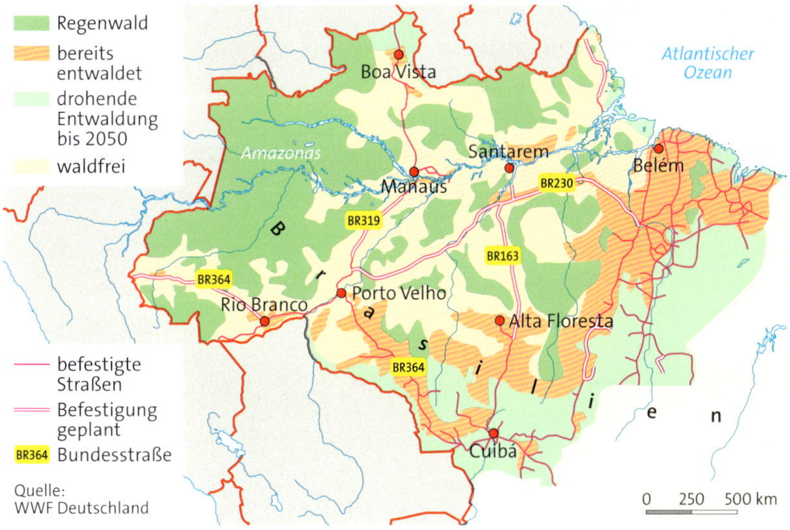

Quelle: WWF Deutschland

M10 Jährliche Zerstörung des brasilianischen Waldes in Quadratkilometern

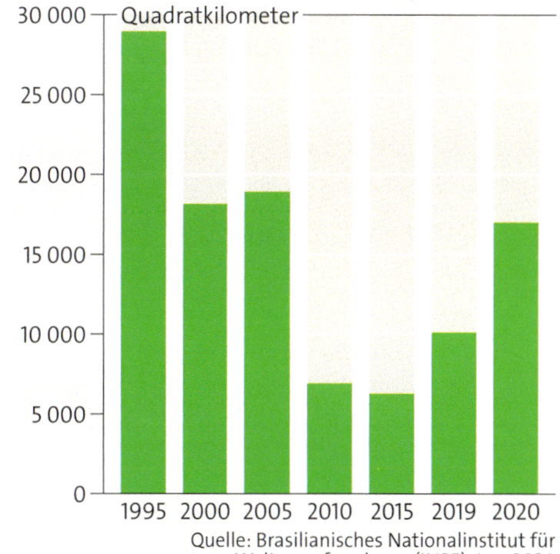

Quelle: Brasilianisches Nationalinstitut für Weltraumforschung (INPE), Jan. 2021

1 Erläutern Sie das Modell „Prozess der Desertifikation“ mithilfe der im Kapitel kennengelernten Raumbeispiele (**M1**).
2 Werten Sie die Karikatur aus (**M2**).
3 Nehmen Sie in Partnerarbeit abwechselnd Stellung zu den Aussagen in **M3** und geben Sie sich jeweils ein fundiertes Feedback.
4 Ordnen Sie die Klimadiagramme fundiert einem Savannentyp oder dem tropischen Regenwald zu und werten Sie eines der Klimadiagramme aus (**M4**, Seiten 22/23).
5 Sammeln Sie mithilfe einer Internetrecherche Handlungsoptionen zum Schutz tropischer Wälder und diskutieren Sie deren Umsetzbarkeit und Auswirkungen in Partnerarbeit (MK Internet).
6 Werten Sie die Karte **M5** aus und leiten Sie mögliche Auswirkungen für den Menschen und das Klima ab.

Subtropen und Tropen

Zentrale Merkmale
In den Landschaftszonen der Tropen und Subtropen herrscht Tageszeitenklima mit relativ hohen Temperaturen. Je weiter man sich vom Äquator entfernt, desto geringer werden die jährlichen Niederschlagsmengen. Ausnahmen stellen hierbei die Wüstengebiete dar. Statt Jahreszeiten wird in diesen Landschaftszonen zwischen Regen- und Trockenzeiten unterschieden. Zugleich nimmt die Artenvielfalt vom Äquator zu den 35°-Breitenkreisen hin, mit Ausnahme der Wüsten, ab.

Zentrale Problembereiche
Bei der Landnutzung stellen u. a. das Wasserangebot sowie der geringe Nährstoffgehalt der Böden einschränkende Faktoren dar. In den Subtropen führt der Bevölkerungsdruck neben zahlreichen anderen Ursachen zu einer Überschreitung der Tragfähigkeit. Dies birgt nicht nur in semiariden Gebieten wie der Dornstrauchsavanne die Gefahr der Bodendegradierung bis hin zur Desertifikation.
Bei den Landschaftseingriffen dominieren in den Tropen exportorientierte agrarindustrielle Unternehmen. So werden riesige Waldareale für Plantagen, Rinderweiden, die Holzgewinnung oder Sojafelder gerodet. Daneben werden aber auch große Waldflächen für den Bergbau, für Verkehrswege und für Siedlungen gerodet. Im Bereich der Siedlungen entlang der Straßen roden Kleinbauern zudem einen nicht unerheblichen Teil des Waldes für den Anbau von Nahrungsmitteln.

Perspektive
Aufgrund des prognostizierten Bevölkerungswachstums sowie steigender Nachfragen nach agrarischen und forstwirtschaftlichen Produkten ist eher mit einer Verschärfung der bisherigen Problembereiche zu rechnen. So nimmt beispielsweise die Zerstörung der tropischen Wälder wieder dramatisch zu. Täglich werden dabei bis zu 50 Arten für immer ausgerottet.
Zugleich verändert der Verlust dieses Lebensraumes auch das Weltklima.

Unsere Mitverantwortung
Unser Lebensstil und der damit verbundene übermäßige Fleischkonsum sind u. a. Ursachen für die Zerstörung der tropischen Wälder. Neben dem weiterhin sehr hohen Verbrauch von Holz und Papier führen vor allem unsere Ernährungsgewohnheiten und die Beimischung von Palmöl in Biokraftstoffe zur Zerstörung naturnaher Wälder. Jeder Einzelne kann zum Schutz von tropischen Wäldern durch ein umweltverträglicheres Konsumverhalten beitragen sowie seine Ernährung umstellen. Darüber hinaus kann man Menschen und Organisationen unterstützen, die sich dem Schutz der Regenwälder verschrieben haben. Man sollte aber auch der Politik seine Meinung deutlich machen, dass einem der Schutz der Wälder am Herzen liegt.

M1 Prozess der Desertifikation

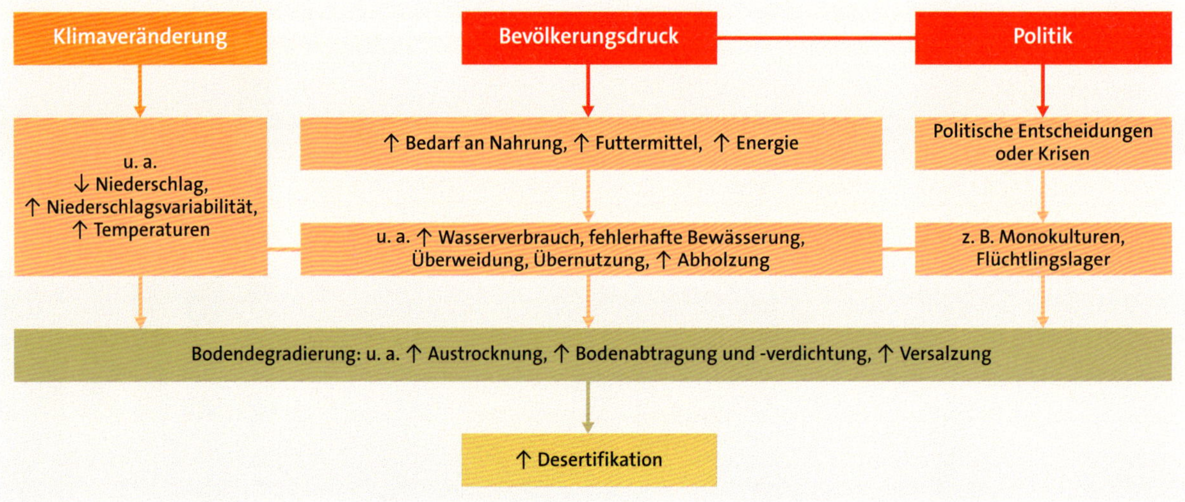

M2 „Wir retten das Weltklima!"

M3 Aussagen zu den Landschaftszonen

1. Regenwaldschutz beginnt im Supermarkt.
2. Semiaride Gebiete sind besonders durch Desertifikation gefährdet.
3. Die Zerstörung der tropischen Wälder wirkt sich doppelt negativ auf den Klimawandel aus.
4. Der Bevölkerungsdruck ist die Ursache für die Desertifikation.
5. Das Klima und die zum Teil unklaren Besitzverhältnisse sind die zentralen Ursachen für die Zerstörung von tropischen Wäldern.
6. Entwicklungsländer lassen ihre Wälder stehen und bekommen dafür Geld von den Industrienationen.

M4 Klimadiagramme

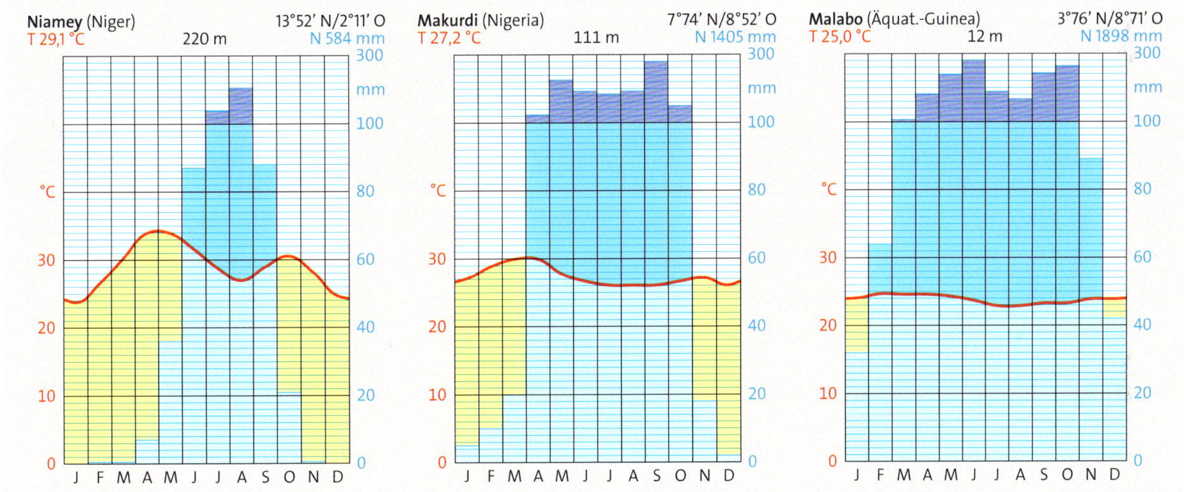

M5 Weltweite Entwaldung 2010 bis 2030

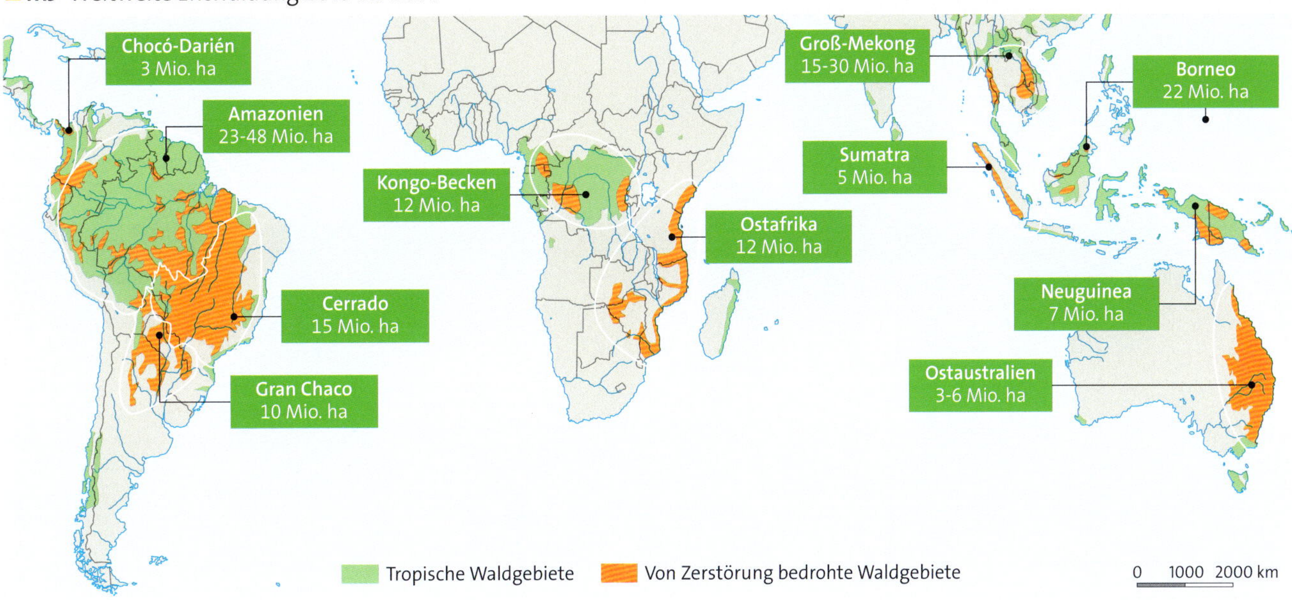

1 Lokalisieren Sie die Region Gorom-Gorom (Burkina Faso) und beschreiben Sie Klima und Böden.

2 Erläutern Sie den **Zusammenhang** zwischen Landnutzungsformen, Bevölkerungswachstum und Desertifikation (Hinweis: Kennzeichnen Sie zunächst die Formen der Landnutzung und die Bevölkerungsentwicklung).

3 Nehmen Sie Stellung zur Themenfrage der Klausur.

Welche Perspektive hat die Region Gorom-Gorom/Burkina Faso?

M1 Atlaskarten nach Wahl

M2 Landschaft in der Region Gorom-Gorom im äußersten Nordosten von Burkina Faso

M3 Die Region Gorom-Gorom

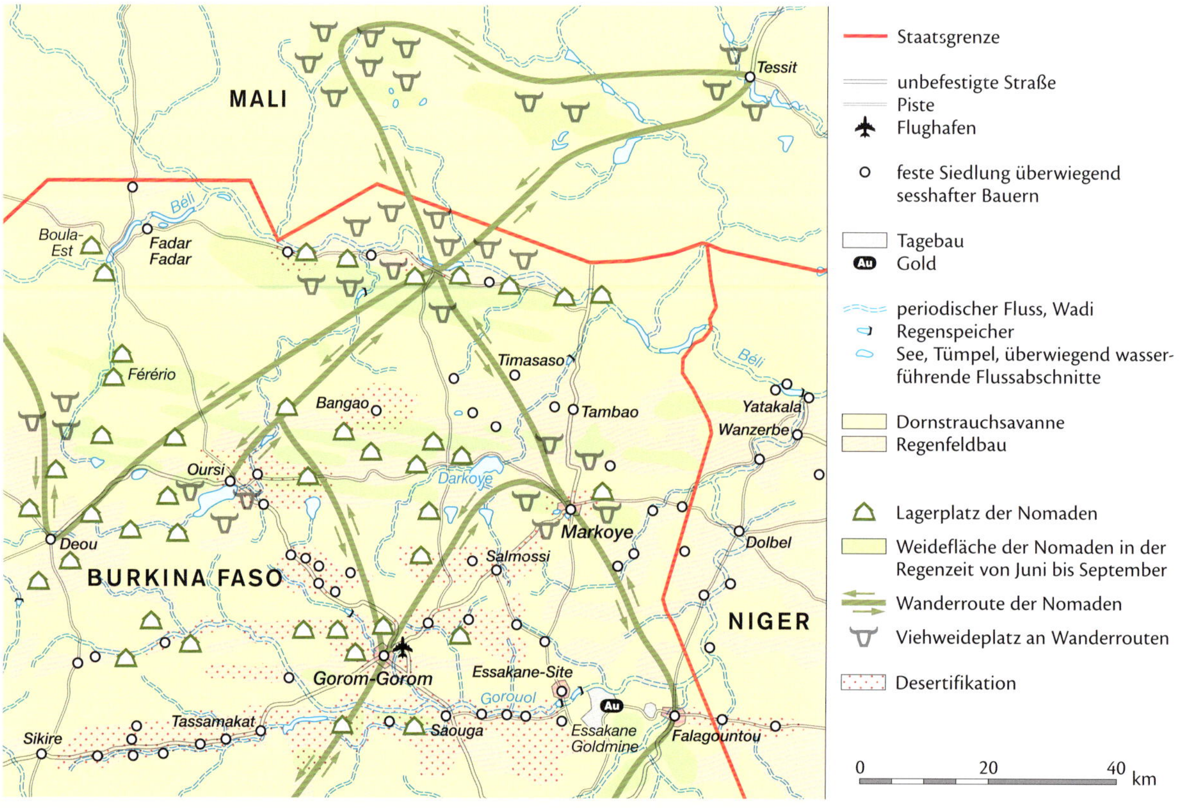

M4 Daten zur Region Gorom-Gorom und zu Burkina Faso

Region Gorom-Gorom (3 400 km²)		
kleine Dörfer		81
Städte		1
Anteil der Bevölkerung in ländlichem Raum		ca. 94 %
Bevölkerung		(pro km²)
im Jahr 2000	86 460	32
2018	160 890	59
Burkina Faso (267 950 km²)		
Bevölkerung	(in Mio.)	(pro km²)
2000	11,6	43
2018	19,5	73
2035*	31,1	116
Lebenserwartung in Jahren in Burkina Faso		52,6
Burkina Faso, HDI-Rang von 188 Ländern		185 (2010: Rang 167)

** Projektion*

Zusammengestellt nach: https://wko.at/statistik/laenderprofile/lp-burkina_faso.pdf; https://www.dsw.org/landerdatenbank/

Daten zu Gorom-Gorom: https://citypopulation.de/php/burkinafaso-communes-admin_d.php?adm2id=BF560102

M5 Klimadiagramm Gorom-Gorom

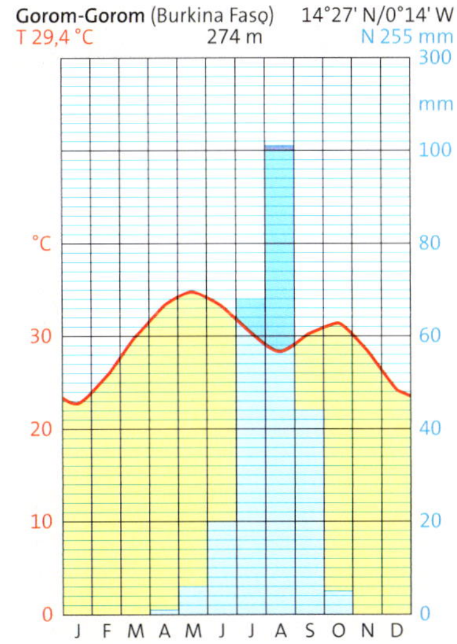

→ *Erwartungshorizont der Klausur*

www.cornelsen.de/codes/
Code: gahuvi

M6 Rinder-, Ziegen- und Schafbestände in Burkina Faso*

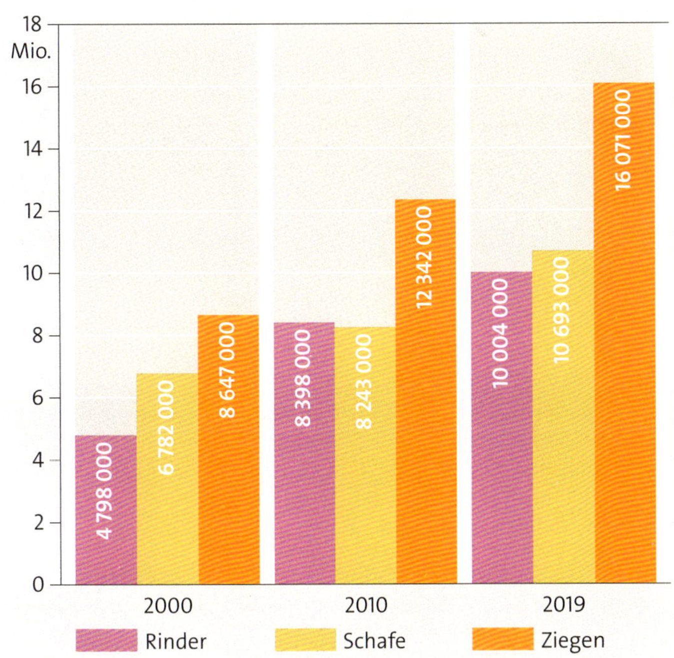

nach: FAOSTAT, www.fao.org/faostat; Aufruf 04.06.2021

** 1 Rind entspricht nach seinem Nahrungsbedarf einer Großvieheinheit (=GV). Ein Schaf bzw. eine Ziege entspricht 0,1 GV.*

M7 Jährliche Niederschläge in Gorom-Gorom

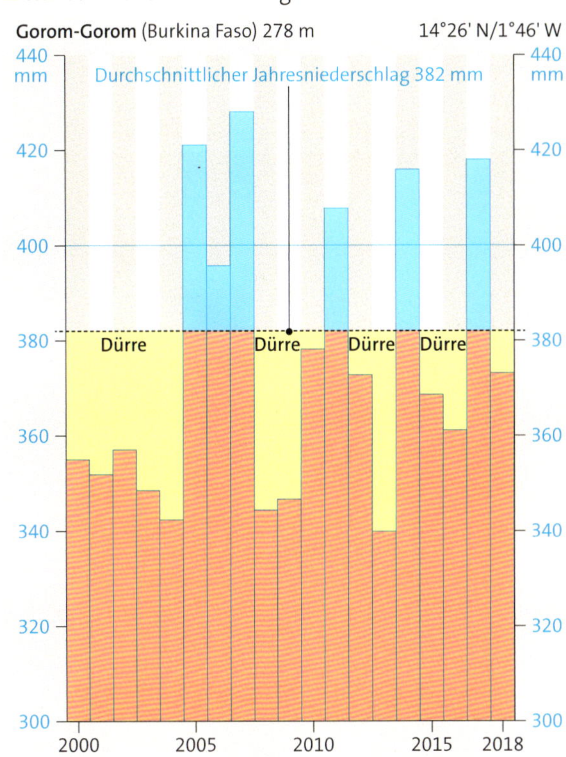

Schäden durch Naturereignisse im Jahr 2020

3 LEBEN AUF DER ERDE – LEBEN MIT NATUREREIGNISSEN UND IHREN FOLGEN

Erdbeben

- Zone 0: MM V und darunter
- Zone 1: MM VI
- Zone 2: MM VII
- Zone 3: MM VIII
- Zone 4: MM IX und darüber

Wahrscheinliche Maximalintensität (MM: modifizierte Mercalli-Skala) mit einer Überschreitungswahrscheinlichkeit von 10 % in 50 Jahren (entspricht einer „Wiederkehrperiode" von 475 Jahren) bei mittleren Untergrundbedingungen

Tropische Wirbelstürme

Spitzenwindgeschwindigkeiten (in km/h)*

- Zone 0: 76 – 141
- Zone 1: 142 – 184
- Zone 2: 185 – 212
- Zone 3: 213 – 251
- Zone 4: 252 – 299
- Zone 5: ≥ 300
- Typische Zugrichtungen

* Wahrscheinliche Maximalintensität mit einer mittleren Überschreitungswahrscheinlichkeit von 10 % in 10 Jahren (entspricht einer „Wiederkehrperiode" von 100 Jahren)

ERWEITERUNG DER GEOGRAPHISCHEN KOMPETENZEN

In diesem Kapitel lernen Sie Ursachen und Folgen geotektonischer Prozesse sowie ihre Auswirkungen auf Menschen und ihre Umwelt kennen. Sie analysieren geographische Darstellungsmedien, um mithilfe der gewonnenen Informationen das Gefahrenpotenzial von Erdbeben, Tsunamis und Vulkanausbrüchen zu beurteilen. Des Weiteren lernen Sie, die Verwundbarkeit von Regionen gegenüber Naturereignissen einzuschätzen und zu vergleichen, wie Naturereignisse aus verschiedenen Perspektiven subjektiv wahrgenommen und bewertet werden.

Inhalte

- Naturereignisse, -gefahren und -katastrophen
- Regionales Risikopotenzial gegenüber Naturgefahren
- Merkmale geotektonischer Prozesse
- Ursachen, direkte und indirekte Folgen von geotektonisch verursachten Naturereignissen
- Vorhersage und Frühwarnung von Erdbeben, Tsunamis und Vulkanausbrüchen
- Vorsorge, Schutzmöglichkeiten und Maßnahmen des Wiederaufbaus

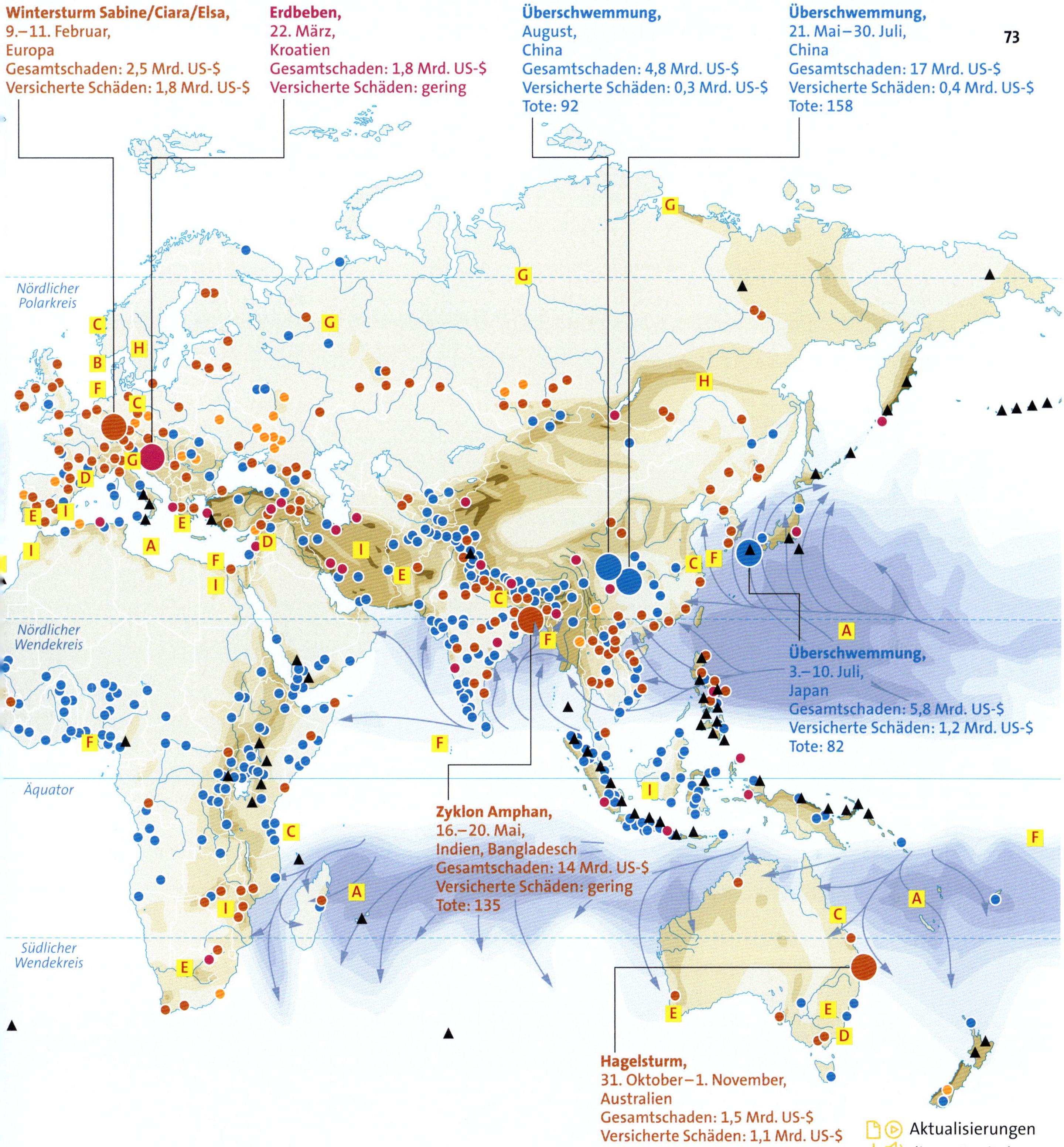

Aktualisierungen dieses Kapitels
www.cornelsen.de/codes/
Code: wuseje

Aktive Vulkane ▲

Gefahren durch Klimawandel

Wesentliche beobachtete und/oder für die Zukunft verstärkt erwartete Auswirkungen des Klimawandels

- A Veränderte Aktivitätsmuster von Tropenstürmen
- B Intensivierung von außertropischen Stürmen
- C Zunahme von Starkniederschlägen
- D Zunahme von Hitzewellen
- E Zunahme von Dürren
- F Bedrohlicher Meeresspiegelanstieg
- G Auftauen von Permafrostböden
- H Günstigere Bedingungen für die Landwirtschaft
- I Ungünstigere Bedingungen für die Landwirtschaft

Medien und Methoden
- Auswertung thematischer Karten
- Veranschaulichen von Zusammenhängen mit Fließdiagrammen und Wirkungsgefügen
- Entwickeln einer multiperspektivischen Raumwahrnehmung

Bewertungen
- Gefahrenpotenzial einer Region gegenüber Naturereignissen
- Anfälligkeit und Verwundbarkeit bei Naturkatastrophen
- Möglichkeiten und Grenzen der Vorhersage, der Frühwarnung und des Schutzes vor endogen verursachten Naturgefahren

Aktionen und Handlungserwartungen
- Berücksichtigung von Naturrisiken, z. B. bei der Reise- und Urlaubsplanung
- Diskussion kurz- und langfristiger, regionaler und globaler Schutz- und Hilfsmaßnahmen
- Reflexion medialer Darstellungen und Berichterstattungen

1. Lokalisieren Sie die globale Verteilung von Schäden durch Naturereignisse auf der Erde (S. 72/73).
2. Beschreiben Sie den Schalenaufbau der Erde (**M2**).
3. Erklären Sie mithilfe des Schalenaufbaus der Erde die Bewegung der Kontinentalplatten (**M2, M3**).
4. Kennzeichnen Sie den Zusammenhang zwischen der plattentektonischen Gliederung der Erde und dem Auftreten von Naturereignissen (**M1 bis M3**, S. 72/73).
5. Analysieren Sie das verstärkte Auftreten von Naturkatastrophen in Küstenregionen (**M1 bis M3**, S. 72/73).
6. Erstellen Sie ein Cluster mit den wichtigsten Schlüsselbegriffen zum Thema „Naturereignisse, Naturgefahren und Naturkatastrophen", dass Sie mithilfe der nachfolgenden Themenseiten dieses Kapitels schrittweise vervollständigen (S. 200).

Vom Naturereignis zur Naturkatastrophe

M1 Übersicht der Raumbeispiele dieses Kapitels

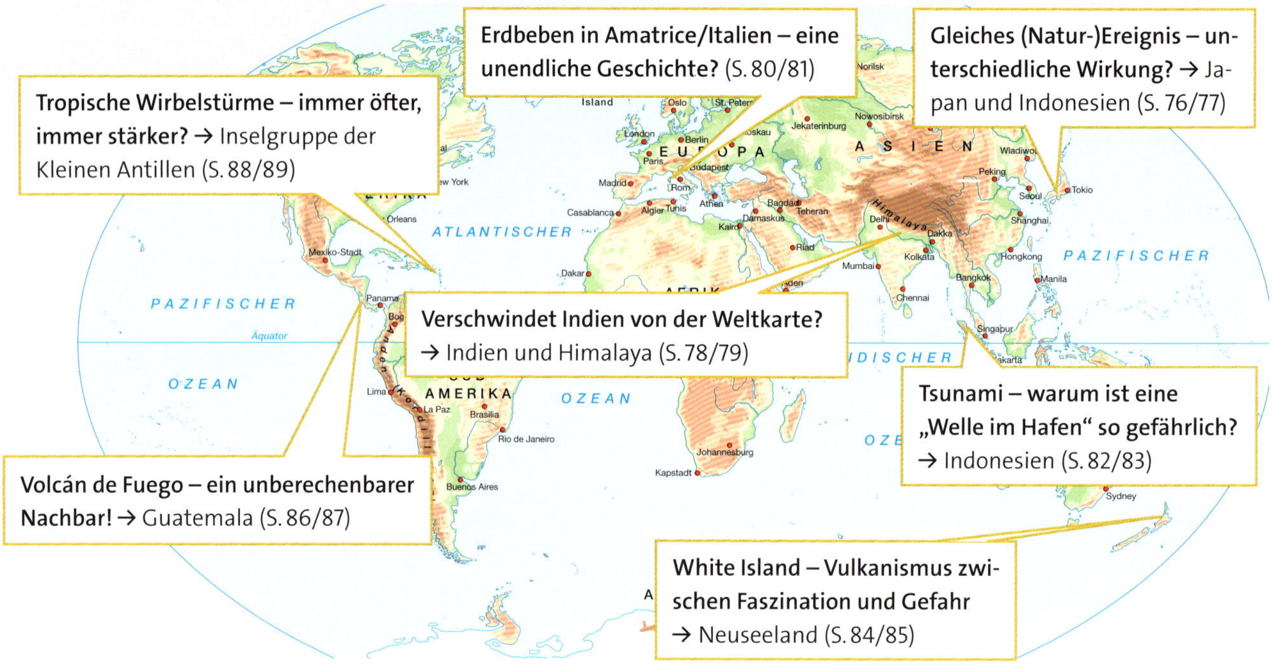

Naturereignisse und -katastrophen
Erdbeben, Vulkanausbrüche, Tsunamis oder Wirbelstürme – oft finden diese oder andere **Naturereignisse** irgendwo auf der Erde unbemerkt statt. Manchmal aber treffen sie auf bewohnte Gebiete und dann wird es gefährlich. Denn dann werden sie zu einer **Naturgefahr**, bei der Gebäude, Straßen oder die Infrastruktur beschädigt sowie Menschen und Tiere gefährdet werden können.

Sind Auswirkungen eines Naturereignisses so stark, dass es sich auf die Lebensweise der Menschen auswirkt, Menschen getötet werden und große materielle oder wirtschaftliche Schäden entstehen, spricht man von einer **Naturkatastrophe**.

Verwundbarkeit einer Region
Ob und wie stark eine Region von einer Naturkatastrophe betroffen ist, hängt neben ihrer geographischen Lage auch von ihrer Verwundbarkeit ab. Die Menschen in bestimmten Regionen sind oftmals durch langjährige Erfahrungen oder wiederholt vorkommende Naturereignisse (wie jährlich auftretende Überschwemmungen) besser vorbereitet als andere. In manchen Regionen sind Menschen in der Lage, aufgrund ihrer sozialen, ökonomischen und politischen Bedingungen eine Naturkatastrophe besser zu bewältigen.

FACHBEGRIFFE

Naturereignis: ein zeitlich begrenzter geologisch, hydrologisch, biologisch oder atmosphärisch verursachter Vorgang, der vom Menschen nicht beeinflusst werden kann
Naturgefahr: Ein Naturereignis wird zu einer Naturgefahr, wenn es negative Auswirkungen auf Menschen oder materielle Gegenstände hat.
Naturkatastrophe: Ist ein Naturereignis mit großem Schadensausmaß und/oder dem Verlust von Menschenleben verbunden, wird es zu einer Naturkatastrophe.
Lithosphäre (griech.: steinerne Hülle): die äußerste Schicht des festen Teils der Erde, bestehend aus Erdkruste und dem obersten, festen Teil des Erdmantels
Asthenosphäre: feste und dennoch elastische, fließfähige Schicht des oberen Erdmantels

Plattentektonische Grundlagen
Erdbeben, Tsunamis und Vulkanausbrüche gehören zu den spektakulärsten, aber auch gefährlichsten Naturereignissen der Erde. Die Frage danach, warum und wo Erdbeben, Tsunamis und Vulkanausbrüche entstehen, lässt sich nur durch einen Blick in das Erdinnere und auf die dort stattfindenden plattentektonischen Prozesse beantworten.
Die äußerste feste Schicht der Erde (**Lithosphäre**) ist nicht als starre Hülle zu verstehen, sondern sie besteht aus sechs großen und vielen kleinen Kontinentalplatten, die sich auf dem zähplastischen Teil der darunter liegenden **Asthenosphäre** mit Geschwindigkeiten von bis zu 18 cm/Jahr in ständiger Bewegung befinden. Die Bereiche an den Plattengrenzen gelten als tektonische Aktivzonen. Die Kontinentalplatten kollidieren miteinander, entfernen sich voneinander oder gleiten aneinander vorbei. In diesen Bereichen ereignet sich die Mehrzahl geotektonischer Naturereignisse wie Vulkanausbrüche oder Erdbeben.

M2 Schalenaufbau der Erde

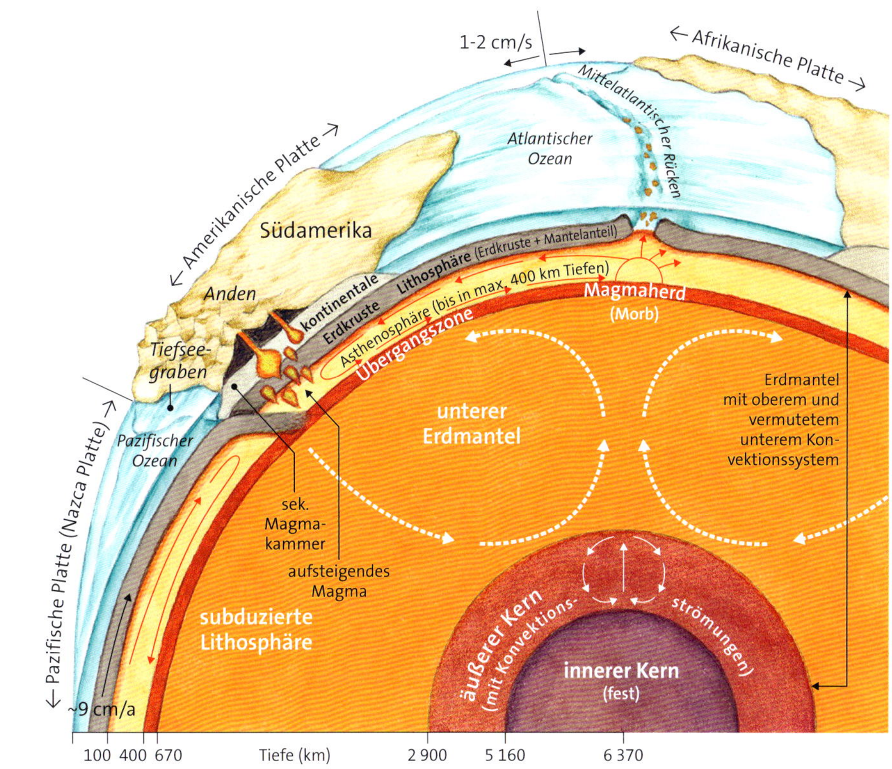

Nach: Glaser/Hauter et al. (2010): Physische Geographie kompakt (Spektrum) S. 10

M3 Plattentektonische Gliederung der Erde

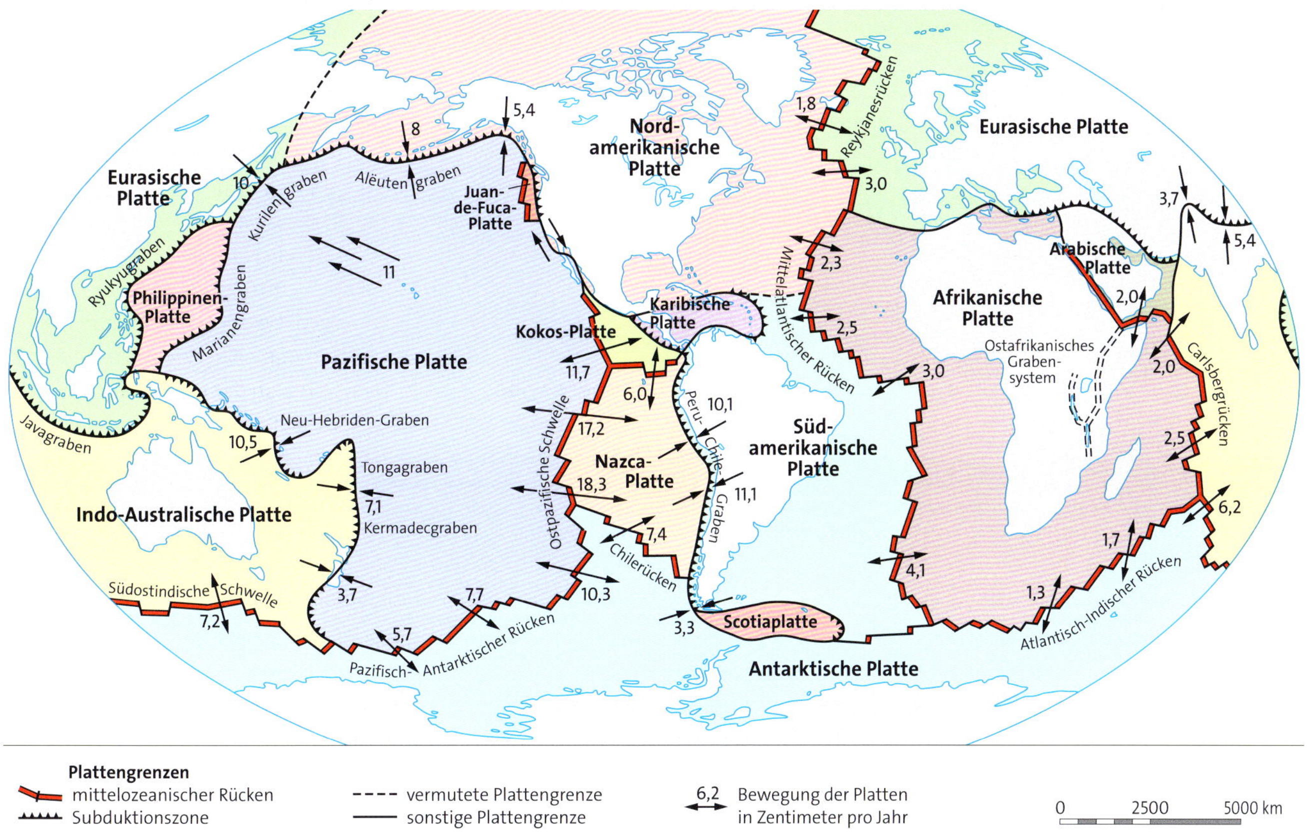

1 Beschreiben Sie die Zusammensetzung des Weltrisikoindex (**M1, M2, M4**).

Gleiches (Natur-)Ereignis – unterschiedliche Wirkung?

2 Erläutern Sie den Weltrisikoindex, die Exposition und die Vulnerabilität für die folgenden Länder: Deutschland, USA, Chile, Ruanda, Indonesien, Papua-Neuguinea und Japan (**M1, M2, M4, S. 72/73**).

3 Stellen Sie Ursachen für die unterschiedliche Vulnerabilität einer Region oder eines Staates mithilfe einer Concept Map dar (**M1, M2, M4, S. 72/73, S. 200**).

4 Nehmen Sie am Beispiel einer Tsunamikatastrophe Stellung zur Überschrift „Gleiches (Natur-)Ereignis – unterschiedliche Wirkung?“ (**M1, M3, M5, M6, S. 72/73,** MK **Internet**).

M1 Weltrisikoindex 2021

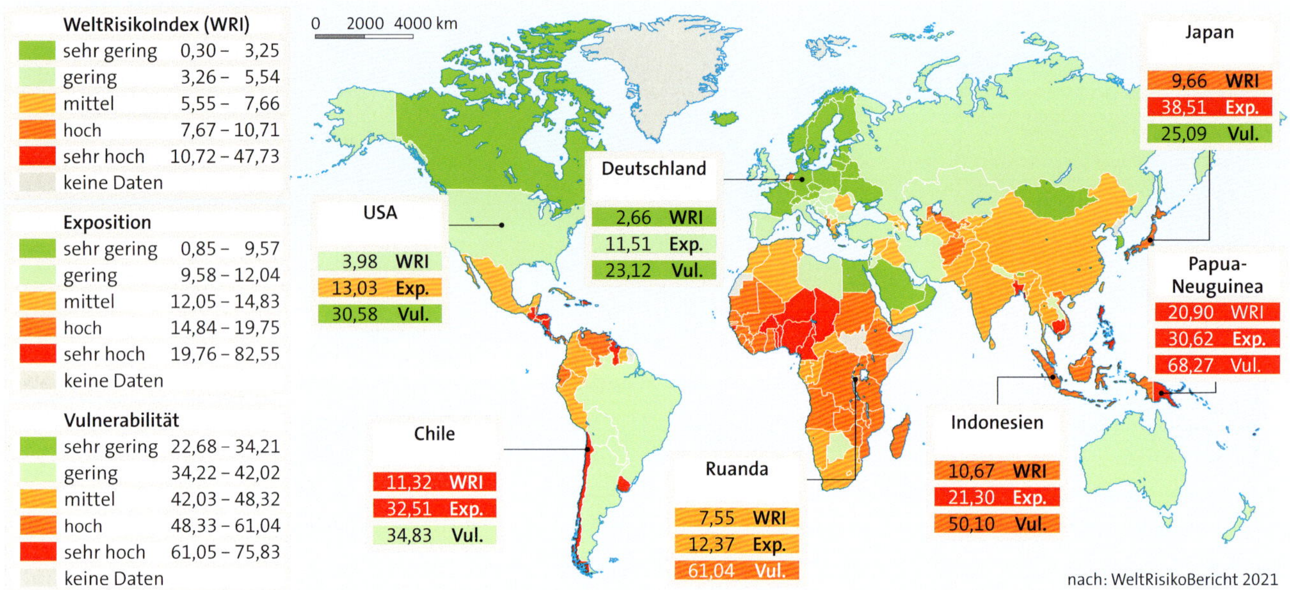

nach: WeltRisikoBericht 2021

Natur und Klimawandel

Naturereignisse wie tropische Wirbelstürme, Orkane, Starkregen, Überschwemmungen, Hitze und Dürren werden mittlerweile oft in Bezug auf ihre Stärke, aber auch die Häufigkeit ihres Auftretens mit dem Klimawandel in Verbindung gebracht. Klimaforscher gehen davon aus, dass durch steigende Meerestemperaturen und den Meeresspiegelanstieg vor allem in dicht besiedelten Küstenregionen eine zunehmend erhöhte **Exposition** gegenüber Naturgefahren besteht und das Schadensmaß klimabedingt zunehmen wird.

Vulnerabilität als Risikofaktor

Das Ausmaß der Katastrophe ist von der **Vulnerabilität** der jeweiligen Region oder Gesellschaft abhängig. Regionen, die neben einer hohen Exposition auch eine hohe Vulnerabilität aufweisen, sind stark gefährdet, dass durch eine Naturkatastrophe die Lebensgrundlage von Menschen langfristig zerstört wird und so die Ernährungssicherheit nicht mehr gewährleistet ist.

Erhöhung der Resilienz

Um die Risiken eines Naturereignisses zu minimieren, muss die **Resilienz** von Menschen und Institutionen in einer gefährdeten Region gegenüber Katastrophen und deren Folgen erhöht werden.
Maßnahmen zur Erhöhung der Resilienz variieren je nach Art des Risikos und können Frühwarnsysteme, Notfallpläne und Katastrophenübungen ebenso umfassen wie bauliche Maßnahmen (erdbebensichere Häuser, Deiche, Schutzwälle, ...) oder soziale Sicherheitssysteme (Versicherungen, Nothilfefonds, ...).

FACHBEGRIFFE

Weltrisikoindex: Wert für die Wahrscheinlichkeit, dass eine Katastrophe infolge eines extremen Naturereignisses eintritt
Vulnerabilität: Verwundbarkeit einer Region und ihrer Menschen, Gesellschaft, Infrastruktur und Sichtweise gegenüber Naturgefahren
Resilienz: Widerstandsfähigkeit einer Region, d. h. inwiefern diese in der Lage ist, eine schwierige Situation oder Katastrophe ohne langfristige ökologische, ökonomische und soziale Beeinträchtigungen zu überstehen
Tsunami: eine durch starke Erdbeben unter dem Ozeanboden ausgelöste Flutwelle (sog. Seebeben)

M2 Komponenten des Weltrisikoindex

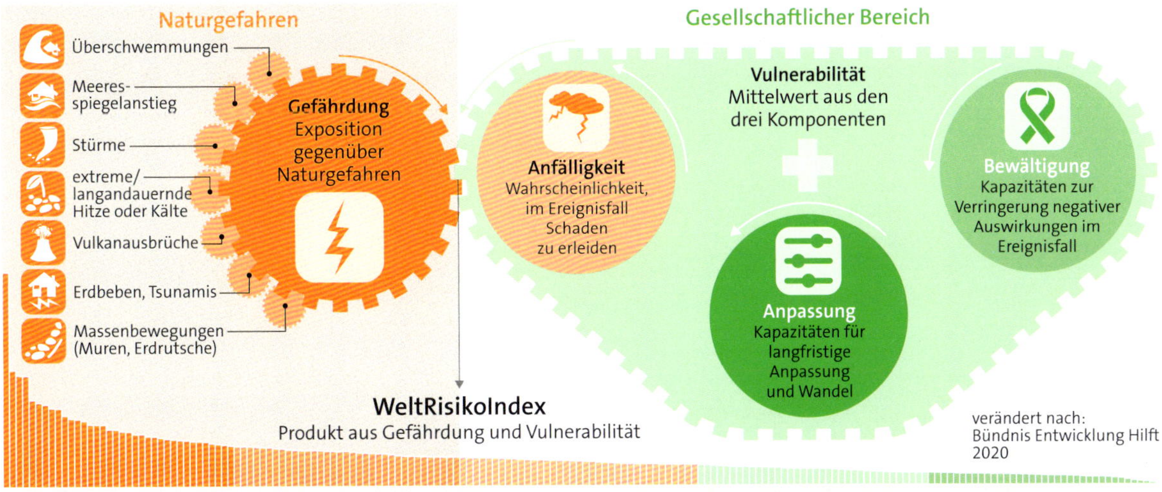

M3 Strukturdaten im Vergleich (Stand: 2018)

	Japan	Indonesien	Deutschland
Einwohner	126 529 000	267 663 000	82 928 000
Bruttoinlandsprodukt (in Mrd. US-$)	4 972	1 023	4 000
BIP/Kopf (in US-$)	39 306	3 871	48 264
HDI (Human Development Index) – Rang (von 189 Ländern)	19	113	5
Kaufkraft (Index)	108,4	48,6	100,0

M4 WeltRisikoBericht

www.cornelsen.de/codes/
Code: baqeba

M5 Japan: Regierung stellt Milliarden für den Wiederaufbau bereit

Bei dem Erdbeben am 11. März 2011 und dem dadurch ausgelösten Tsunami wurden etwa 26 000 Menschen getötet. Ganze Dörfer wurden zerstört und der Atomreaktor in Fukushima stark beschädigt. Mit einem Sachschaden von rund 200 Milliarden Euro gilt das Ereignis als die bislang teuerste Naturkatastrophe der Welt.
Mehr als 50 Milliarden Euro aus dem Staatshaushalt hat die japanische Regierung für die Reparatur der Schäden mittlerweile bereitgestellt. Viele weitere Milliarden werden in den nächsten Jahren in einem Sonderetat für den Wiederaufbau zur Verfügung stehen. In der japanischen Stadt Sendai gehen die Aufräumarbeiten gut voran. Mehr als 1,3 Millionen Tonnen Schutt haben sich angehäuft, die nach und nach beseitigt werden. 10 000 Familien haben eine Übergangsbleibe bekommen. In den kommenden fünf Jahren sollen neue Häuser für sie entstehen. Selbst an psychologische Betreuung haben die Planer gedacht. Es gibt [...] Visionen von einer unabhängigen und sparsamen Energieversorgung – auch mit erneuerbaren Energien.

Nach verschiedenen Zeitungsartikeln aus dem Jahr 2011

M6 Indonesien erhält Kredit über eine Milliarde Dollar

Nach dem schweren Erdbeben und anschließenden Tsunami am 28. September 2018 bittet Indonesien um finanzielle Hilfe. Mehr als 2000 Menschen wurden getötet, das Schicksal von weiteren 5000 Menschen ist ungeklärt. Sie werden unter den Trümmern und Schlammmassen vermutet. Die Suche nach Vermissten war nach knapp zwei Wochen eingestellt worden. Insgesamt sind 200 000 Menschen dringend auf Hilfe angewiesen. Fast 90 000 Menschen wurden obdachlos. Trinkwasser und Lebensmittel sind knapp, die medizinische Versorgung ist schlecht.
Neben internationalen Hilfsorganisationen, die Nothilfe-Teams und Gelder in Millionenhöhe zur Verfügung stellen, hat nun auch die Weltbank Kredite in Höhe bis zu einer Milliarde US-Dollar (ca. 863 Mio. €) für den Wiederaufbau und für die Vorbereitung auf künftige Katastrophen zugesagt.
Außerdem schlug die Weltbank vor, den 150 000 ärmsten betroffenen Familien für einen Zeitraum von sechs bis zwölf Monaten Geld zukommen zu lassen.

Verändert nach: „Indonesien erhält Kredit über eine Milliarde Dollar" (Zeit online vom 14.10.2018)

1. Beschreiben Sie die Entstehung der heutigen Lage der Kontinente (**M1**, S. 75 **M3**).
2. Erläutern Sie die Kontinentaldrift am Beispiel Indiens und stellen Sie Ihre Ergebnisse in einem Fließdiagramm dar (**M1** bis **M3**, S. 75 **M2**, **M3**, S. 201).
3. Stellen Sie die verschiedenen plattentektonischen Prozesse (Konvergenz, Divergenz, Transformstörung) anhand von Beispielen im Bereich des Pazifischen Feuerrings dar (**M3**, **M5**).
4. Erläutern Sie, wie es zu der Annahme kommt, dass der Mount Everest infolge eines Erdbebens geschrumpft sein könnte (**M4**, **M5**, S. 77 **M4**).

Verschwindet Indien von der Weltkarte?

M1 Kontinentaldrift und Entstehung der Kontinente

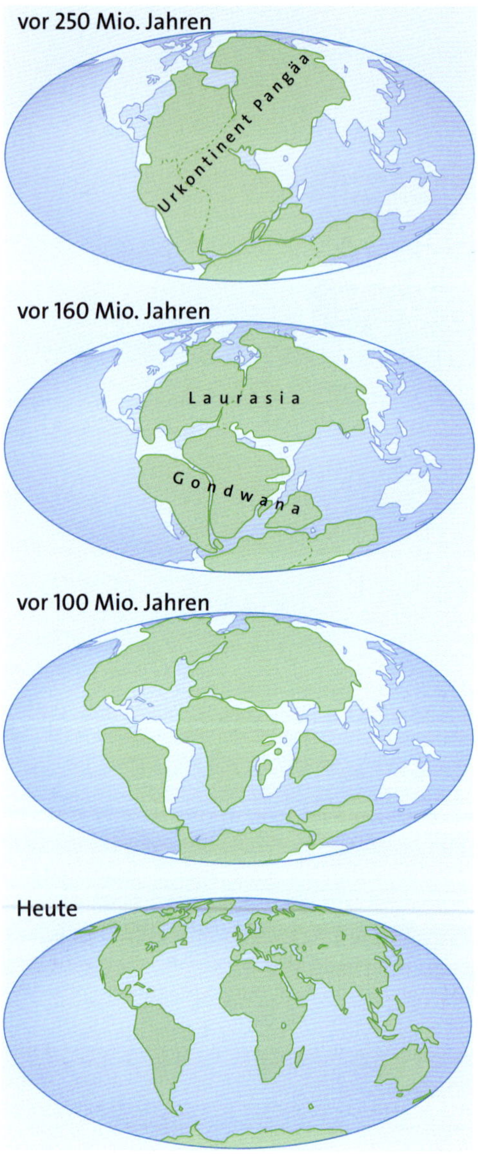

„Indien von der Weltkarte verschwunden!“
So oder so ähnlich könnte sich eine Nachrichtenmeldung in vielen Millionen Jahren anhören, wenn Indien weiter in Richtung Himalaya gedriftet und schließlich unter Tibet abgetaucht ist.
Doch warum sollte Indien unter Tibet verschwinden? Verantwortlich sind permanente Bewegungen der Kontinentalplatten.

Endogene Antriebskräfte
Lange ging man davon aus, dass die **Kontinentaldrift** einzig auf Konvektionsströme in den Schichten des Erdmantels zurückzuführen ist. Durch ein Wärmeungleichgewicht zwischen dem heißen Erdinneren und kühleren äußeren Schichten steigt erhitztes Gesteinsmaterial aus dem Erdinneren zur Erdkruste auf, kühlt sich ab und sinkt wieder in größere Tiefen. Diese Konvektionsströme pflanzen sich bis in die **Lithosphäre** fort und bewirken, dass Kontinente nicht nur ihre Lage verändern, sondern sich auch aufspalten oder vereinigen können.
Mittlerweile geht man davon aus, dass Kontinentalplatten nicht nur passiv bewegt werden, sondern dass durch das Abtauchen ozeanischer unter kontinentale Platten (**Subduktion**) in den Bereichen dieser Subduktionszonen eine starke aktive Zugbewegung („*slab pull*“) ausgelöst wird.
So kollidierte vor rund 50 Millionen Jahren die Indische Platte auf ihrem Weg in Richtung Norden mit der Eurasischen Platte und bewegt sich auch heute noch mit einer Geschwindigkeit von bis zu 20 cm pro Jahr gen Norden. Das Ergebnis ist die Entstehung einer höchst aktiven Subduktionszone im Bereich des Himalaya-Gebirges.
Am Mittelozeanischen Rücken verursacht der Druck aufsteigenden Magmas zudem Aufwölbungen der **Asthenosphäre**, an denen die Platten aufgrund ihres Eigengewichts abgleiten und auseinanderdriften („*ridge push*“).

M2 Kontinentaldrift in der Himalaya-Region

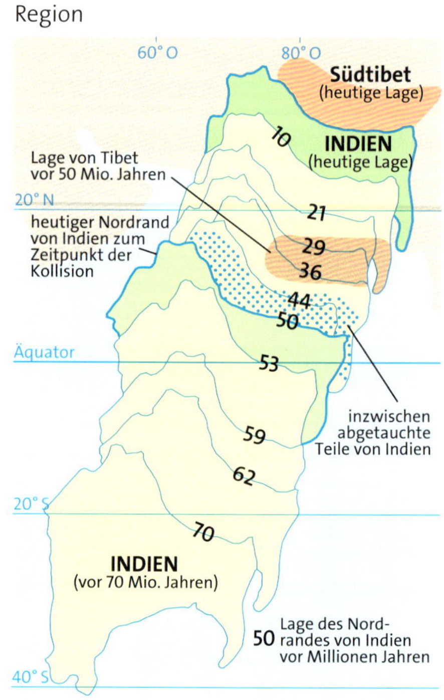

FACHBEGRIFFE
Kontinentaldrift: Bewegung starrer Lithosphärenplatten auf dem zähplastischen Teil der darunterliegenden Asthenosphäre

Subduktion: Absinken einer ozeanischen unter eine kontinentale Lithosphärenplatte aufgrund der höheren Dichte und des dadurch größeren Gewichts des ozeanischen Krustenmaterials

M3 Tektonische Prozesse an den Plattengrenzen

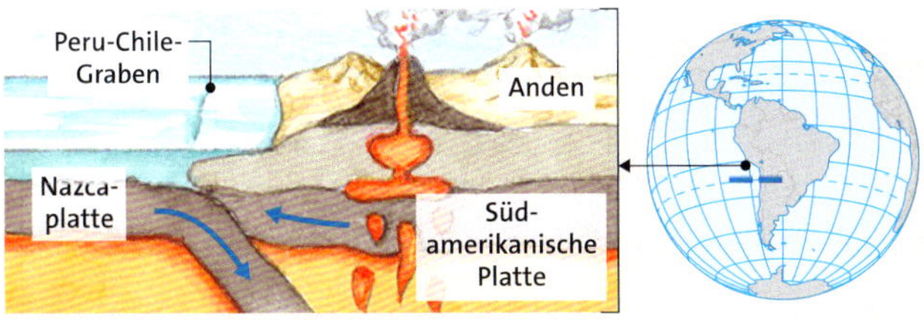

Konvergenz einer ozeanischen und kontinentalen Platte
Kollidiert ozeanische mit kontinentaler Lithosphäre, taucht die ozeanische unter die kontinentale Platte ab (Subduktion). Im Bereich der Subduktionszone bilden sich Gebirge und Tiefseerinnen.

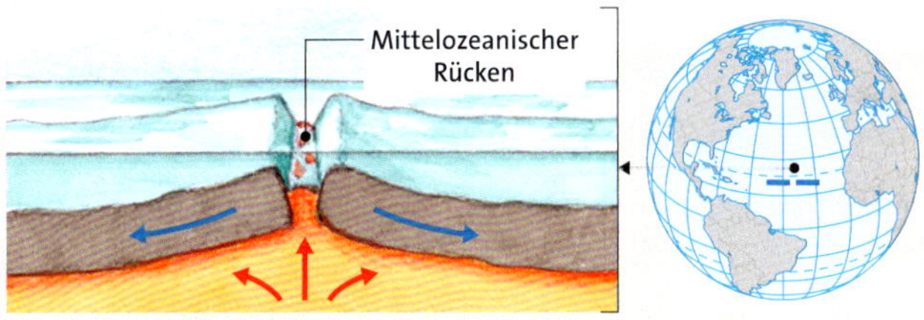

Divergenz am mittelozeanischen Rücken
Entfernen sich Platten voneinander (Divergenz), gelangt entlang von Spalten in der Lithosphäre Magma an die Erdoberfläche. Die Erdkruste bricht an diesen Stellen auf, die Platten werden auseinandergedrückt und es bildet sich neuer Ozeanboden (*„seafloor spreading“*).

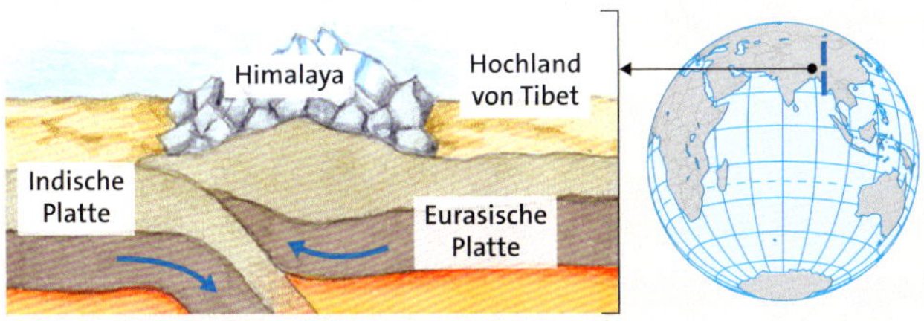

Konvergenz kontinentaler Platten
Kollidieren zwei kontinentale Platten, kommt es zu Faltung und Überschiebungen sowie zu einer Verdickung der Kruste, zu Gebirgen und Hochländern.

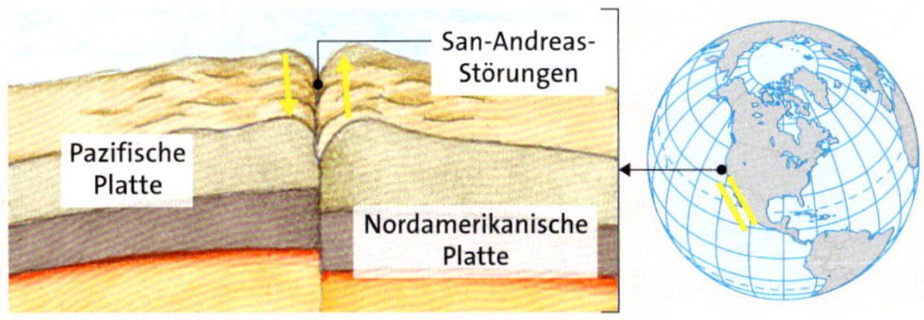

Transformstörungen auf Kontinenten
An den Plattengrenzen kommt es zu Reibungen, Verhakungen und Spannungen. Wird die aufgestaute Spannung zu groß, entlädt sich diese ruckartig in einem Erdbeben.

Pazifischer Feuerring

Die Prozesse an den konvergenten Plattengrenzen, Subduktionszonen und Transformstörungen rund um den Pazifischen Ozean verursachen einen Bereich hoher tektonischer Aktivität. Entlang des sogenannten Pazifischen Feuerrings ereignen sich etwa 90 % der Erdbeben weltweit und befinden sich mehr als 50 % aller aktiven Vulkane.
Beim Abtauchen ozeanischer Kruste in die Asthenosphäre wird in der Tiefe im Krustengestein gebundenes Wasser freigesetzt. Die Schmelztemperatur des Gesteines sinkt dadurch von 1400 °C auf 1000 °C. Das entstandene Magma steigt im Bereich der Bruchzonen auf und führt zu meist explosivem Vulkanismus. Spannungen in der Erdkruste entladen sich in oft schweren Erdbeben.

M4 Nach Erdbeben geschrumpft? Mount Everest wird neu vermessen

Im April 2015 erschütterte ein Beben der Magnitude 7,8 Nepal. Es richtete im Land schwere Zerstörungen an und forderte mehr als 9000 Tote. Satellitendaten zufolge verschob das schwere Erdbeben den Mount Everest leicht, sodass der höchste Berg der Erde etwas geschrumpft sein könnte. [...] Zuletzt war er 1954 von indischen Behörden vermessen worden – seitdem gilt die Rekordhöhe von 8848 Metern. Daran könnte sich nun etwas ändern. Der Premierminister des Himalaya-Staates, Khadga Prasad Sharma Oli, hat nun entschieden, dass der Mount Everest neu vermessen wird. Zwei Sherpa sollen den Berg erklimmen und mit GPS-Geräten die Höhe und Position ermitteln.

Quelle: Stern-Online vom 11.4.2019

M5 Pazifischer Feuerring

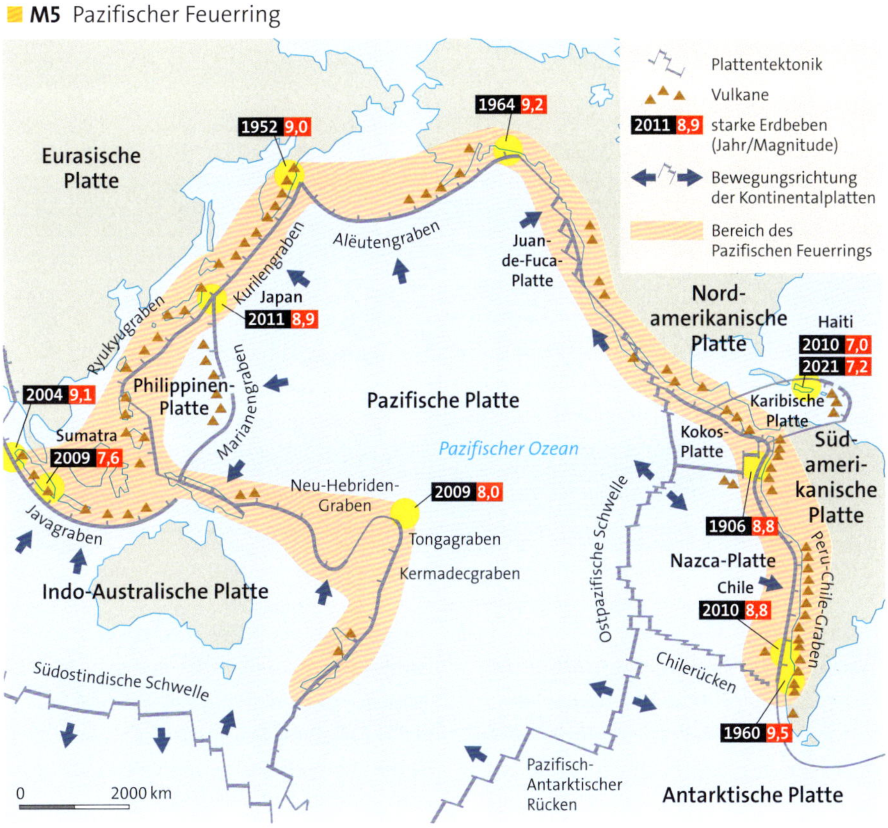

1 Lokalisieren Sie Amatrice (Italien) und erklären Sie das Risiko dieser Region bezüglich Naturgefahren (**M3** bis **M5**, S. 75 **M3**, S. 79 **M3**, Atlas).

2 Stellen Sie dar, wie die Erdbebenserie von Amatrice im Jahr 2016 und deren Folgen aus der Perspektive der Bewohner wahrgenommen und bewertet werden (**M1**, **M6**, **M7**).

3 Kennzeichnen Sie die Vulnerabilität Amatrices gegenüber Naturgefahren (**M1** bis **M7**).

4 Nehmen Sie in Kleingruppen mittels der Placemat-Methode Stellung zu der Aussage „Die Katastrophe von Amatrice war vorhersehbar" (**M1** bis **M7**, S. 202).

5 Der Tourismus ist einer der wichtigsten Wirtschaftszweige in der Region um Amatrice. Analysieren Sie, wie sich die Darstellung der Urlaubsregion in den Medien infolge des Erdbebens verändert hat, und zeigen Sie langfristige soziale und ökonomische Folgen mithilfe einer Concept Map auf (**M1**, **M6**, **M7**, S. 200 MK).

Erdbeben in Amatrice/Italien – eine unendliche Geschichte?

M1 Amatrice (Italien) im Juli 2018: Zwei Jahre zuvor hatte ein Erdbeben schwere Schäden in der mittelitalienischen Stadt angerichtet.

Entstehung von Erdbeben
Mehr als 90 % der Erdbeben entstehen durch tektonische Verschiebungen der Erdkruste (tektonische Beben). Hinzu kommen vulkanische Beben oder Einsturzbeben, die von Hohlräumen im geologischen Untergrund verursacht werden.
Tektonische Beben entstehen durch Bewegungen der Platten der Lithosphäre entlang einer **tektonischen Störung (Verwerfung)**. Im Bereich der Bruchzone sammelt sich zunächst elastische Spannungsenergie an. Sobald eine bestimmte Energiemenge erreicht ist, entladen sich die aufgestauten Spannungen zwischen den Bruchschollen der Erdkruste in einer ruckartigen Verschiebung der Gesteinsmassen.

FACHBEGRIFFE

tektonische Störung (Verwerfung): Schwachstelle (Brüche oder Zerreißstelle) im Gestein
seismische Wellen: Ausbreitung seismischer Energie in Form von Raumwellen (P- und S-Wellen), die sich vom Hypozentrum aus in alle Richtungen ausbreiten, und Oberflächenwellen (Rayleigh- und Love-Wellen), die sich entlang der Erdoberfläche ausbreiten
Magnitude: Maß für die Stärke seismischer Energie
Hypozentrum: Entstehungsort tektonischer Beben im Erdinneren
Epizentrum: Stelle der Erdoberfläche senkrecht über dem Hypozentrum

Energie in alle Richtungen
Ein Großteil der freiwerdenden Energie wird als Reibungswärme freigesetzt. Nur etwa ein Prozent wird in seismische Energie umgewandelt, die sich in Form von wellenförmigen Schwingungen vom Erdbebenherd (Hypozentrum) in alle Richtungen ausbreitet und die als Beben wahrgenommene Erschütterungen verursacht. Im **Epizentrum** erreichen die **seismischen Wellen** zuerst und mit größter Intensität die Oberfläche.

Messung der Erdbebenstärke
Weit verbreitet ist die Bestimmung der Erdbebenstärke anhand der sogenannten Richter-Skala. Gerade bei stärkeren Beben stellte sich diese jedoch als zu ungenau heraus. So verwendet man nun auch andere Skalen wie eine **Magnituden**-Skala, die neben der betroffenen Fläche auch die Verschiebung und die Festigkeit des Gesteins berücksichtigt.

Hohe Magnitude = große Zerstörung?
Erdbeben mit hoher Magnitude richten dabei nicht zwangsläufig die größten Schäden an. Entscheidend ist auch die Tiefe des Erdbebenherdes. Ein sogenanntes Flachbeben, dessen **Hypozentrum** nur wenige Kilometer unter der Erdoberfläche liegt, kann eine größere Zerstörung bewirken als ein Beben mit höherer Magnitude in großer Tiefe.

M2 Erdbebenserie in Mittelitalien

In der Nacht zum 24.8.2016 sind bei einem Erdbeben in Mittelitalien 300 Menschen getötet worden. Allein in der Gemeinde Amatrice gab es 195 Tote. Zehntausende wurden in den betroffenen 70 Dörfern obdachlos. Das Hauptbeben mit einer Stärke der Magnitude 6,2 ereignete sich in nur 4 km Tiefe. Seitdem gab es über 100 000 Nachbeben. Teilweise waren diese so stark, dass erneut Gebäude einstürzten. Verantwortlich für die Erdbebenserie ist eine tektonische Bruchzone um einen etwa tausend Kilometer langen Keil der afrikanischen Platte. Dieser schiebt sich drei Millimeter/Jahr nach Norden unter die eurasische Platte und hebt dabei die Alpen um etwa einen Millimeter/Jahr an.

M3 Italien: Seismische Gefahrenkarte (verändert)

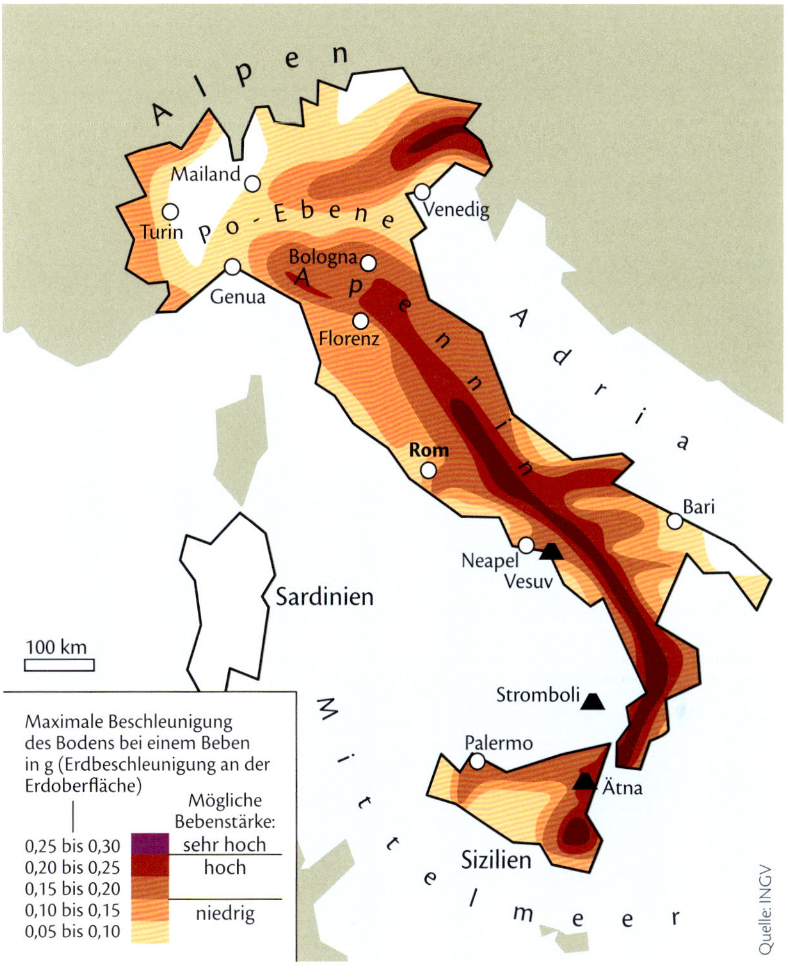

M4 Entstehung tektonischer Beben

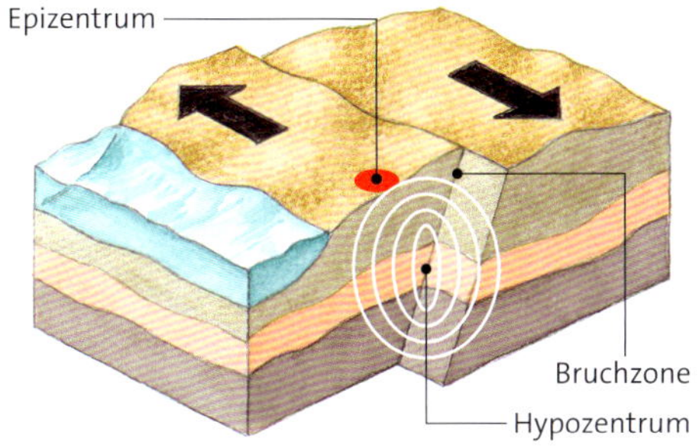

M5 Plattentektonische Bewegungen im Mittelmeerraum

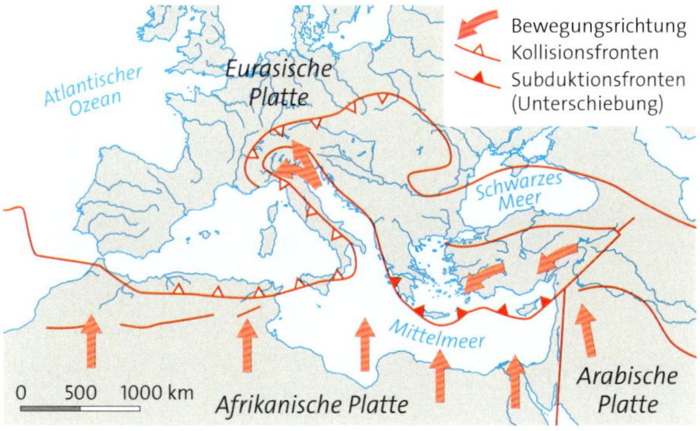

M7 Es bleiben Schutt und Trauer

Eine Urlaubsgegend wie aus dem Bilderbuch: Natur, hohe Berge, uralte Dörfer an steilen Hängen. Doch das ist vorbei. Ein gewaltiger Stoß hat am 24.8.2016 binnen zehn Sekunden das mittelalterliche Zentrum von Amatrice in einen Trümmerhaufen verwandelt.
„Mein Dorf existiert nicht mehr", sagt Bürgermeister Sergio Pirozzi in einem TV-Interview – und weint. In Amatrice wurden die Häuser durch die Erdstöße kurz, aber so heftig geschüttelt, dass sie zerstückelt und zerbröselt zusammenbrachen. Und in fast allen schliefen Menschen. *Quelle: Spiegel online vom 25.8.2016*

M6 Amatrice – Zone des Versagens

Zwei Jahre nach der Erdbebenserie im Herbst 2016 schauen noch immer Stofftiere, Schuhe, Kleider und Hausrat aller Art aus den Trümmerhaufen. Fast alle Trümmer sind noch da. Man hat sie nur ein bisschen zusammengekehrt. Es wird noch lange dauern. Die vielen Nachbeben und der schneereiche Winter erschwerten die Räumung. Zeit braucht auch die Trennung des Schutts: Der „Kunstschutt", die Reste mit kulturhistorischem Wert, muss erst vom Kulturministerium inspiziert werden.
Es geht zu langsam und die Verärgerung der Einwohner Amatrices wächst. *„Ich beginne mich zu fragen, wo das ganze Geld geblieben ist"*, sagt A. Morani, der einen kleinen Laden im Ort betreibt. *„Sie sagen, es seien viele Millionen Euro vorhanden. Aber wegen der Mafia, korrupten Beamten und Politikern müsse genau kontrolliert werden, wo das Geld hinfließt."* Und das dauert. Zeit, die die Einwohner, die noch immer in Notunterkünften leben, nicht haben. Viele sind weggezogen.
Die politische Instabilität hat das Problem verschärft. In den zwei Jahren nach den Beben regierten in Rom drei verschiedene Ministerpräsidenten. So gibt man sich mal generös, mal knauserig. Auch stellt sich in Amatrice die Frage, warum trotz staatlicher Maßnahmen für erdbebensichere Renovierungen privater Gebäude die Häuser in Amatrice über keine erdbebensichere Bauweise verfügen – anders als im benachbarten Norcia, wo das Erdbeben keine Todesopfer forderte. *Nach verschiedenen Quellen*

1 Lokalisieren Sie Indonesien und beschreiben Sie die geotektonische Lage und Strukturen (S. 79 **M4**, **M3**, Atlas).

2 Erläutern Sie Entstehung und Folgen des Tsunamis vom 26.12.2004 (**M1** bis **M4**).

3 Veranschaulichen Sie mithilfe eines Wirkungsgefüges Ursachen und Folgen eines Tsunamis (**M1** bis **M5**, **M7**, S. 201).

4 Nehmen Sie am Beispiel des Tsunamis in Indonesien vom 28. September 2018 Stellung zu der Aussage „Das Frühwarnsystem hat versagt!" (**M5** bis **M7**, MK Internet).

Tsunami – warum ist eine „Welle im Hafen" so gefährlich?

Weitreichende Megawellen

Tsunami (japanisch: „Welle im Hafen") entstehen am häufigsten an den Rändern der Pazifischen Kontinentalplatte, dem sogenannten Pazifischen Feuerring. Ein Tsunami wird meist durch ein Erdbeben unter dem Meeresboden (Seebeben) ausgelöst. Aber auch küstennahe Erdbeben, Erdrutsche, Vulkanausbrüche oder Meteoriteneinschläge können die Riesenwellen verursachen. Anders als Wellen, die durch Wind verursacht werden, ist ein Tsunami keine Erscheinung an der Wasseroberfläche. Es wird eine Wasserbewegung ausgelöst, die durch das gesamte Wasservolumen vom Meeresgrund bis zur Meeresoberfläche reicht.

M1 Schäden durch den Tsunami vom 26.12.2004

M2 Gemeinsam gegen die Katastrophe

Als am 26. Dezember 2004 ein Seebeben der Magnitude 9,1 den Boden vor der indonesischen Insel Sumatra erschütterte und eine verheerende Flutwelle auslöste, gab es keine Möglichkeit, die Bewohner an den Küsten des Indischen Ozeans systematisch davor zu warnen. Der Tsunami forderte fast 230 000 Menschenleben und verursachte weltweit Schäden in Höhe von 14 Milliarden US-Dollar. [...]

Zehn Jahre danach [...] beteiligen sich fast alle Anrainerstaaten des Indischen Ozeans an einem Netz aus Seismometern, Meeresspiegelmessgeräten und mit Hilfe von Satelliten verbundenen Bojen. Nahezu in Echtzeit informiert [...] ein Frühwarnsystem [...] über ein starkes Seebeben und beurteilt, ob es womöglich einen Tsunami hervorrufen wird. Würde das Erdbeben von 2004 heute auftreten, wären diese Staaten deutlich besser gerüstet.

Quelle: Witze, A. (2014): Frühwarnsystem mit Schwächen. In: www.spektrum.de

M3 Tsunami 2004 – eine Katastrophe mit weltweiter Wirkung

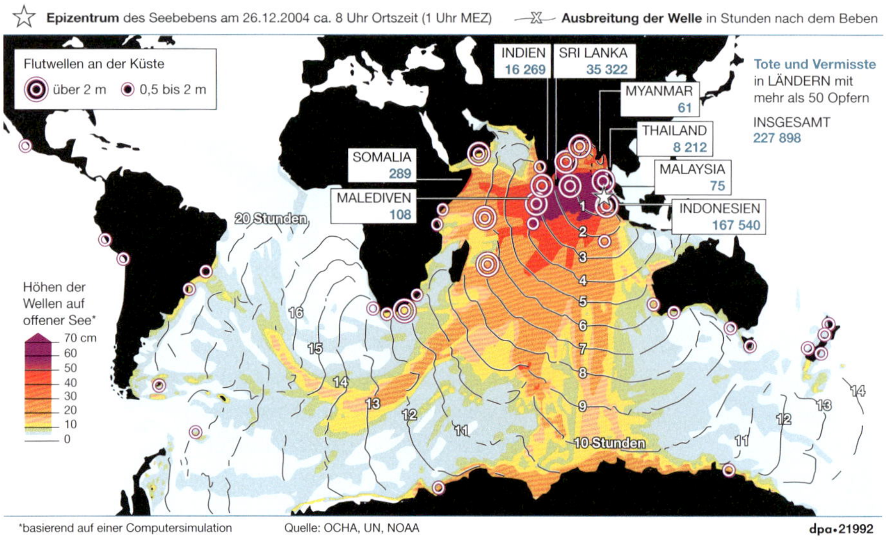

Voraussetzungen für einen Tsunami
Für die meisten Tsunami gibt es im Wesentlichen zwei Voraussetzungen: Zum einen muss die Magnitude eines Erdbebens mindestens Stärke 7 betragen. Zum anderen muss sich das Hypozentrum des Bebens in geringer Tiefe (< 50 km) befinden. Nur dann wird genügend Energie freigesetzt, um durch das Heben oder Senken des Meeresbodens die darüberliegende Wassersäule in ausreichend starke Schwingung zu versetzen. Durch die plötzliche Verdrängung der Wassermassen entstehen Wellen, die sich mit hohen Geschwindigkeiten in alle Richtungen ausbreiten.

Unerwartet und gefährlich
Während die Auswirkungen von Erdbeben an Land räumlich begrenzt sind, können Tsunamis noch Tausende Kilometer entfernt von ihrem Ursprung und mehrere Stunden nach dem Beben katastrophale Schäden anrichten.
Für die Bewohner der Küstenregionen gibt es kaum sichtbare Vorzeichen für einen drohenden Tsunami. Oft wird von einem Zurückweichen des Meeres berichtet, bevor eine riesige Welle auf die Küste zuströmt. Erreicht diese bis zu 50 m hohe Welle die Küste, bricht die Wellenfront mit großer Zerstörungskraft.

M4 Entstehung eines Tsunamis

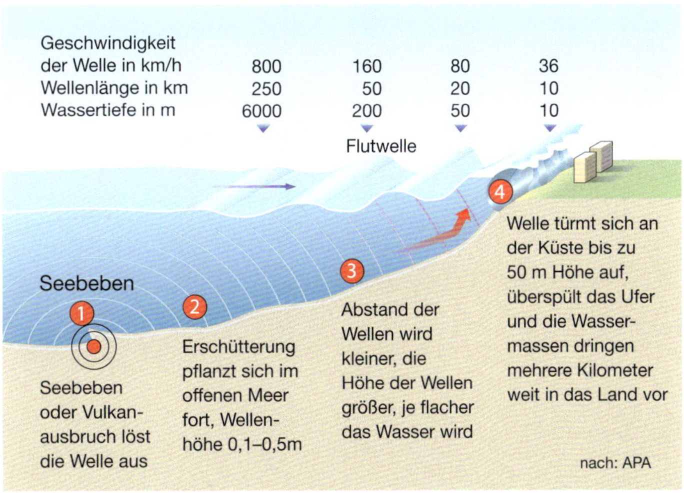

M5 Das Pacific Tsunami Warning Center

www.cornelsen.de/codes/
Code: sokixo

M6 Funktionsweise des Tsunami-Frühwarnsystems „GITEWS“

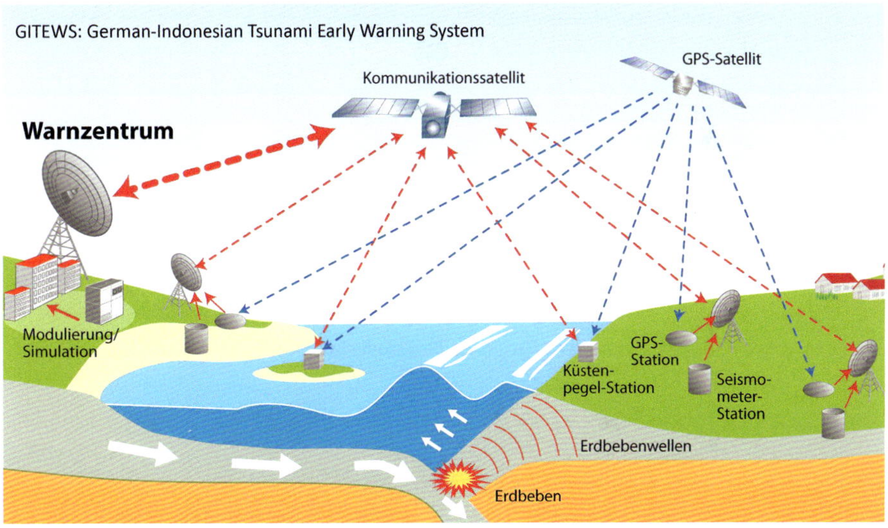

M7 „Es blieben 20 Minuten von der Warnung bis zur Welle“

Nach einem Tsunami am 28. September 2018 auf der indonesischen Insel Sulawesi herrscht Fassungslosigkeit: Wieso mussten mehr als 4000 Menschen sterben, obwohl es seit Jahren ein Warnsystem gibt. [...] *Dazu ein Interview mit Jörn Lauterjung, Direktor des Geoforschungszentrums Potsdam (GFZ) und Mitentwickler des Frühwarnsystems GITEWS.*
Indonesiens Frühwarnsystem soll Alarm schlagen, sobald irgendwo ein Erdbeben registriert wird, das Tsunamis auslösen kann. [...] Doch jetzt wurden wieder Tausende Menschen von den tödlichen Wellen überrascht. War die Technik kaputt?
Lauterjung: Nein, das System hat wie vorgesehen funktioniert [...]. Fünf Minuten nach dem Erdbeben ist eine Tsunamiwarnung ausgesprochen worden. [...]
Nachdem das System eine Warnung generiert hat – wie erreicht diese die Menschen?
Lauterjung: Die Warnung sollte fünf Minuten nach dem Erdbeben vom Warnzentrum in Jakarta ausgelöst werden. Das ist geschehen. Dann muss sie an die lokalen Katastrophenschutzbehörden, Stadtverwaltungen, Polizei und Feuerwehren gehen. Nach weiteren zwei bis drei Minuten braucht es eine Information an die Bevölkerung, etwa über Fernsehen und Radio, Lautsprecherwagen und Sirenen. Spätestens nach acht Minuten sollte die Evakuierung beginnen [...].
Es gab deutliche Kritik an der Warnkette. „Es gab keine Sirene. Viele Menschen waren sich der Gefahr nicht bewusst, also gingen sie ihrer Beschäftigung am Strand nach“, sagte der Sprecher von Indonesiens Katastrophenschutzbehörde.
Lauterjung: Schon nach fünf Minuten hat das Frühwarnsystem ja die Warnung generiert. In den 20 Minuten bis zum Eintreffen der Welle hätte die Bevölkerung gewarnt und die Evakuierung stattfinden müssen. Dieser Schritt hat aber nach bisherigen Berichten nicht funktioniert.
Quelle: Zeit Online vom 2. Oktober 2018

1. Erläutern Sie am Beispiel von White Island, wie Vulkanausbrüche zu Naturkatastrophen führen können (**M1** bis **M3**).
2. Beschreiben Sie tektonische Prozesse und Vulkantypen im Bereich des Pazifischen Feuerrings (**M4**, S. 79 **M3**).
3. Erklären Sie, inwiefern sich Vulkanausbrüche auf das lokale und globale Klima auswirken können (**M3**).
4. Etwa 10 000 Touristen besuchen jährlich für den Preis von rund 200 US-$ für einen Tagesausflug den Whakaari-Vulkan (übersetzt: „der dramatische Vulkan") auf White Island (Neuseeland). Bewerten Sie mithilfe einer SWOT-Analyse dieses touristische Angebot unter Berücksichtigung verschiedener Perspektiven (**M1** bis **M3**, S. 205).

White Island – Vulkanismus zwischen Faszination und Gefahr

M1 Tourismus zwischen Faszination und Gefahr

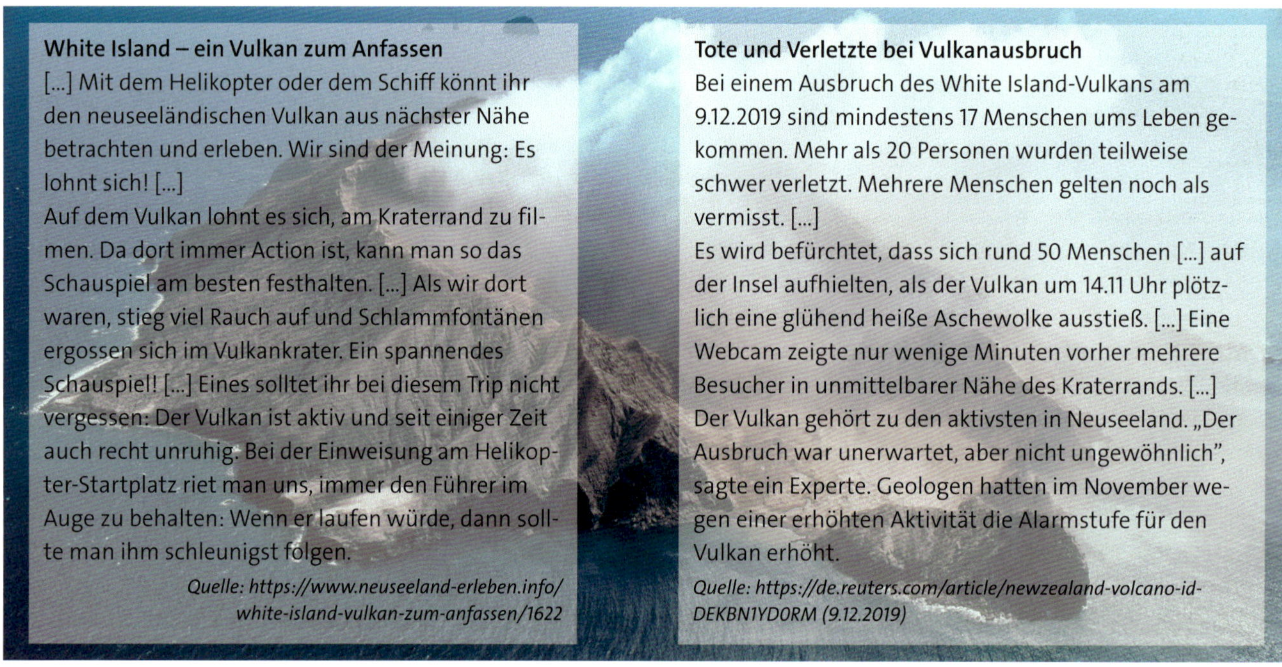

White Island – ein Vulkan zum Anfassen
[...] Mit dem Helikopter oder dem Schiff könnt ihr den neuseeländischen Vulkan aus nächster Nähe betrachten und erleben. Wir sind der Meinung: Es lohnt sich! [...]
Auf dem Vulkan lohnt es sich, am Kraterrand zu filmen. Da dort immer Action ist, kann man so das Schauspiel am besten festhalten. [...] Als wir dort waren, stieg viel Rauch auf und Schlammfontänen ergossen sich im Vulkankrater. Ein spannendes Schauspiel! [...] Eines solltet ihr bei diesem Trip nicht vergessen: Der Vulkan ist aktiv und seit einiger Zeit auch recht unruhig. Bei der Einweisung am Helikopter-Startplatz riet man uns, immer den Führer im Auge zu behalten: Wenn er laufen würde, dann sollte man ihm schleunigst folgen.

Quelle: https://www.neuseeland-erleben.info/white-island-vulkan-zum-anfassen/1622

Tote und Verletzte bei Vulkanausbruch
Bei einem Ausbruch des White Island-Vulkans am 9.12.2019 sind mindestens 17 Menschen ums Leben gekommen. Mehr als 20 Personen wurden teilweise schwer verletzt. Mehrere Menschen gelten noch als vermisst. [...]
Es wird befürchtet, dass sich rund 50 Menschen [...] auf der Insel aufhielten, als der Vulkan um 14.11 Uhr plötzlich eine glühend heiße Aschewolke ausstieß. [...] Eine Webcam zeigte nur wenige Minuten vorher mehrere Besucher in unmittelbarer Nähe des Kraterrands. [...] Der Vulkan gehört zu den aktivsten in Neuseeland. „Der Ausbruch war unerwartet, aber nicht ungewöhnlich", sagte ein Experte. Geologen hatten im November wegen einer erhöhten Aktivität die Alarmstufe für den Vulkan erhöht.

Quelle: https://de.reuters.com/article/newzealand-volcano-id-DEKBN1YDORM (9.12.2019)

Vulkanausbrüche gehören zu den faszinierendsten, aber auch zu den gefährlichsten Naturereignissen der Erde. Der Verlauf eines Vulkanausbruchs hängt von der Zusammensetzung des Magma bzw. der Lava ab.

FACHBEGRIFFE
Schicht- oder Stratovulkan: Vulkanform mit steilen Hängen, die aus wechselnden Schichten von Lava und lockeren Gestein (Tephra) besteht
Schildvulkan: Vulkanform mit weiträumiger Ausdehnung, flach abfallenden Hängen, die aus dünnflüssigen Lavaströmen entsteht
Tephra: bei einer vulkanischen Eruption ausgeworfenes Lockermaterial und Gesteinsbrocken unterschiedlicher Größe

Effusiver Vulkanismus
Beim effusiven Vulkanismus tritt dünnflüssige, SiO_2 (Kieselsäure)-arme, sog. basaltische Lava relativ ruhig in Lavafontänen (< 2 km Höhe) und ausgedehnten Lavaströmen aus flachen **Schildvulkanen** aus. Effusive Vulkane geben ihre Energie langsam ab und bewirken meist nur geringe Schäden.

Explosiver Vulkanismus
Beim explosiven Vulkanismus wird Lava hoch aus dem Schlot herausgeschleudert. In der Magmakammer können Gase aus dem SiO_2-reichem, zähflüssigem Magma nur schwer entweichen. Es baut sich ein hoher Gasdruck auf, der sich in einer Explosion entlädt. Kennzeichen sind eine gashaltige, sog. rhyolitische Lava sowie hoch aufsteigende Eruptionswolken (bis zu 60 km Höhe), die große Mengen an Gasen, Asche und **Tephra** enthalten, die sich schichtartig ablagern (**Strato- oder Schichtvulkan**). Explosive Eruptionen setzen schlagartig Energie frei und besitzen so ein hohes Zerstörungspotenzial.

M2 Webcams aktiver Vulkane

www.cornelsen.de/codes/
Code: gayoza

M3 Naturgefahren durch vulkanische Eruptionen

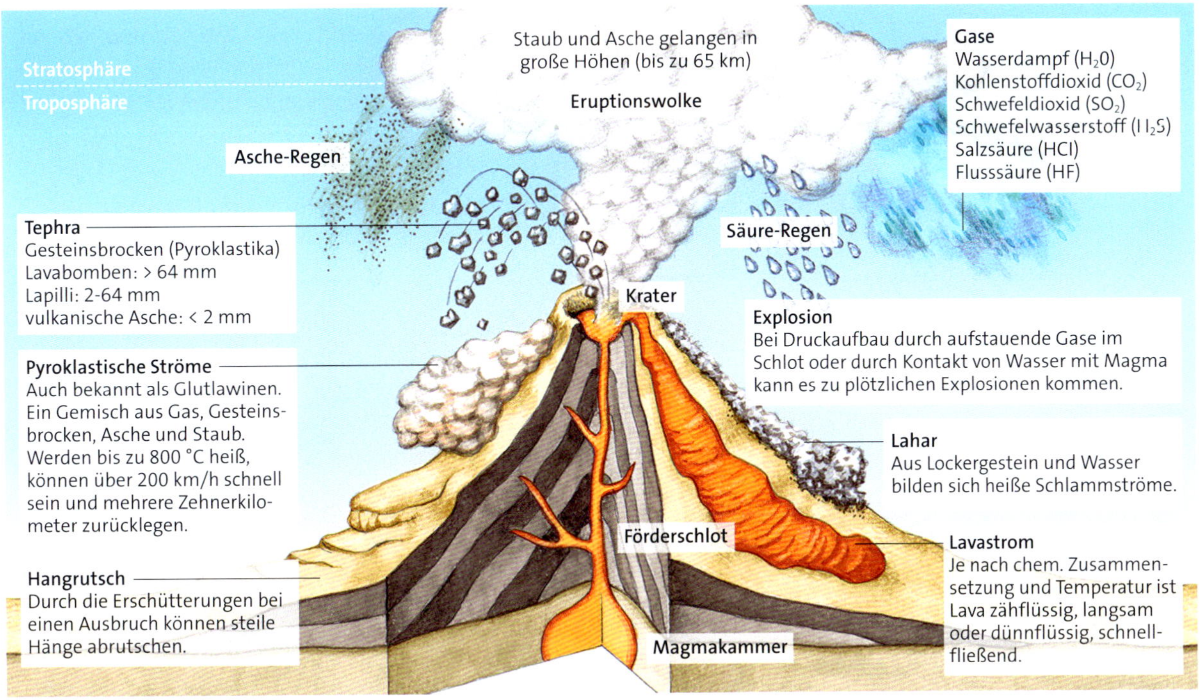

Klimaveränderungen durch Vulkane?
Auch das Klima kann durch vulkanische Eruptionen beeinflusst werden. Erreicht der Ascheauswurf die Stratosphäre (ca. 10–40 km Höhe), bleibt sie dort mitunter jahrelang, verteilt sich um den ganzen Globus. Durch chemische Reaktionen entstehen dort aus Schwefelgasen Sulfat-Partikel. Diese reflektieren und absorbieren die Sonnenstrahlung, bevor sie die Erdoberfläche erreicht, und lösen so eine Senkung der globalen Durchschnittstemperaturen aus. 1815 schleuderte der indonesische Vulkan Tambura seine Asche bis zu 35 km hoch, was zu einem globalen Temperatursturz von bis zu 3 °C führte. Das Jahr 1816 fiel in Europa und weiten Teilen Nordamerikas ungewöhnlich nass und kühl aus und ging als „Jahr ohne Sommer" mit Missernten und Hungersnöten in die Geschichte ein. Diese Effekte sind zwar selten, können aber das Klima über mehrere Jahre beeinflussen.

M4 Tektonische Prozesse und Vulkantypen

Kontinentale Subduktionszone
Kollision zweier kontinentaler Platten an konvergenten Plattengrenzen führt zur Gebirgsbildung und kleineren Subduktionszonen mit Magmaaufstieg.

1 *(-> Himalaya)*

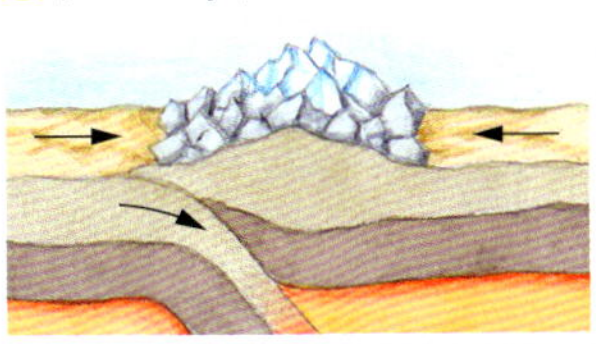

Hot Spot
Durch wandernde Lithosphäre über einem **Mantelplume** entstehen innerhalb von tektonischen Platten infolge wiederholter, zumeist effusiver Aktivität Vulkanketten.

2 *(->Hawaii)*

Kontinental-ozeanische Subduktionszone
Dichteunterschiede führen zum Absinken der ozeanischen Platte. Aufschmelzung des Gesteinsmaterials verursacht die Bildung langgestreckter, vorwiegend explosiver Vulkanketten.

3 *(-> Anden)*

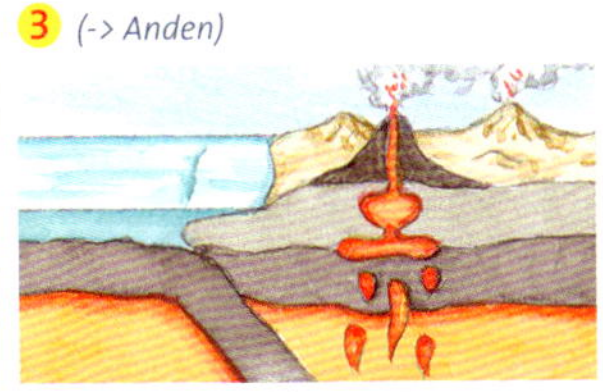

Mittelozeanischer Rücken
Grabenbruch (engl.: Rift) innerhalb von Ozeanen an divergenten Plattengrenzen. Weitgehend effusiv austretendes Magma führt zur Bildung neuen Ozeanbodens (seafloor spreading) und vulkanischer Inseln.

4 *(-> Pazifischer Rücken (pacific ridge), Mittelatlantischer Rücken)*

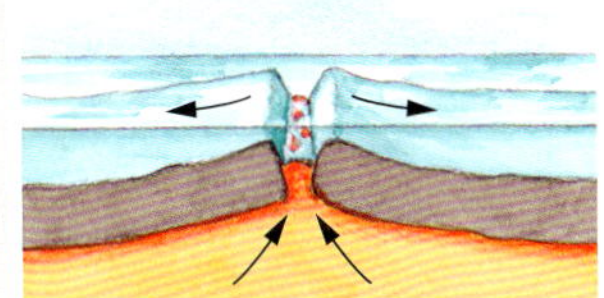

Caldera (Einsturzkrater)
Entstehung kesselförmiger Vulkankrater durch Einsturz oberflächennaher Magmakammern nach einem Ausbruch

5 *(->Anak Krakatau)*

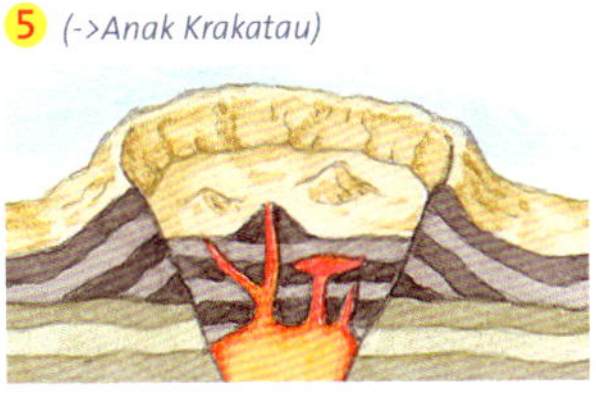

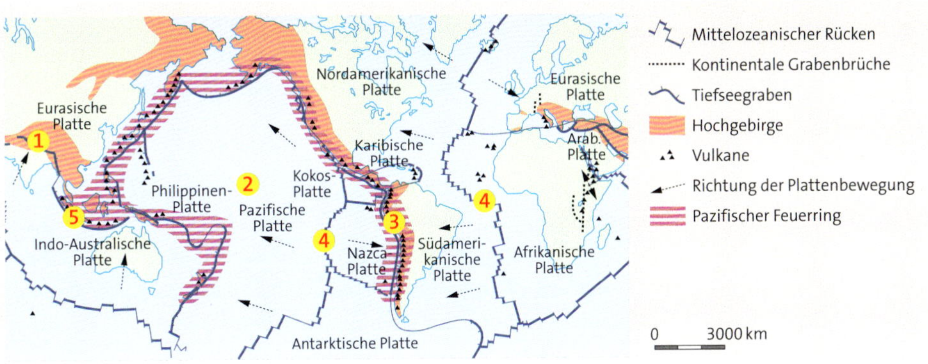

1 Ordnen Sie den Volcán de Fuego topographisch und geotektonisch ein (S. 79 **M4**, S. 85 **M4**, Atlas).

2 Kennzeichnen Sie mithilfe der Satellitenbildauswertung die Bodennutzungsstrukturen am Volcán de Fuego (**M1**, S. 197).

3 Analysieren Sie die Folgen des Ausbruchs des Volcán de Fuego vom 3. Juni 2018 (**M2**, **M3**).

Volcán de Fuego – ein unberechenbarer Nachbar!

4 Erklären Sie die Bedeutung der Niederschlagsvorhersage für die Abschätzung der Folgen des Vulkanausbruchs (**M2**, **M3**).

5 Beurteilen Sie das Potenzial von Satellitenbildaufnahmen und -auswertungen zum Katastrophen- und Krisenmanagement am Beispiel des Copernicus-Programms der Europäischen Union (**M1** bis **M3**, MK Internet).

6 Erörtern Sie Vor- und Nachteile eines Lebens am Volcán de Fuego. Veranschaulichen Sie Ihre Ergebnisse mithilfe eines Wirkungsgefüges (**M1** bis **M6**, S. 201).

M1 Satellitenbild des Volcán de Fuego vom 3. Juni 2018

3763 Metern erhebt sich der Volcán de Fuego 40 km südwestlich der Hauptstadt Guatemala-City. Der Vulkan zählt zu den aktivsten und gefährlichsten der Erde. Als explosiver Strato- oder Schichtvulkan stößt er im Wechsel Lockermaterial (Asche und Tephra) und Lava aus. An den steilen Hängen bilden sich immer wieder pyroklastische Ströme, **Lahars** und Lavaströme.

Vulkanische Böden = fruchtbare Böden

Vulkanische Böden, sog. Andosole, gelten aufgrund ihrer besonderen Zusammensetzung als äußerst fruchtbar. Zum einen entsteht durch physikalische Verwitterung des vulkanischen Lockermaterials eine mineralhaltige Bodenschicht mit einer hohen Konzentration an Pflanzennährstoffen. Die porösen Gesteinspartikel besitzen zudem eine hohe **Wasserspeicherkapazität**. Letztlich weisen die Aschepartikel eine glasige Struktur auf, die die Bildung von Tonmineralien begünstigt – die wesentliche Grundlage fruchtbarer Böden.

Landwirtschaft am Fuße des Vulkans

Mehr als 4 Millionen Menschen leben in der dicht besiedelten Region im Umkreis von 50 km um den Volcán de Fuego. Unter günstigen klimatischen Bedingungen mit hohen Temperaturen und ausreichend Niederschlägen kann im Südwesten des Vulkans der Großteil der landwirtschaftlichen Produkte Guatemalas produziert werden. Typisch sind kleine Familienbetriebe, die Obst und Gemüse in Subsistenzwirtschaft anbauen und kleine Überschüsse auf den lokalen Märkten verkaufen. Dass die Erde ab und zu bebt (sog. vulkanische Beben) und der Vulkan im Hintergrund nahezu täglich Feuer und Asche spuckt – daran haben sich die Menschen gewöhnt. Denn fast immer sind die Aktivitäten des Volcán de Fuego harmlos.

FACHBEGRIFFE

Wasserspeicherkapazität: Fähigkeit des Bodens zur Aufnahme und Speicherung von Wasser

Lahar: Schlamm- und Schuttlawine, die aus Wasser und vulkanischem Lockermaterial besteht. Ein Lahar kann Geschwindigkeiten bis zu 180 km/h und Reichweiten bis zu 300 km erzielen. Lahars können direkt während der Eruption entstehen, wenn vulkanische Aschen mittels großer Wassermengen (Gletscher- oder Schneeschmelze, Kratersee) bewegt werden. Lahars können aber auch noch Tage nach Eruptionen entstehen, wenn Ascheablagerungen durch starke Niederschläge in Bewegung geraten.

M2 Kartierung der Eruptionsfolgen vom 3. Juni 2018 mithilfe von Satellitenaufnahmen (Copernicus-Programm zum Katastrophen- und Krisenmanagement der Europäischen Union)

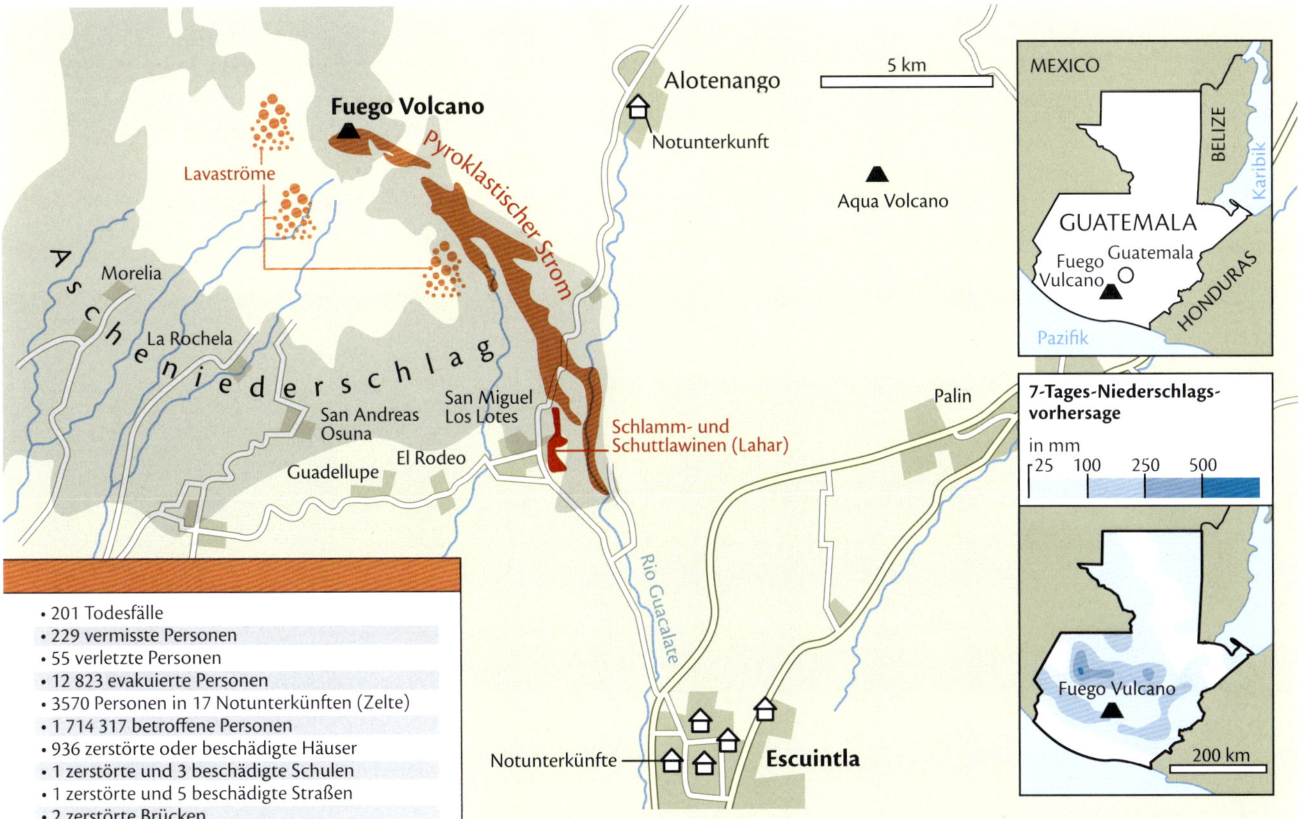

Quellen: nach ERCC Portal, Copernicus - Dienst für Katastrophen- und Krisenmanagement, RAOnline

M3 Copernicus – Dienst für Katastrophen- und Krisenmanagement

www.cornelsen.de/codes/
Code: tibadu

M4 Ein Dorf wird zum Friedhof

Es ist weg. Das Dorf San Miguel Los Lotes existiert nicht mehr. Häuser, Menschen, Tiere und Pflanzen liegen unter einer dicken Schicht aus Lava, Schlamm und Asche begraben. Der Ausbruch des Volcán de Fuego vom 3. Juni 2018 kam nicht unerwartet. Es war bereits der zweite in diesem Jahr. Erst im Mai wälzte sich eine Schlammlawine den Hang hinab. Aber mit einem so heftigen Ausbruch hatte niemand gerechnet. So blieb für viele keine Zeit mehr zur Flucht.
Riesige Aschemengen wurden bis in 15 km Höhe ausgeworfen, Lava und ein verheerender pyroklastischer Strom strömten ungewöhnlich weit hinab und überraschten die Dorfbewohner. Und noch Tage später wälzten sich immer wieder Lavaströme und Lahars die Hänge hinab. Die Rettungskräfte haben die Region bald wieder verlassen und das verschüttete Dorf wurde als Friedhof deklariert.

Basierend auf: „Nahezu alles, was unterhalb des Fuego lebte, ist tot". In: Süddeutsche Zeitung vom 6.6.2018, verändert

M5 Landwirtschaft am Volcán de Fuego

M6 Nach dem Ausbruch des Volcán de Fuego am 3. Juni 2018

1 Stellen Sie die Entstehung und den Lebenslauf eines Hurrikans am Beispiel des Hurrikans „Irma“ in einem Fließdiagramm dar (**M1** bis **M4**, S. 201 MK).

Tropische Wirbelstürme – immer öfter und stärker?

2 Erklären Sie die weltweite Verteilung von Regionen mit einem besonders hohen Gefährdungspotenzial für tropische Wirbelstürme (**M3**, **M5**, S. 72/73).

3 Beurteilen Sie die Auswirkungen von Hurrikan „Irma“ unter Berücksichtigung der Vulnerabilität betroffener Staaten (**M1** bis **M5**, S. 76/77 **M1**, Atlas, MK Internet).

4 Diskutieren Sie den Einfluss des Klimawandels auf die Entstehung und den Verlauf von Hurrikanen. Stellen Sie Ihre Ergebnisse in einem Wirkungsgefüge dar (**M1** bis **M7**, S. 201, MK Internet).

M1 Hurrikansaison: Hurrikane „Katia“, „Irma“ und „José“, Satellitenbild vom 09.09.2017

M2 Tote und Verwüstungen durch Hurrikan „Irma“

Do, 07.09.2017, 18.00 Uhr: Mit Windstärken von fast 300 Stundenkilometern fegt Hurrikan „Irma“ über die Inselgruppe der Kleinen Antillen. Nie wurde dort ein stärkerer Hurrikan gemessen. Nach Schätzungen der Vereinten Nationen könnten in seinem Verlauf bis zu 37 Millionen Menschen von seinen Auswirkungen betroffen sein. Am stärksten traf es bislang die Karibikinseln Barbuda, Saint-Martin und Anguilla. Nach offiziellen Angaben sind 95 Prozent der französischen Insel St. Martin zerstört worden. Nun bewegt sich der Sturm in Richtung Haiti, Kuba und Florida (USA).
Haiti, eines der ärmsten Länder der Welt, leidet noch immer unter den Folgen des Erdbebens 2010 und des Hurrikans „Matthew“ im vergangenen Jahr, bei dem etwa 1000 Menschen starben. Viele Haitianer leben immer noch in provisorischen Zeltunterkünften und mit jeder Naturkatastrophe verschlechtert sich ihre Lage. Und auch nach „Irma“ droht weitere Gefahr. Über dem Atlantik formt sich bereits der nächste Hurrikan: „José“.

Nach verschiedenen Quellen

Tropische Wirbelstürme gehören zu den Naturereignissen, die das stärkste und vor allem großräumigste Zerstörungspotenzial für Natur und Mensch besitzen. Ihre zerstörerische Wirkung entfalten tropische Wirbelstürme durch ihre hohen Windgeschwindigkeiten und enormen Niederschlagsmengen. Darüber hinaus können sie Flutwellen von zehn Metern und mehr erzeugen.
Tropische Wirbelstürme entstehen nur unter bestimmten Bedingungen: Sie entwickeln sich über ausreichend großen Ozeanen (> 100 km²) mit einer Wassertemperatur von mehr als 26,5 °C in der Zone zwischen 5° und 20° nördlicher sowie südlicher Breite, denn hier reicht die Corioliskraft aus, Luftmassen spiralförmig in Bewegung zu setzen. Je nach ihrem geographischen Ursprung heißen tropische Wirbelstürme mit Windgeschwindigkeiten von über 119 km/h **Hurrikan** (Nord- und Mittelamerika, Karibik), **Taifun** (Südost- und Ostasien), **Zyklon** (Indien) oder **Willy-Willy** (Australien).

Einfluss des Klimawandels

Die Klimaforschung beschäftigt sich intensiv mit der Frage, inwieweit die Entstehung und der Verlauf tropischer Wirbelstürme mit dem Klimawandel zusammenhängen. Es wird davon ausgegangen, dass sich durch den Anstieg der Meeresoberflächentemperaturen die innertropische Konvergenzzone (ITC) ausdehnt. Infolgedessen vergrößern sich die Gebiete, in denen tropische Wirbelstürme entstehen können. Gleichzeitig steigt aufgrund der höheren Temperaturen die Speicherkapazität von Wasserdampf. Tropische Wirbelstürme können so mehr Energie aufnehmen und größere Stärken mit höheren Niederschlagsmengen erreichen. Allerdings fehlen bislang noch ausreichende wissenschaftliche Beweise, inwieweit natürliche Temperaturschwankungen oder anthropogen verursachte Treibhausgase für die Erwärmung verantwortlich sind.

M3 Hurrikan-Tracker

www.cornelsen.de/codes/
Code: jabuyo

M4 Verlauf und Stärke des Hurrikans „Irma“

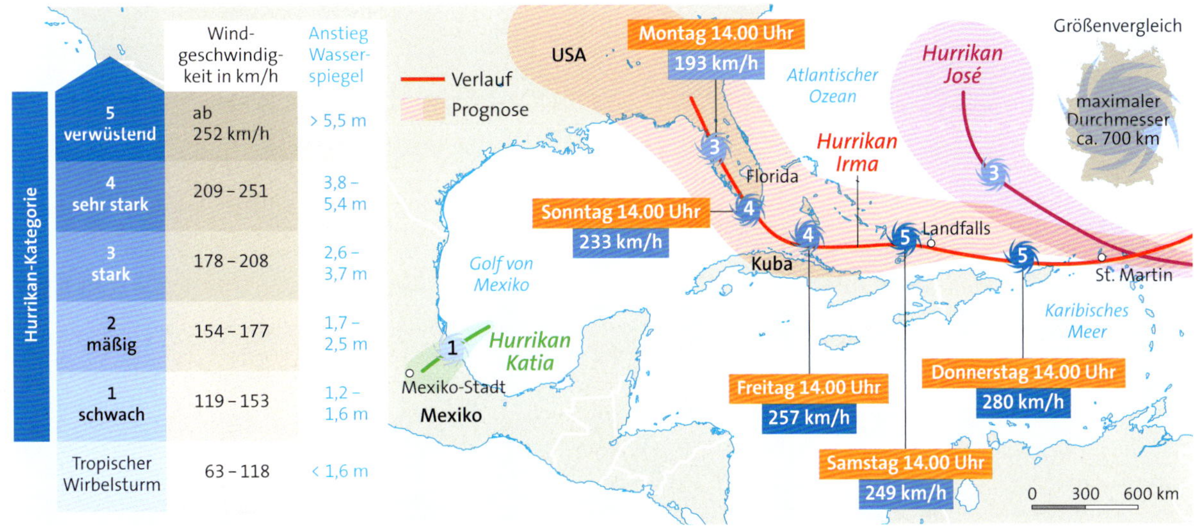

M5 Entstehung und Lebenslauf eines Hurrikans

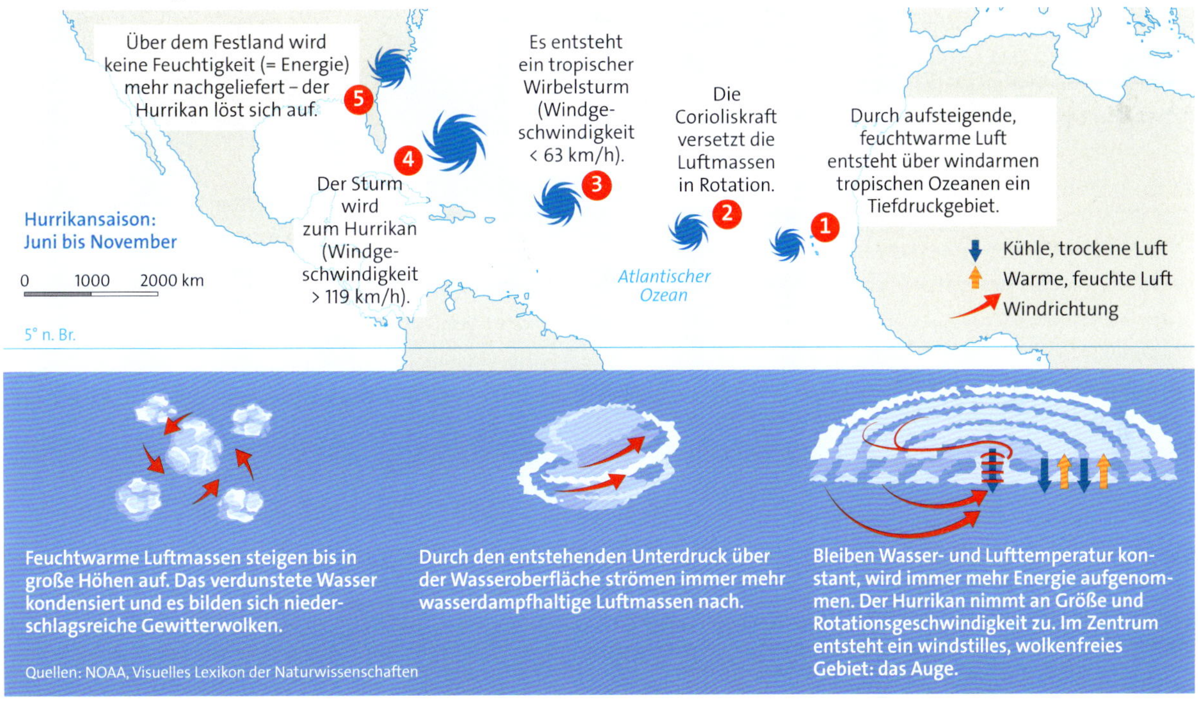

M6 Anzahl der Hurrikane über dem Atlantik *(NOAA)*

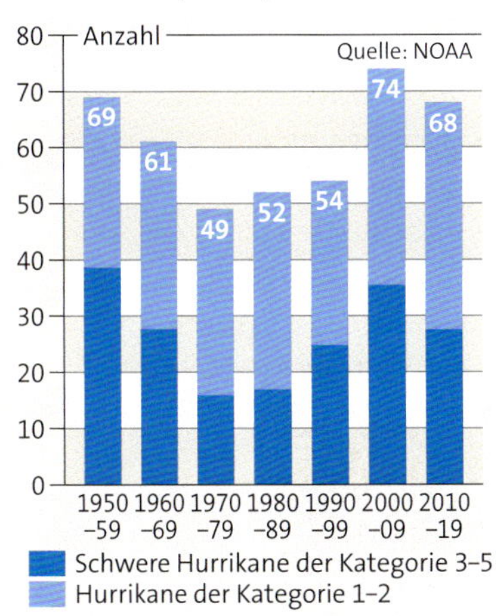

M7 Langsamere Wirbelstürme

Klimaforscher gehen davon aus, dass tropische Wirbelstürme durch die globale Erwärmung zukünftig noch intensiver werden. [...] Eine Veränderung ist schon jetzt im Gange: Tropische Wirbelstürme ziehen mit anderen Geschwindigkeiten über unseren Planeten als noch vor wenigen Jahrzehnten. Zwischen 1949 und 2016 haben sich tropische Zyklone weltweit im Schnitt um zehn Prozent verlangsamt.
Doch was bedeutet das? Je langsamer sich ein tropischer Wirbelsturm bewegt, desto länger steht er über einer bestimmten Region und kann dieser folglich umso mehr schaden. Diese Entwicklung führt dazu, dass sich die lokalen Regenmengen erhöhen und die Flutgefahr steigt. Ein fataler Trend, denn tatsächlich richten Superstürme den meisten Schaden nicht durch ihre Sturmwinde an, sondern durch die von ihnen verursachten Überschwemmungen und Sturmfluten.

Quelle: https://www.wissenschaft.de/erde-klima/langsame-wirbelstuerme/

Vom Naturereignis zur Naturkatastrophe

1 Erläutern Sie in Bezug auf Naturgefahren natürliche und anthropogene Zusammenhänge (M1, M2). Beginnen Sie Ihren Text so: Naturereignisse lassen sich unterteilen in ... . Endogene Prozesse umfassen ...

2 Lösen Sie das Quiz (M3). Die Lösungen finden Sie auf den Doppelseiten des Kapitels.

Betrachten Geographinnen und Geographen Naturereignisse, tun sie dies multiperspektivisch: Die physische Geographie kann erdphysikalische Prozesse erklären und Räume identifizieren, deren Lage eine erhöhte Gefährdung (Exposition) aufweist. Doch eine Sichtweise, die ihren Blick ausschließlich auf die von der Natur ausgehende Gefahr richtet, greift zu kurz. Deshalb analysiert die Wissenschaft Geographie, inwieweit das menschliche Handeln an seine natürliche Umgebung angepasst ist. Dies liefert Aufschluss darüber, wie gut oder schlecht die von Naturereignissen betroffenen Städte und Regionen auf Schadensfälle vorbereitet sind und wie schnell und umfassend sie im „Fall der Fälle" angemessen reagieren. Naturkatastrophen – also Fälle von großen Schäden an Leib und Leben, Wirtschaft oder Infrastruktur – sind nicht immer zu verhindern, aber in ihrem Ausmaß zu begrenzen und somit ein Stück weit beherrschbar.
Während sich plattentektonische Prozesse ohne menschliches Zutun ereignen, liegen für klimatologische Ereignisse Erkenntnisse vor, die den anthropogen verursachten Klimawandel mitverantwortlich für die Stärke, die Häufigkeit sowie die genaue Lokalisation von Stürmen macht.

M1 Naturereignisse im Mensch-Umwelt-System

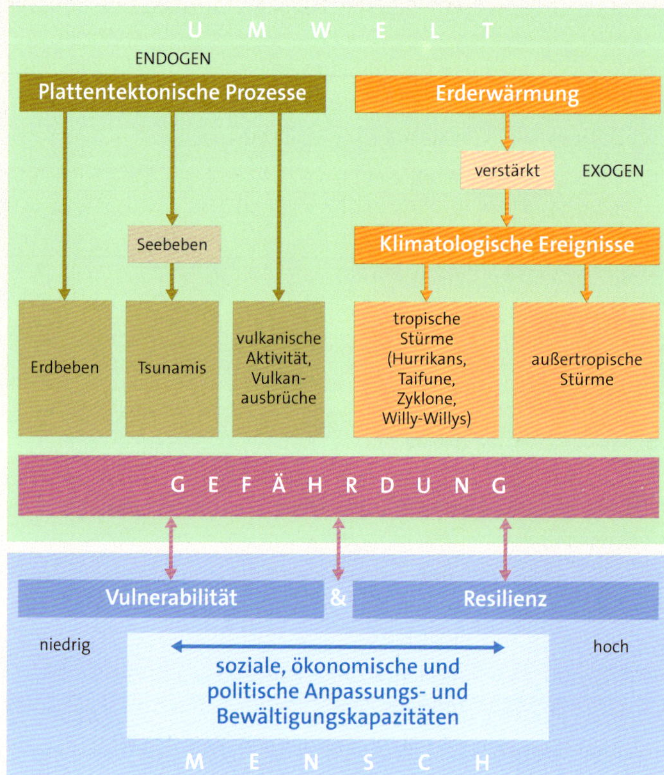

M2 Redemittel Diagrammbeschreibung

klassifizieren
- Man kann ... unterteilen in ... Teile/Aspekte/...
- ... lässt sich unterteilen in ...
- Man kann ... zuordnen zu ...

begründen
- Da/weil ...
- Daher/deshalb/darum/denn ...
- Ein Grund dafür ist ...
- Die Gründe dafür liegen (in) ...
- Dies ist der Grund, weshalb ...
- Aufgrund/Aus diesem Grund ...

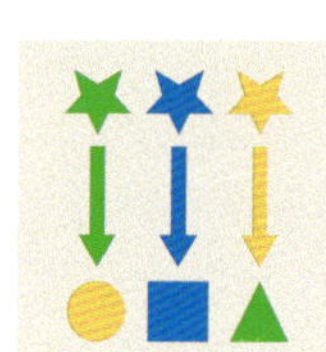

Ursache-Wirkung benennen
- Aufgrund .../Aus diesem Grund ...
- Daraus ergibt sich .../Daraus folgt ...
- ... hat zur Folge ...
- Ursache der/des ... ist ...
- weil .../da ...
- Als Gründe sind zu nennen ...
- Die Konsequenz davon ist ...
- Infolgedessen ...
- Deswegen .../Daher .../Deshalb ...

Nach: http://sprachsensibles-unterrichten.de

M3 Check-out-Quiz

1) Welche Kontinentalplatte ist die größte? a) Eurasische, b) Nordamerikanische, c) Afrikanische, d) Indo-Australische,

2) Risiko x ...
a) Anfälligkeit + Resilienz, b) Anfälligkeit – Resilienz, c) Anpassung + Resilienz, d) Anpassung – Resilienz

3) Welchen Begriff gibt es nicht? a) Kontinentaldrift, b) Pazifischer Feuerring, c) Athrosphäre, d) Seafloor Spreading

4) Was ist *kein* Grund für die häufigen schadenreichen Erdbeben in Mittelitalien? a) tektonischer Bruch, b) erdbeben-unsichere Bauweise, c) Korruption, d) Nähe zu den Alpen

5) Ergänzen Sie die Wortreihe logisch mit mindestens drei Begriffen: Magmakammer – Förderschlot – Krater – ... – ... – ...

6) Welcher Begriff passt hier nicht hin? a) Corioliskraft, b) Hurrikan, c) Tiefdruckgebiet, d) Gewitter, e) Nordatlantik

Quiz mithilfte von Google Earth und Google Maps

→*HILFE: Die Koordinaten finden Sie am unteren Bildrand.*

Kommen Sie mit ... zum Vesuv! Eine virtuelle Exkursion.
Im Programm „Google Earth" tippen Sie in das **Suchfeld** „Vesuv" ein.

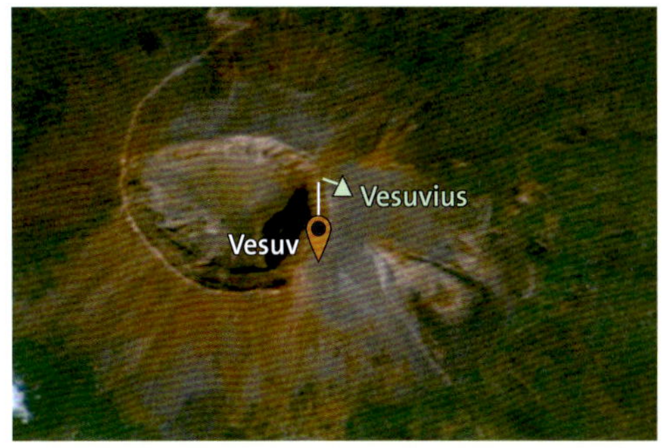

FRAGE 1: Auf welchen Koordinaten liegt die Ortsmarke auf dem Kraterrand?
38°34'N 12°20'O (g)   43°40'N 10°32'O (h)   40°49'N 14°25'O (i)
Gehen Sie nun auf einen Rundflug um den Vesuv, um eine Vorstellung vom Relief und seiner Umgebung zu bekommen. Nutzen Sie dazu die Funktion **Tour abspielen**: Klicken Sie auf die rote Ortsmarke „Vesuv", sodass sich eine grüne Ortsmarke mit Berggipfel-Signatur öffnet. Durch einen Klick auf „Vesuvius" öffnet sich eine Infobox. Hier können Sie die Tour starten.

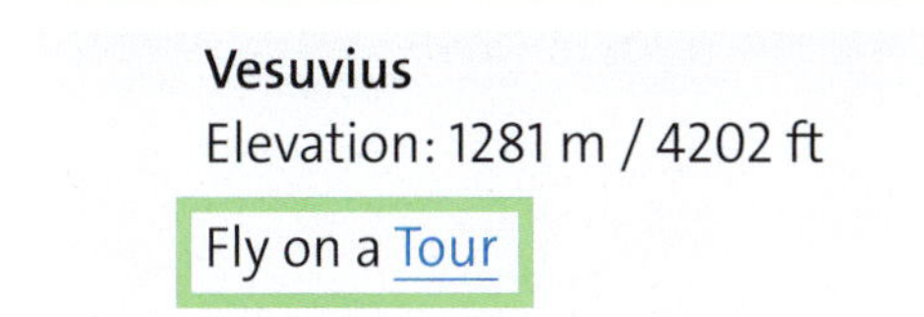

FRAGE 2: Was erkennt man deutlich am Vulkankegel?
alte Caldera   touristische Seilbahn   ausströmende Gase
„Fliegen" Sie nun auf Ihre Ausgangsposition zurück, indem Sie noch einmal „Vesuv" im Suchfeld eingeben oder auf die links eingeblendete Ortsmarke klicken. **Zoom:** Benutzen Sie Ihr Mausrad oder den Schieberegler rechts im Bild, um etwas herauszuzoomen.

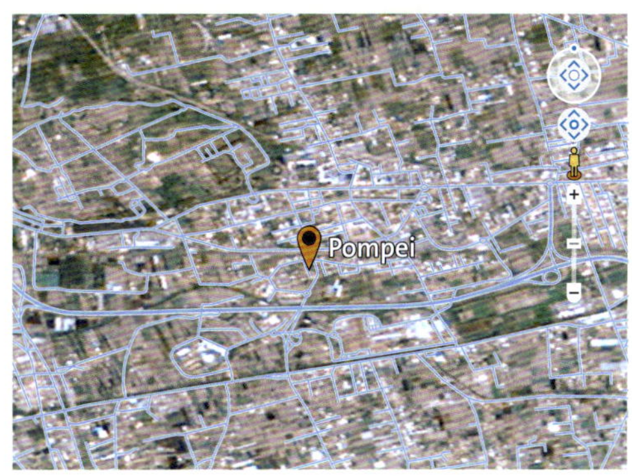

FRAGE 3: Die Zufahrt in den Nationalpark Vesuv erfolgt über welche Flanke des Vulkans?
Nord   Ost   Süd   West
Der Vesuv gilt als aktiver Vulkan. Sein berühmtestes „Opfer" war die Stadt Pompei. Fliegen Sie nun also Pompei an und schauen Sie sich in den berühmten Ruinen um. (Sie befinden sich nordwestlich der Ortsmarke.) Benutzen Sie dazu die **StreetView-Funktion**. Durch Ziehen der orangen Figur ins Satellitenbild erkennen Sie an den blauen Strecken, welche Straßen „begehbar" sind.

FRAGE 4: Was gab es im alten Pompei nicht?
Bürgersteige   Fenster und Türen   Vorgärten
Zum Bauen der Stadt Pompei wurde selbstverständlich auch Vesuv-Gestein verwendet. Auch heute noch wird dort vulkanisches Gestein gewonnen und verkauft. Geben Sie ins Suchfeld ein: „40 49 53 14 22 18". Der Betrieb der *Fratelli* (Brüder) *Fiengo* existiert bereits seit 1948.

Erklärung: Sucht man einen genauen Punkt, kann man die **Gradnetzangabe** vereinfacht eingeben: 40 49 53 steht für 40°49'53"Nord, 14 22 18 für 14°22'18"Ost. (Für „Süd" und „West" ergänzt man vor der Zahlenfolge jeweils ein „-".)

FRAGE 5: In der Nähe der Zufahrt zur Firma liegt welche Sportanlage?
Tennisplätze   Fußballplätze   Freibad   Golfplatz
Die fruchtbaren vulkanischen Böden begünstigen die landwirtschaftliche Nutzung: In den Gewächshäusern zwischen Torre del Greco und Torre Annunziate werden marktorientiert Topf- und Schnittblumen produziert, die Hänge des Vesuvs eignen sich hervorragend für den Weinanbau.

Vor allem Vesuv und Pompei machen Neapel zu einer beliebten Tourismusdestination, nicht zuletzt für Kreuzfahrer. Um das Kreuzfahrtterminal besser an die City anzubinden, wurde eine neue Metrostation gebaut. Nutzen Sie den **Zeitschieberegler,** um herauszufinden, wann die Arbeiten auf dem Terminal-Parkplatz (40 50 20 14 15 20) begannen. Schieben Sie den Regler nach links.

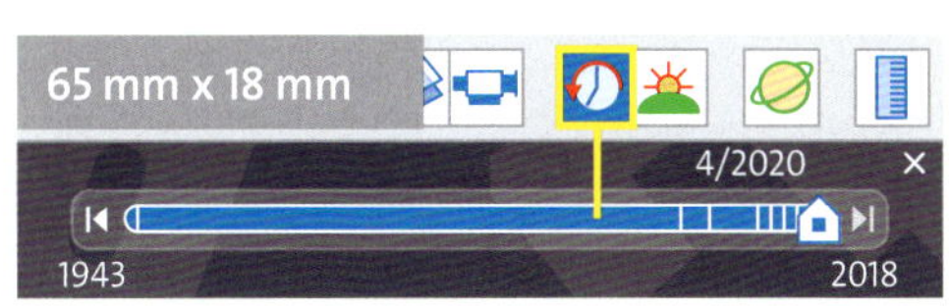

FRAGE 6: In welchem Jahr lag der Baubeginn?
2016 (r)   2008 (v)   2013 (l)

Setzen Sie für das Lösungswort die sieben Buchstaben der Antworten in der richtigen Reihenfolge zusammen.

1 Lokalisieren Sie Haiti und beschreiben Sie Entstehung des Erdbebens 2010 (**M1**, **M2**, Atlas).

2 Erläutern Sie die Auswirkungen des Erdbebens bis zur Gegenwart (**M4** bis **M8**).

3 Nehmen Sie Stellung zu der Themenfrage mit Bezug auf den Weltrisikoindex (**M8**).

→ *Ergebnisschlüssel*

www.cornelsen.de/codes/
Code: fudeyu

Das Erdbeben von Haiti – eine vorhersehbare Naturkatastrophe?

M1 Details Beben

Zeitpunkt: 12.01.2010, 16.53 Uhr
Stärke: 7,0 auf der Richterskala
Typ: Flachbeben (nur ca. 10–15 km unter der Erdoberfläche) mit starken Oberflächenwellen
Ursache: seitliche Verschiebung der Enriquillo-Plantain-Garden-Verwerfung (ca. 1,80 m)
Epizentrum: Léogâne

M2 Tektonische Lage Haitis

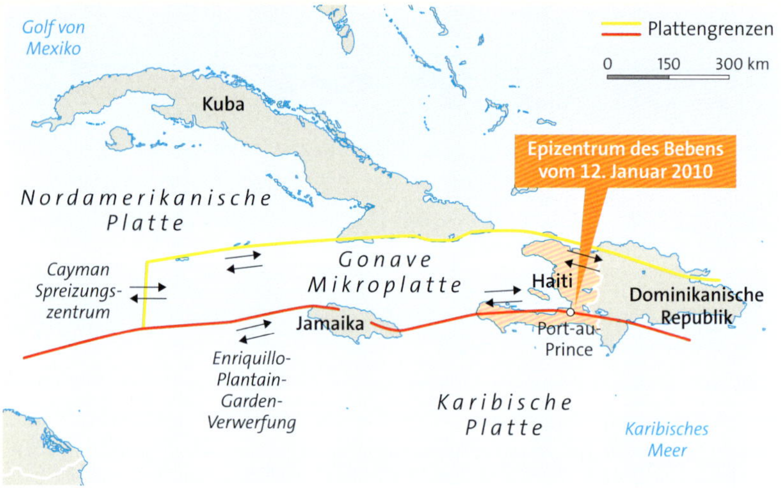

Zwischen den Kontinentalplatten liegt auch ein weiter Bereich, in dem die Erdkruste in mehrere kleinere Plattenstücke zerbrochen ist. Dieses „Flickwerk" aus Blockadeplatten macht es schwierig, die Kräfte im Untergrund und ihre Wechselwirkungen vorherzusagen.

M3 Steckbrief Haiti 2010

Bevölkerung:	ca. 10 Mio.
Verdichtungsraum Port-au-Prince, Einwohner:	ca. 3,5 Mio.
davon in informellen Siedlungen	ca. 70 %
HDI (von 190):	Rang 145
Lebenserwartung:	61,7 Jahre
Durchschnittliche Schulbesuchsdauer:	4,7 Jahre
BIP/Kopf:	729 US-$
Bev. unter der Armutsgrenze (< 1,25 US-$/Tag):	54,9 %
Bev. ohne Zugang zu Trinkwasser:	37 %
Bev. ohne Zugang zu Sanitäranlagen:	83 %
Bev. ohne Elektrizität:	60,8 %
unterernährte Bev.:	58 %

Nach UNDP: Human Development Report 2010, New York 2010

M4 Erdbebenstärke und Wanderungsbewegungen

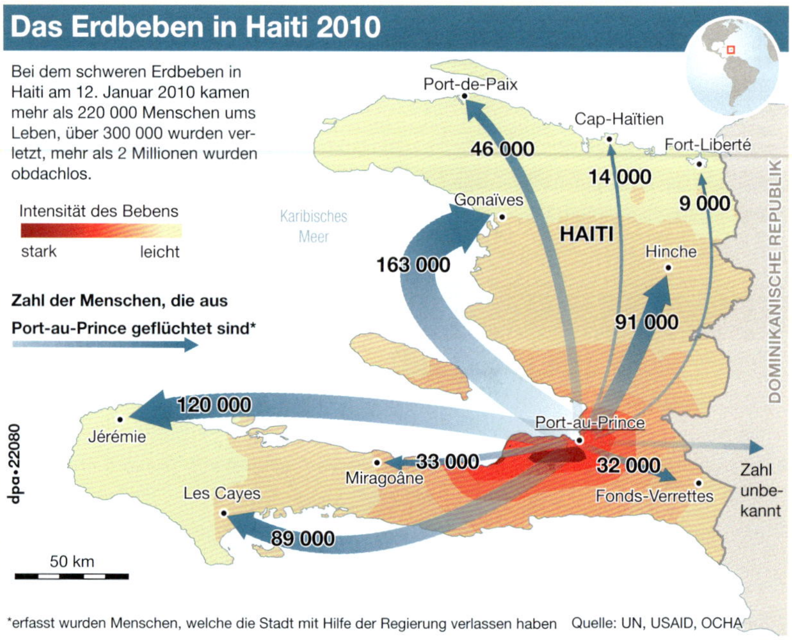

M5 Auswirkungen des Bebens

unmittelbar/kurzfristig:

- Todesopfer: ca. 225 000
- Schwerverletzte: mind. 4000
- Obdachlose: ca. 1,3 Mio.
- zerstörte Gebäude: ca. 100 000 (ca. 70 % in Port-au-Prince), darunter:
  8 Krankenhäuser
  9 Gesundheitszentren
  10 Gebäude des Gesundheitsministeriums
  19 Universitäts- und Ausbildungsgebäude
  4000 Schulen, nahezu alle in informellen Siedlungen
- zerstörte Infrastruktur im Großraum Port-au-Prince: ca. 60 % (Wert ca. 4,3 Mrd. US-$)

M6 Pressestimmen nach dem Beben am 12.01.2010

14.01.2010

Während in Haiti die Menschen verzweifelt nach Verschütteten graben, das Trinkwasser knapp wird und Plünderungen drohen, sammeln sich im Nachbarland Dominikanische Republik die Hilfsteams aus aller Welt. Nahrungsmittel, Medikamente, Zelte und Suchhunde sind auf dem Weg nach Port-au-Prince. Doch der Weg ist mühsam. Haiti ist auch am zweiten Tag nach dem verheerenden Erdbeben weitgehend von der Außenwelt abgeschnitten. Die Infrastruktur ist zerstört. Auf dem Flughafen, dessen Tower bei dem Beben schwer beschädigt wurde, können größere Transportmaschinen noch nicht landen. Zum Drehkreuz für alle Helfer wird deshalb Santo Domingo im Nachbarstaat.

https://www.faz.net/aktuell/gesellschaft/ungluecke/flughafen-gesperrt-helfer-kommen-nur-auf-umwegen-nach-haiti-1906141.html (Aufruf: 22.06.2021)

22.01.2010

Neun Tage nach dem verheerenden Erdbeben in Haiti hat nach Angaben der Vereinten Nationen ein erstes Schiff mit Hilfsgütern den Hafen der Hauptstadt Port-au-Prince erreicht. Der Frachter habe 123 Tonnen mit dringend benötigter Fracht an Bord und sei sofort entladen worden.

https://www.spiegel.de/panorama/hafen-geoeffnet-erstes-hilfsgueter-schiff-erreicht-haiti-a-673307.html (Aufruf: 27.06.2021)

2012

„Es gibt eine Unmenge an ausländischen Nichtregierungsorganisationen und Hilfsorganisationen, aber keine landesweite Koordinierung des Wiederaufbaus.“ Zudem versickere ein Großteil der Gelder in Bürokratie und in Korruption, sagte [der haitianische Jurist und Menschenrechtsaktivist Patrice] Florvilus.

https://www.aerzteblatt.de/archiv/132949/Katastrophenhilfe-Haitis-falsche-Entwicklung (Aufruf: 21.07.2021)

2020

Und heute, zehn Jahre nach der Katastrophe? Das Beben vor zehn Jahren hat die soziale Kluft offensichtlich noch vergrößert, obwohl die anschließend gewährte Milliardenhilfe doch gerade den Ärmsten zu Gute kommen sollte.

https://www.deutschlandfunk.de/ruinen-armut-proteste-haiti-zehn-jahre-nach-dem-erdbeben.724.de.html?dram:article_id=467681 (Aufruf: 29.07.2021)

M7 Menschen in Flüchtlingslagern auf Haiti

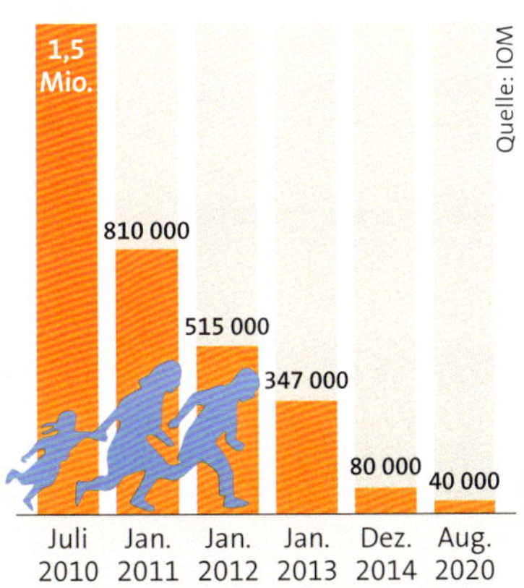

M8 Weltrisikoindex

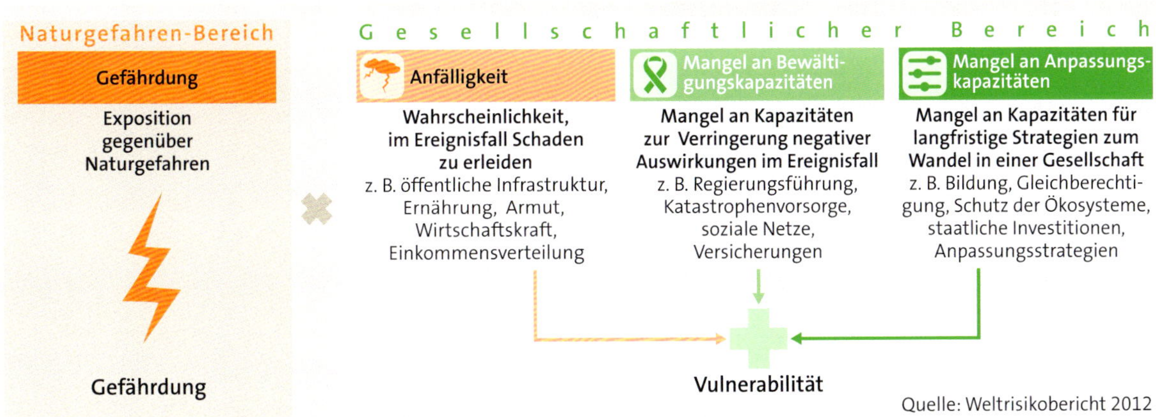

Quelle: Weltrisikobericht 2012

4

LEBEN MIT DEM RISIKO VON WASSERMANGEL UND WASSERÜBERSCHUSS

ERWEITERUNG DER GEOGRAPHISCHEN KOMPETENZEN

In diesem Kapitel lernen Sie die Ursachen und Konsequenzen von Naturereignissen kennen, die auf Wasserüberschuss und Wassermangel zurückzuführen sind. Diese reichen von kurzzeitigen Ereignissen wie Überschwemmungen oder Hitzeperioden bis hin zu langfristig wirksamen Ereignissen wie mehrjährigen Dürreperioden. Besonders deutlich werden dabei der Einfluss des Menschen auf den Kreislauf des Wassers, aber auch die begrenzten anthropogenen Möglichkeiten, diese Naturereignisse zu beeinflussen oder sich vor diesen zu schützen.

Inhalte

- Hydrologische Grundlagen
- Wasserstress als Folge von Wassermangel und -überschuss
- Die Elbe als Beispiel eines Flusssystems zwischen Hochwasser und Dürre
- Möglichkeiten des Hochwasserschutzes und Wassermanagements
- Landschaftswandel durch Wassermangel
- Wasserverbrauch durch „virtuelles" Wasser

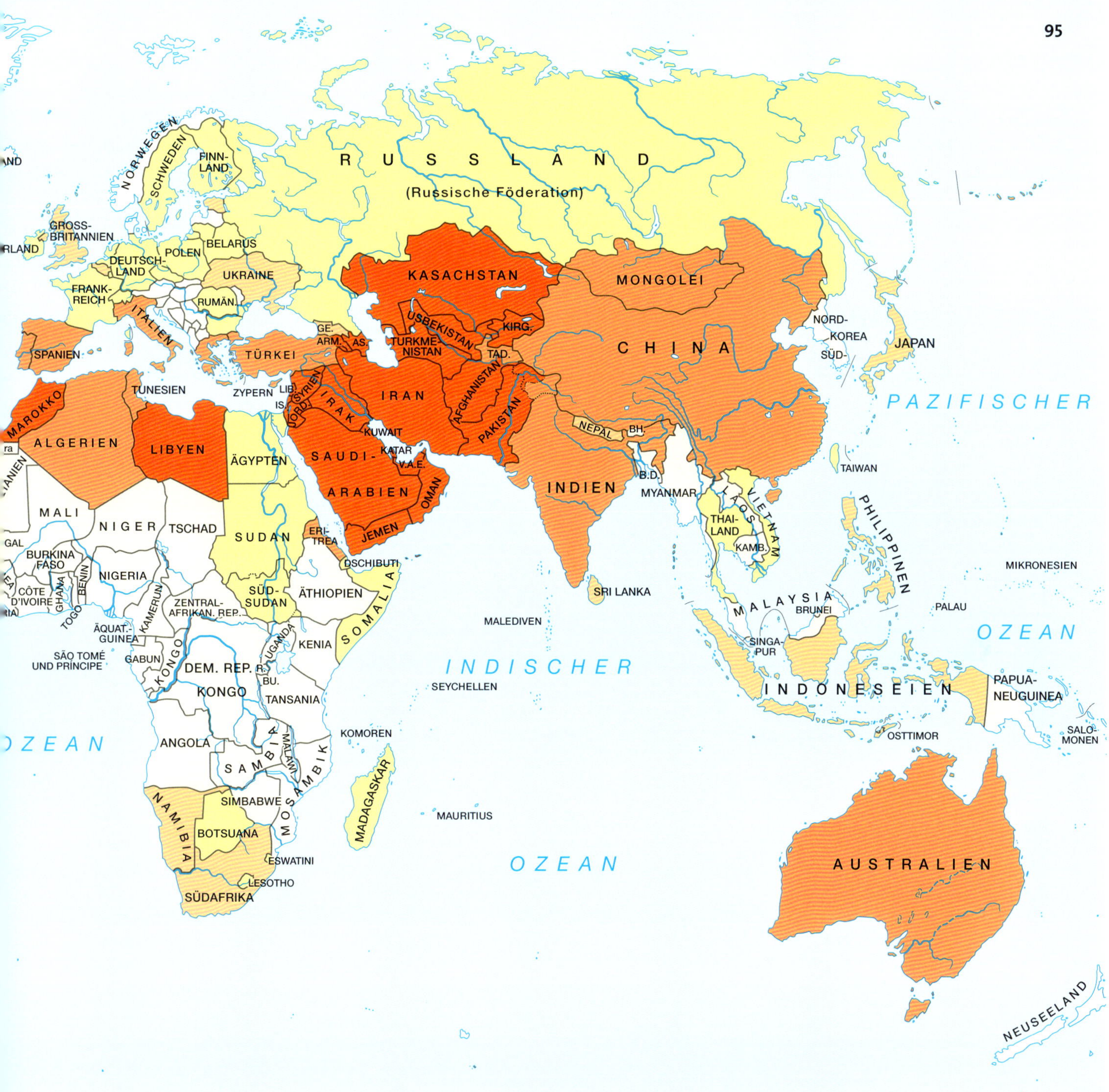

Aktualisierungen dieses Kapitels
www.cornelsen.de/codes/
Code: xagava

Die Erde im Wasserstress
Diese Karte zeigt den durchschnittlichen Gefährdungsgrad eines Landes gegenüber Wasserstress. Der Wasserstress ergibt sich aus dem Verhältnis der gesamten Wasserentnahmen zu verfügbaren und erneuerbaren Oberflächen- und Grundwasserressourcen. Wasserentnahmen umfassen den Verbrauch für Haushalte, Industrie, Bewässerung, Viehzucht und andere unbestimmte Zwecke. Ein höherer prozentualer Wert bedeutet einen größeren Wettbewerb zwischen den Benutzern um die verfügbaren Wasserressourcen.

Medien und Methoden
- Analyse von Bildern und Diagrammen
- Auswertung physischer und thematischer Karten
- Darstellung von Prozessen sowie deren Ursachen und Folgen mithilfe von Wirkungsgefügen

Bewertungen
- Gefahrenpotenzial hydrologischer Naturereignisse
- Anfälligkeit gegenüber Wasserstress
- Analyse und Beurteilung anthropogener Eingriffe auf den Wasserkreislauf
- Potenzial und Grenzen hydrologischer Regulierung und hydrologischen Schutzes

Aktionen und Handlungserwartungen
- Bewertung hydrologischer Bedingungen und von Maßnahmen durch den Menschen
- Reflexion des individuellen Alltags- und Konsumverhaltens

1 Beschreiben Sie die Verteilung der globalen Wasserressourcen sowie die Entwicklung des Wasserverbrauchs (**M1** bis **M3**).

2 Kennzeichnen Sie den Wasserstress in unterschiedlichen Regionen der Erde (S. 94/95).

3 Erläutern Sie den Wasserkreislauf unter besonderer Berücksichtigung anthropogener Einflüsse (**M4**).

4 Stellen Sie zentrale Merkmale eines Wasserkreislaufs in ariden Gebieten dar (**M4** bis **M6**).

5 „Die Landwirtschaft lässt uns verdursten!" Nehmen Sie Stellung zu dieser Aussage (**M2** bis **M6**).

Wasser – eine unendliche Ressource?

M1 Globale Wasserressourcen

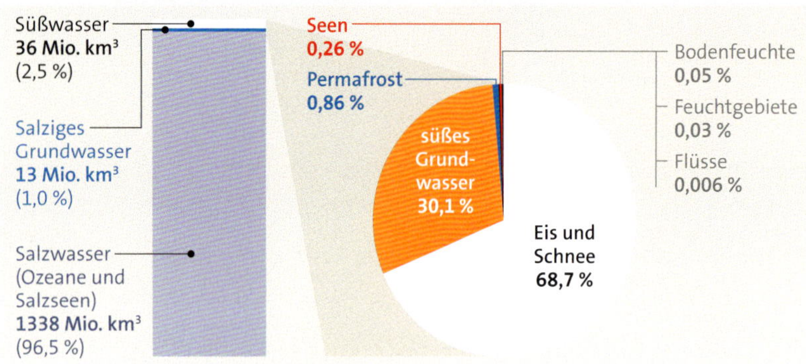

M2 Entwicklung des globalen Wasserverbrauchs seit 1960

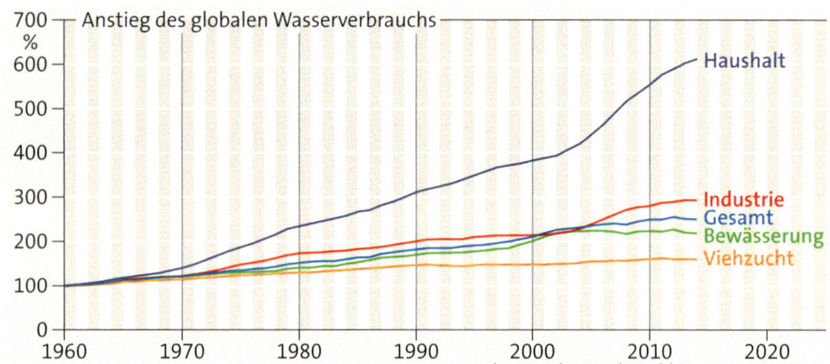

nach: Aqueduct und World Resources Institute

M3 Prozentuale Verteilung der Wasserentnahme 2016

Region	Haushalte	Industrie	Landwirtschaft
Welt (gesamt)	12	19	69
Afrika	15	4	81
Nordamerika	13	47	40
Südamerika	17	12	71
Asien	9	10	81
Europa (gesamt)	21	54	25
Nordeuropa	31	55	14
Westeuropa	21	74	5
Mitteleuropa	23	68	9
Südeuropa	18	25	57
Osteuropa	21	58	21
Ozeanien	20	15	65

Wasser ist überlebensnotwendig und scheinbar unbegrenzt auf der Erde vorhanden, da diese Ressourcen permanent durch den Wasserkreislauf erneuert werden. Doch die Ressourcen wären in absehbarer Zeit erschöpft, wenn sie nicht permanent durch den Wasserkreislauf der Erde erneuert würden.

Wasser – eine erneuerbare Ressource

Der **hydrologische** Kreislauf stellt ein riesiges Transportsystem dar, bei dem die Sonne als Antriebsmotor und die Atmosphäre wie eine Wärmekraftmaschine fungieren. Dieser Zyklus wird vor allem von natürlichen Einflussfaktoren wie Relief, Neigung, Temperatur, Niederschlag, Wind, Pflanzendichte, Bodenfeuchte oder Organismen, aber auch durch anthropogene Faktoren wie Staudämme, Industrie- oder Haushaltsabwässer beeinflusst.

Wasserentnahme und -verbrauch

Nicht in allen Regionen der Erde ist Wasser jederzeit in der erforderlichen Menge verfügbar. Hochwasser, Überflutungen und Dürren sind Kennzeichnen von Wasserüberschuss bzw. -mangel. Zudem steigt der globale Wasserverbrauch durch direkte Wasserentnahme, aber auch durch Wasser, das beispielsweise für die

FACHBEGRIFFE

Hydrologie: Wissenschaft, die sich mit den Eigenschaften und Erscheinungsformen von Wasser befasst

Wasserstress: Wasserstress liegt vor, wenn der Wasserbedarf die verfügbaren und erneuerbaren Wasserressourcen deutlich übersteigt und dadurch ein Risiko für ökologische und ökonomische Probleme besteht.

Evaporation: Verdunstung von Oberflächenwasser

Transpiration: Abgabe von Wasserdampf an die Atmosphäre durch Pflanzen

Episodische Flüsse: unregelmäßig (z. B. nach Regenfällen) wasserführende Flüsse in ariden Regionen

M4 Hydrologischer Kreislauf

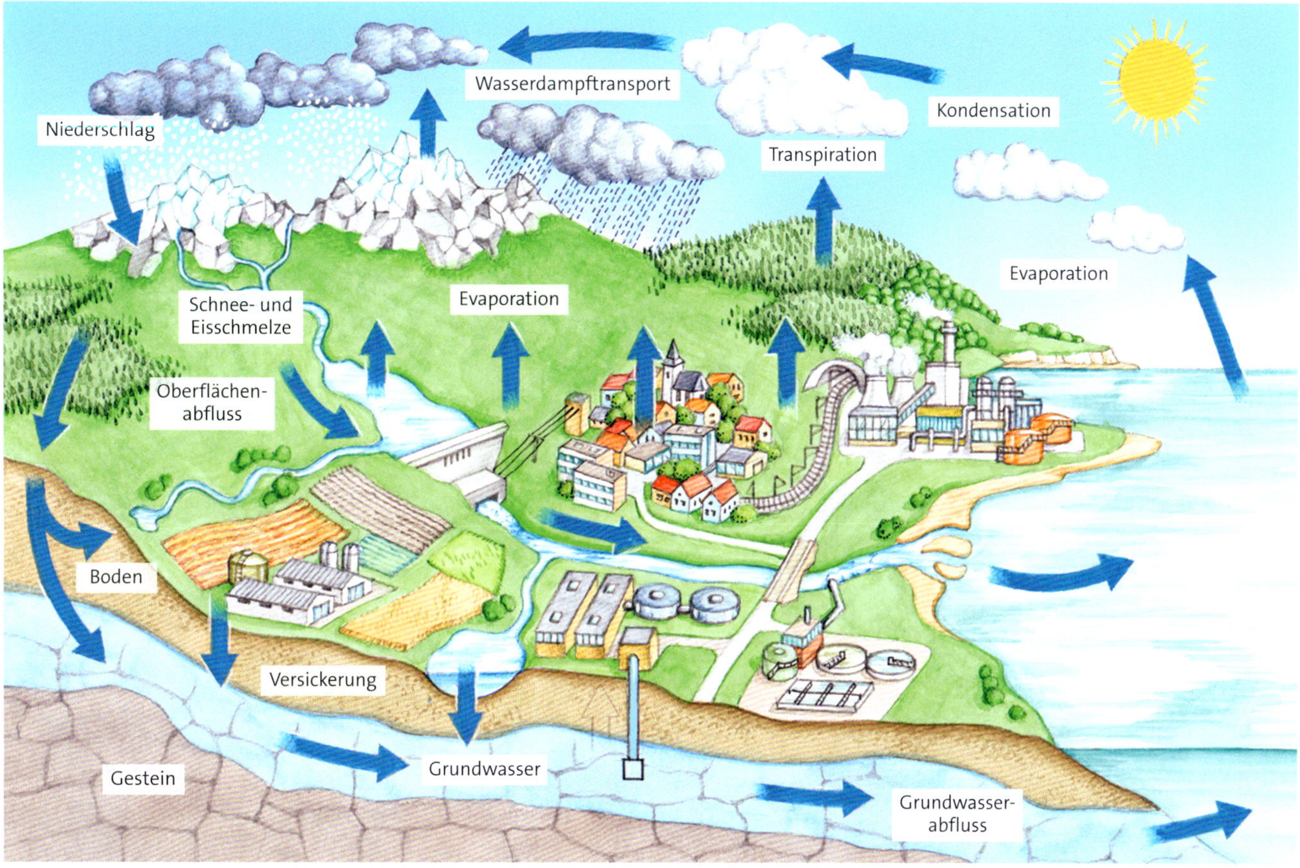

Produktion von Konsumgütern verbraucht wird, stetig an.
Bereits jetzt herrscht in einigen Regionen der Erde aufgrund der klimatischen Bedingungen, aber auch durch den Verbrauch der Wasserressourcen infolge von Übernutzung, Verschwendung, Verschmutzung und Vergiftung akuter **Wasserstress**. Bereits ein Drittel der Großstädte weltweit ist aktuell einem hohen oder extrem hohen Wasserstress ausgesetzt, denn hier konkurrieren viele Menschen um die lebensnotwendige Ressource Wasser.

Auswirkungen des Klimawandels
Klimawissenschaftler nehmen an, dass sich durch die globale Erwärmung der Kreislauf von Verdunstung und Niederschlag intensiviert und gleichzeitig beschleunigt, sodass sich die globale Wasserversorgung verändert. Trockene Regionen könnten noch arider werden und **episodische Flüsse** noch seltener Wasser führen. Wasserreiche Regionen könnten häufiger Starkregen und Überschwemmungen erleiden. Doch auch gegenläufige Entwicklungen sind möglich, z.B. dass Standorte mit viel Niederschlag trockener werden.

M6 Klimadiagramm Wadi Rum

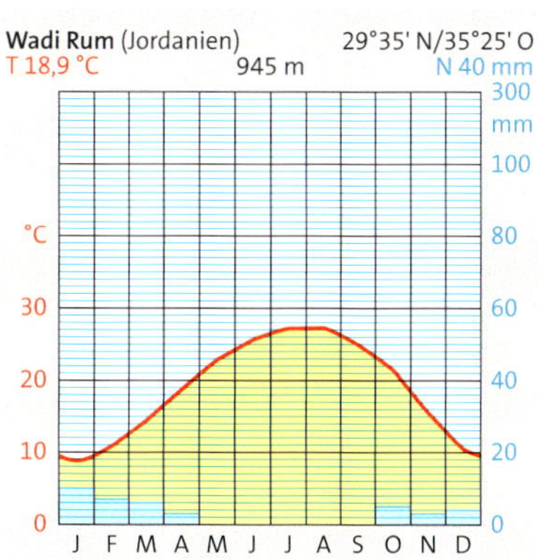

M5 Flusslauf eines episodischen Flusses (Wadi Rum/Jordanien)

1 Lokalisieren Sie die Elbe und kennzeichnen Sie das Einzugsgebiet des Flusses. Beachten Sie dabei die Unterteilung in Ober-, Mittel-, Unterlauf und Mündungsgebiet sowie Wasserführung und Niederschlagsverhältnisse (**M1**, **M2**, Atlas). Ergänzend können Sie dem Flusslauf mithilfe einer virtuellen Exkursion von der Quelle bis zur Mündung folgen (S. 199, MK virtuelle Globen).

2 Erläutern Sie den Verlauf des Pegelstandes der Elbe und stellen Sie einen Vergleich mit einem anderen Fluss in Deutschland an (**M4**).

3 Erläutern Sie die Ursachen für Hoch- und Niedrigwasser an der Elbe und ihre Auswirkungen auf das Flusssystem und den Wasserkreislauf (**M1**, **M3**, S. 100 **M3**).

Elbe – ein Flusssystem zwischen Hoch- und Niedrigwasser

Die Elbe ist nicht nur natürlicher Lebensraum für Tiere und Pflanzen, sondern wird durch die Menschen vielfältig genutzt, u. a. zur Erzeugung von Energie aus Wasserkraft und als Transportweg für die Schifffahrt. Außerdem ist sie als Lebensraum und Wohnstandort besonders attraktiv.

Das Leben am Fluss bedeutet aber, sich immer wieder den sich verändernden Bedingungen durch **Hoch-** und **Niedrigwasser** anzupassen. Durch die Kraft des Wasserabflusses wird in jedem Fluss ständig Material mitgeführt, um- oder abgelagert und es bilden sich Flusslandschaften mit Mäandern, also Kurven im Flusslauf, Tälern und Auen aus. Dieser Prozess ist abhängig vom Gefälle, dem der Flusslauf von der Quelle bis zur Mündung folgt, ferner dem Sediment und Gestein sowie der Fließgeschwindigkeit. Diese verändert sich im jahreszeitlichen Verlauf wegen Schwankungen in der Wasserführung, was sich auf das gesamte **Flusssystem** sowie das gesamte **Einzugsgebiet** auswirkt, da der natürliche Wasserkreislauf beeinflusst wird.

Bei Hochwasser steigt durch Schmelzwässer oder andauernde starke Niederschläge der **Pegel** im Flusssystem. Der Abfluss im Oberlauf wird erhöht und setzt sich bis zum Unterlauf fort. Ist der Boden der umliegenden Landoberfläche gesättigt, d.h. kann er kein Wasser mehr aufnehmen, fließt das Wasser oberirdisch ab und es kann zu Überschwemmungen kommen.

Umgekehrt werden bei fehlenden oder anhaltend geringen Niederschlägen die Wasserspeicher aus den oberen Bodenschichten und schließlich das Grundwasser „angezapft“, um den Fluss zu speisen.

Die Folge können sinkende Pegelstände und Niedrigwasser sowie ein fallender Grundwasserspiegel in den umliegenden Gebieten sein. Dadurch, dass die Elbe nicht im Hochgebirge entspringt, fehlt in niederschlagsarmen Zeiten außerdem der Wassernachschub vom Oberlauf durch Schmelzwasser der Gletscher.

M1 Hoch- und Niedrigwasser in Dresden

M2 Einzugsgebiet der Elbe und durchschnittliche Niederschläge

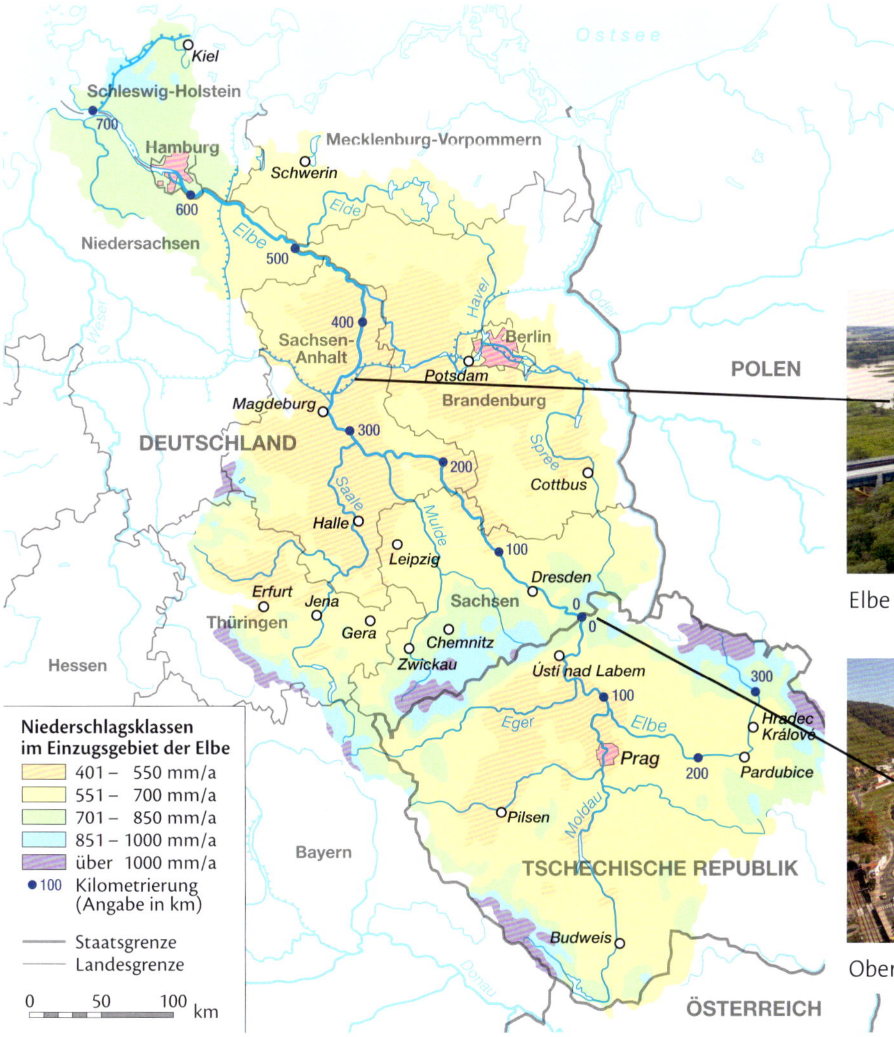

M4 Aktuelle Wasserstände der Binnen- und Küstenpegel

www.cornelsen.de/codes/
Code: dizobi

Elbe bei Magdeburg

Oberlauf der Elbe in Tschechien

M3 Daten zum Einzugsgebiet der Elbe

Einzugsgebiet: 148 268 km^2
Länge: 1091 km
Höhendifferenz Quelle bis Mündung: 1384 m
Flusslauf:
Oberelbe: von der Quelle bis Meißen/Riesa
Mittelelbe: von Riesa bis Geesthacht
Unterelbe: von Geesthacht bis Cuxhaven
Mittlerer Abfluss:
Dresden 327 m^3/s, Hitzacker 720 m^3/s, Cuxhaven ca. 870 m^3/s
größere Nebenflüsse:
Moldau 150 m^3/s, Havel 115 m^3/s, Saale 115 m^3/s, Mulde 73 m^3/s

Fließzeiten bei mittlerer Wasserführung

– Moldaumündung bis Grenze Tschechien/Deutschland	5 Tage
– Grenze bis Magdeburg	4 Tage
– Magdeburg bis Wehr Geesthacht	4 Tage
– Geesthacht bis Cuxhaven	26 Tage

Wasserstände am Pegel Dresden

Mittlerer Wasserstand (MW) 2006–2015:	184 cm
Höchster je gemessener Wasserstand (HHW) 17.08.2002:	940 cm
Niedrigster je gemessener Wasserstand (NNW) 12.08.1947:	21 cm
Mittlerer höchster Wasserstand (MHW) 2006–2015:	547 cm
Mittlerer niedrigster Wasserstand (MNW) 2006–2015:	75 cm

FACHBEGRIFFE

Flusssystem: die Gesamtheit aller Flüsse, die aus einem Hauptfluss und seinen direkten und indirekten Nebenflüssen besteht. Dabei sammelt sich das Wasser aus einer kaum überschaubaren Anzahl von Quellgerinnen, die sich zu immer größeren Fließgewässern vereinigen.
Einzugsgebiet: Gebiet, das durch einen Fluss und seine Nebenflüsse entwässert wird. Verschiedene Einzugsgebiete sind ober- oder unterirdisch durch Bergketten oder Gesteinsschichten voneinander getrennt.
Hochwasser: markiert einen hohen Wasserstand in Flüssen, der im Extremfall zu Überschwemmungen führt
Niedrigwasser: kennzeichnet den niedrigsten Wasserstand zwischen zwei Höchstständen der Wasserführung
Pegel(stand): Wasserstand eines Flusses, der an bestimmten Orten, den sog. Pegeln, mithilfe einer Messlatte oder Schwimmkörpern gemessen wird

1 Recherchieren Sie zum Ablauf des Hochwassers von 2013 und vergleichen Sie die Wasserstände mit anderen Hochwasserereignissen an der Elbe (**M1**, **M2**, **M8**, MK Internet).

Jahrhunderthochwasser an der Elbe – unbarmherzige Natur oder uneinsichtiger Mensch?

2 Erklären Sie in einem Ursache-Wirkungs-Diagramm, warum es 2013 nach 2002 erneut zu Hochwasser an der Elbe bei Dresden gekommen ist (**M3** bis **M5**). Beachten Sie dabei,
- wie der Mensch in den natürlichen Flusslauf der Elbe eingegriffen hat,
- welcher Zusammenhang zu jahreszeitlichen Wetterbedingungen besteht.

3 Erläutern Sie das Ausmaß und die Auswirkungen des Hochwassers von 2013 (**M6**, **M7**).

4 Stellen Sie mithilfe eines virtuellen Globus und Karten des Stadtportals Dresden das Ausmaß des Hochwassers von 2013 in einer Karte dar und diskutieren Sie mögliche Gegenmaßnahmen (**M2**, **M8**, MK).

5 Nehmen Sie Stellung zur Leitfrage des Kapitels.

Noch zu Beginn des 19. Jahrhunderts war die Elbe ein naturbelassener, unregulierter Strom, der im Stadtgebiet Dresdens etwa doppelt so breit war wie heute, aber dafür nur knietief. Das sich durch die natürlichen Schwankungen der Wasserführung ständig verändernde Flussbett behinderte die Schifffahrt. Das änderte sich mit den ersten Maßnahmen zum Ausbau der Uferbauwerke, der den planmäßigen Ausbau der Elbe zur Wasserstraße einleitete.

Mit dem Aufkommen der Dampfschifffahrt zur Zeit der Industrialisierung wurden die Niedrigwasserphasen der Elbe immer mehr zu einem Problem, da eine ganzjährige Schiffbarkeit nicht gewährleistet werden konnte.

Daher wurden weitere bauliche Veränderungen an der Elbe vorgenommen und der Flusslauf reguliert. Durch den Bau von Buhnen – quer zur Fließrichtung ausgerichtete, in den Strom hineinragende Dämme, die die Fließgeschwindigkeit erhöhen –, weitere Uferbefestigungen und das Abschneiden von Nebenarmen gelang es, den Fluss schiffbar zu machen.

Die Begradigung und Einengung des Flussbettes hatte eine Erhöhung der Fließgeschwindigkeit zur Folge. Infolgedessen wurde die natürliche Erosion beschleunigt, wodurch sich der Fluss quasi von selbst vertiefte. Schließlich wurde zu Beginn des 20. Jahrhunderts die Niedrigwasserregulierung beschlossen, die eine Mindestwassertiefe in einzelnen Flussabschnitten vorsieht, um Schiffsverkehr zu gewährleisten. Neben weiteren Buhnen wurden auch Staustufen geplant, die bei Niedrigwasser dem Fluss Wasser zuführen, bei Hochwasser aber das Wasser zurückhalten.

M1 Chronik der 10 größten Elbhochwasser am Pegel Dresden

Monat/Jahr	Wasserstand (cm)
August 2002	940
Juni 2013	878
März 1845	877
März 1784	857
September 1890	837
Februar 1862	824
Februar 1799	824
März 1830	796
März 1940	788
Februar 1876	776

M2 Hochwassermarkierung

M3 Ursachen für Hochwasser und mögliche Gegenmaßnahmen

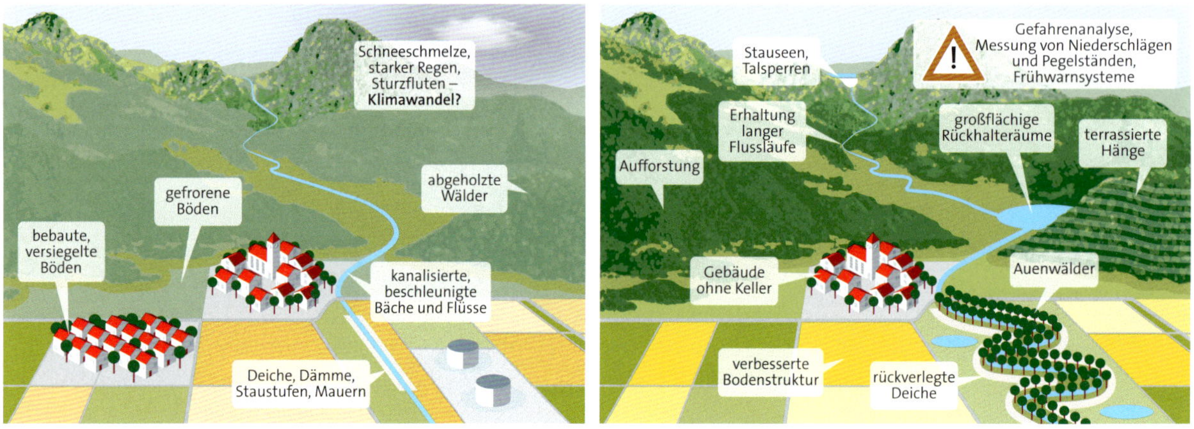

M4 Meteorologische Situation

Ab dem 31. Mai 2013 entwickelte sich in Mitteleuropa ein großräumiges Hochwasserereignis, von dem vor allem Deutschland, aber auch die Nachbarländer Tschechien, Österreich, Schweiz und Polen sowie die Slowakei, Ungarn, Kroatien und Serbien betroffen waren. Die meteorologische Ursache, die das Hochwasser letztlich auslöste, war eine stabile Großwetterlage über Mitteleuropa, bei der von den Subtropen einströmende feuchtwarme Luft andauernd starke Niederschläge verursachte.
Über den Zeitraum einer Woche gab es intensive Starkniederschläge, besonders in Staulagen der Alpen und Mittelgebirge. Der Ereignisschwerpunkt lag an Donau und Elbe und ihren großen Nebenflüssen.
Wie fast bei jedem Sommerhochwasser der Elbe waren auch diesmal ergiebige Niederschläge in Süd- und Westböhmen Auslöser der Katastrophe. In den Einzugsgebieten der Oberen Moldau, Berounka und Sazava kam es zu extremen Abflüssen.
Es handelte sich um eine ähnliche Situation wie im August 2002. Dabei trafen die sich ständig erneuernden Niederschläge auf bereits gesättigte Böden, was zu unerwartet schnellem Anstieg der Abflüsse führte.

Nach verschiedenen Quellen

M5 Junihochwasser 2013

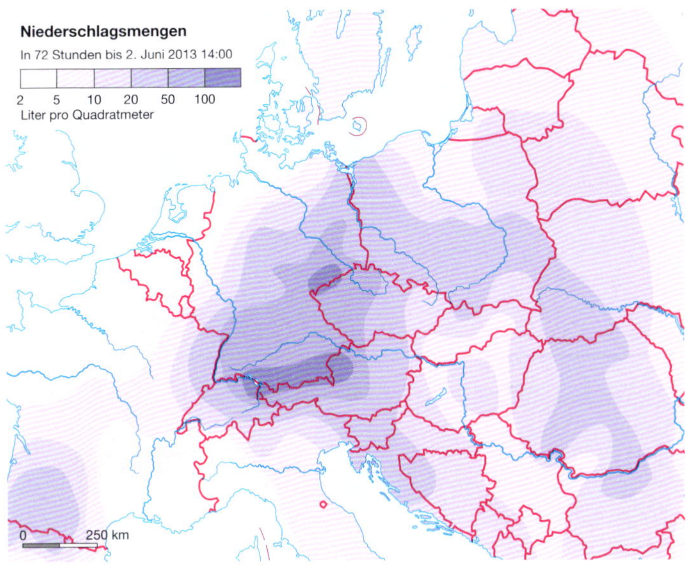

M6 Schäden an der öffentlichen Infrastruktur in Dresden

Bereich	Anzahl der Fälle/ Schadensfälle	Geschätzte Schadenshöhe [in Mio. EUR]
Schulen	12	9,31
Sportstätten	47	11,01
öffentliche Verkehrsflächen	108	34,71
Stadtgrün und Abfallwirtschaft	27	1,47
Gewässer	30	5,19
Dresdner Verkehrsbetriebe	15	17,36
Elektroversorgung	68	18,31
Abwassersystem	20	2,77

M7 Hochwasserbilanz 2013

Seit 500 Jahren waren die Pegel von der Donau bis zur Elbe nicht mehr so hoch wie bei der Flut 2013. Die Schäden sind immens. Auch weil Warnungen vor den Naturgewalten in den vergangenen Jahren immer wieder ignoriert wurden. Dabei gibt es längst Konzepte, die Schäden bei Hochwasser gering zu halten. Wie viel wird Deutschland die Flut insgesamt kosten? Noch sind die betroffenen Bundesländer dabei, ihre Schadensbilanzen aufzustellen. [...]
Die Ratingagentur Fitch hat allerdings bereits eine Schätzung vorgenommen. Demnach ist Deutschland durch das Hochwasser ein volkswirtschaftlicher Schaden von rund zwölf Milliarden Euro entstanden. Dazu kommen Versicherungsschäden von etwa drei Milliarden Euro. Kosten für die Wiederherstellung von Straßen, Schienen und anderer Infrastruktur seien noch nicht einmal mit eingerechnet, sagte ein Unternehmenssprecher. Die größten Kosten seien durch die Beschädigung von Gebäuden, Hausrat, Kraftfahrzeugen sowie durch Betriebsunterbrechungen entstanden.

Quelle: Wie schlimm war die Flut wirklich? In: Der Tagesspiegel vom 27.06.2013

FACHBEGRIFFE

Flussregulierung: Maßnahmen, mit denen der Mensch in den natürlichen Flusslauf eingreift
Großwetterlage: für mehrere Tage gleichbleibende Vorgänge des Wettergeschehens mit einer charakteristischen Verteilung von Hoch- und Tiefdruckgebieten

M8 Hochwasser Dresden 2013

www.cornelsen.de/codes/
Code: zidufa

1. Beschreiben Sie „harte“ und „weiche“ Maßnahmen zum Hochwasserschutz an der Elbe bei Dresden (**M1**).
2. Beurteilen Sie die Effektivität dieser Maßnahmen beim Hochwasser 2013 (**M1, M2**).
3. Erarbeiten Sie entsprechend der Methode *Planen und entscheiden* einen Plan für die Umsetzung weiterer Maßnahmen zum Hochwasserschutz im Dresdener Osten. Nehmen Sie dazu die Perspektive einer der unterschiedlichen Interessengruppen ein (Anwohner, Umweltschützer, Landwirte, Stadtverwaltung).
4. Erörtern Sie in einer Diskussion die Chancen und Grenzen von Maßnahmen des Hochwasserschutzes.

Dresden – Hochwasserschutz zwischen Natur, Technik und Machbarkeit

Nach dem Jahrhunderthochwasser 2002 wurde intensiv an Maßnahmen zum Hochwasserschutz gearbeitet. Die Realisierung dieser Maßnahmen muss den spezifischen räumlichen Gegebenheiten und der jeweiligen Gefährdungslage angepasst werden und die unterschiedlichen Interessen der Bürger, der Umwelt und der Landwirtschaft berücksichtigen. Für die Kommune selbst stehen auch finanzielle Aspekte im Fokus.

M1 Maßnahmen zum Hochwasserschutz im Zentrum von Dresden

Maßnahme	Beschreibung
Vorhersagesystem, Abwehr- und Evakuierungssystem	Berechnung des Pegelstandes und des Scheitelpunkts für die Innenstadt Dresdens beim Landeshochwasserzentrum Sachsen; daraus folgend Absprache mit Katastrophenschutz über Errichtung von Wällen aus Sandsäcken bzw. Evakuierung gefährdeter Bevölkerung
Rückhaltemaßnahmen: Retentionsflächen und Rückhaltebecken	Flächen, die im Falle eines Hochwasserabflusses als Überflutungsfläche genutzt werden können bzw. angelegte Becken, um kurzfristig hohe Niederschlagsmengen aufzunehmen und verlangsamt in den Hauptstrom abfließen zu lassen; nur in Gebieten möglich, in denen Flächen verfügbar sind
Staustufen/-becken an Oberlauf/Nebenflüssen	Verlangsamter Abfluss, z. B. an der Moldau, die die Hochwassergefahr am Hauptstrom maßgeblich beeinflusst; internationale Absprachen notwendig
Pumpwerk	Unterirdische Entwässerung, um Rückstau in Kanalisation und Überflutung von Kellern vorzubeugen und das überschüssige Wasser kontrolliert in die hochwasserführende Elbe zu leiten; sehr aufwändig und kostenintensiv
Bau von Deichen oder Schutzmauern	Bereich der Innenstadt: Ausbau/Erhöhung der Festungsmauern ergänzt durch mobile Elemente, die im Katastrophenfall anwendbar sind, und Installation von Hochwasserschutztoren; Deiche nur dort, wo genügend Fläche verfügbar; Veränderung der Landschaft und Einschränkung der Sicht
abflussverbessernde Maßnahmen	u. a. Rückbau oder Höherlegung von Brücken sowie Verlagerung von Kleingärten und Umwandlung von Ackerfläche in Dauergrünland

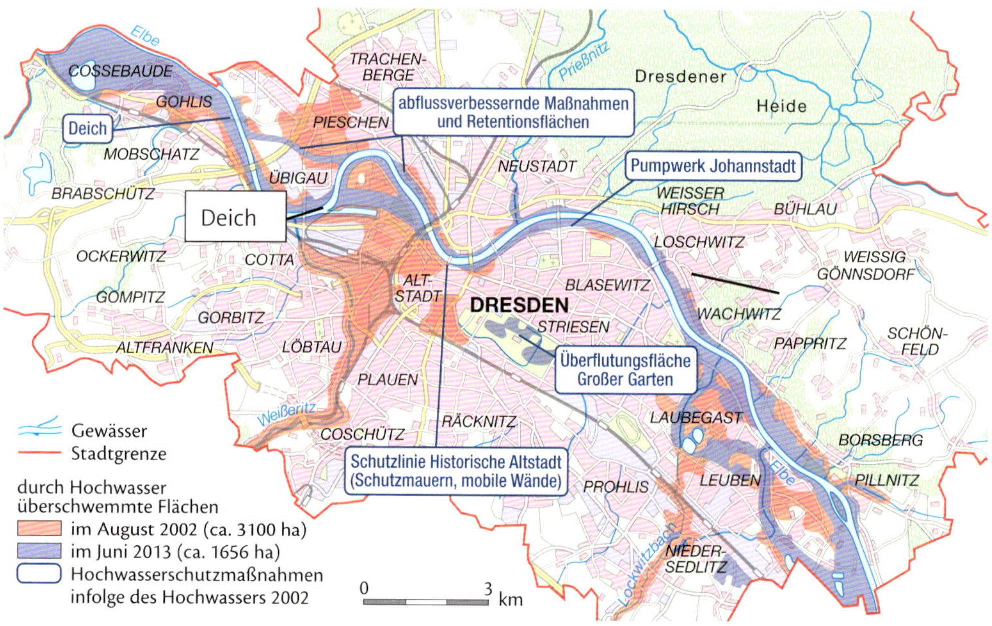

M2 Überschwemmungsflächen beim Hochwasser 2002 und 2013

Planen und entscheiden

Egal, ob bei der Wahl des Verkehrsmittels, des Urlaubsortes oder beim Kauf von Lebensmitteln, täglich treffen wir Entscheidungen, die auch Auswirkungen auf die Umwelt oder unsere Mitmenschen haben oder sogar Konflikte auslösen. Zu manchen Entscheidungen gelangen wir erst nach dem Abwägen der Vor- und Nachteile, Erwägen von Alternativen und genauer Prüfung des Sachverhalts. Häufig stellt die Lösung dann einen Kompromiss dar.
Um eine Planung und abschließende Entscheidungsfindung geht es auch bei dieser Arbeitsmethode. Unter Berücksichtigung der vorgegebenen Situation wird ein Raum möglichst genau untersucht, eine Planung zur Lösung der Situation erarbeitet und auf dieser Basis und unter Berücksichtigung aller Interessen und Rahmenbedingungen eine raumrelevante Entscheidung getroffen.

Die Planung bezieht sich auf den Flusslauf der Elbe im Dresdener Osten.

Arbeitsschritte:

1. Informieren Sie sich z. B. mithilfe von Hochwasserkarten von 2002 und 2013, einem virtuellen Globus sowie dem Geoportal Sachsenatlas über den Planungsraum und über die Überschwemmungsbereiche beim Hochwasser 2013.
2. Erarbeiten Sie, welche unterschiedlichen Kriterien die Interessengruppen für die Realisierung der Hochwasserschutzmaßnahmen anlegen (Interessensmatrix).
3. Untersuchen Sie die unterschiedlichen Maßnahmen zum Hochwasserschutz im Hinblick auf diesen Planungsraum und tragen Sie die Ergebnisse in die Entscheidungsmatrix sowie in die Planungskarte (Zusatzmaterial) ein.

Ihre Entscheidungsmatrix könnte so aussehen:

Maßnahmen zum Hochwasserschutz	Vorteile	Nachteile / begrenzende Faktoren	Lösung
Bau von Deichen			
...			

4. Fällen Sie unter Berücksichtigung der Rahmenbedingungen eine Entscheidung für die bestmögliche Maßnahme. Evtl. gibt es nicht nur eine Lösung, sondern Sie müssen unterschiedliche Maßnahmen für die verschiedenen hochwassergefährdeten Standorte ergreifen. Vervollständigen Sie die Planungskarte dementsprechend.
5. Legen Sie fest, welche Maßnahme aus Ihrer Perspektive Priorität hat.

   Ihre Lösung
   - sollte möglichst viele der genannten Kriterien/Rahmenbedingungen und die räumlichen Gegebenheiten berücksichtigen,
   - sollte argumentativ schlüssig und sachlogisch sein,
   - sollte die Grenzen der Umsetzbarkeit verdeutlichen.

6. Präsentieren Sie Ihre Ergebnisse im Plenum und stellen Sie diese aus verschiedenen Perspektiven dar. Diskutieren Sie anschließend gemeinsam.
7. Verlassen Sie anschließend Ihre Rollen und diskutieren Sie, welche Planung den vorgegebenen Kriterien am meisten entspricht und die Rahmenbedingungen berücksichtigt.

Zusatzmaterial

www.cornelsen.de/codes/
Code: dequzu

1. Lokalisieren Sie die Niederlande und stellen Sie die naturbedingte und anthropogen bedingte Gefährdung des Landes gegenüber Hochwasserereignissen dar (**M1** bis **M3**, Atlas, S. 199 Google Earth).
2. Erläutern Sie die Bedeutung und Entwicklung „harter" Küstenschutzmaßnahmen in der niederländischen Provinz Zeeland (**M1** bis **M4**).
3. Vergleichen Sie „harte" und „weiche" Küstenschutzmaßnahmen (**M2, M4, M5**).
4. Diskutieren Sie die in der Überschrift gestellte Leitfrage. Berücksichtigen Sie dabei insbesondere die Zukunftsfähigkeit der Küstenschutzmaßnahmen (**M3** bis **M5**).

Mit aller Macht gegen die Natur!? – Küstenschutz in den Niederlanden

M1 Deltaplan - „harter" Küstenschutzes in den Niederlanden

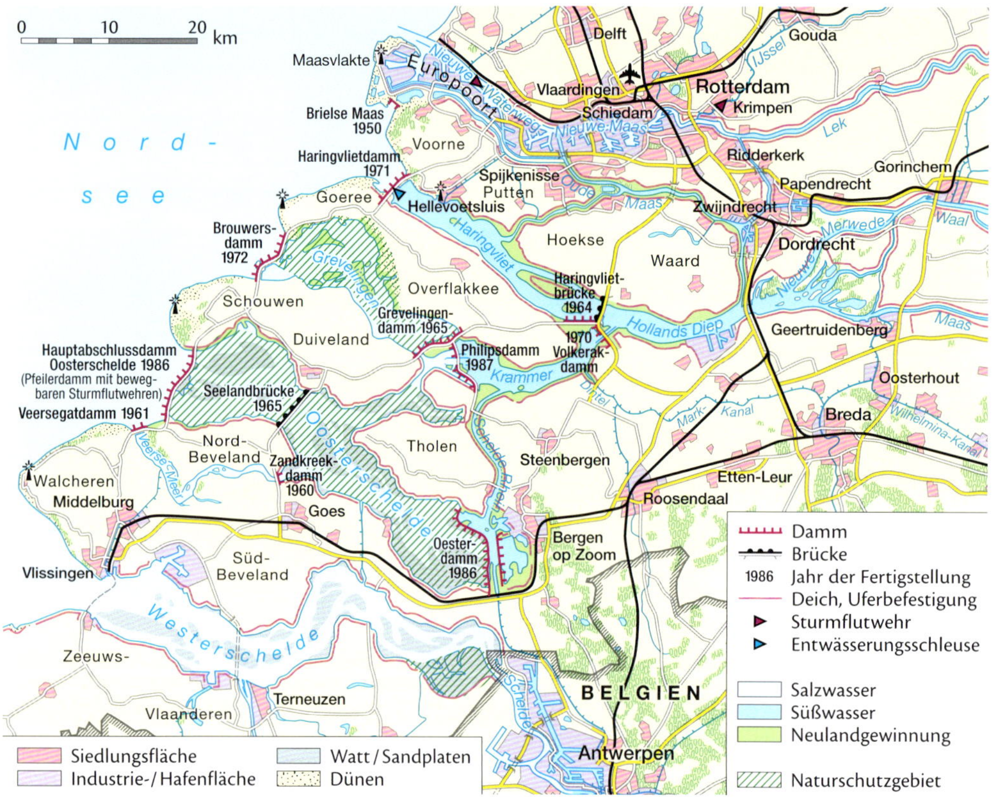

Durch das Zusammenspiel von Natur und Mensch kommt es zu Naturkatastrophen wie Hochwasser und seinen Folgen. Die letzte große Hochwasserkatastrophe erlebten die Niederlande im Jahr 1953. Damals starben 1835 Menschen und 200 000 Tiere. Infrastruktur wurde zerstört, Siedlungs- und Ackerflächen überflutet und durch Salzwasser unfruchtbar gemacht.
Da der Regierung gezeigt wurde, dass die existierenden Schutzmaßnahmen nicht ausreichten, wurde unmittelbar nach der Sturmflut die Delta-Kommission zur Verbesserung des Küstenschutzes gegründet. 1958 wurde der **Deltaplan** verabschiedet, der darauf abzielte, in der Metropolregion zwischen Rotterdam und Amsterdam, der sogenannten **Randstad**, Dämme zu errichten sowie Meeresarme und Flussmündungen zu verschließen, um so die Küstenlinie zu verkürzen. Trotz der Notwendigkeit der Küstenschutzmaßnahmen kam es zu Interessenskonflikten unterschiedlicher Vertreter. Bis heute sind die Küstenschutzmaßnahmen nicht abgeschlossen und es wurde noch nicht die Lösung für einen nachhaltigen Küstenschutz gefunden, was nicht zuletzt auch am Klimawandel liegt.
Dieser birgt für die Niederlande eine doppelte Gefahr. Einerseits wird befürchtet, dass Deiche und Schutzbauwerke bei steigendem Meeresspiegel und entsprechend höheren Sturmfluten überspült oder beschädigt werden. Andererseits werden für Westeuropa künftig höhere Niederschläge erwartet, sodass Flüsse im Binnenland häufiger über die Ufer treten könnten. Wenn beides zusammenkommt – hohe Wasserstände vor der Küste und starke Regenfälle im Binnenland –, kann das Flusswasser nicht ins Meer ablaufen, sodass es sich im Binnenland staut.

FACHBEGRIFFE

Polder: Gebiet, oft mit fruchtbaren Böden, das dem Meer durch Deichbau zur Landgewinnung abgerungen wurde und ständig unter dem Meeresspiegel liegt. Zur dauerhaften Entwässerung sind Pumpwerke im Dauerbetrieb. Im Kontext des Küstenschutzes handelt es sich um Flächen, die bei Hochwasser gezielt überflutet werden, um die Spitze einer Flutwelle zu verringern.

M2 Die Entwicklung der „harten“ Küstenschutzmaßnahmen in der Provinz Zeeland

Der Bau geschlossener Dämme hatte das einzigartige Ökosystem verändert. Die Gezeitenwirkung nahm um ein Viertel ab oder verschwand gänzlich. Wo das Meereswasser früher ungehindert hin- und herströmen konnte, kam das Wasser nun hinter den Dämmen zum Stillstand. Salzwasser wurde zu Süßwasser, Überschwemmungsgebiete verlandeten, Trockengebiete standen nun die ganze Zeit unter Wasser. Rinnen und Priele füllten sich mit Schlamm und Sandbänke vermehrten sich. Salzwasserfische starben und Vögel zogen weg. Andere Arten nahmen dafür deren Platz ein.
Nach Protesten von Austern-Fischern entschloss man sich trotz des höheren Aufwandes bei einem der letzten Projekte, dem Oosterschelde-Sturmflutwehr, zum Bau eines halboffenen Damms. 62 Öffnungen von jeweils 40 Metern Breite wurden eingebaut, dessen Schleusen nur bei extremen Wasserständen schließen. So bietet das Sperrwerk ein Höchstmaß an Sicherheit und verhindert nicht die Gezeiten, wodurch die Fisch- und Muschelwelt und die Heimat zahlreicher Vogelarten im Salzwasser erhalten blieben.
Im Mündungsbereich der Oosterschelde und der Maas hatte die Erreichbarkeit des Rotterdamer Hafens mit seiner internationalen Bedeutung oberste Priorität. Durch den Bau eines halboffenen Wehres entlang der neuen Straßen- und Wasserwege zwischen Rotterdam und Antwerpen hat die Wirtschaft und Industrie wichtige Wachstumsimpulse bekommen; Ähnliches gilt im Süden für die Gebiete an der Westerschelde.
Während die Inlandbereiche ihre Agrarfunktionen beibehalten haben, hat sich das Deltagebiet mit seinen Dünen und neuen Binnenseen zu einem wichtigen Erholungsgebiet für die Bewohner der städtischen Verdichtungsräume entwickelt, mit großflächigen Ferienparks und zahllosen Campingplätze; viele alte Fischerhäfen wurden zu modernen Yachthäfen.
Um die Hochwasserschutzsysteme für den Meeresspiegelanstieg aufzurüsten, rechnet man in den Niederlanden bis zum Jahr 2050 mit Ausgaben von bis zu 1,6 Milliarden Euro jährlich. Bei einem Versagen der Systeme und einer Überflutung könnten die Schäden eine Höhe von bis zu 3700 Milliarden Euro erreichen.

M3 Im Jahr 2030 vom Meeresspiegelanstieg potenziell gefährdete Bevölkerung ausgewählter Länder

Land	Von den Folgen des Meeresspiegelanstiegs potenziell betroffenen Bevölkerung (in Mio.)	Von den Folgen des Meeresspiegelanstiegs voraussichtlich betroffene Bevölkerung (in %)
Niederlande	12,28	70,94
Deutschland	4,65	5,85
Malediven	0,41	100,00
Bangladesch	85,12	43,99

Anmerkung: Abhängig vom Klimaszenario und vom Land wird der Meeresspiegel bis zum Jahr 2030 um 0,3 bis 0,4 m gestiegen sein. Bei einer Begrenzung der Erderwärmung auf deutlich unter zwei Grad Celsius wird der Meeresspiegel bis 2100 um maximal 0,6 m ansteigen. Wenn die Emissionen jedoch weiter wie bisher zunehmen, muss mit einem Anstieg bis 1,1 Metern gerechnet werden. Ein Anstieg des Meeresspiegels um 1 Meter würde für die Niederlande bedeuten, dass 20 277 km², also 48,4 % der Staatsfläche, überflutet und ca. 5,1 Mio. Einwohner gefährdet werden.

M4 „Harter“ und „weicher“ Küstenschutz im Vergleich

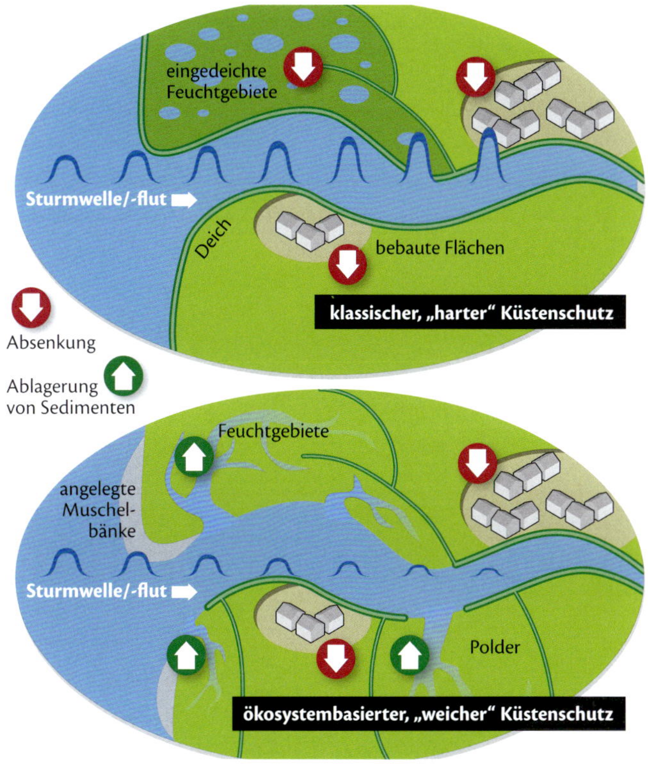

M5 Beispiele für „weiche“ Küstenschutzmaßnahmen in den Niederlanden

Großprojekt Scheldemündung
- Bau mehrerer Polder entlang der Scheldemündung
- Abtragung der alten Deichlinie, Verlegung des neuen, flacheren Überflutungsdeichs ins Landesinnere
- Rückhaltung von Wasser im Polder zur Bildung von Feuchtgebieten, u. a. als Brutgebiete für Vögel
- Gesamtgröße der Polder: 40 Quadratkilometer
- 2006: Bau des ersten Polders, 2030: Projektabschluss
- Gesamtkosten: 600 Millionen Euro

Schaffung von Austernbänken vor der Küste
- Drahtkörbe mit leeren Muschelschalen werden auf den Meeresboden gesetzt, damit sich dort freischwimmende Muschellarven von selbst ansiedeln und zu ausgewachsenen Muscheln entwickeln
- Entstehung eines Riffes nach einigen Jahren, das als natürlicher Wellenbrecher dient, indem es der Brandung bei Sturmfluten einen großen Teil der Energie nimmt.

1. Lokalisieren Sie den Aralsee und erarbeiten Sie die klimatischen Bedingungen in dieser Region (**M1** bis **M5**, Atlas).
2. Erläutern Sie die Ursachen für den Landschaftswandel am Aralsee seit 1960 (**M1** bis **M6**).
3. Erstellen Sie ein Wirkungsgefüge zu den Ursachen und Folgen des Landschaftswandels am Aralsee (**M2** bis **M7**).
4. Nehmen Sie Stellung zu der Frage, ob der Landschaftswandel unumkehrbar ist (**M1** bis **M7**).
5. Recherchieren Sie zur aktuellen Situation am Kokaral-Staudamm (MK Internet).

Landschaftswandel am Aralsee – ein See wird zur Wüste!

Im Jahr 1960 war der Aralsee mit 68 000 km² Seefläche der viertgrößte See der Erde. Die Menschen, die in Orten wie Muinak und Aralsk lebten, profitierten vom großen Arbeitsplatzangebot in der Fischverarbeitung und bei den Schiffswerften. Die von der zentralen Führung der Sowjetunion in Moskau vorgegebenen Planmengen für den Fischfang wurden in den 1960er-Jahren deutlich übertroffen, jährlich wurden 25 000 t Fisch gefangen. Die Einwohner von Aralsk und Muinak blickten mit Zuversicht in die Zukunft, die Bevölkerung in den Städten nahm zu.

Verlandung des Aralsees

Mit der Umleitung der Zuflüsse Amu-Darja und Syr-Darja zur Nutzung des Wassers für die Landwirtschaft begann der Prozess einer langsamen Verlandung, sodass aus dem Aralsee ein südlicher Großer Aralsee und ein nördlicher Kleiner Aralsee wurde. Das hatte Auswirkungen auf das Ökosystem mit gravierenden Folgen für die Menschen, die am Aralsee leben. Die Stadt Aralsk (kasachisch), bis 1993 offiziell russisch Aralsk, verlor ihren Zugang zum Aralsee. Bis zum Jahr 2005 hatte sich der See um ca. 100 km von Aral zurückgezogen.

Die Menschen, die in Aral leben, haben mit dem Bedeutungsverlust ihrer Stadt nicht nur ihre Arbeitsplätze verloren, vor allem junge Menschen haben die Stadt verlassen, wodurch sich die Einwohnerzahl bis heute auf unter 28 000 fast halbiert hat. Daneben klagen viele der heutigen Einwohner von Aral auch über gesundheitliche Folgen durch die Salzverwehungen vom ausgetrockneten Seeboden und Pestizide, die durch starke Winde in die Region getragen und über die Atemwege von den Menschen aufgenommen werden.

M1 Aralsee 1960 und 2016

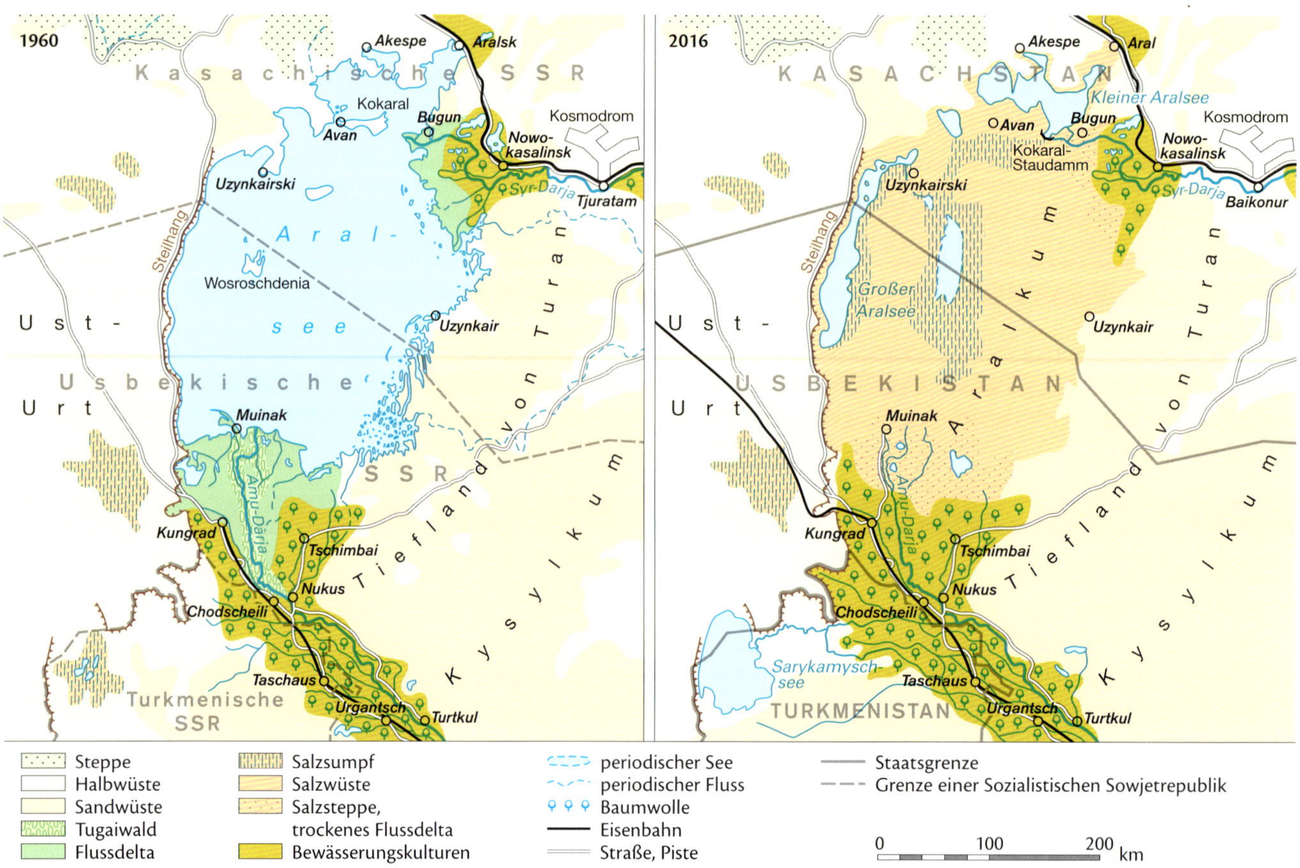

M2 Ehemaliger Aralsee: Ein Schiff auf dem Trockenen

M3 Baumwollernte in Usbekistan

M4 Gibt es eine Rettung für den Aralsee?

Konkrete Hoffnung gibt es für die Menschen in Aral erst wieder seit dem Jahr 2005 mit der Fertigstellung des Kokaral-Dammes, durch den der nördliche kleine Aralsee aufgestaut werden konnte und die Entfernung von Aral zum See bis heute auf unter 12 km reduziert wurde. Allerdings gehört die Region um den Aralsee weiterhin zu den Regionen mit der höchsten Arbeitslosigkeit in Kasachstan, und ohne direkte Anbindung an den Aralsee wird sich das auch nicht ändern.

Aktuelle Situation

Umweltforscher weisen darauf hin, dass der Bau des Kokaral-Damms alleine nicht ausreicht; weitere Maßnahmen wie eine Kontrolle der Nutzung der Wasserressourcen, vor allem der Verdunstung sowie der illegalen Entnahme aus den Flüssen, eine Renaturierung der ehemaligen Seefläche, eine Verringerung des Düngemittel- und Pestizideinsatzes sowie Abtragung kontaminierter Bodenflächen seien dringend erforderlich. Doch die unterschiedlichen Interessen der Nachbarländer Kasachstan, Usbekistan, Kirgisistan und Tadschikistan verhindern eine langfristige Lösung der Wasserproblematik.

Nach verschiedenen Quellen

M5 Klimadiagramm Aral

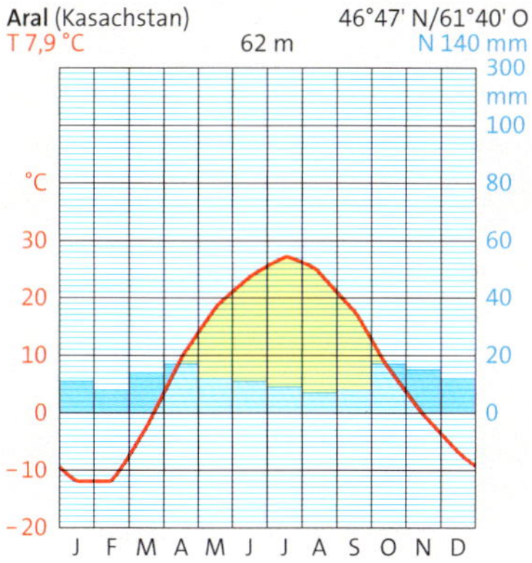

Video zum Aralsee

www.cornelsen.de/codes/
Code: boroti

M6 Baumwollanbau in ausgewählten zentralasiatischen Staaten 1997 und 2017

	Anbaufläche 1997 (in Tausend ha)	**Anbaufläche 2017 (in Tausend ha)**	**Baumwollertrag (in kg/ha)**	**Wasserverlust durch Missmanagement* (in %)**
Usbekistan	1080,3	1290,0	695	9,3
Kasachstan	66,8	140,0	536	0,7
Turkmenistan	457,3	684,2	676	6,1

* Schätzung

Eigene Zusammenstellung nach folgenden Quellen: https://www.laender-analysen.de/zentralasien/pdf/ZentralasienAnalysen86.pdf, https://www.laender-analysen.de/zentralasien/pdf/ZentralasienAnalysen06.pdf, https://www.die-gdi.de/uploads/media/Studies_2.pdf, https://www.novastan.org/de/usbekistan/baumwolle-in-usbekistan-vom-sezessionskrieg-bis-heute/

M7 Standortansprüche Baumwolle

- Temperaturen: über 15 °C
- optimale Anbaubedingungen: 24–28 °C
- Wachstumszeit: 6 Monate
- hoher Wasserbedarf während des Wachstums (25 000 l pro kg Baumwolle)
- absolute Trockenheit während der Reife
- hohe Bodenfruchtbarkeit
- Pestizideinsatz bei Monokulturen notwendig

FACHBEGRIFFE

Bodenerosion: Bodenzerstörung, Abtragung von Boden meist durch fehlerhafte Bewirtschaftung

sensibles Ökosystem: durch anthropogene Eingriffe gefährdeter Lebensraum

Sowjetunion: ein 1991 aufgelöster, zentralistisch regierter, föderativer Einparteienstaat, dessen Territorium sich über Osteuropa, den Kaukasus bis nach Zentral- und über das gesamte Nordasien erstreckte

1 Beschreiben Sie die Verteilung und die Veränderung des Anteils der Bevölkerung mit Zugang zu Trinkwasser 2000 und 2017 (**M2**).

2 Informieren Sie sich über die Wasserqualität in Ihrer Region (MK, z. B. Internetseite der Stadtwerke).

3 Interpretieren Sie die Karikatur **M4** vor dem Hintergrund der Trinkwasserentnahme durch Großkonzerne (**M4** bis **M6**).

4 Nehmen Sie Stellung zur Aussage von Peter Brabeck: „Wasser braucht einen Preis." (**M7**).

5 Erörtern Sie die Aussage: „Wer Leitungswasser trinkt, spart, lebt gesünder und tut etwas für die Umwelt." (**M1** bis **M7**).

Trinkwasser – Ware oder Menschenrecht?

M1 Trinkwasserspender

Während in Deutschland nahezu 100 % der Haushalte an die öffentliche Wasserversorgung angeschlossen sind und unser **Trinkwasser** laut Umweltbundesamt nahezu alle Qualitätsanforderungen erfüllt, haben Millionen Menschen auf der Welt keinen Zugang zu sauberem oder durchgängig verfügbarem Trinkwasser. Besonders betroffen sind dabei laut dem Weltwasserbericht der UNESCO ohnehin schon diskriminierte Gruppen (z. B. aufgrund ihres sozioökonomischen Status). Dabei lassen sich nicht zur zwischen, sondern auch innerhalb von Ländern große Unterschiede feststellen – etwa zwischen Arm und Reich und zwischen Stadt und Land. So bezahlen Slum-Bewohner oft das bis zu Zwanzigfache für Wasser wie Bewohner in wohlhabenderen Vierteln und erhalten dennoch Wasser von oft schlechter Qualität.

Gründe für die Wasserknappheit gibt es viele: Übernutzung der Wasserressourcen, Bevölkerungswachstum, die zunehmende globale Erwärmung oder Wasserverschmutzung. Ein weiterer Grund ist, dass internationale Großkonzerne wie Coca-Cola, Nestlé oder Danone etwa 90 Millionen Liter Wasser jährlich in Flaschen abfüllen. Neben dem hohen Plastikverbrauch wird das Wasser oft in Ländern abgepumpt, in denen ohnehin schon Wasserknappheit herrscht. Zudem ist das Flaschenwasser bis zu 600 Mal teurer als Leitungswasser, was sich viele Menschen nicht leisten können.

M2 Anteil der Bevölkerung mit Zugang zu Trinkwasser (verbesserte Wasserquelle im Umkreis von 30 Minuten Fußweg)

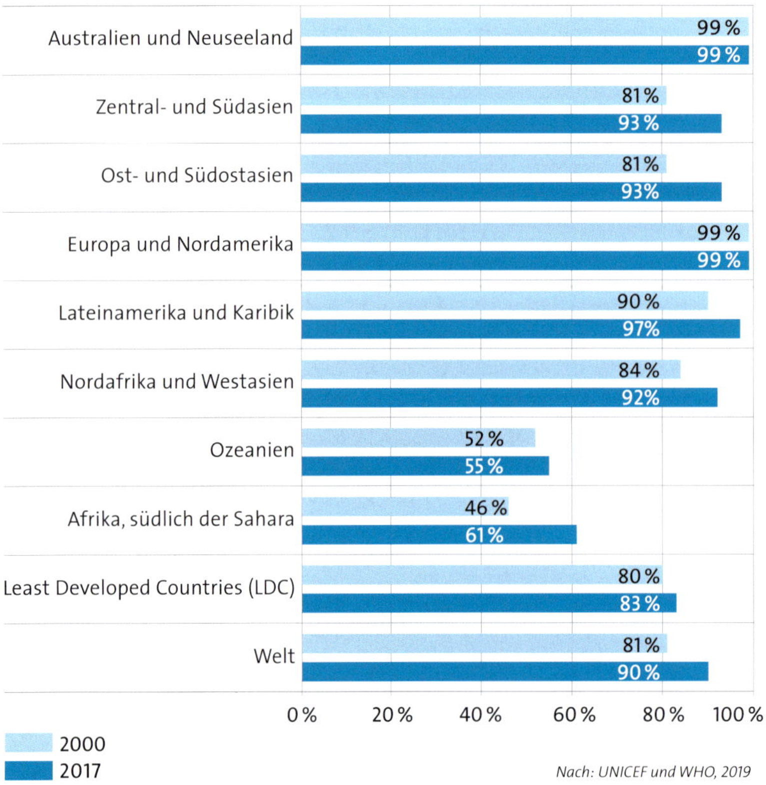

Nach: UNICEF und WHO, 2019

M3 Recht auf sauberes Wasser

Am 28. Juli 2010 hat die Generalversammlung der Vereinten Nationen mit der Resolution 64/292 das Recht auf Wasser als Menschenrecht anerkannt. Die Resolution ist mit 122 Mitgliederstimmen angenommen worden. 41 Staaten haben sich ihrer Stimme enthalten.

Quelle: https://www.menschenrechtsabkommen.de/recht-auf-sauberes-wasser-1122/

FACHBEGRIFF

Trinkwasser: Süßwasser mit einer hohen Reinheit, damit es für Menschen als Trinkwasser nutzbar ist. Es muss frei von krankheitsverursachenden Mikroorganismen sein und sollte eine Mindestmenge an Mineralstoffe enthalten. Trinkwasser muss einen pH-Wert zwischen 6,5 und 9,5 haben.

M4 Karikatur

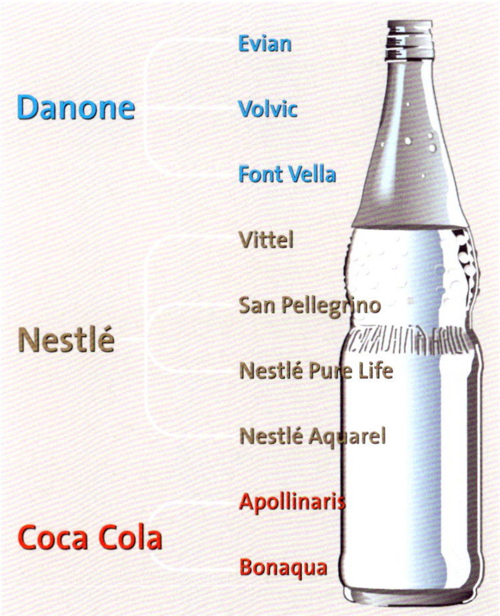

M5 Ausgewählte Trinkwassermarken internationaler Großkonzerne

M6 Trinkbares Wasser – ein Milliardengeschäft

Nestlé hat das Geschäft mit dem Wasser perfektioniert – weltweit sichert sich der Konzern Wasserrechte, pumpt das Nass aus dem Boden und verkauft es teuer in Flaschen. Der Konzern gilt als Vorreiter der Wasser-Privatisierung. [...]
Die [...] „New York Times" hat sich in Michigian umgesehen, dort pumpt Nestlé das flüssige Gold aus dem Boden. 500 000 Tonnen Wasser entnimmt der Wasser-Multi und zahlt dafür eine Gebühr von 200 Dollar – die Wasserflaschen erlösen am Ende über 100 Millionen Dollar. [...]
Das Wasser-Geschäft boomt. Erstmals hat mit Kohlensäure versetztes Wasser die Softdrinks im US-Verkauf hinter sich gelassen. Einfach gesagt: Flaschenwasser bewegt weit mehr Geld, als Coca-Cola und Pepsi zusammen umsetzen. Also will Nestlé mehr und mehr Wasser abpumpen. Doch Wasser ist ein kompliziertes Wirtschaftsgut. In vielen europäischen Ländern gehört es dem Staat, die Anwohner haben lediglich Entnahmerechte. Das Wasser gehört [in den USA] den Bewohnern, sprich den Eigentümern des Grundes. Sie können in der Regel so viel entnehmen, wie sie brauchen. [...] „Unser Spring Water ist etwas ganz Besonders, das ist eine Kostbarkeit", schwärmt Nelson Switze, bei Nestlé USA verantwortlich für nachhaltiges Wirtschaften. „Wir bringen das zu den Leuten. Sie können es genießen, wenn sie es brauchen. Das ist eine einzigartige Erfahrung."

Quelle: Kramper, Gernot. In: www.stern.de vom 02.06.2017, 17:25 Uhr

M7 Statements zu Nestlés Firmenpolitik

Peter Brabeck, CEO* von Nestlé 1997–2008, Präsident des Verwaltungsrates 2005–2017
„Je mehr ich nachgedacht habe, was ist eigentlich der einzige, wichtigste Faktor, dass unsere Firma noch einmal hundertvierzig Jahre bestehen kann, bin ich ganz klar aufs Wasser gekommen."

„Ohne Wasser gibt es keine Nachhaltigkeit für unser Unternehmen und unsere Aktionäre. Wasser muss unsere höchste Priorität sein. Die fortwährende Verfügbarkeit von Wasser ist der Schlüssel für unser anhaltendes Wachstum und für unsere Fähigkeit, Konsumentenbedürfnisse weltweit zu befriedigen."

„Wasser braucht einen Preis".

Quelle: zusammengestellt aus dem Dokumentarfilm „Bottled Life"

*Chief Executive Officer: US-amerikanische Bezeichnung für den Geschäftsführer eines Unternehmens

Maude Barlow, Kanadische Aktivistin und Mitbegründerin der Umweltschutzbewegung Blue Planet Project, UN-Beraterin für Wasserfragen 2008/2009
„Nestlé ist ein Wasserjäger, ein Raubtier auf der Suche nach dem letzten sauberen Wasser dieser Erde."

„Mehr Kinder sterben jeden Tag an verschmutztem Wasser als an HIV, Aids, Krieg, Verkehrsunfällen und Malaria-Erkrankungen zusammen. Wasser ist Todesursache Nummer 1. Wenn da ein Unternehmen wie Nestlé kommt und sagt, wir haben die Antwort, Pure Life* ist die Antwort, wir verkaufen euch Wasser, das wir aus euren eigenen Grundwasservorkommen nehmen, während aus den Leitungen nichts rauskommt oder nur eine ungenießbare Brühe, dann muss ich einfach sagen, das ist mehr als unverantwortlich, das ist schon fast ein krimineller Akt."

Quelle: zusammengestellt aus dem Dokumentarfilm „Bottled Life"

*Wassermarke von Nestlé

1 Beschreiben Sie die Zusammensetzung des direkten Wasserverbrauchs im Haushalt in Deutschland (**M1**).

2 Erläutern Sie den Unterschied zwischen direktem und virtuellem Wasserverbrauch (**M1** bis **M3**).

3 Erklären Sie den hohen Wasserverbrauch bei der Rindfleischproduktion (**M3**, **M5**).

4 Recherchieren Sie die Zusammensetzung des virtuellen Wasserverbrauchs bei der Produktion eines Baumwoll-T-Shirts oder von 1 kg Avocados (MK Internet).

5 Berechnen Sie Ihren ungefähren eigenen Wasser-Fußabdruck (**M4**).

6 Erklären Sie den Zusammenhang zwischen Wasserverbrauch und Klimawandel (**M5**, **M6**).

7 Arbeiten Sie weitere, konkrete Wassersparmöglichkeiten für den direkten und virtuellen Wasserverbrauch für Ihren Alltag heraus (**M7**).

Virtuelles Wasser – unser verborgener Wasserverbrauch

M1 Direkte Trinkwasserverwendung im Haushalt 2020 in Deutschland

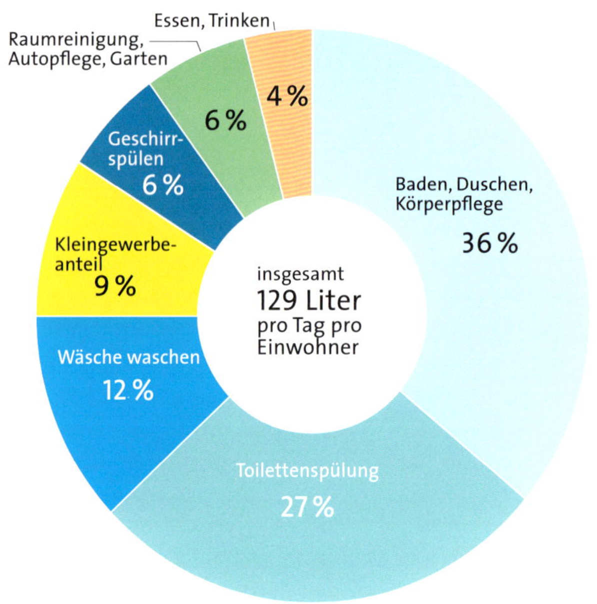

Quelle: Bundesverband der Energie- und Wasserwirtschaft (BDEW), Mai 2021

Laut der Organisation für wirtschaftliche Zusammenarbeit und Entwicklung (OECD) wird der globale Wasserverbrauch bis 2050 um etwa 55 % steigen. Dabei werden 2,3 Milliarden Menschen mehr als heute in Gebieten leben, die unter schwerem **Wasserstress** stehen. Das begrenzte Süßwasser auf der Welt wird also zunehmend knapper. Doch die Frage ist: Was haben wir damit zu tun?

M2 Definition

Der Begriff „**virtuelles Wasser**" beschreibt, welche Menge Wasser in einem Produkt steckt und zu dessen Herstellung verbraucht wurde oder in einer Dienstleistung enthalten ist.

Der **Wasser-Fußabdruck** ist ein Indikator für das Wasser, welches wir zum Beispiel durch unseren alltäglichen Konsum von Kaffee, Kartoffeln, Fleisch, Milch, Papier oder Kleidung verbrauchen. Hinter den Produkten unseres täglichen Bedarfs verbergen sich so ungeahnte Wasserfluten.

Quelle: reset.org

M3 Virtuelles Wasser ausgewählter Lebensmittel und Produkte

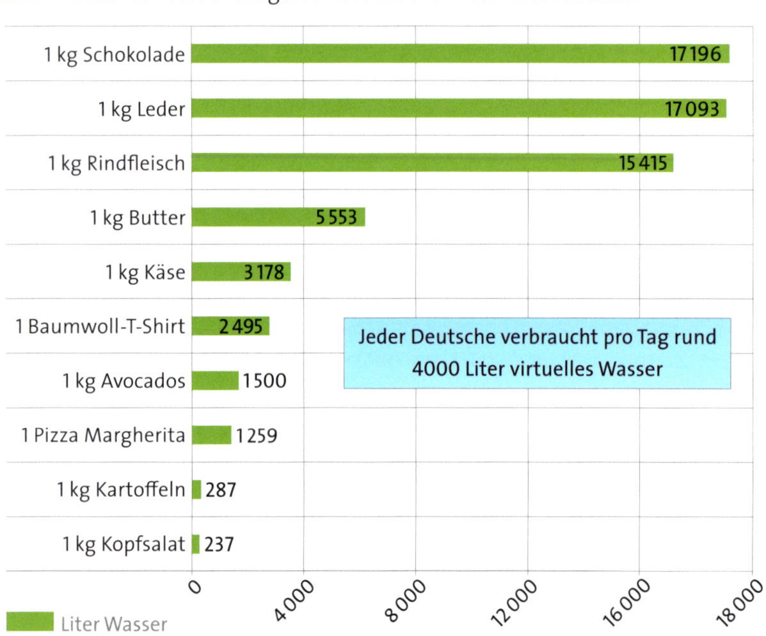

Quelle: Water Footprint Network und Team Global

M4 Wasser-Fußabdruck-Rechner

www.cornelsen.de/codes/
Code: sopuco

FACHBEGRIFF

Wasserstress: Ein Gebiet leidet ab einer jährlichen Wasserverfügbarkeit von unter 1700 m^3 pro Person unter Wasserstress. Fällt dieser Wert unter 1000 m^3 pro Person und Jahr, handelt es sich um Wasserknappheit, bei einem Wert unter 500 m^3 um absolute Wasserknappheit.

M5 Wasserverbrauch bei der Rindfleischproduktion

Ein Kilogramm Rindfleisch enthält rund 700 Gramm Wasser. Doch eine ungleich größere Menge steckt in der Produktion des Fleischs. [...] Nicht der Durst der Tiere ist die Ursache des hohen Wasserbedarfs, sondern ihre Ernährung, denn das meiste Wasser in der Tierhaltung fließt in den Anbau der Futtermittel. Das gilt nicht nur für Rinder, sondern für alle „Nutztiere“. Global sind es insgesamt 98 % des für die Tierhaltung benötigten Wassers. Die Haltung von Rindern ist jedoch ganz besonders wasserintensiv und beansprucht einschließlich Milchkühen mehr als die Hälfte des für die Tierhaltung verwendeten Wassers. Ein Grund für den hohen Wasserbedarf der Rinderhaltung: Rinder wandeln ihr Futter besonders ressourcenaufwändig in Fleisch um, wenn sie wie in der industriellen Massentierhaltung wenig Raufutter und stattdessen große Mengen an Getreide und Soja bekommen. Die Art der Haltung und Fütterung ist daher ein wesentlicher Faktor. Die tatsächlich für ein Kilogramm Rindfleisch aufgewendete Menge Wasser kann somit stark variieren. Probleme durch die Wassernutzung können sowohl durch die Entnahme als auch durch die Verschmutzung von Wasser entstehen. Bei industriellen Haltungssystemen wird zur Bewässerung der Futterpflanzen mehr Grund- und Oberflächenwasser benötigt als etwa in einer kleinbäuerlichen Weidehaltung. Über die Bodenoberfläche und Futterpflanzen verdunstet das entnommene Wasser. Es fließt zu großen Teilen nicht mehr vor Ort in ein Gewässer zurück und fehlt dann im natürlichen Wasserkreislauf. Zudem verschmutzt die industrielle Tierproduktion etwa durch Antibiotika-Rückstände, Pflanzenschutzmittel, Gülle und Kunstdünger mehr Wasser. Sie kann damit die Wasserqualität in Grundwasser und anderen Gewässern deutlich verschlechtern. Gerade in Gebieten mit sinkendem Grundwasserspiegel oder nicht ausreichendem Zugang zu Trinkwasser müssen Menschen wegen der Produktion von Fleisch mit der Landwirtschaft um Süßwasser konkurrieren.

Quelle: Albert Schweitzer Stiftung: Das steckt hinter einem Kilogramm Rindfleisch. Veröffentlicht am 1. 11. 2016, aktualisiert am 10. 02. 2017

Anmerkung: Jeder Deutsche verzehrt im Jahr ca. 60 kg Fleisch. Damit entstehen durch den Fleischkonsum in Deutschland jährlich rund 27 Mio. Tonnen CO_2.

M6 Wasserverbrauch und Klima

Britische Wissenschaftler [...] fordern [...] eine genauere Analyse der Wasserkreisläufe. In ihrer Publikation kommt Declan Conway zu einem bemerkenswerten Ergebnis: Der Wasserverbrauch durch Landwirtschaft, Industrie und Haushalte belastet das Erdklima stärker als bisher angenommen. [...] „Der Energieverbrauch durch den Wassersektor steigt an und bisher wird seine Bedeutung unterschätzt“, sagt Conway. So verursache die Wassernutzung in den USA etwa fünf Prozent der landesweiten Treibhausgas-Emissionen. In Indien summiere sich der Ausstoß von Treibhausgasen, der allein von den Wasserpumpen für die Bewässerung der Felder verursacht werde, auf etwa sechs Prozent der klimarelevanten Emissionen. [...] Vier Gründe für den hohen Energiebedarf der Wasserwirtschaft nennen die Forscher in ihrer Analyse: das Pumpen von Grund- und Oberflächenwasser, die anschließende Aufbereitung in Wasserwerken, das Aufheizen und Abkühlen in Haushalten und Industrie und die grobe Reinigung des Abwassers.

Mit etwa 70 Prozent benötigt die Landwirtschaft den größten Anteil der jährlich genutzten 3800 Milliarden Kubikmeter Frischwasser weltweit. [...] Mit der anwachsenden Weltbevölkerung wird die Nahrungsmittelproduktion bis 2030 um etwa 50 Prozent zunehmen und dadurch den Wasser- und Energiebedarf der Landwirtschaft deutlich ansteigen lassen. Gemäß einer Schätzung der Landwirtschaftsbehörde der Vereinten Nationen vergrößert sich dabei die künstlich bewässerte Ackerfläche jedes Jahr um 0,6 Prozent. [...]

Quelle: Wasserverbrauch belastet Weltklima stärker als angenommen. cib/dapd. In: Spiegel Online vom 27.06.2011, 06.26 Uhr

M7 Empfehlungen des WWF zur Reduzierung des virtuellen Wasserverbrauchs

Die Verbraucher haben ebenfalls, wenn auch derzeit in weit geringerem Maße als Regierungen und Unternehmen, die Möglichkeit, den virtuellen Wasserverbrauch zu verringern bzw. die Auswirkungen ihres (Wasser-) Konsums auf die Umwelt so niedrig wie möglich zu halten.

Konsumenten können:

- vornehmlich regionales und saisonales Gemüse und Obst einkaufen, da vor allem die aus dem Mittelmeerraum, Nordafrika, Israel und der Türkei importierten Produkte derzeit nur in den wenigsten Fällen den Anforderungen an eine effiziente Bewässerung genügen oder einen sorgsamen Umgang mit der knappen Ressource Wasser garantieren können;
- den Fleischkonsum reduzieren. Dies empfiehlt zumindest auch Anthony Allan, der britische „Erfinder“ des Konzepts des virtuellen Wassers;
- bei Unternehmen nachfragen, ob sie eine Analyse des Wasser-Fußabdruckes der von ihnen produzierten oder verkauften Produkte vorgenommen und entsprechende Maßnahmen ergriffen haben, dessen Wirkungen zu reduzieren;
- die Bundesregierung und das Parlament (etwa über ihren Bundestagsabgeordneten) auffordern, speziell auf europäischer Ebene, aber auch in der Entwicklungszusammenarbeit, in noch stärkerem Maße auf eine nachhaltigere Wasserbewirtschaftung hinzuarbeiten.

Quelle: Der Wasser-Fußabdruck Deutschlands. WWF Deutschland, Frankfurt am Main, August 2009, S. 32

1 Erstellen Sie unter Verwendung der Begriffe in **M1** eine Concept Map. Erläutern Sie die Wechselwirkungen (**M1**, S. 200).
2 Überprüfen Sie Ihr Wissen zum Wasserverbrauch (**M2**).
3 Stellen Sie Probleme des Wasserverbrauchs durch die Landwirtschaft und mögliche Lösungen dar (**M3**).
4 Nennen Sie die richtige Aussage (**M5**).
5 Erläutern Sie die Aussage der Karte unter Berücksichtigung der Hinweise (**M6**).
6 Als Experte für das Thema Wasser halten Sie einen Kurzvortrag zum Thema „Wasser und globale Disparitäten". Erläutern Sie hierin die weltweite Bedeutung der Ressource Wasser und deren Verteilung und Nutzung (**M1** bis **M6**).

Wasser – eine unendliche Ressource?

Schon heute leben zwei Milliarden Menschen in Regionen, in denen die **Verfügbarkeit von Wasser** nicht selbstverständlich ist. Nicht umsonst wurde 2010 der **Zugang zu sauberem Trinkwasser** von der UNO zum **Menschenrecht** erklärt. 2015 wurde dieses Menschenrecht auf die Abwasserversorgung ausgeweitet.

Aktuelle Klimaszenarios weisen darauf hin, dass sich bis 2030 die **Wasserknappheit** in **ariden** und **semiariden Regionen** verschärfen wird und Millionen von Menschen dazu gezwungen sein werden in andere Regionen umzusiedeln, um ihre Existenz zu sichern.

Andererseits gibt es Länder und Regionen, die besonders durch **Hochwasser** und Überschwemmungen gefährdet sind, z. B. durch ihre **Lage** unterhalb des Meeresspiegels oder an Flüssen. Vor allem in Industrieländern ergreift man **präventive Hochwasserschutzmaßnahmen**, die teilweise einen hohen technischen Aufwand erfordern.

Der größte Teil dieser Ressource wird indirekt als **virtuelles Wasser** verbraucht, während der sichtbare Wasserverbrauch in den Haushalten nur etwa ein Zehntel ausmacht.

M1 Begriffe

Städte und Siedlungen
Gesundheit und Hygiene
Landwirtschaft
Energie
Ökosysteme

M2 Wasserquiz

1 **Duschen, trinken, Zähne putzen: Wie viel Wasser verbraucht ein Mensch in Deutschland durchschnittlich jeden Tag?**

a) 12,5 Liter b) 129 Liter c) 450 Liter

2 **Das meiste Wasser, das wir täglich verbrauchen, ist indirektes oder virtuelles Wasser. Was ist damit gemeint?**

a) Virtuelles Wasser „versteckt" sich in Dingen, die wir täglich nutzen. Man braucht es, um zum Beispiel Nahrungsmittel oder Kleidung herzustellen.
b) Virtuelles Wasser wird benötigt, um unsere elektronischen Geräte in Betrieb zu halten: Computer, Fernseher, Telefon.
c) Virtuelles Wasser meint das Wasser, das wir zum Beispiel zum Blumengießen oder Autowaschen verwenden.

3 **Wie viel Prozent der Wasservorräte sind Süßwasser?**

a) 1,5 % b) 2,5 % c) 7,5%

4 **Wie viel Prozent der Erdoberfläche sind mit Ozeanen und Meeren bedeckt?**

a) 90 % b) 75 % c) 66 %

5 **Wie viel Prozent der Landesfläche der Niederlande wären bei einem Meeresspiegelanstieg von einem Meter gefährdet?**

a) ca. 1 % b) ca. 50 % c) ca. 20 %

6 **Um wie viele Kilometer hat sich bis zum Jahr 2000 das Ufer des Aralsees von der ehemaligen Hafenstadt Aralsk entfernt?**

a) 20 km b) gar nicht c) 100 km

M3 Bewässerung in der Landwirtschaft

M4 Wasserstand in Deutschland

www.cornelsen.de/codes/
Code: hupugi

M5 Richtig oder falsch?

- Die ungleiche Verteilung von Trinkwasser verstärkt Disparitäten.
- Dadurch, dass „Zugang zu sauberem Trinkwasser" zum Menschenrecht erklärt wurde, werden Konflikte um die Ressource Wasser verringert.
- Die Notwendigkeit von Hochwasserschutzmaßnahmen ist mit dem Klimawandel weltweit gestiegen.
- Die Wassermenge, die von der Landwirtschaft verbraucht wird, sollte in Trockenzeiten rationiert werden.

M6 Sind Sie kartenkompetent?

Grundlegendes
Karten dienen zur Veranschaulichung komplexer Themen und werden demnach nicht nur im Geographieunterricht, sondern auch in Nachrichtensendungen, auf Internetseiten oder in sozialen Netzwerken verwendet. Zu beachten ist, dass thematische Karten immer eine vereinfachte Darstellung der Wirklichkeit sind und demnach nicht alle Details abbilden. So werden Regionen z. B. durch eine Clusterung zusammengefasst und mit Farbsignaturen dargestellt. Hierfür werden entsprechend dem Thema der Karte oder der Intention Daten erhoben und zugrunde gelegt. Folglich werden wir als Betrachter von dieser Darstellung gelenkt: Veränderungen der Cluster oder der Farbgebung können die Aussage der Karte etwas verändern.

Karten mit kritischem Blick auswerten
Bei der Auswertung der Karte unten sollten Sie sich daher folgende Fragen stellen:
- Was ist das Thema der Karte, welche Daten wurden zugrunde gelegt und welche Clusterung wurde gewählt?
- Auf welche Regionen wird der Blick besonders gelenkt, welche rücken eher in den Hintergrund? Warum?
- Welche Aussage trifft die Karte über den „Wasserstress" weltweit? Was fällt Ihnen auf, wenn Sie Ihr Wissen zur weltweiten Wasserverfügbarkeit einbeziehen?
- Welche Konsequenz ergibt sich daraus für die Betrachtung von Karten im Allgemeinen?

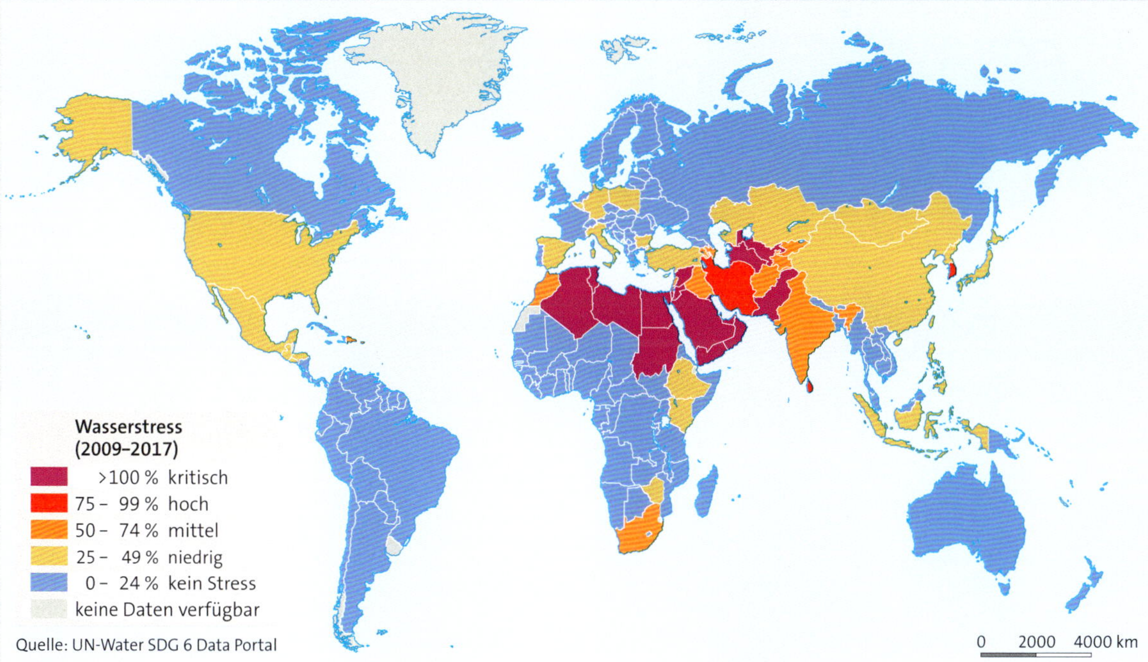

Quelle: UN-Water SDG 6 Data Portal

1 Lokalisieren Sie Mumbai und beschreiben Sie Merkmale der Infrastruktur sowie der Bevölkerungsentwicklung und -verteilung.

2 Erläutern Sie die natürlichen Ursachen für Dürren und Überschwemmungen in Mumbai.

3 Nehmen Sie Stellung zur Themenfrage.

Überschwemmung und Dürre in Mumbai – natürliches Phänomen oder menschengemachtes Problem?

M1 Klimadiagramm Mumbai

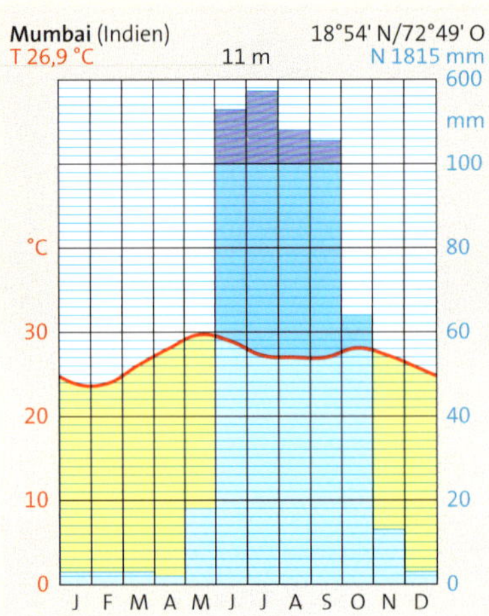

M2 Monsun – Verlauf

Sommermonsun in Indien:
Regelmäßig auftretende, aus Südost bzw. Südwest wehende warme Winde, die saisonale Niederschläge mit sich bringen

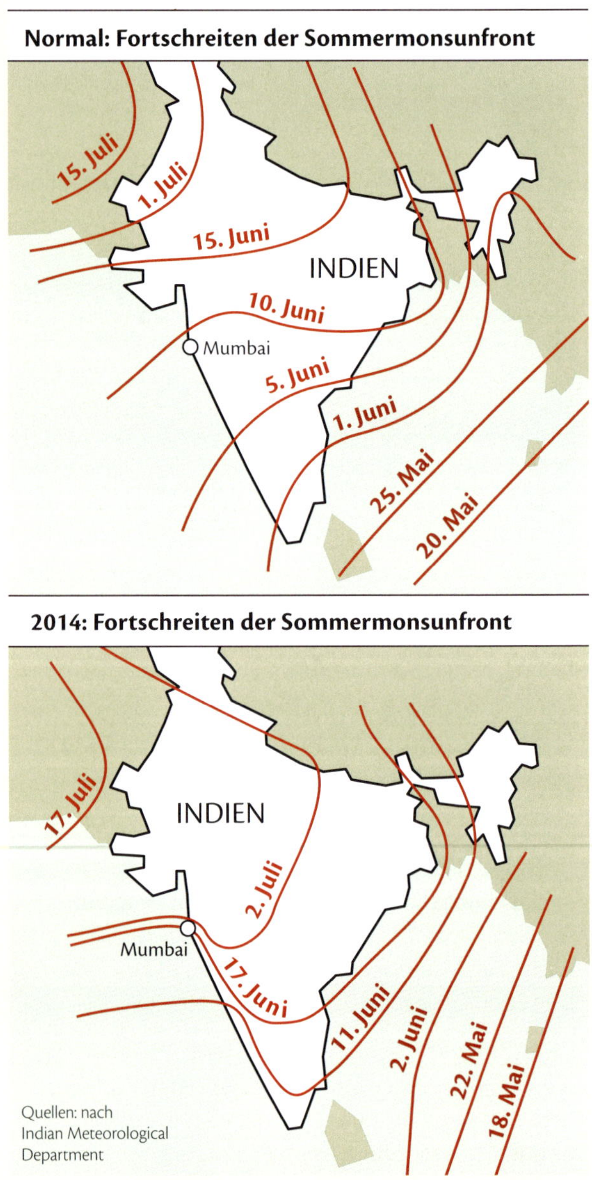

Quellen: nach Indian Meteorological Department

M3 Mumbai – Überflutung bei Monsun

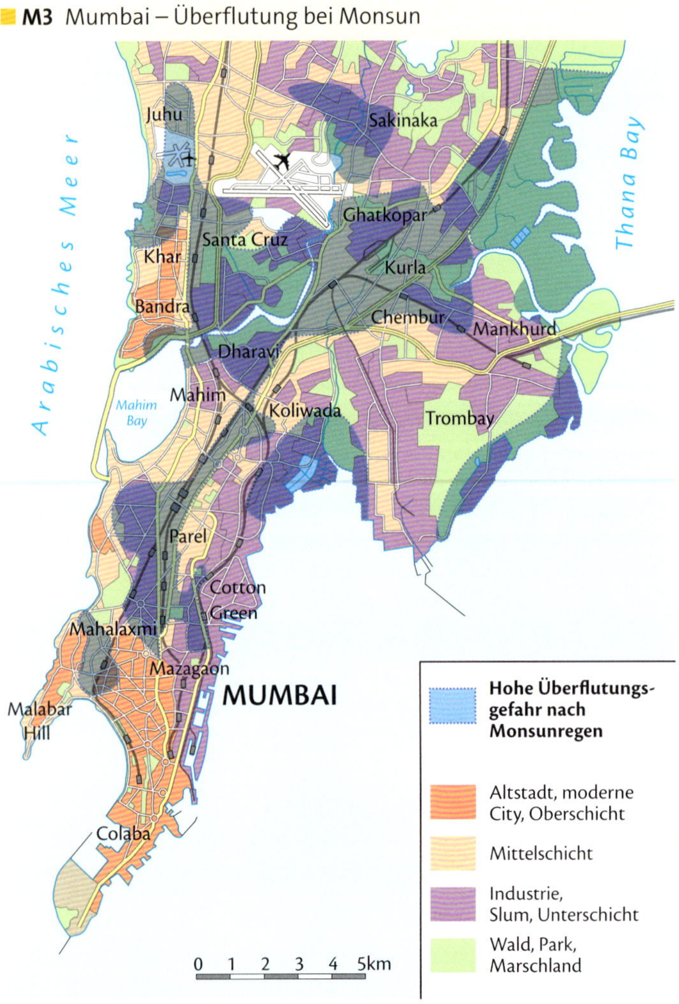

M4 Daten zu Mumbai

Bevölkerung (in Mio.)	2015: 16,147 2020: 20,411 2030: 24,572 (Projektion)
Wachstumsrate (in %)	2010–2018: 1,2 2018–2030: 1,7 (Projektion)
Fläche: City of Mumbai	603 km² (zum Vergleich Berlin: 891,8 km²)
Fläche: Großraum Mumbai (metropolitan area)	4355 km²
Bevölkerungsdichte (Einwohner pro km²)	31 700
Anteil Bevölkerung in Slums (Schätzung) 2020	41 %
Größter Slum	Dharavi; Bevölkerungsdichte 869 565 Einw. pro km²
Täglich zu entsorgendes Abwasser	2,1 Mrd. Liter; 25 % davon werden direkt ins Meer geleitet
Abwassersystem	gebaut Ende des 19. Jahrhunderts zur britischen Kolonialzeit; ausgelegt für ein Volumen von 25 mm Niederschlag pro Stunde; Pläne zum Ausbau auf ein Volumen von 50 mm
Anteil Bevölkerung mit Zugang zu	Trinkwasser: 97,2 % Elektrizität: 97,5 %

Quellen: UN: The World's Cities in 2018; World Population Review 2020; Ministry of Statistics & Programme Implementation, 2020

M5 Monatsniederschläge (mm) Juni–September in Santa Cruz/Mumbai

	Juni	Juli	August	September
2010	719	1320	1041	246
2014	89	1555	486	188
2018	794	1137	238	71

→ *Ergebnisschlüssel*

www.cornelsen.de/codes/
Code: nasufu

M6 Wetterextreme in Mumbai

Juni 2019

Hitzewellen sind in Indien [...] zu dieser Jahreszeit nicht ungewöhnlich. Aber Temperaturen an die 50 Grad gelten auch hier als extrem. Die Hitze fällt in diesem Jahr zudem mit einer monatelangen Dürre zusammen. [...]

All das könnte für Indien ein Vorgeschmack darauf sein, was kommt. Laut Klimaforschern drohen sich solche Zustände – große Hitze und lange Dürre – auf dem Subkontinent in Zukunft zu häufen. [...]

Indiens Metropolen wachsen in rasanter Geschwindigkeit. Bäume weichen Straßen und Apartmentanlagen. Seen und Grünflächen verschwinden unter Beton, wodurch sich die Städte weiter aufheizen. [...]

Alle warten nun sehnsüchtig auf den Monsun, der 80 Prozent des jährlichen Regenfalls mit sich bringt und Abkühlung verspricht.

Quelle: Höflinger, Laura: 48 Grad, Tendenz steigend. In: www.spiegel.de vom 12.06.2019

Juli 2019

Die Menschen in der 20-Millionen-Metropole Mumbai leiden bereits seit Tagen unter einem Monsun-Regen, der in diesem Jahr besonders heftig ausfällt. Anfang Juli kamen 22 Menschen ums Leben, als in einem Slum eine Mauer unter dem Dauerregen zusammensackte.

In Indien dauert die Monsunzeit von Juni bis September. Dass währenddessen große Mengen Regen fallen, ist normal. In diesem Jahr fällt allerdings deutlich mehr als gewöhnlich. Außerdem macht sich das schnelle Wachstum der Stadt bemerkbar. An vielen Stellen wurden Bauvorschriften nicht eingehalten, sodass Gebäude auf Grundstücken stehen, die durch die großen Wassermengen nicht mehr tragfähig genug sind. Zudem wurden umliegende Mangrovenwälder dezimiert, die viel Regenwasser aufnehmen konnten.

Nach verschiedenen Quellen

5

FOSSILE ENERGIETRÄGER – NUTZUNG UND AUSWIRKUNGEN

Braunkohlentagebau Garzweiler mit Blick auf ein Braunkohlenkraftwerk

ERWEITERUNG DER GEOGRAPHISCHEN KOMPETENZEN

In diesem Kapitel lernen Sie die wichtigsten fossilen Energieträger und ihre Besonderheiten kennen. Zugleich vernetztten Sie schrittweise Ihr neues Wissen mithilfe einer Lernmatrix. Auf Grundlage dieses Wissens sollen Sie in der Lage sein, mögliche Auswirkungen der Förderung und der Nutzung fossiler Energieträger aus ökonomischer, ökologischer, politischer und sozialer Sicht fundiert beurteilen zu können.

Inhalte

– Zusammenhang zwischen geologischen Lagerungsverhältnissen und Vorkommen von Bodenschätzen
– Bedeutung und Folgen der Förderung fossiler Energieträger
– Handel mit Energieträgern
– Bedeutung unterschiedlicher Energieträger für das Klima
– Entwicklung des globalen Energiebedarfs

Aktualisierungen dieses Kapitels
www.cornelsen.de/codes/
Code: tucidu

Medien und Methoden
- Schemata, thematische Karten, Luftbilder, Grafiken
- Podiumsdiskussionen
- Thematische Raumanalyse

Bewertungen
- Weltweiter Energiehunger
- Güterabwägung zwischen ökonomischen, sozialen, politischen und ökologischen Aspekten im Zusammenhang mit der Nutzung unterschiedlicher Energieträger

Aktionen und Handlungserwartungen
- Beteiligung an der öffentlichen Diskussion bzgl. nachhaltigen Ressourcenverhaltens
- Verantwortungsvoller Umgang mit (Energie-)Ressourcen

1 Übertragen Sie die Lernmatrix in Ihr Heft und ergänzen Sie schrittweise Ihr neues Wissen (**M1**).

2 Nennen Sie die Vor- und Nachteile von fossilen Energieträgern (**M3** bis **M6**).

3 Erklären Sie den Unterschied zwischen Primär-, Sekundär- und Tertiärenergie. Geben Sie weitere Beispiele an (**M2**).

4 Erläutern Sie den Unterschied zwischen Reserven und Ressourcen (**M4** bis **M6**).

5 Nehmen Sie Stellung zur statischen Reichweite von fossilen Energieträgern (**M4, M6**).

Und der Energieverbrauch steigt weiter, weiter und weiter ...

Energie bewegt Autos und Flugzeuge und lässt den PC und das Handy funktionieren. Ob als Wärme, Kraftstoff oder Strom: Ohne Energie geht in unserem Leben so gut wie nichts! Fast jeder besitzt ein Handy. Nachts wird es aufgeladen und braucht im Jahr nur eine **Kilowattstunde** Strom. Hinzu kommt aber die „graue Energie“, das sind alle Energieaufwendungen – angefangen bei der Rohstoffförderung –, die für die Herstellung benötigt werden. Alles addiert, kommt man schon auf das rund 220-Fache an Energie pro Handy. Dies gilt für fast alle Güter.
Mit der wachsenden Weltbevölkerung, dem steigenden Lebensstandard und der globalen wirtschaftlichen Entwicklung steigt so der weltweite Energieverbrauch stetig an. Für die künftige globale Energienachfrage sind vor allem die Länder mit großer Bevölkerungszahl entscheidend. Je nach Entwicklungsstand ist die Nachfrage nach Energie regional sehr unterschiedlich.

Energieträger

Bei der Energiegewinnung unterscheidet man zwischen den fossilen Energieträgern und den erneuerbaren Energieträgern (auch regenerative Energien). Erneuerbare Energien stehen praktisch unerschöpflich zur Verfügung oder können sich verhältnismäßig schnell erneuern. Im Gegensatz dazu sind fossile Energieträger endlich. Deshalb zählt man auch die Kernenergiebrennstoffe Uran und Thorium dazu. Die übrigen fossilen Energieträger sind im Laufe von Millionen von Jahren aus Abbauprodukten abgestorbener Pflanzen und Tiere entstanden.
Die Förderung und die Nutzung von fossilen Energieträgern hat weitreichende Auswirkungen auf den Menschen und die Umwelt. Bei der Förderung werden Dörfer umgesiedelt oder riesige Waldgebiete zerstört. Doch sind die Folgen durch die tägliche Nutzung viel schlimmer, denn fossile Energieträger werden verbrannt. Dabei werden riesige Mengen Oxide freigesetzt, darunter immer auch Kohlenstoffdioxid (CO_2). Allein 2019 wurden so weltweit 37 000 000 000 Tonnen CO_2 erzeugt. Damit sind die fossilen Energieträger die Hauptquelle von menschengemachten Treibhausgasemissionen und der globalen Erwärmung.

M1 Ausschnitt der Lernmatrix zu fossilen Energieträgern

Energieträger	Allgemeines	Merkmale / zentrale Problembereiche	Einige Auswirkungen von Förderung und Nutzung			
			ökonomisch	ökologisch	politisch	sozial
Braunkohle	**Nutzung:** u. a. Strom und Wärme, hohe CO_2-Emissionen (ca. 1100 g/kWh), aufgrund geringer Energiedichte **Reichweite (weltweit):** rund 320 Jahre ...	in Deutschland Abbau im Tagebau, ...	zahlreiche Arbeitsplätze in strukturschwachen Regionen ...	Zerstörung von ganzen Ökosystemen ...	Energiesicherung ...	Umsiedlung – Verlust von Heimat ...
Steinkohle	**Nutzung:** u. a. Strom und Wärme (u. a. Stahlwerke), hohe CO_2-Emissionen (ca. 930 g/kWh) **Reichweite:** ca. 115 Jahre ...	in Deutschland bis 2018 Abbau Untertage, Ewigkeitslasten, ... weltweit Abbau auch im Tagebau, Brückentechnologie (?) ...				
Erdgas	...					
Erdöl	...					
Kernenergie	...					
Methanhydrat	...					
...	...					

Erkenntnisse: Fossilen Energieträger sind zur Zeit die Grundlage unserer Energieversorgung. Alle fossilen Energieträger sind endlich. Bei ihrer Verbrennung entstehen CO_2-Emissionen (Ausnahme: Kernenergie)

FACHBEGRIFFE

Kilowattstunde (kWh): das Tausendfache einer Wattstunde; Maßeinheit der Energie. Eine Maschine mit 1000 Watt setzt nach einer Stunde 1 kWh um.
Joule (J): Grundeinheit der Energie im internationalen Einheitensystem.

1 Megajoule (MJ) entspricht 10^6 J, also 10 000 000 Joule, **1 Gigajoule (GJ) entspricht** 10^9 Joule und **1 Exajoule** (EJ) entspricht 10^{18} Joule.
Umrechnungsfaktor: 1 kWh = 3,6 Megajoule

Rohöl: Wenn **Erdöl** den „Boden“ verlässt wird es als **Rohöl** bezeichnet. Rohöl wird in der Einheit **Barrel** (1 Fass) gerechnet wobei ein Barrel 159 Litern Öl entspricht.

M2 Primär-, Sekundär- und Tertiärenergie

Primärenergie	Sekundärenergie	Tertiärenergie
Fossile Brennstoffe Steinkohle Braunkohle Rohöl Erdgas Kernbrennstoffe Erneuerbare Energien Wasserkraft Sonnenenergie Windkraft Biomasse Erdwärme	Kohlenbriketts Aufbereitetes Erdgas Mineralölprodukte Benzin Diesel Heizöl Flüssiggas Elektrischer Strom Fernwärme Holzprodukte	Wärme/Kälte Licht Mechanische Arbeit Schall

Primärenergieträger kommen direkt in der Natur vor und sind technisch noch nicht umgewandelt (z. B. **Rohöl**). Sekundäre Energieträger werden aus ersteren durch Umwandlung erzeugt (z. B. Strom oder Benzin). Tertiärenergie wird bei der Nutzung durch den Verbraucher vor Ort umgewandelt (z. B. Bewegungs- und Wärmeenergie beim Autofahren). Bei allen Umwandlungsprozessen entstehen hohe „Energieverluste", sodass weniger als 50 Prozent der ursprünglich eingesetzten Primärenergie als Tertiärenergie eingesetzt werden.

Nach verschiedenen Quellen, u.a.: Süddeutsche Zeitung vom 08.03.2007

M3 Energiedichte und CO_2-Emissionen ausgewählter fossiler Energieträger

	Energiedichte in MJ/kg**	CO_2-Ausstoß bei der Stromerzeugung in Gramm Kohlenstoffdioxid-Äquivalent pro Kilowattstunde Strom, berechnet über den Lebenszyklus eines Kraftwerks
Braunkohle	28,5	980–1230*
Steinkohle	30	790–1080*
Erdöl	43	890
Erdgas	30	640
Uran	79 390 000	0,025 bis 0,05

** Schwankungsbreiten entstehen durch unterschiedliche Berechnungsmethoden und Standorte.*

*** Die Energiedichte in MJ/kg sagt aus, wie viel Energie ein Energieträger pro Kilogramm Gewicht besitzt.*

M4 Reserven oder Ressourcen?

Damit ein fossiles Energievorkommen als **Reserve** eingestuft wird, muss es drei Bedingungen erfüllen:

1. es muss bestätigt sein,
2. es muss mit heutiger Technik förderbar sein,
3. die Förderung muss bei heutigen Rohstoffpreisen wirtschaftlich sein.

Ressourcen sind die Mengen eines Energierohstoffs, die geologisch nachgewiesen sind, aber derzeit nicht wirtschaftlich gewonnen werden können, weil man neue und teure Technik benötigt; andererseits jene Mengen, die noch nicht nachgewiesen wurden, aber in einem Gebiet aufgrund der geologischen Charakteristika zu erwarten sind.

Die **statische Reichweite** ist das Verhältnis der Reserven zur weltweiten Jahresförderung. Das Ergebnis ist eine Zahl, die angibt, für wie viele Jahre der Rohstoff bei gleichbleibendem Verbrauch noch reichen wird. Da sich die Fördermenge und vor allem der Verbrauch eines Rohstoffs aber ständig ändern, ist die statische Reichweite eine unsichere Größe.

M5 Weltweite Reserven und Ressourcen fossiler Energieträger Ende 2018

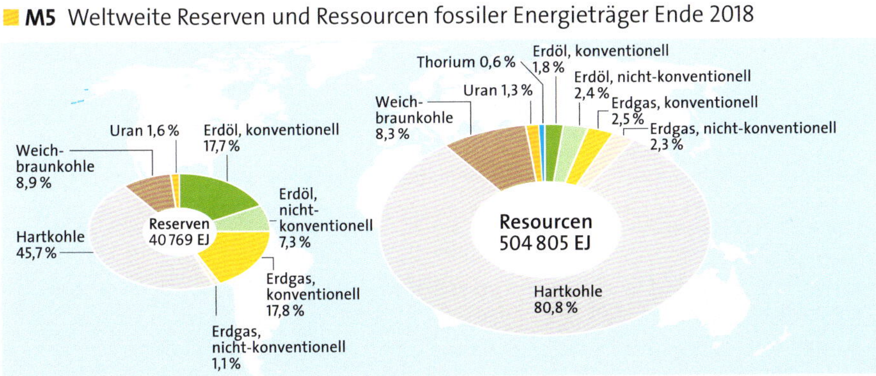

M6 Weltweite statische Reichweite von Reserven und Ressourcen 2018

Energieträger	Reserven – statische Reichweite in Jahren	Ressourcen – statische Reichweite in Jahren
Braunkohle	320	5500
Steinkohle	115	2600
Uran	145	315
Erdöl	55 (85*)	80 (160*)
Erdgas	60 (80*)	300 (600*)

** alle konventionellen und unkonventionellen globalen Reserven bzw. Ressourcen*

Konventionelles Erdöl oder Erdgas strömt **weitgehend** von alleine zur Förderstelle und ist leicht zu fördern. Dagegen ist die Förderung von **unkonventionellem Erdöl oder Erdgas** teurer, langsamer und meist umweltschädlicher. Erst aufwändige Abbautechniken (Fracking) oder Aufbereitungsverfahren ermöglichen die Förderung. Eine Sonderstellung nehmen Erdöle aus arktischen Regionen und Tiefsee-Öl ein, die nur aus ökonomischer Sicht als unkonventionelle Erdöle bezeichnet werden.

1 Kennzeichnen Sie die Strategie bei deutschen Rohölimporten (**M3**).

2 Berechnen Sie die Ausgaben Liberias sowie die Einnahmen Russlands für Rohöl 2012, 2015 und 2020. Leiten Sie daraus mögliche Auswirkungen für die Länder ab (**M1**).

3 Kennzeichnen Sie die räumliche Verteilung der Primärenergieförderung und den Primärenergieverbrauch nach Großregionen. Welche Exportanteile ergeben sich (**M4 bis M6**)?

4 Vergleichen Sie die Verteilung der fossilen Energiereserven mit den Konfliktgebieten (**M2, M6**).

5 Nehmen Sie Stellung zum absoluten Energieverbrauch der Regionen und zum Verbrauch pro Einwohner (**M4, M6**).

Fossile Energiereserven – ungleiche Verteilung und Folgen

Günstige und sichere Energieversorgung ist nur für die Wirtschaft in allen Ländern von zentraler Bedeutung. Deshalb besitzen Länder mit eigenen Energiereserven einen Standortvorteil. Zugleich sind Länder, die nur einen Energierohstoff exportieren, bei ihren Einnahmen von Preisschwankungen abhängig. Länder ohne ausreichende Energiereserven müssen ihren Bedarf an fehlenden fossilen Energieträgern durch Importe decken. Um die Versorgung zu sichern und eine Importabhängigkeit möglichst gering zu halten, versuchen sie einerseits ihre Energieträger aus möglichst vielen Lieferländern zu importieren. Andererseits sind Importländer stets auf der Suche nach alternativer Energieerzeugung. Diese Alternativen sind politisch gewollt, aber meist kostenintensiver und umweltschädlicher. Beispielhaft hierfür sind Öl- und Gas-Fracking (u. a. USA) oder die Gewinnung von Öl aus Kohle (u. a. China). Rohöl und Erdgas sind mit einem Anteil von über 50 % am Welthandel die begehrtesten Energieträger. Da diese Energien endlich sind, wird die wirtschaftliche und geopolitische Bedeutung von Ländern mit großen Erdöl- und Erdgas-Reserven vermutlich weiter zunehmen. Dies kann zu politischen Konflikten bis hin zu Kriegen führen.

M1 Beispiele für import- und exportabhängige Länder

		2012	2015	2020
Beispielländer	Rohölpreis in US-$ pro Barrel	111,7	52,4	41,5
Liberia importiert jährlich rund 9,4 Mio. Barrel Rohöl.	Durchschnittlicher Jahreswert der Exportgüter in Mio. US-$		410	
Russland exportiert jährlich rund 3 Mrd. Barrel Rohöl (ca. 47 % der Exporte).	Durchschnittlicher Jahreswert der Importgüter in Mrd. US-$		265	

M3 Rohöllieferanten Deutschlands 2020

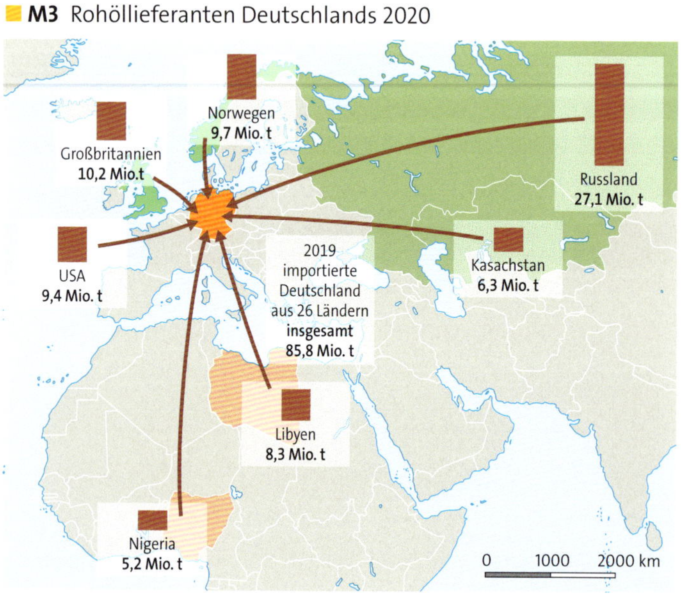

M2 Ausgewählte Krisen und Konflikte um Energierohstoffe und Transportwege

1973	1. Ölpreiskrise Auslöser: 4. Arabisch-Israelischer Krieg, Rohöl als politische Waffe, Erdölpreis steigt um 70 %, Folge: Wirtschaftskrise
1991 bis heute	2. Golfkrieg. Folge: Kontrolle über Rohstoffreserven und sichere Transportwege
ab 2012 bis heute	Naher Osten/Nordafrika Unterbrechung der Förderung wegen Bürgerkriegen und innerer Unruhen
ab 2012 bis heute	Ostafrika Piratenüberfälle auf Öltanker am Horn von Afrika und vor der Küste von Lagos
ab 2017	Verhängung von Sanktionen der USA gegenüber Ländern, die Rohöl aus Venezuela importieren.
ab 2018	Europa/Russland: Konflikte bzgl. der Erdgas-Pipeline „Nord Stream 2"
2019	Iran/USA: Konflikte u. a. in der Straße von Hormus (Persischer Golf)
2019	Saudi-Arabien/Iran und Jemen Drohnenangriff auf Ölraffinerien
2020	Covid-19-Pandemie Weltweiter Ölpreissturz
2021	Weltwirtschaft fährt wieder hoch, Rohöl und Gas wird knapp, Energiepreise steigen

M4 Verbrauch an fossilen Energieträgern

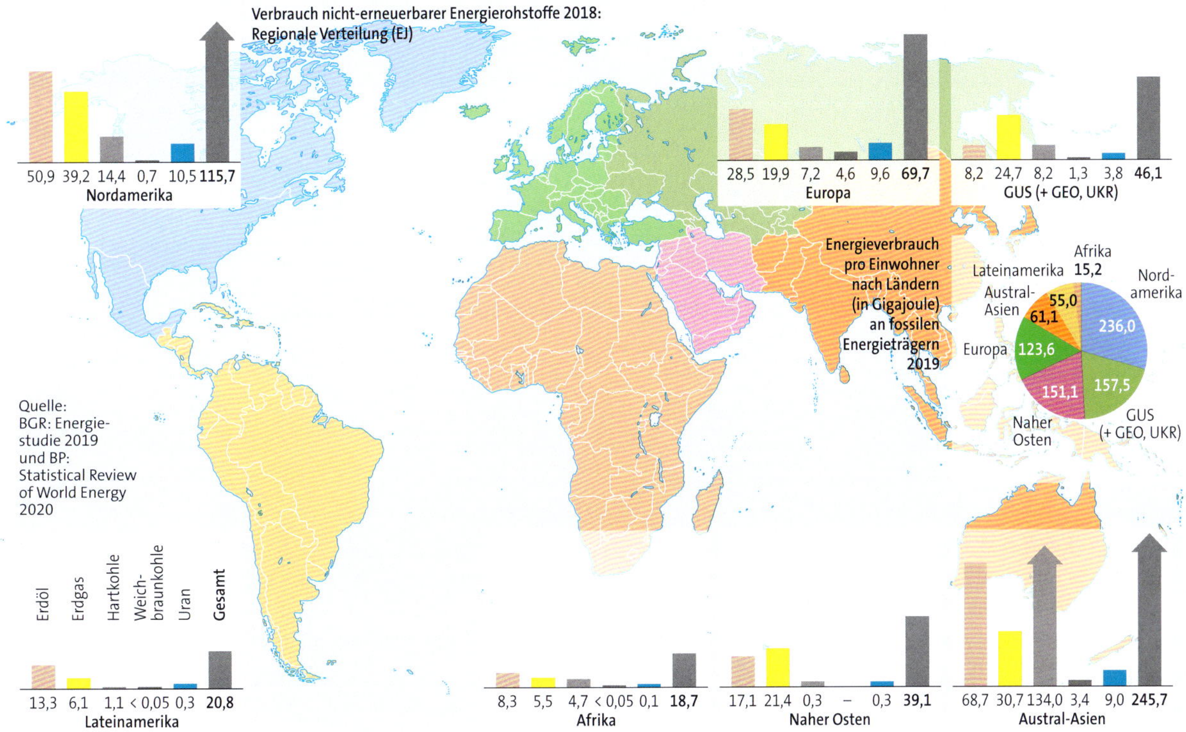

M5 Primärenergieverbrauch* pro Einwohner 2020

Region	Bevölkerung (in Mio.)	Durchschnittlicher Jahresverbrauch an Primärenergie pro Einwohner (in Gigajoule)
Europa	746	113,6
Lateinamerika	649	49,9
Nordamerika	365	216,8
Naher Osten	237	139,6
Afrika	1284	13,9
GUS**	147	150,4
Australien und Asien	4193	59,6
davon		
Indien	1334	23,2
Australien	25	218,4
Singapur	6	583,9

** Primärenergie umfasst handelsübliche Brennstoffe einschließlich erneuerbarer Energien zur Stromerzeugung.*
*** GUS = Gemeinschaft Unabhängiger Staaten (Russland + 10 Staaten)*

Quelle: u. a. BP Statistical Review of World Energy. 2021, S. 13

M6 Energieförderung und -reserven nicht-erneuerbarer Energierohstoffe 2018

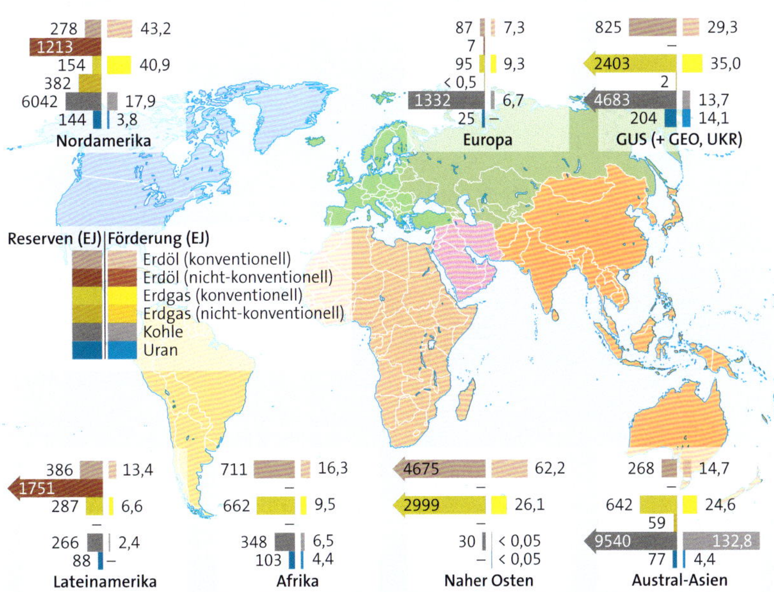

Quelle: Bundesanstalt für Geowissenschaften und Rohstoffe (BGR): Energiestudie 2019. Daten und Entwicklungen der deutschen und globalen Energieversorgung, Hannover, März 2019, S. 102 + 103

1 Recherchieren Sie die Entstehung von Braunkohle und bereiten Sie einen kurzen Vortrag vor (MK Internet).

Braunkohle – zwischen Ökonomie und Ökologie

2 Lokalisieren und vergleichen Sie die Entwicklung der drei größten deutschen Braunkohle-Fördergebiete (**M3** bis **M5**, Atlas).

3 Kennzeichen Sie die ökonomische Bedeutung der Braunkohle für Deutschland (**M1**, **M3** bis **M5**).

4 Erläutern Sie die mit dem Braunkohlenabbau verbundenen ökologischen Auswirkungen (**M2**, **M5** bis **M9**, Check-In-Seite 119 **M3**).

Braunkohle ist ein bräunlichschwarzes Sedimentgestein, das unter hohem Druck und Luftabschluss durch **Inkohlung** von organischen Substanzen entstand. Die **Braunkohlenflöze** finden sich oft in den bodennahen Schichten bis etwa 450 m Tiefe, sodass Braunkohle in Deutschland im **Tagebau** durch Abtragung der obersten Bodenschichten gefördert werden kann. Dabei kommt leistungsstarke Tagebautechnik zum Einsatz. So ersetzt z. B. der größte deutsche Schaufelradbagger im Tagebau Garzweiler die Arbeit von ca. 40 000 Menschen. Braunkohle stellt nach Ende des Steinkohlenabbaus 2018 den mit Abstand bedeutendsten heimischen fossilen Energieträger dar; Deutschland ist der größte Braunkohlenförderer weltweit. Braunkohle wird heutzutage zu etwa 90 % als Brennstoff zur Stromerzeugung genutzt und hat einen Anteil von ca. einem Fünftel an der deutschen Stromerzeugung. Laut der Bundesanstalt für Geowissenschaften und Rohstoffe würden die Vorräte in Deutschland bei konstanter Förderung noch für über 200 Jahre ausreichen.

M1 Anteil der Inlandsgewinnung am Primärenergieverbrauch (2020)

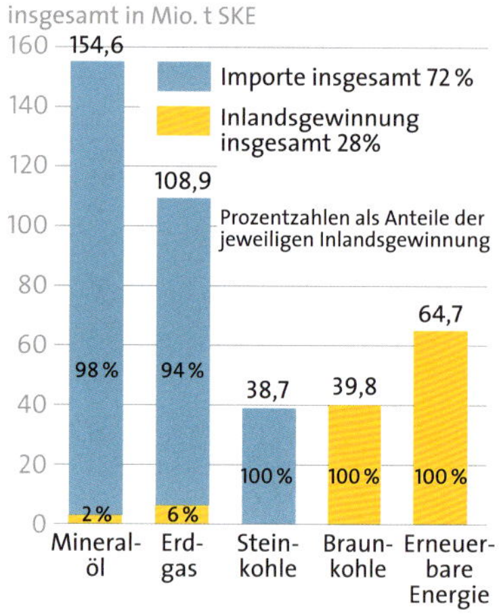

M2 Schaufelradbagger im Braunkohlentagebau

M3 Entwicklung der Braunkohlenförderung in den drei größten deutschen Revieren 1990–2020

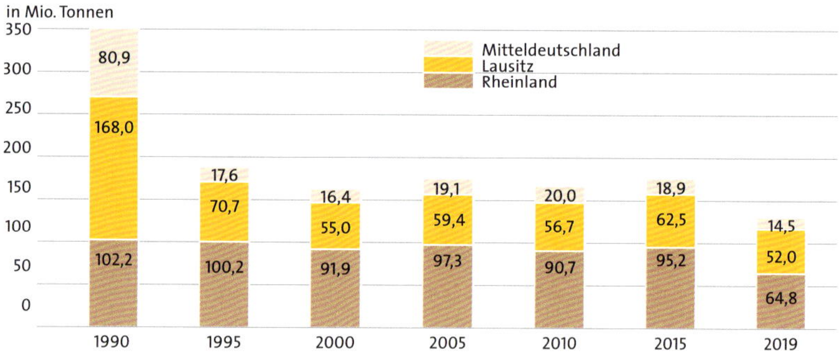

M4 Entwicklung der Beschäftigten der Braunkohlenwirtschaft 1990–2020

Reviere	1990	1995	2000	2005	2010	2015	2020
Rheinland	15 316	13 072	10 430	11 705	11 606	9 410	9 418
Lausitz	56 478	19 248	7 081	8 881	8 049	8 306	7 822
Mitteldeutschland	46 796	6 675	2 996	2 642	2 508	2 565	2 190
Deutschland	**129 727**	**40 281**	**21 287**	**23 299**	**22 704**	**20 744**	**19 483**

(Dazu kommen indirekte Beschäftigte, z. B. in Kraftwerken, oder Zulieferer.)

FACHBEGRIFFE

Inkohlung: Prozess der Entstehung von Kohle über Millionen von Jahren, bei dem aus Pflanzenresten unter Luftabschluss durch Hitze und hohem Druck Kohle entsteht

Braunkohlenflöz: parallel zur Gesteinsschicht verlaufende Braunkohlenschicht

Tagebau: Methode des Bergbaus, bei der oberflächennahe Lagerstätten von der Erdoberfläche aus erschlossen werden, sodass keine Schächte oder Stollen gebaut werden müssen

SKE (Steinkohleeinheit): 1 kg SKE entspricht der Energiemenge, die beim Verbrennen von 1 kg Steinkohle freigesetzt wird.

M5 Lagerstättenvorräte und Landnutzung 2020

	Lagerstättenvorräte in Mrd. t			Landnutzung in ha		
Reviere	**Geologische Vorräte**	**davon wirtschaftlich gewinnbare Vorräte**	**genehmigte und erschlossene Tagebaue**	**Landnutzung (gesamt)**	**davon Betriebsflächen (Abraum, Kohle, Kippe)**	**davon renaturierte und rekultivierte Fläche**
Rheinland	50,8	30,8	0,9	33 482	9 879	23 603
Lausitz	11,4	2,9	0,6	89 365	30 799	58 566
Mitteldeutschland	10,0	2,0	0,3	48 872	12 356	36 516
Deutschland	**72,2**	**35,7**	**1,8**	**179 402**	**54 086**	**125 316**

M6 Ausgewählte ökologische Auswirkungen des Braunkohlentagebaus

- Landschaftszerstörung: hoher Flächenverbrauch und unwiederbringlicher Verlust von Flora und Fauna
- Bodenzerstörung: Verlust von nährstoffreichen landwirtschaftlichen Nutzflächen durch Abtragung der oberen Bodenschicht
- Grundwasserabsenkung: Damit der Tagebau nicht voll Wasser läuft, wird das Deckgebirge mit einem leistungsstarken Pumpensystem entwässert, wodurch auch die umliegende Vegetation und landwirtschaftliche Nutzung beeinträchtigt werden.
- hoher CO_2- und Luftschadstoff-Ausstoß bei der Verstromung von Braunkohle

M7 Blick in den Tagebau Garzweiler

M8 Rekultivierung und Renaturierung im Rheinischen Braunkohlerevier

M9 Rekultivierung und Renaturierung

Nach Stilllegung der Tagebaue sind Bergbaubetriebe dazu verpflichtet, die Landschaft wiederherzustellen – ein zeit- und kostenintensiver Prozess.
Dabei unterscheidet man zwischen der **Rekultivierung**, also der Wiedernutzbarmachung einer Landschaft für beispielsweise die Landwirtschaft oder für die Naherholung, und der **Renaturierung,** bei der es um die Wiederherstellung naturnaher Lebensräume geht. Die Rekultivierung von Flächen wird oftmals als unzureichend kritisiert. Auch stellt sich oft die Frage, inwieweit eine wirtschaftliche Nutzung überhaupt wiederhergestellt werden kann. Beispielsweise kommt es zur nachhaltigen Schädigung der Böden, sodass etwa die ursprüngliche Bodenfruchtbarkeit für die Landwirtschaft auch nach Jahrzehnten noch nicht wiederhergestellt ist. Viele Tagebaurestlöcher werden auch geflutet, das heißt in Seen zur Naherholung umgewandelt. Probleme gibt es hier teilweise mit der Versauerung (erniedrigter pH-Wert) des Wassers, wenn der See mit Grundwasser geflutet wird. Auch bei der Renaturierung lassen sich Bergbaufolgelandschaften nicht wieder komplett in den Zustand vor Beginn des Tagebaus versetzen (z. B. Waldflächen).

1. Lokalisieren Sie den Tagebau Garzweiler innerhalb des Rheinischen Braunkohlereviers (**M2**, Atlas).
2. Beschreiben Sie den konkreten Ablauf der Umsiedlung Immeraths im Tagebau Garzweiler anhand der Zeitleiste und der Fotoreihen und nennen Sie erste Eindrücke (**M7**).
3. Kennzeichnen Sie die Umsiedlungsmaßnahmen im Tagebau Garzweiler (**M2**) und erörtern Sie mögliche Schwierigkeiten bei der Umsiedlung (**M1**, **M3** bis **M6**).
4. Nehmen Sie Stellung zur Frage, ob das deutsche Bergrecht noch zeitgemäß ist (**M1**).
5. Diskutieren Sie die Umsiedlungsmaßnahmen für den Braunkohlentagebau aus verschiedenen Perspektiven, z. B. Anwohner, Politiker, RWE-Sprecher (**M1** bis **M7**).

Garzweiler – Braunkohle gegen Heimat

Neben den ökologischen Auswirkungen des Braunkohlentagebaus sind es vor allem die sozialen Auswirkungen der **Umsiedlungen** ganzer Dörfer, die in den Medien immer wieder thematisiert und kontrovers diskutiert werden. Allein im Rheinischen Braunkohlerevier mussten aufgrund des nahenden Tagebaus seit Mitte der 1950er-Jahre bereits ca. 40 000 Menschen umgesiedelt werden. Die Sozialverträglichkeit dieser Umsiedlungsmaßnahmen ist umstritten. Zwar erhalten die Betroffenen Entschädigungszahlungen, aber für viele geht es nicht nur um finanzielle Gesichtspunkte. Der Verlust der Heimat wiegt schwer: Neben dem Verlust von Kulturgütern und Erinnerungen wird oft die Dorfgemeinschaft mit ihren gewachsenen Strukturen zerstört, denn eine gemeinsame Umsiedlung gelingt nur selten. Auch die Toten auf den Friedhöfen werden umgebettet. Gegen die etwa 15 Jahre dauernden Umsiedlungsmaßnahmen gibt es immer wieder Demonstrationen und Proteste, aber juristisch haben die Betroffenen kaum Chancen, sich zu wehren.

M1 Das deutsche Bergrecht

„Das Berggesetz regelt in Deutschland die Aufsuchung und Gewinnung von Rohstoffen. [...] **Bergfreie Bodenschätze** gehören der Allgemeinheit, Abbaurechte werden staatlich vergeben. Auch Braunkohle ist ein bergfreier Bodenschatz. Hieraus ergibt sich ein besonders für die flächenintensive Braunkohlenförderung relevanter Konflikt. Denn das durch Bergunternehmen erworbene Eigentum an den bergfreien Bodenschätzen ermöglicht regelmäßig die Enteignung des über der Braunkohle liegenden Grundeigentums."

Quelle: Deutscher Naturschutzring

M2 Umsiedlungsmaßnahmen Tagebaue Garzweiler I und II

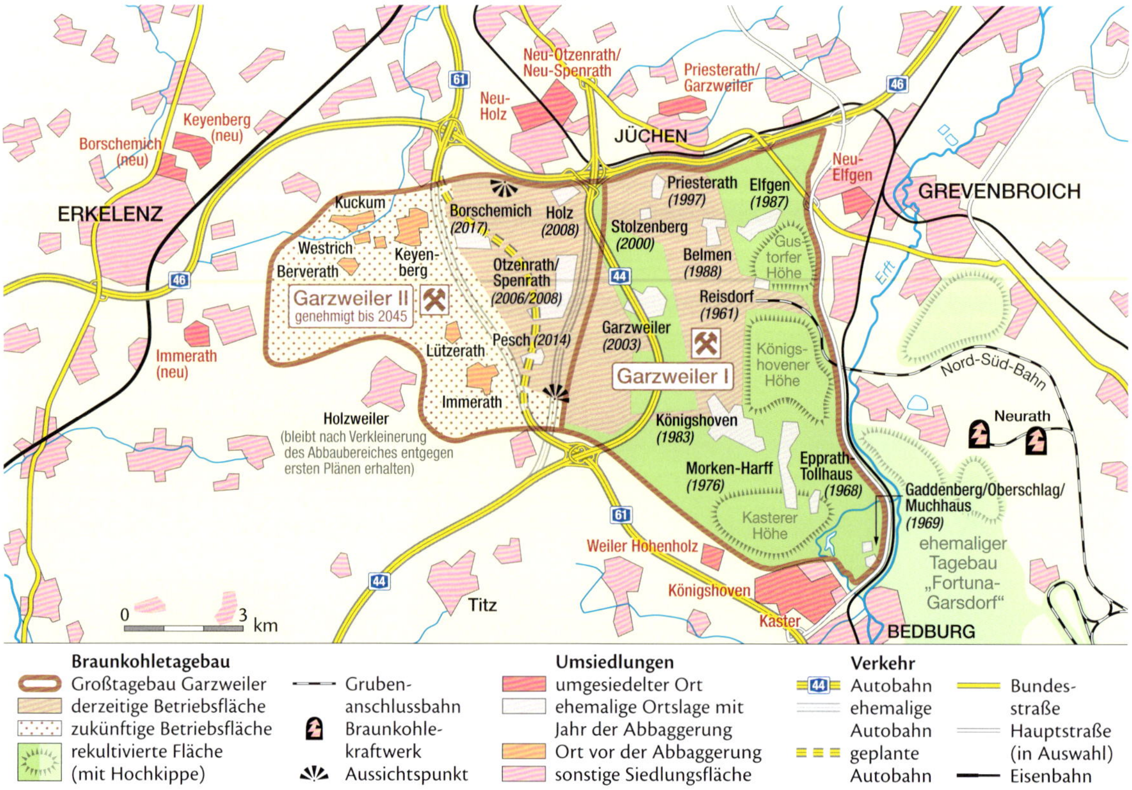

M3 Die Heimat wird weggebaggert

Der „Immerather Dom“ im Rheinland ist zum Symbol geworden für den Kampf zwischen Braunkohle-Gegnern und dem Energieriesen RWE. Mahnwachen, stundenlange Versuche von Umweltaktivisten, die entweihte Kirche vor dem Abriss zu bewahren – am Ende vergebens. Der Abriss eines der letzten Wahrzeichen der tausendjährigen Stadtgeschichte hat nun begonnen. Stück für Stück nimmt der Abrissbagger die ehemalige katholische Basilika St. Lambertus im Erkelenzer Stadtteil Immerath in die Zange [...]. Schaulustige schießen Fotos. Polizisten sichern die Bauzäune an der Kirche, damit nicht erneut Aktivisten hineingelangen. Umweltschützer von Greenpeace hatten das mächtige Gebäude am Vormittag besetzt und den Abriss über Stunden verzögert. [...] „Das ist meine Heimat gewesen, ich bin vor vier Jahren umgesiedelt. Und wenn ich jetzt die Kirche sehe, wo ich getauft wurde, geheiratet habe und die wird jetzt abgebrochen – das ist schon sehr, sehr hart“, sagt der 75-jährige gebürtige Immerather Heinz Aretz vor dem Abriss. Mit Tränen in den Augen ergänzt er: „Das kann man mit Worten nicht beschreiben, das tut einem in der Seele weh. Ein Dorf, wo meine Familie vor 250 Jahren nachweislich hingekommen ist, weg. Ich bin der Letzte. Weg.“

Quelle: www.deutschlandfunk.de vom 08.01.2018

M4 RWE zu Umsiedlungsmaßnahmen

„[...] Es [geht] nicht nur um faire Entschädigungen für den in Anspruch genommenen materiellen Besitz, wie Wohnhäuser, Grundstücke und Betriebe. Ebenso wichtig sind immaterielle Werte, wie Tradition, Gemeinschaft und Heimat, die mit Geld nicht entschädigt werden können. Deshalb ist es Ziel einer jeden Umsiedlung, Belastungen für den Einzelnen dadurch abzufedern, dass der Erhalt der Dorfgemeinschaft ermöglicht und die Umsiedlung im Miteinander bewältigt werden. Eine solche gemeinsame Umsiedlung ist eine wichtige Grundlage der Sozialverträglichkeit. Hierfür wird allen Umsiedlern die Möglichkeit gegeben, an einen gemeinsam bestimmten Standort innerhalb eines begrenzten Zeitraums umzusiedeln.“

Quelle: RWE AG: Warum sind Umsiedlungen notwendig? Unter www.rwe.com, Zugriff: 22.05.2021

M6 Symbolischer Friedhof für die abgebaggerten und bedrohten Dörfer

M5 Abriss der St. Lambertus-Kirche (im Volksmund auch „Immerather Dom“ genannt) für den Tagebau Garzweiler II am 9. Januar 2018

FACHBEGRIFFE

Umsiedlung: gelenkte Wohnsitzverlagerung einer ansässigen Bevölkerung, freiwillig oder unfreiwillig; z. B. aufgrund von Abbauvorhaben in Tagebaugebieten

Bergfreie Bodenschätze: vom Grundeigentum entkoppelt, d. h. bergreife Bodenschätze gehören nicht dem privaten Eigentümer eines Grundstücks

M7 Fotoprojekt Garzweiler von Arne Müseler

www.cornelsen.de/codes/
Code: nuqose

1 Recherchieren Sie den geplanten Ablauf des Braunkohleausstiegs in Deutschland (**M7**).

2 Stellen Sie unter Berücksichtigung der erarbeiteten ökonomischen, ökologischen und sozialen Aspekte des Braunkohlentagebaus die Argumente für und gegen einen Braunkohleausstieg in einem Schaubild dar (S. 122 bis 127).

3 Nehmen Sie mithilfe Ihres Schaubilds Stellung zur Leitfrage (S. 122 bis 127).

Braunkohleausstieg – ist der Braunkohleabbau bis 2038 noch tragbar?

Aus Klimaschutzgründen ist eine schrittweise Verringerung der Kohleverstromung ein erklärtes Ziel der Bundesregierung. Die **Kohlekommission** beschloss daher im Januar 2019 den Kohleausstieg in Deutschland bis spätestens 2038 und trägt damit auch den Zielen der **Pariser Klimakonferenz** Rechnung. Im Januar 2020 wurde im Rahmen einer Bund-/Länder-Einigung zum Kohleausstieg die Grundlage für ein Kohleausstiegsgesetz gelegt. Doch der Kohleausstieg sorgt für hitzige Diskussionen: Während die neue Bundesregierung Ende 2021 im Koalitionsvertrag beschloss den Kohleausstieg „idealerweise" auf 2030 vorzuziehen, gaben Energiekonzerne wie RWE bereits bekannt, dass im Zuge des Braunkohleausstiegs tausende Stellen wegfallen werden und der **Strukturwandel** in so kurzer Zeit nicht zu schaffen ist.

M1 Umfrage zum Braunkohleausstieg in Deutschland am 25.02.2019

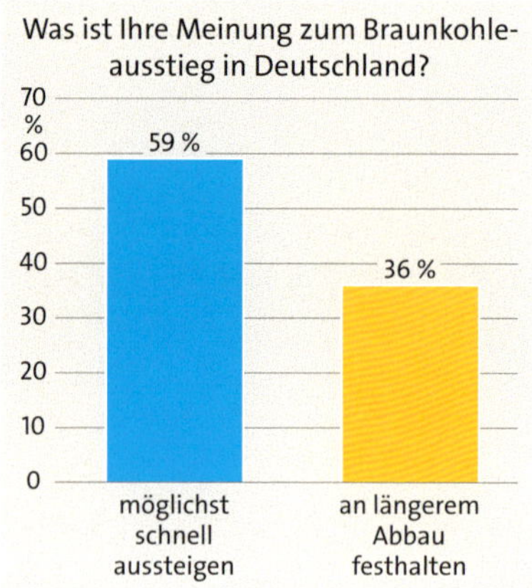

M2 Ausgewählte Eckpunkte des Braunkohleausstiegs

- regelmäßige Überprüfung des Fortschritts des Braunkohleausstiegs
- die Reste des Hambacher Forsts bleiben bestehen.
- Umsiedlungsmaßnahmen der Dörfer beim Tagebau Garzweiler werden fortgesetzt (nach Beschluss der NRW-Landesregierung 2016).
- Investitionen in den **Strukturwandel** der Regionen

M3 Lisa Göldner (Greenpeace)

„Um die Erderhitzung in beherrschbaren Bahnen halten zu können, sollte sich die Erde nicht um mehr als 1,5 Grad erwärmen – verglichen mit vorindustriellen Zeiten. Damit Deutschland einen fairen Beitrag zum Erreichen dieses Ziels leistet, muss bis spätestens 2030 Schluss sein mit der Kohleverstromung."

M4 BUND (Bund für Umwelt und Naturschutz Deutschland)

„Eine aktuelle Studie des Deutschen Instituts für Wirtschaftsforschung zeigt, dass mit einer Anpassung der ‚Fahrweise' der Tagebaue Garzweiler und Hambach die Zerstörung des Hambacher Waldes und weiterer noch bewohnter Ortschaften verhindert werden kann. Damit werden Berechnungen des BUND bestätigt."

M5 DEBRIV (Bundesverband Braunkohle)

„Deutschland steigt bis Ende 2022 aus der Kernenergie aus und hat den Steinkohlenbergbau im Jahr 2018 beendet. Braunkohle gewinnt vor diesem Hintergrund an energiewirtschaftlicher Bedeutung. Sie ist der einzige heimische Energieträger, der in ausreichender Menge und zu wettbewerbsfähigen Konditionen verfügbar ist."
„Klimaschutz und Braunkohle gehören zusammen. Braunkohlenkraftwerke sind flexibel. Sie können die schwankende Stromeinspeisung aus Wind und Sonne ausgleichen und das Netz stabil halten."

M6 Demonstration von Braunkohlebefürwortern

FACHBEGRIFFE

Kohlekommission (Kommission für Wachstum, Strukturwandel und Beschäftigung): Beratergremium zur Erarbeitung eines Plans zur schrittweisen Reduzierung und Beendigung der Braunkohleförderung und Kohleverstromung

Strukturwandel: Veränderung bestimmter Faktoren einer Wirtschaftsstruktur

M7 „Kohleausstieg und Strukturwandel"

www.cornelsen.de/codes/
Code: nopato

Exkursion – wir erkunden das Rheinische Braunkohlerevier

Vorbereitung und Planung

- **Thema und Zielsetzung:** Wenn das Thema der Exkursion formuliert ist, lassen sich daraus Ziele für die Exkursion ableiten. So kann sich eine Exkursion in das Rheinische Braunkohlerevier auf einzelne Aspekte des Braunkohlenabbaus beschränken oder alle Aspekte in den Blick nehmen.
- **Planung der Route und der Arbeitsaufträge:** Je nach Schwerpunktsetzung muss die Route für die Exkursion geplant, ein geeignetes Verkehrsmittel gewählt und müssen konkrete Arbeitsaufträge formuliert werden. Mögliche Fragen für die Planung: Welche Standorte bieten sich an? In welcher Reihenfolge sollen die Standorte besichtigt werden? Wie viel Zeit wird an den jeweiligen Standorten benötigt? Welche Arbeitsaufträge können an den Stationen bearbeitet werden? Wie sollen die Ergebnisse dokumentiert werden?

Durchführung der Exkursion

Die Exkursion wird nach dem ausgearbeiteten Ablauf durchgeführt.

- Achten Sie auf angemessene und wetterfeste Kleidung, denn die Exkursion wird größtenteils im Freien stattfinden. Denken Sie außerdem an die benötigten Materialien zur Dokumentation der Ergebnisse (z.B. ein Klemmbrett).
- Zum Sammeln der Ergebnisse bieten sich je nach Schwerpunktsetzung der Exkursion verschiedenartige Methoden an, z.B. die Kartierung eines umgesiedelten Ortes, eine Landschaftsskizze vom Tagebau, die Entnahme von Bodenproben, die Erstellung von Fotoreihen oder Erklärvideos oder die Durchführung von Interviews z.B. mit Umsiedlern, Landwirten, Umweltorganisationen oder Vertretern des Energiekonzerns RWE.
- Vor Ort werden originale Eindrücke gesammelt, diese thematisiert und miteinander verglichen.

Nachbereitung der Exkursion

- Die Ergebnisse der Exkursion werden ausgewertet, in geeigneter Form aufbereitet (z.B. in Form eines Exkursionsprotokolls, eines Plakats oder eines Kurzreferats) und präsentiert.
- Zum Schluss sollte eine geeignete Evaluation der Exkursion erfolgen: Was hat Ihnen an der Exkursion besonders gefallen? Was hat organisatorisch gut funktioniert und was ist ggf. verbesserungswürdig? Waren die Standorte sinnvoll gewählt? War die Art der Dokumentation der Ergebnisse sinnvoll? Was nehmen Sie für Erkenntnisse von der Exkursion mit?

Mögliche Exkursionsstationen

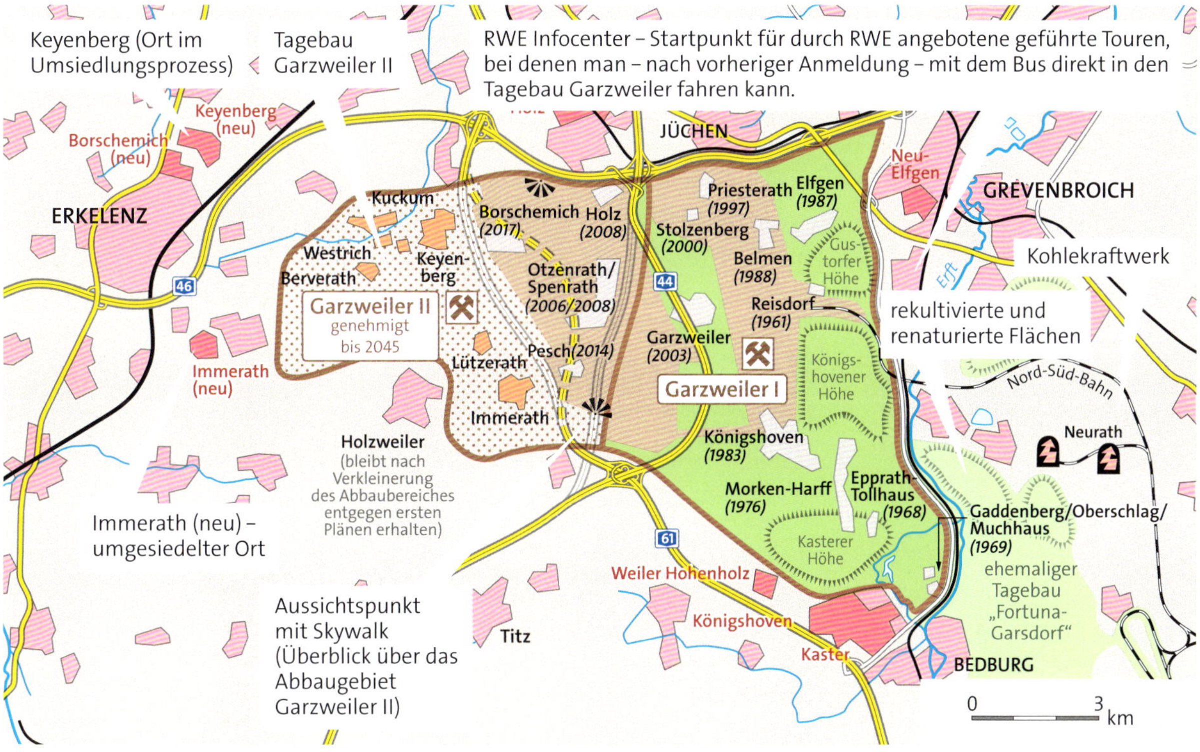

1 Beschreiben Sie die Entwicklung des deutschen Steinkohlenbergbaus unter besonderer Berücksichtigung des Ruhrgebietes (**M1** bis **M3**).

2 Erläutern Sie die aktuelle Bedeutung und möglichen Folgen des Energieträgers Steinkohle für Deutschland (**M1** bis **M3**).

3 Erstellen Sie ein Overlay zum Thema: „Das Ruhrgebiet – eine Seenlandschaft?“. Suchen Sie zunächst im Internet eine geeignete Karte und präsentieren Sie mithilfe der Transparenzfunktion die räumlichen Ausmaße, wenn das Grundwasser nicht mehr abgepumpt würde. Bestimmen Sie auch die ungefähre Fläche der Seen mit der Polygon-Funktion (MK).

4 Kennzeichnen Sie die Bedeutung des Energieträgers Steinkohle für die VR China, USA, Indonesien und Indien (**M4** bis **M6**).

5 Erläutern Sie die CCS-Technik. Informieren Sie sich auch über den aktuellen Stand der Technik (**M7**).

6 Nehmen Sie Stellung zum Thema: „Steinkohle – Brückentechnologie oder unbezahlbarer Klimakiller?“ (**M4** bis **M7**).

Steinkohle – Ende eines Zeitalters?

M1 Der Bundespräsident Steinmeier am Tag des Kohleausstiegs in der Zeche Prosper-Haniel in Bottrop

Glück auf und vorbei – am 21. Dezember 2018 wurde die Steinkohlenförderung in der letzten deutschen Zeche endgültig eingestellt. Damit wurde ein EU-Ratsbeschluss aus dem Jahr 2011 umgesetzt, der eine Beendigung des subventionierten Steinkohlenbergbaus vorsah. Aufgrund der immer schwierigeren geologischen Bedingungen war der Steinkohlenbergbau in Deutschland seit den 1960er-Jahren ohne Subventionen auf dem Weltmarkt nicht wettbewerbsfähig. Mit dem Jahr 2018 endete ein ehemals bedeutsamer Wirtschaftszweig im Ruhrgebiet, der die Industrialisierung in Deutschland erst ermöglichte. Die Steinkohlenförderung begann im Jahr 1834 an der Ruhr. 1857 gab es 296 Zechen, die bereits rund 3,8 Mio. Tonnen Steinkohle förderten.
Somit wird die Steinkohle zukünftig bei der Stromerzeugung und in den Stahlwerken komplett durch Importkohle ersetzt. 2020 wurden noch 7,3 Prozent des deutschen Stromes mit Steinkohle erzeugt.

Brückentechnologie
Manche Experten sehen die Steinkohle als „Brückentechnologie“, da sie einen sicheren Übergang in das Zeitalter der erneuerbaren Energien ermöglicht. Die Steinkohle verfügt über eine enorme Reichweite, ist leicht zu transportieren und im Preis relativ stabil. Mit der CCS-Technik (vgl. **M7**) wäre die Verbrennung von Steinkohle nahezu CO_2-frei.

M2 Noch lange ist nicht Schicht im Schacht

Durch den Abbau der Kohlenflöze kam es großflächig zu Absenkungen bis zu 20 Meter, sodass größere Bereiche des Ruhrgebietes heute tiefer liegen als der Rhein. Würden nicht Pumpanlagen das Oberflächenwasser abführen, würde das Ruhrgebiet zu einer Seenlandschaft volllaufen. Zugleich steigt nach der Schließung eines Bergwerks das salzhaltige und oft verunreinigte Grubenwasser aus der Tiefe auf. Dieses könnte nicht nur unser Trinkwasser verunreinigen, sondern auch Schichten erreichen, die im nassen Zustand aufquellen, die Oberfläche anheben und neue Bergschäden anrichten. So schaffen jedes Jahr die Pumpen im Ruhrgebiet zirka 700 Millionen Badewannenfüllungen an die Oberfläche und leiten sie in die Zuflüsse des Rheins. Einige hundert Beschäftigte werden sich langfristig um die Abwicklung und die Folgeschäden kümmern. Die RAG-Stiftung rechnet mit jährlichen Ewigkeitslasten von 220 Millionen Euro.

M3 Steinkohlenförderung und Beschäftigte in Deutschland und im Ruhrgebiet

	1957	1985	2010	2018
Steinkohlenförderung (in Mio. t)	149,4	81,8	12,9	2,6
davon im Ruhrgebiet	123,2	62,0	9,6	1,8
Steinkohlenimporte (in Mio. t)	k. A.	13,4	44,6	41,1
Anzahl der Betriebe	173	34	6	2
Beschäftigte im deutschen Steinkohlenbergbau	607 300	166 200	24 200	4125
davon im Ruhrgebiet	438 300	124 700	18 600	3370

Nach: Statistik der Kohlenwirtschaft e. V.

FACHBEGRIFFE
Subvention: Leistung (z. B. eine Direktzahlung oder Steuererleichterung) aus öffentlichen Mitteln an Unternehmen
Öläquivalent (ÖE): Maßeinheit für die Energiemenge die beim Verbrennen von einem Kilogramm Erdöl freigesetzt wird. Dies entspricht ca. 1,2 kg Steinkohle.

M4 Weltweite Steinkohlereserven, -förderung, -verbrauch und -export 2018

Land	Anteil an den weltweiten Steinkohlereserven	Förderung in Mio. t (Anteil an Gesamtförderung in %)	Verbrauch in Mio. t (Anteil an Gesamtverbrauch in %)	Export in Mio. t (Anteil am Gesamtexport in %)
Weltweite Gesamtmenge (in Mio. t)	715 569	6702	6274	1293
USA	31,1 %	594 (9,4 %)	548,7 (8,7 %)	54,7 (4,2 %)
China*	17,7 %	3103 (49,3 %)	3349,4 (53,4 %)	8,7 (0,7 %)
Indien	12,6 %	663 (10,5 %)	852,9 (13,6 %)	0,7 (0,1 %)
Russland	9,8 %	312 (5,0 %)	168,7 (2,7 %)	144,8 (12 %)
Australien	9,6 %	444 (7,1 %)	51,8 (0,8 %)	371,5 (30,8 %)
Indonesien	2,5 %	396 (6,3 %)	30,5 (0,5 %)	351,0 (29,1 %)
Deutschland**	0,0001 %	4,1 (0,1 %)	56,9 (0,9 %)	0,3 (0,0002 %)

** Die VR China importierte 2018 zusätzlich rund 256 Mio. t Steinkohle ** Deutschland importierte 2018 rund 53,1 Mio. t Steinkohle.*

Quelle: UBA auf Basis der BGR Energiestudie 2019, Hannover 2020

M5 Weltweite Bedeutung der Steinkohle

[...] Mit 42 Milliarden Tonnen CO_2 stieß die Menschheit 2018 so viel Treibhausgas wie nie zuvor aus [...]. Doch sind nicht nur die aktuellen Emissionen auf einem Rekordhoch, sondern auch die für die Zukunft schon feststehenden Emissionen. [...]
Seit Anfang des Jahrtausends haben vor allem China und Indien die feststehenden Emissionen nach oben getrieben, befeuert vom Bau zahlloser neuer Kohlekraftwerke. Dort ist der Bestand fossiler Kraftwerke mit einem Alter von durchschnittlich elf bis zwölf Jahren auch relativ jung, was lange Restlaufzeiten mit sich bringt. [...]
Zugleich investieren jedoch viele Entwicklungs- und Schwellenländer verstärkt in Kohleenergie [...]. So könnten sich [...] in der Türkei die Emissionen aus Kohlekraftwerken bis 2030 vervierfachen, in Vietnam fast verzehnfachen. Auch Indonesien will die Energieerzeugung mit Kohle massiv ausweiten.

U.a. nach Christoph von Eichhorn: Erderwärmung Geplante Kraftwerke sprengen Klimaziele, In: Süddeutsche Zeitung vom 1.7.2019

M6 Der Energiemix ausgewählter Länder

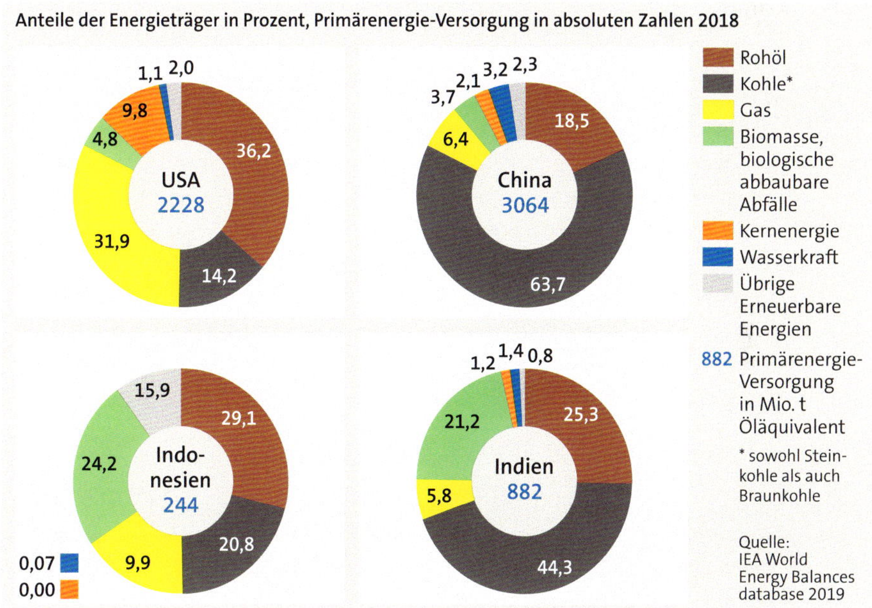

M7 Die CCS-Technik

CCS steht für [...] „Carbon Capture and Storage", das heißt die Abscheidung von Kohlenstoffdioxid in Kraftwerken oder Industrieanlagen und die nachfolgende Speicherung in tief liegenden geologischen Gesteinsschichten.
Durch diese kostenintensive Technik könnten die bei der Verstromung fossiler Energieträger sowie in CO_2-intensiven Wirtschaftszweigen anfallenden CO_2-Emissionen deutlich reduziert werden. Nach überwiegender Meinung von [...] Experten sind die kostenintensiven CCS-Technologien [...] notwendig, um die hohen CO_2-Emissionsminderungsziele von 85–90 Prozent bis zum Jahre 2050 in den Industrienationen zu erreichen. [...]
Bei der Verstromung von Steinkohle stehen derzeit die Wirkungsgradsteigerung der Kraftwerke sowie die weitere Entwicklung und großtechnische Erprobung der CCS-Technologien im Focus.
Bis zu einer marktfähigen Großanlage wird es noch einige Jahre dauern.

Nach: https://www.bmwi.de/Redaktion/DE/Artikel/Industrie/weitere-entwicklung-ccs-technologien.html

1 Kennzeichnen Sie die Verwendung und Bedeutung von Erdgas für Deutschland (**M1**, **M3**).

Erdgas – Brückentechnologie im geopolitischen Fadenkreuz

2 Stellen Sie das Projekt „Nord Stream 1 + 2" vor (**M1** bis **M5**).

3 Erörtern Sie die Aussage: „Durch Nord Stream 2 wird Deutschland immer abhängiger von Russland" (**M1** bis **M5**).

4 Erklären Sie die Vor- und Nachteile der Verwendung von verflüssigtem Erdgas LNG (**M6** bis **M8**).

5 Nehmen Sie Stellung zur Aussage: „Erdgas ist die Brückentechnologie ins regenerative Zeitalter" (**M5**, **M9**, **M10**).

In rund 50 % der deutschen Wohnungen wurde 2020 mit Erdgas geheizt. Erdgas ist aber noch vielseitiger einsetzbar und hat im Vergleich zu anderen fossilen Energieträgern niedrige CO_2-Emissionen. Das deutsche Erdgas wird hauptsächlich in Niedersachsen gefördert. Da die inländischen Fördermengen nicht ausreichen, wird der größte Teil an Erdgas importiert. Bisher gelangt das Erdgas über Pipelines nach Deutschland. In der EU gibt es bereits 27 große LNG-Anlandeterminals, 9 weitere sind in Planung. In Deutschland wird der Bau eines LNG-Terminals diskutiert. Am LNG-Terminal sollen LNG-Schiffe aus der ganzen Welt ihr verflüssigtes Erdgas anlanden können.
Der Erdgasverbrauch entsprach 2020 einem Anteil von 26,6 % am gesamten deutschen Primärenergieverbrauch. Die globale statistische Reichweite von Erdgas wird zurzeit auf etwa 60 Jahre geschätzt.

M1 Deutschlands Erdgasversorgung und -verbrauch 2020

Gas-importe	859 Mrd. kWh (93,5 %)
Inländische Erdgas-förderung	50 Mrd. kWh (5,4 %)
Biogas	10 Mrd. kWh (1,1 %)

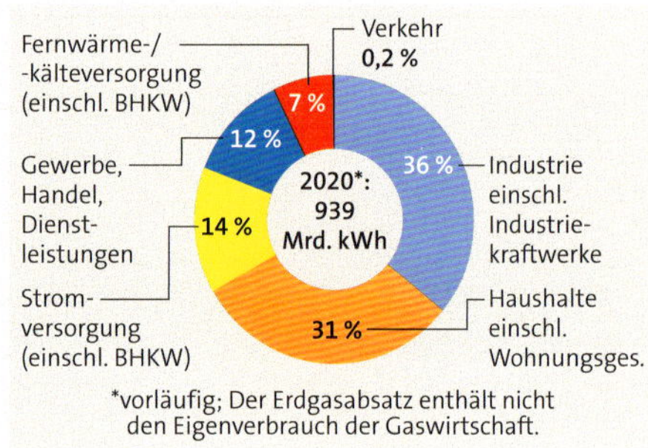

M2 Verlauf von Nord Stream 1 und 2

M3 Herkunftsländer der Erdgasimporte Deutschlands 2020

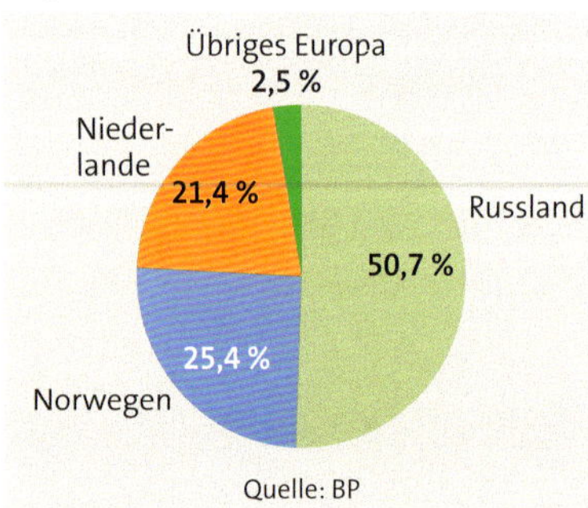

M4 Nord Stream 1 und 2

Millionen Haushalte in Europa werden mit Erdgas aus Westsibirien versorgt.
Mit Nord Stream 1 wurde 2011 das erste Röhrenpaar der 1230 Kilometer langen Gaspipeline durch die Ostsee fertiggestellt und liefert seit 2012 jährlich rund 55 Milliarden Kubikmeter russisches Erdgas nach Europa. Ende 2021 wird die dann fertiggestellte Nord Stream 2 die Kapazität verdoppeln.
Die statische Reichweite des russischen Erdgases wird mit 128 Jahren angegeben.

Nach Informationen des BMWi und des Handelsblatts 2021 zusammengestellt

FACHBEGRIFFE

Eine Milliarde Kilowattstunde (**Mrd. kWh**) ist die Energiemenge, die bei einer Leistung von 1 Mrd. Kilowatt innerhalb von einer Stunde umgesetzt wird.
LNG (liquefied natural gas): die Abkürzung für verflüssigtes Erdgas.
Kraft-Wärme-Kopplungsanlage: in ihr wird die neben Strom anfallende Wärme genutzt.
Biogas: entsteht durch die Vergärung von Biomasse jeder Art.

M5 Kritik an Nord Stream 2

Gegen Nord Stream 2 führt Polen einen Feldzug [...]. Warschau argumentiert damit, dass die Pipeline der Ukraine Milliarden von Transitgebühren rauben werde. Tatsächlich will Polen selbst zu einer Energiedrehscheibe werden. [...] Die USA wiederum wollen Nord Stream 2 nicht, um Russland zu schaden und selbst Flüssiggas nach Europa zu liefern. [...] Mit dabei auch Italien, das selbst gern russisches Gas über Südeuropa importiert hätte. Schließlich geht es auch um Klimaschutz - und die Frage, ob neue Gasleitungen nicht noch tiefer in die fossile Welt steuern.

Quelle: Thumann, Michael: Gerhard Schröders Kuckucksei, Zeit online vom 08.02.2019

M6 LNG-Tanker Galea (Länge: 290 m, Transport von 135 269 m³ Flüssiggas)

M7 US-Flüssiggas

Brüssel (dpa). [...] Nach einem Deal mit US-Präsident Donald Trump im Handelsstreit hat die Europäische Union ihren Import an US-Flüssiggas seit Juli 2018 um 272 Prozent gesteigert. [...] Insgesamt waren es also seit Anfang 2016 rund 10,4 Milliarden Kubikmeter. Gemessen am gesamten EU-Gasverbrauch von rund 480 Milliarden Kubikmetern pro Jahr ist das wenig. „Es ist durchaus sinnvoll, stärker auf Flüssiggas zu setzen, aber das amerikanische Frackinggas ist sehr teuer und umweltschädlich, und das widerspricht den Umweltzielen Europas“, sagte die deutsche Energieexpertin Claudia Kemfert [...]. „Auf dem freien Markt gibt es zahlreiche Anbieter, und die sind auch häufig preiswerter.“ Große LNG-Exporteure sind nach EU-Angaben zum Beispiel Katar, Nigeria oder Algerien.

Quelle: dpa-Newskanal in Süddeutsche Zeitung: US-Flüssiggas: EU steigert Importe kräftig, vom 2. Mai 2019

M8 Transport von LNG

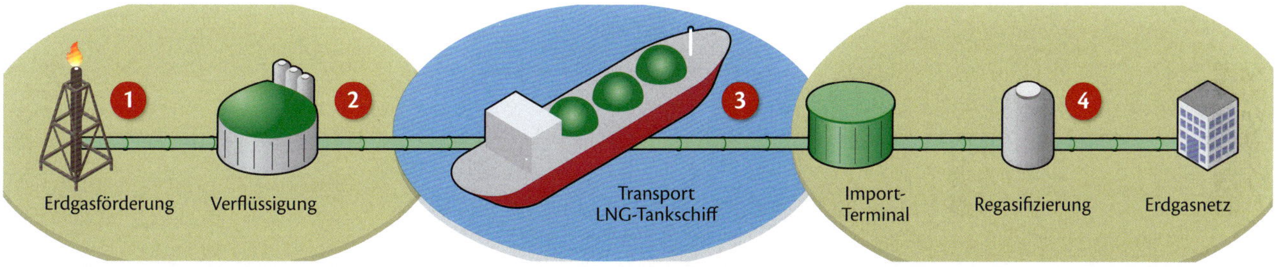

1. Das geförderte Erdgas wird über eine Pipeline zur Verflüssigungsanlage transportiert.
2. In der Verflüssigungsanlage wird das Erdgas auf –161 °C heruntergekühlt. Dadurch verringert sich das Volumen auf ein Sechshundertstel. Für die Verflüssigung werden bis zu 25 % der im Erdgas enthaltenen Energie aufgewendet.
3. Das verflüssigte Erdgas (LNG) wird in die Tanks eines LNG-Transportschiffs gepumpt und in den Zielhafen transportiert. Die Schiffsmotoren nutzen LNG als Antriebsenergie.
4. Im Zielhafen wird das LNG aus dem Transportschiff abgepumpt und nach der Erwärmung als Erdgas in das Erdgasnetz eingespeist.

Nach: bdew.: LNG: flüssiges Erdgas – Neue Importquellen und vielfältige Möglichkeiten. Berlin, 9/2017

M9 Erdgas – die Brückentechnologie

1. Erdgas emittiert etwa halb so viel CO_2 wie Kohle und 25 Prozent weniger als Heizöl.
2. Gaskraftwerke können die Stromschwankungen bei erneuerbaren Energien ausgleichen, da sie flexibel regelbar, aber auch grundlastfähig sind (Stromerzeugung rund um die Uhr).
3. Erdgas eignet sich für den Einsatz in Anlagen mit Kraft-Wärme-Kopplung. KWK-Anlagen sind hoch effizient, dadurch klimafreundlicher als herkömmliche Kraftwerke und verringern Brennstoffkosten und Importabhängigkeit.

Basierend auf: Bundesverband Erdgas, Erdöl und Geoenergie e.V.

M10 Hohe Methan-Emissionen

[...] Erdgas sei zwar CO_2-ärmer als beispielsweise Kohle, verursache aber hohe Methanemissionen, heißt es in einer Studie der Energy Watch Group [...]. Fürs Klima wäre dies enorm schädlich. Denn jedes Methanmolekül erwärmt die Luft vielfach stärker als Kohlenstoffdioxid [...].
Der Methanausstoß durch Erdgas sei zudem weit drastischer, als offizielle Angaben glauben machen, heißt es in der Studie weiter. [...] Unterm Strich könnte sich der Treibhauseffekt des Energiesektors um bis zu 40 Prozent erhöhen, wenn der Strom- und Wärmesektor von Kohle und Öl auf Erdgas umgestellt würde. [...]

Quelle: Spiegel online, http://bit.ly/2Vqni4B, ssu vom 13.09.2019

1 Erläutern Sie, wie es zu Zugewinnen an Erdgas-Reserven kommen kann (vgl. S. 119, **M5**).

2 Beschreiben Sie, was man unter dem Begriff „Fracking“ versteht, und erklären Sie, wie das Verfahren – in Abgrenzung zur konventionellen Förderung – funktioniert (**M1**, **M3**).

3 Kennzeichnen Sie die Bedeutung des Erdgas-Frackings für die USA (**M2**, **M4** bis **M6**).

4 Nehmen Sie Stellung zur Leitfrage, indem Sie Argumente der Befürworter und Gegner mit einbeziehen (**M1** bis **M8**, MK Internet).

Fracking in den USA – zukunftsfähige Verlängerung des fossilen Zeitalters?

Laut aktuellen Schätzungen belaufen sich die weltweiten Erdgasressourcen auf ca. 628 Billionen m^3. Etwa 50 % davon kommen in unkonventionellen Lagerstätten vor. Die globalen Erdgasreserven dagegen belaufen sich auf ca. 199 Billionen m^3, wobei der Anteil der Erdgasreserven in unkonventionellen Vorkommen unter 5 % liegt. Um dieses **unkonventionelle Erdgas** zu gewinnen, wird das sogenannte „Fracking“-Verfahren angewendet. Entwickelt und erstmals eingesetzt wurde es vor mehr als 50 Jahren auf konventionellen Erdgasfeldern, um die Förderrate zu erhöhen. Später konnten aber auch unkonventionelle Lagerstätten erschlossen werden. Nicht-konventionelles Erdgas findet sich vorrangig in Schiefergas, gefolgt von Kohleflözgas. Schiefergas (Englisch: ***shale gas***) ist normales Erdgas, welches in dichten Tonsteinschichten enthalten ist. Vor allem in den USA, der größten Volkswirtschaft der Welt, in der derzeit auch die größten Schiefergasreserven der Welt ausgewiesen werden, setzt man auf Fracking. Die Schiefergasreserven lagen dort Ende 2016 bei fast 6 Billionen m^3, ein deutlicher Zuwachs um fast 1 Billion m^3 gegenüber dem Vorjahr. Schiefergas hat dort mittlerweile einen Anteil von über 65 % an den Gesamtreserven.

M1 Erdgasgewinnung durch Fracking

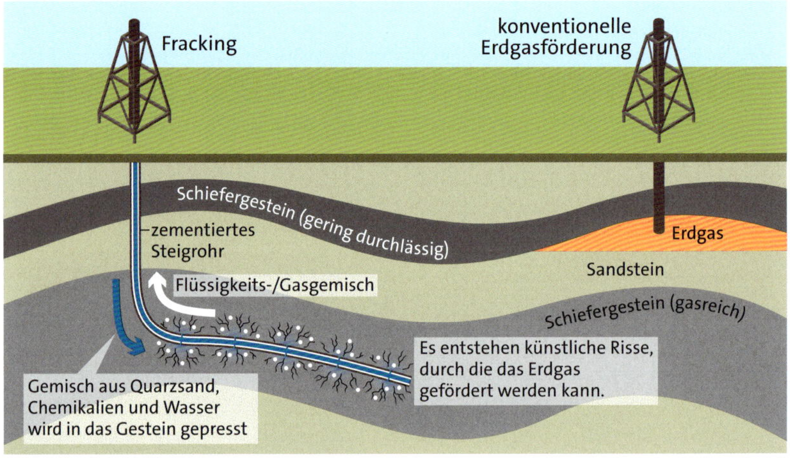

Der Primärenergieverbrauch an Erdgas in den USA stieg in den letzten 15 Jahren um 34,5 % auf 848,3 Mrd. m^3. Im gleichen Zeitraum hat der Kohleverbrauch um 16 % abgenommen (über 100 Mio. t).

M2 Erdgasexporte der USA

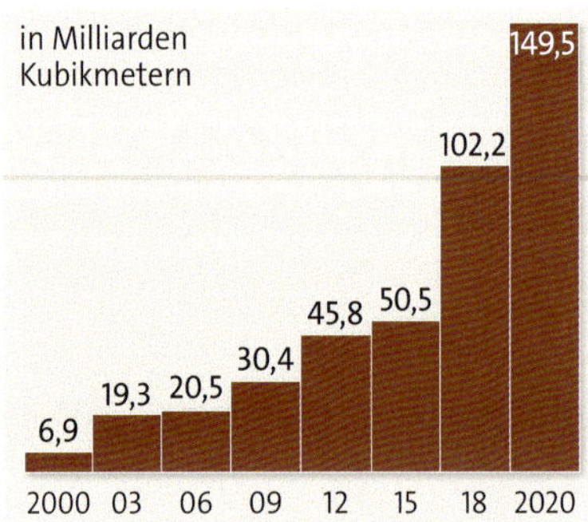

Quelle: U.S. Energy Information Administration

M3 Hydraulic Fracturing (Fracking)

[...] Hinter dem Begriff Fracking verbirgt sich eine Technik zur Erschließung unterirdischer Lagerstätten. Sie wird angewendet, um die Durchlässigkeit von Gesteinen zu steigern und dadurch die Förderung von Erdgas, Erdöl und geothermischer Energie zu verbessern oder in manchen Fällen überhaupt erst zu ermöglichen. Dazu wird das Gestein durch Einpressen einer Flüssigkeit unter hohem Druck aufgebrochen. Dabei werden kontrolliert künstliche Risse („Fracs“) erzeugt bzw. erweitert. Die Frac-Flüssigkeit besteht überwiegend aus Wasser, dem bei Bedarf Stützmittel und chemische Begleitstoffe hinzugefügt werden können, [...] um den Riss offen zu halten oder z. B. der Vermehrung von Bakterien in der Lagerstätte vorzubeugen.

Quelle: Bundesanstalt für Geowissenschaften und Rohstoffe, Hannover

FACHBEGRIFFE

unkonventionelles Erdgas: befindet sich in Lagerstätten, in denen das Erdgas nicht von sich aus in die Bohrung strömt, sondern im Untergrund gebunden ist und erst durch technische Maßnahmen gelöst werden muss; z. B. an Feststoffe gebundenes Gas (Schiefergas, Kohleflözgas)

M4 Fracking-Bohrlöcher in den USA nach Bundesstaaten

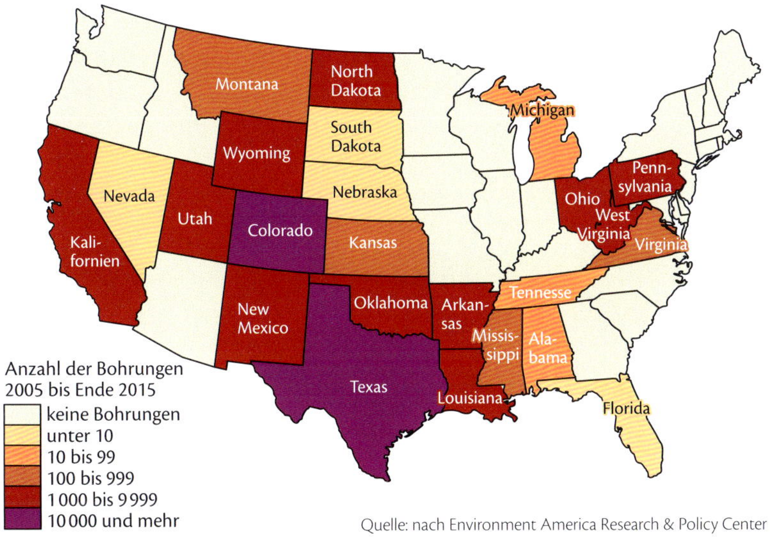

Quelle: nach Environment America Research & Policy Center

M5 Geostrategische Bedeutung des Frackings für die USA

Der Frackingboom erleichtert dem US-Präsidenten Donald Trump seine aggressive Außen- und Handelspolitik […]. Trump konnte den Nukleardeal mit dem Iran kündigen und Sanktionen gegen den drittgrößten OPEC-Produzenten verhängen, ohne höhere Ölpreise und damit einen Dämpfer für die US-Wirtschaft zu fürchten. Er konnte bei den Verhandlungen über ein neues Freihandelsabkommen mit Kanada härter auftreten als seine Vorgänger, weil die USA nicht mehr auf kanadisches Erdgas angewiesen sind. Und er kann Saudi-Arabien und Russland unter Druck setzen, deren Staatshaushalte am Energieexport hängen.

Quelle: Buchter, Heike: Die neue Ölmacht. Zeit Online vom 12. Dezember 2018

M6 Erdgasförderung und Ressourcen 2018

Land	Erdgasförderung (in Mrd. m³)	Ressourcen (in Mrd. m³)	davon Schiefergas
Russische Föderation	725,5	145 200	9 500
China	176,0	63 400	22 000
USA	863,0	65 531	17 276
Kanada	172,7	26 801	16 230
Australien	131,1	31 687	11 756
Algerien	95,6	26 720	20 020
Saudi-Arabien	112,1	25 664	5 664
…			
Deutschland	7,2	1 360	800
Welt	**3999,7**	**628 979**	**202 976**

Quelle: Bundesanstalt für Geowissenschaften und Rohstoffe: BRG Energiestudie 2019

M7 Potenzielle Umweltauswirkungen und Gefahren (Auswahl)

- direkte und indirekte Luftverschmutzung (an Bohrstellen und durch zusätzliche Verkehrsbelastung)
- Verbrauch großer Wassermengen für Frack-Flüssigkeit
- „Verpressung": Einpressung von Abwässern durch alte Bohrungen in tiefe Lagerstätten oder Grundwasserleiter
- Kontamination von Grund- und Oberflächenwasser durch Frack-Flüssigkeit mit Chemikalien
- Auslösung kleiner Erdbeben durch Verpressung
- erhöhte Methanemissionen bei der Förderung

Zusammengestellt nach: Spektrum und Spiegel Online

M8 Proteste in Denver 2017

→ *Zusatzinformation zum Fracking*

www.cornelsen.de/codes/
Code: nowuho

1 Beschreiben Sie die regionale und globale Bedeutung von Erdöl (**M1**, **M3**).
2 Lokalisieren Sie die sechs Staaten mit den höchsten Erdölreserven und -fördermengen (**M4**).
3 Erklären Sie die Aussage: „Korrekt wäre für die Ölreserven aber die Umrechnung in Barrel Öläquivalente“ (**M2**).
4 Erläutern Sie, wieso die in **M4** genannten Ereignisse den Rohölpreis beeinflusst haben, wenn in der Regel der Grundsatz gilt: „Angebot und Nachfrage bestimmen den Preis“.
5 Recherchieren Sie mögliche Ursachen und Folgen der aktuellen Ölpreisentwicklung und erläutern Sie diese (MK Internet).
6 Beurteilen Sie die Szenarien der zukünftigen Rohölnachfrage (**M5**, **M6**).
7 Erörtern Sie die im Thema formulierte Frage: „Erdöl – unverzichtbarer Treibstoff der Weltwirtschaft?“ (**M1** bis **M6**).

Erdöl – unverzichtbarer Treibstoff der Weltwirtschaft?

Erdöl ist ein wichtiger Rohstoff und Energieträger zu gleich. Sicher ist, dass Erdöl endlich ist, unsicher ist aber der Zeitpunkt. Die Internationale Energie Agentur (IEA) erwartet um 2022 den **Peak-Oil** und danach eine zunehmende Unterversorgung an Erdöl. Dann könnten sich aber die teurere und aufwändigere Förderung von unkonventionellem Erdöl wie den Schwerölen (in Venezuela), den Ölsanden (in Kanada), der Ölförderung aus der Tiefsee (etwa vor Brasilien und Nigeria) und in arktischen Regionen rechnen. Aufgrund seiner vielfältigen Anwendungsmöglichkeiten und der relativ leichten Transportmöglichkeiten ist Erdöl der wichtigste gehandelte Rohstoff weltweit. 1960 gründete sich die Organisation erdölexportierender Länder (**OPEC**), um den Welthandel bestimmen zu können. Seitdem beeinflussen unterschiedliche Faktoren die Preisbildung von Erdöl. Mit der intensiven Erdölförderung in den USA durch Fracking veränderte sich die weltweite Marktsituation. Seit 2016 versucht die **OPEC-Plus** wieder mehr Einfluss auf den Erdöl-Markt zu bekommen. Die niedrigen Erdölpreise führten aber auch zu geringen Investitionen im Ölsektor, sodass zur Zeit kaum neue Förderprojekte erschlossen werden.

M1 Aus einem Barrel Rohöl können ... hergestellt werden

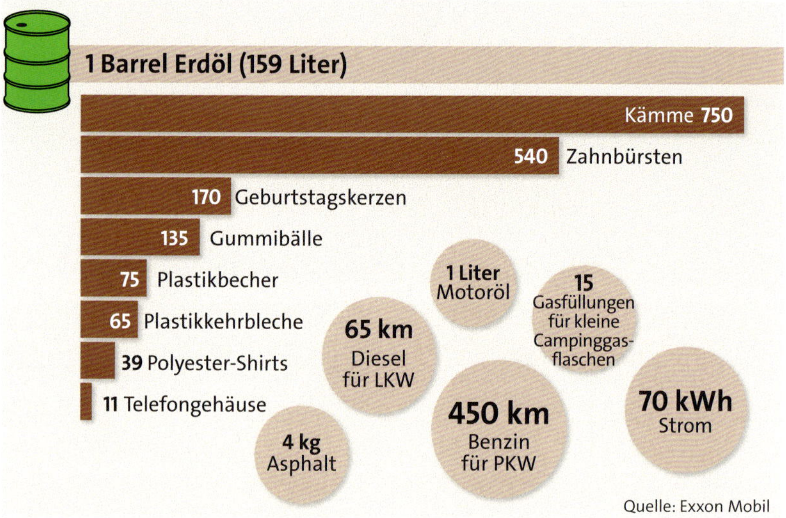

Quelle: Exxon Mobil

M2 Öl ist nicht gleich Öl

2020 werden täglich etwa 100 Millionen Barrel Öl pro Tag verbraucht. Doch die Ölreserven scheinen unaufhaltsam zu steigen. Schaut man genauer hin, werden zahlreiche minderwertige Ölsorten und Öl-Ersatzstoffe einfach zum hochwertigen Erdöl addiert. So ist das von US-Frackern geförderte „Light Tight Oil“ (leichtes Öl) keine echte Konkurrenz zu dem qualitativ deutlich höherwertigen Öl aus dem Mittleren Osten. Allein der Energiegehalt von leichtem Öl liegt 20 bis 30 Prozent niedriger. Zwar fördern die USA große Mengen an leichtem Öl, benötigen für ihre Raffinieren aber große Mengen an höherwertigem Öl, welches importiert werden muss.
Meist werden Ölmengen in Barrel angegeben. Korrekt wäre aber die Umrechnung in Barrel **Öläquivalente**. Die Menge des tatsächlichen Ölangebots würde dann deutlich zusammenschmelzen.
Aber auch die mittel- und langfristige Verfügbarkeit der einzelnen Ölsorten ist keinesfalls einheitlich. So hatten die leicht zu fördernden konventionellen Öle hoher Qualität schon im Jahr 2005 ihr Peak-Oil erreicht und befinden sich inzwischen in einem kontinuierlichen Rückgang. Der Boom von Schieferöl aus der US-Frackingindustrie hat diesen Rückgang vorübergehend verdeckt.

Basierend auf: www.klimaretter.info

FACHBEGRIFFE

Peak-Oil: Zeitpunkt, an dem die weltweite Ölproduktion ihr Maximum erreicht und dann zurückgeht
OPEC: 2021 gehörten 13 erdölexportierende Länder der Organisation an.
OPEC-Plus: Die OPEC arbeitet mit 8 weiteren ölfördernden Ländern zusammen.
Öläquivalent: auch Rohöleinheit (RÖE), bezeichnet die Energiemenge, die bei der Verbrennung von einem Kilogramm Erdöl freigesetzt wird
Petrochemie: stellt chemische Produkte aus Erdöl und Erdgas her

M3 Rohölexport, -import und -verbrauch

Rohölexporte 2020

Rang	Land / Region	Mio. t	Anteil in %
1	Saudi-Arabien	398	12,4
2	USA	395	12,3
3	Russische Föd.	367	11,5
4	Kanada	220	6,9
5	West-Afrika	211	6,6
6	V. Arab. Emirate	210	6,6
7	Irak	192	6,0
8	Süd- und Mittelamerika	171	5,3
	Welt	**3204**	**100,0**

Nach: BP Statistical Review of World Energy 2021

Rohölimporte 2019

Rang	Land / Region	Mio. t	Anteil in %
1	China	506	21,8
2	USA	338	14,6
3	Indien	224	9,7
4	Japan	148	6,4
5	Korea, Rep.	146	6,3
6	Deutschland	86	3,7
7	Spanien	66	2,9
8	Italien	63	2,7
	Welt	**2317**	**100,0**

Nach: BGR 2020: BGR Energiedaten 2019

Rohölverbrauch 2020

Rang	Land / Region	Mio. t	Anteil in %
1	USA	898	21,1
2	China	645	15,3
3	Indien	219	5,2
4	Saudi-Arabien	150	3,5
5	Japan	148	3,5
6	Russische Föd.	146	3,5
7	Brasilien	130	3,1
8	Korea, Rep.	119	2,8
10	Deutschland	97	2,2
	Welt	**4229**	**100,0**

Nach: BP Statistical Review of World Energy 2021

M4 Förderung, Reserven und Preisentwicklung von Rohöl

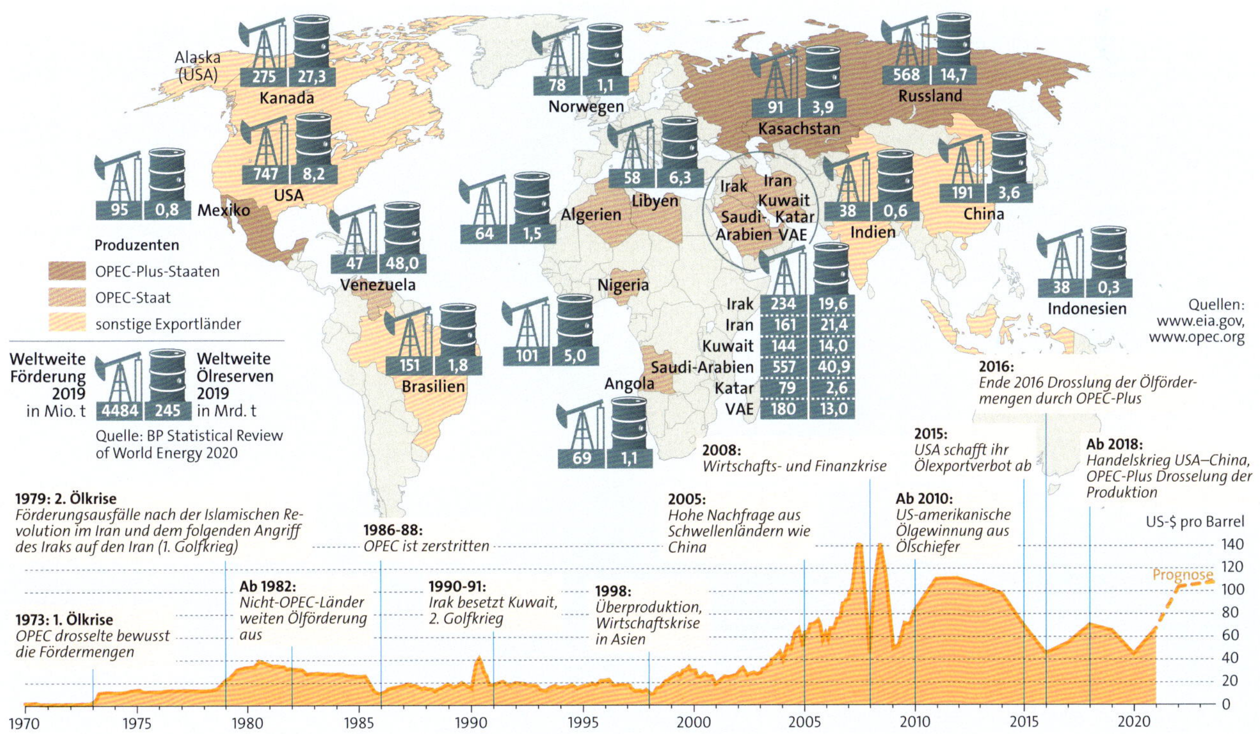

M5 Nicht nur CO_2-Emissionen

Während man Tankerunfälle durch strengere Vorschriften und Schadstoffemissionen durch Filter drastisch reduzieren könnte, funktioniert dies bei klimaschädlichen CO_2-Emissionen nicht. Kein anderer Energieträger schadet dem Klima so sehr wie Öl. So steuert Öl jährlich rund 17 Mrd. t CO_2 zur Erderwärmung bei. Das entspricht etwa 42 % des globalen CO_2-Ausstoßes. Dabei ist der Verkehr für 26 % der globalen CO_2-Emissionen verantwortlich. Der „Energieausblick 2021" von BP geht u. a. davon aus, dass der globale Energiebedarf bis 2040 um rund 30 % steigt. Dabei erhöht sich zunächst auch die Nachfrage nach Öl. Zugleich steigen die globalen CO_2-Emissionen bis 2040 um 7 %. Dann werden der Verkehr ca. 60 % und die Petrochemie über 15 % des Öls verbrauchen.

Nach verschiedenen Quellen

M6 Szenario zur weltweiten Ölnachfrage in ausgewählten Sektoren (in Mio. Barrel pro Tag)

	2014	2040
Energiewirtschaft	5,3	2,8
Transport (Straßen-, Flug- und Schiffsverkehr)	49,5	60,4
Petrochemie	11,5	17,2
Andere Industrie	4,9	5,2
Gebäude (u.a. Heizung)	7,6	5,8

Quelle: IEA WEO 2015, Paris 2015

1 Lokalisieren Sie das Nigerdelta und beschreiben Sie seine wirtschaftliche Nutzung (Pilotkarte, **M3**, Atlas oder Google Earth).
2 Charakterisieren Sie die Wirtschaftsstruktur von Nigeria unter besonderer Berücksichtigung des Energiesektors (**M1**, **M2**, **M7**).
3 Erklären Sie die Vielzahl der Gegensätze in Nigeria (**M1**, **M2**, **M4** bis **M6**).
4 Erläutern Sie die Bedeutung der Ölwirtschaft für Nigeria (**M2**, **M4** und **M7**).
5 Kennzeichnen Sie die ökologischen Folgen der Erdölförderung im Nigerdelta (**M3**, **M4** und **M8**).
6 Erstellen Sie ein Wirkungsgefüge zur Leitfrage „Erdölreichtum in Nigeria – ein Garant für Wohlstand?“ (**M1** bis **M9**, S. 201).
7 Nehmen Sie mithilfe Ihres Wirkungsgefüges Stellung zur Leitfrage.

Erdölreichtum in Nigeria – ein Garant für Wohlstand?

Vielvölkerstaat
Nigeria ist das bevölkerungsreichste Land Afrikas und verfügt nach Südafrika über die zweitgrößte Volkswirtschaft des Kontinents.
Der Vielvölkerstaat mit über 420 **Ethnien** ist wegen seiner ethnischen, religiösen, sozialen und räumlichen Gegensätze nur schwer regierbar. Im Norden Nigerias haben 12 Bundesstaaten die **Scharia** als Strafrecht eingeführt und es kommt wiederholt durch die islamistische Gruppe Boko Haram („Westliche Bildung ist Sünde“) zu Terroranschlägen. Im Nigerdelta verlangen militante Widerstandsgruppen von den Ölkonzernen hohe Entschädigungen für die dortige Umweltverschmutzung und von der Zentralregierung die Kontrolle über das Erdöl. Der Staatsapparat verschärft diesen Konflikt noch.

Wirtschaft
Die Wirtschaft Nigerias ist wenig **diversifiziert**. Nigeria verfügt über einen hohen Anteil an landwirtschaftlicher Nutzfläche. Der lange Zeit vernachlässigte und von Subsistenzwirtschaft geprägte Agrarsektor ist nicht in der Lage, die eigene Bevölkerung zu ernähren. So wurden 2020 für 4 Mrd. US-$ Nahrungsmittel importiert. Hier besteht ein enormer Entwicklungsbedarf.
Ein wichtiger Wirtschaftszweig ist die nigerianische Filmindustrie (Nollywood), die mit jährlich über 2000 neuen Filmen 3,3 Mrd. US-$ erwirtschaftet.
Ein Hindernis für die industrielle Entfaltung des Landes ist die unzureichende Infrastrutur (Energieversorgung und Transport). So sind von den landesweit 200 000 Straßenkilometern circa 50 % instandsetzungsbedürftig.

M1 Strukturdaten Nigerias und Deutschlands 2019

	Nigeria	Deutschland
Fläche in km²	923 770	357 580
Hauptstadt	Abuja	Berlin
Einwohner: 2000 (in Mio.)	122	82
2020 (in Mio.)	203	83
2050 (in Mio.)	399	75
Arbeitslosenquote (in %)	23,1	5,2
Analphabetenrate bei der Bevölkerung über 14 Jahren (in %)	29,7	0,7
BNE pro Kopf pro Jahr (in US-$)	4 910	55 314
Export gesamt (Mrd. US-$)	62	1 489
Import gesamt (Mrd. US-$)	51	1 234
HDI-Rang von 189 Ländern	161	6

Nach: World Trade Statistical Review 2020, BMZ und wko

M2 Entwicklung der Erdölproduktion

Jahr	Durchschnittliche Erdölproduktion (in 1000 Barrel pro Tag)	Wert pro Tag (in Mio. US-$)
2010	2533	196
2012	2414	276
2015	2201	120
2020	1798	102

Nach: BP, Statistical Review of World Energy 2021

Erdölindustrie
Nigeria ist der größte Erdölproduzent in Afrika und verfügt über die größten Erdgasreserven auf dem Kontinent. Die Hauptvorkommen liegen im Nigerdelta sowie vor der Küste. Seit den 1970er-Jahren ist Erdöl das wichtigste Exportgut des Landes. Der staatliche Energiekonzern NNPC ist über **Joint Ventures** mit Konzernen wie Shell und Total an den Gewinnen beteiligt. Die Vermarktung von Erdgas wird durch mangelnde Infrastruktur eingeschränkt.

FACHBEGRIFFE
Ethnien: Volksstämme oder Volksgruppen
Scharia: Das islamische Strafrecht, welches sich u. a. auf den Koran bezieht. Es beinhaltet u. a. drakonische Strafen.
Diversifizierung: bezeichnet den Aufbau unterschiedlicher Produktions- und Exportbereiche zur Risikominimierung
Joint Venture: Partnerunternehmen sind mit Kapital, dem finanziellen Risiko und der Führungsfunktionen am gemeinsamen Unternehmen beteiligt.

M3 Erdöl- und Erdgaswirtschaft im Nigerdelta

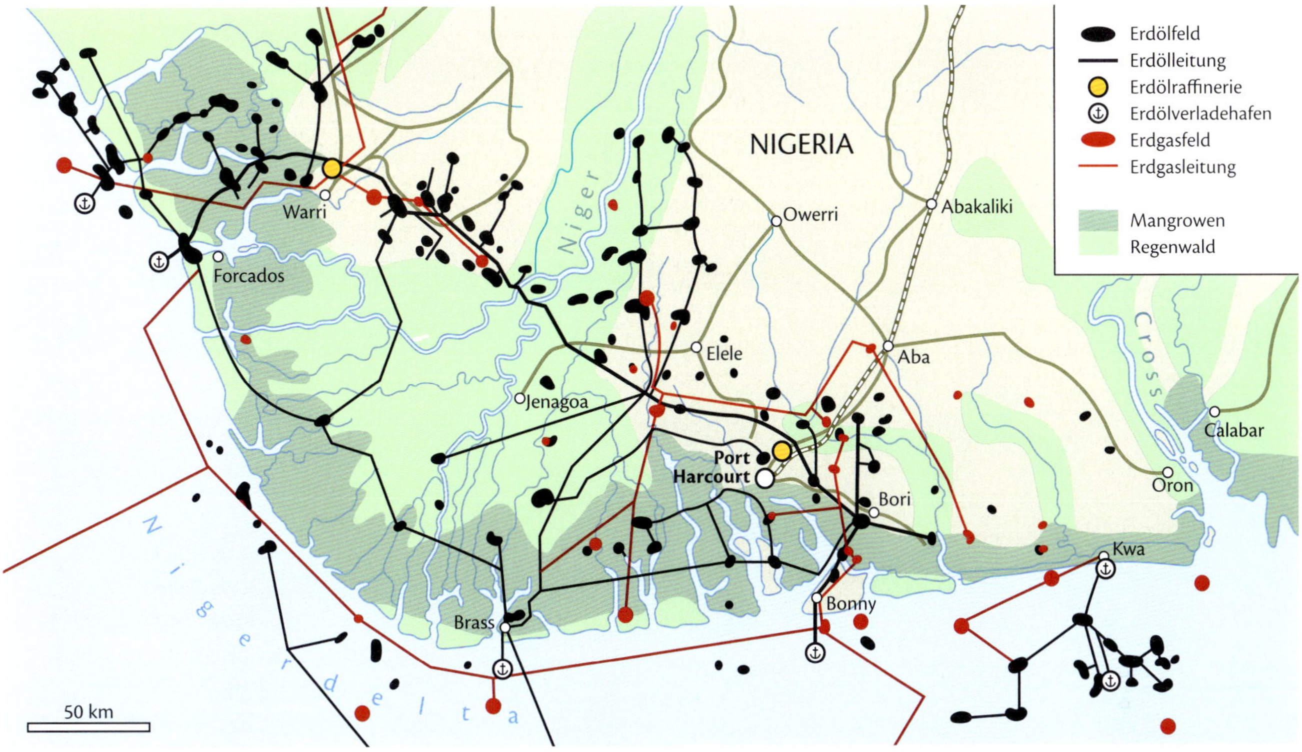

M4 Sabotage

Aktionsgruppen machen wiederholt durch Sabotage-Akte gegen Öl-Fördereinrichtungen im Nigerdelta auf die extreme Verschmutzung aufmerksam und wollen so den Staat zum Handeln zwingen. Andererseits werden immer wieder der Pipelines illegale angebohrt um Benzin abzuzapfen. Bei diesen Aktionen und selbstgebauten „Raffinerien" kommt es immer wieder zu Explosionen und Bränden, die auch zur Umweltverschmutzung beitragen.

Basierend auf: Nigeria. Aktivisten-Angriffe auf Rohöl-Leitungen, Deutschlandfunk vom 04.06.2016

M5 Korruption

In Nigeria müssen heute mehr als 87 Millionen Menschen mit weniger als 1,90 US-Dollar pro Tag auskommen. Damit ist Nigeria das Armenhaus Afrikas. Die Öleinnahmen versickern bei den korrupten Eliten. Sogar die Polizei kassiert überall Schmiergelder. Wirtschaftsvertreter sehen die weitverbreitete Korruption als eines der größten Investitionshemmnisse an. Auf dem Korruptionsindex steht Nigeria auf Rang 144 von 180 Ländern.

Basierend auf: Nigeria versinkt in Korruption. Einem Video-Bericht der Deutsche Welle vom 31.08.2018

M6 Umweltzerstörung im Nigerdelta

M7 Erdöl- und Erdgasindustrie in Nigeria

Stand: 2019	**Erdöl**	**Erdgas**
Reserve	37,0 Mio. Barrel	5,675 Mrd. Kubikmeter
Tägliche Fördermengen	2,1 Mio. Barrel	44,3 Mio. Kubikmeter
Anteil am Export	84,3 %	12,8 %
Statische Reichweite	40 Jahre	100 Jahre

Nach: OPEC: Annual Statistical Bulletin 2020

M8 Ölpest im Nigerdelta

Eine Studie des Umweltprogramms der Vereinten Nationen (UNEP) dokumentierte erstmals 2011 die verheerenden Auswirkungen der Ölförderung im Ogoniland, im Südosten Nigerias. Der Studie zufolge könnten circa zehn Millionen Fass Öl in den vergangenen 50 Jahren in Wasser und Boden des Nigerdelta gelaufen sein. Durch die Umweltverschmutzung ist das Volk der Ogoni schweren Gesundheitsrisiken ausgesetzt und hat kaum Zugang zu sauberem Trinkwasser. Neun Jahre später ist erst an 11 Prozent der verseuchten Standorte mit der Sanierung begonnen worden, kein Standort ist bisher saniert. Der Kampf gegen die Ölpest könnte Jahrzehnte dauern und die größte Reinigungsaktion der Welt werden.

Nach verschiedenen Berichten aus den Jahren 2011 und 2020

1 Lokalisieren Sie Fort McMurray und kennzeichnen Sie die Bedeutung der Erdölförderung für Kanada, die Provinz Alberta und die Stadt Fort McMurray (**M1** bis **M3**, Atlas).

2 Sammeln Sie Pro- und Kontra-Argumente bezüglich der Erdölförderung aus Ölsanden (**M1**, **M2**).

3 Benennen Sie den Ablauf einer Podiumsdiskussion (S. 139).

Förderung von Erdöl aus Ölsanden in der Region um Fort McMurray – ein Raumnutzungskonflikt

M1 Ölsandabbau – Region Fort McMurray (Provinz Alberta)

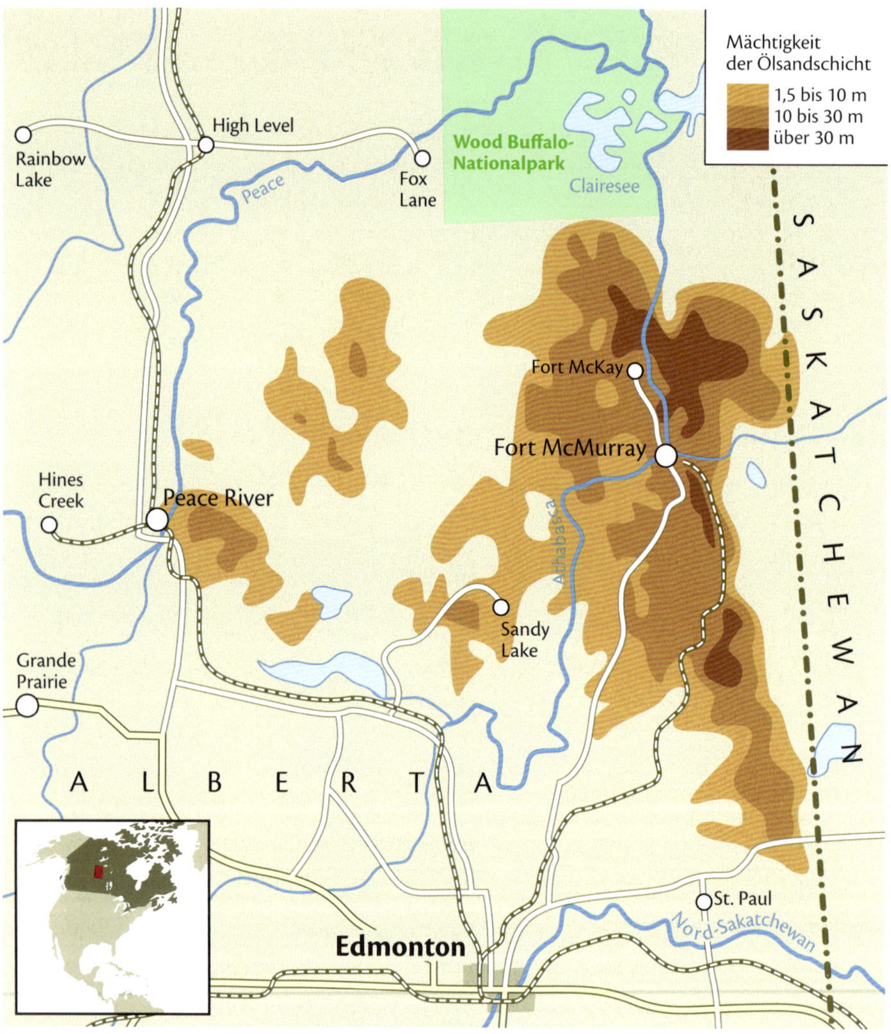

Die Wirtschaft Kanadas

Kanada (37 Mio. Einwohner) ist ein bedeutender Rohstofflieferant und landwirtschaftlicher Produzent. 46 % der Landfläche Kanadas sind von Wald bedeckt (10 % der Weltwaldfläche). Kanada belegt nach den USA und Russland Platz 3 der Welterdgasförderung und liegt bei der Erdölförderung auf dem 5. Platz. Zugleich verfügt Kanada über schätzungsweise 167,7 Milliarden Barrel Rohöl. 98 % davon befinden sich als „unkonventionelles" Erdöl in Ölsanden der Provinz Alberta.

2019 stellten Erdöl und Erdölerzeugnisse im Wert von 122 Mrd. US-$ mit 23 % das größte Exportgut Kanadas dar. Während die konventionellen Erdölvorkommen mittlerweile zur Neige gehen, wird der Ölsandabbau immer wichtiger. Im Gegensatz zu Saudi-Arabien, dem weltweit größten Erdölförderer, handelt es sich bei Kanada um ein demokratisches Land mit strikten Umweltregeln. So hatten 50 Jahre Ölsandgewinnung in der Provinz Alberta nur Auswirkungen auf 0,03 % der kanadischen Waldfläche. Zugleich ist Alberta die Provinz mit dem höchsten Pro-Kopf-Einkommen Kanadas.

M2 Erdölförderung Kanadas in 1000 Barrel pro Tag

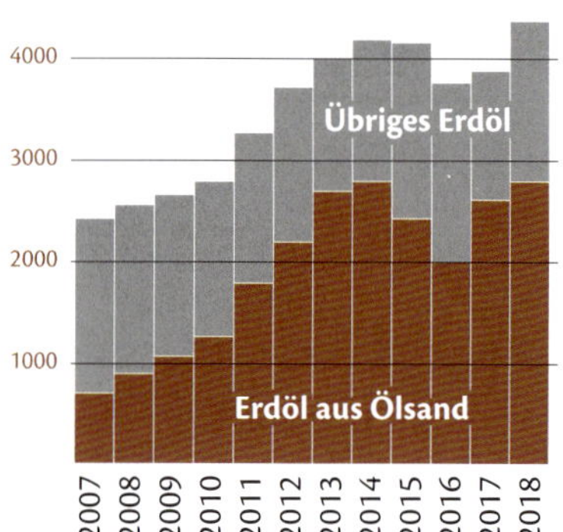

M3 Fort McMurray in der Provinz Alberta

Noch vor dreißig Jahren war Fort McMurray in der Provinz Alberta ein verschlafenes Nest. Mit dem Anstieg der Ölpreise wurde es 1996 zur **Boomtown** schlechthin. Als eine der stärksten Volkswirtschaften in Nordamerika mit vielversprechenden und gut bezahlten Beschäftigungsmöglichkeiten ist auch die Bevölkerung außergewöhnlich schnell gewachsen. Auf der Homepage von Fort McMurray wird der Ort als großartiger Ort zum Arbeiten mit einer wachsenden Anzahl an jungen Familien bezeichnet. Mit einzigartigen Annehmlichkeiten, wie dem größten Freizeitzentrum Kanadas, bietet Fort McMurray zahlreiche Möglichkeiten, um einen außergewöhnlichen Lebensstil zu genießen. Durch die hohen Steuereinnahmen und Gebühren aus der Ölindustrie konnten zudem ausgezeichnete Kindergärten, Schulen, Straßen und ein Krankenhaus gebaut werden.

Eine Podiumsdiskussion durchführen

1. Teilen Sie sich in fünf Gruppen ein (Moderatorenteam sowie Rollenvertreter).
2. Machen Sie sich mit Ihrer Rolle vertraut und erarbeiten Sie Argumente, die Ihre Position in der Podiumsdiskussion stärken (**M1** bis **M16**).
3. Tauschen Sie sich in Ihrer Gruppe aus und ergänzen Sie Ihre eigenen Argumente. Überlegen Sie sich ein Eingangsstatement sowie eine Argumentationsstrategie für die geplante Podiumsdiskussion. Hierzu gehören z. B. die Gewichtung, Vernetzung und Ordnung der eigenen Argumente, Überlegungen zum Umgang mit „unangenehmen" Argumenten der Anderen usw.
4. Jede Gruppe bestimmt eine/-n „Vertreter/-in" bzw. das Moderatorenteam 1–2 Moderatoren/-innen, die stellvertretend an der Podiumsdiskussion teilnehmen. Die übrigen Schülerinnen und Schüler machen sich während der Podiumsdiskussion als Beobachter Notizen zu den zentralen Argumenten. Jede/r Schüler/in aus dem Publikum kann sich im Laufe der Diskussion auf einen „freien Stuhl" innerhalb der Diskussionsrunde setzen und – nach Vorstellung der dargestellten Person (hier zum Beispiel: Rentner aus Fort MacMurray) – ein weiteres Argument vorbringen.

Setting
Im Sitzungssaal des Rathauses von Fort McMurray findet eine Podiumsdiskussion zum Thema: „Ist die Förderung von Erdöl aus Ölsanden in der Region um Fort McMurray (Provinz Alberta, Kanada) noch verantwortbar?" statt.

M4 Mögliche Rollenkarten

Rollenkarte 1: Dustin Morgan – Bürgermeister von Fort McMurray
Ihr Hauptanliegen sind die Bürgerinnen und Bürger sowie das Image Ihrer Stadt Fort McMurray. Zugleich sind Sie aber auch weiterhin an einem guten Verhältnis zur spendablen Ölindustrie interessiert, da diese sehr wichtig für die Stadt ist. Arbeitsplätze sowie Ausbildungsplätze sind dabei ein wichtiges Argument, damit junge Leute vor Ort bleiben. Steuereinnahmen ermöglichen es Ihnen, wichtige Aufgaben in der Stadt zu finanzieren, um Ihre Stadt attraktiv zu gestalten. Ihnen bereiten aber die Schwankungen des Arbeitsmarktes in den letzten Jahren Sorgen.

Rollenkarte 2: Big Ray Ladur – kritischer Bürger aus Fort McMurray
Sie (75 Jahre, in Fort McMurray geboren, Rentner, indianischer Abstammung) stehen der Entwicklung von Fort McMurray sehr kritisch gegenüber – insbesondere den Veränderungen hin zu einer größeren Stadt mit zahlreichen Problemen. Aber besonders kritisch sehen Sie die Zerstörung der Natur und den erzwungenen Wegzug zahlreicher Stammesgenossen.

Rollenkarte 4: Dr. Lisa Grant – vom Umweltinstitut Pembina in Calgary
Sie verfügen über das Fachwissen und können sämtliche Umweltprobleme, die im Zusammenhang mit der Ölgewinnung aus Ölsanden stehen, erläutern. Insgesamt sehen Sie die ganze Sache kritisch.

Rollenkarte 3: Sue MacForster – Pressesprecherin der Ölindustrie
Sie stehen hinter den Entscheidungen der Ölgesellschaften. Ihr Hauptanliegen ist es, den übrigen Teilnehmern/-innen der Diskussionsrunde die enormen Vorteile und die gigantischen Chancen der Ölindustrie zu erklären. Umweltbelastungen sehen Sie auch, doch sind diese für Sie lösbar und nur von kurzer Dauer.

Rollenkarte 5: Moderator/-in
Sie leiten die Podiumsdiskussion. Dabei verhalten Sie sich neutral und allen eingeladenen Diskutanten gegenüber fair. Zugleich sind Sie für den Diskussionsfluss verantwortlich. Also überlegen Sie sich Themenbereiche sowie Impulse und Fragen, um geschickt die Diskussion auf wichtige Aspekte zu lenken.
1. Kurze Begrüßung des Publikums und Ihrer Gäste. **2.** Stellen Sie die Leitfrage vor. **3.** Übergeben Sie das Wort an die einzelnen Vertreter/-innen für ein kurzes Einstiegsstatement (max. 30 Sekunden). **4.** Achten Sie im Verlauf der Diskussion darauf, dass die beiden Gruppen möglichst abwechselnd Argumente bzw. Gegenargumente vortragen, jeder zu Wort kommt, jeder ausreden kann und die Diskussion sachlich und beim Thema bleibt. **5.** Wenn sich jemand auf den „freien Stuhl" setzt, begrüßen Sie ihn und lassen ihn sich mit seiner Rolle vorstellen. **6.** Fordern Sie am Ende jeden Vertreter zu einem persönlichen Fazit auf. **7.** Bedanken Sie sich bei den Gästen und verabschieden Sie sich von Ihrem Publikum.

4 **Führen Sie mithilfe der Rollenkarten (M4) eine Podiumsdiskussion zur Leitfrage „Ist die Förderung von Erdöl aus Ölsanden in der Region um Fort McMurray noch verantwortbar?“ durch (M1 bis M16).**

5 **Nehmen Sie nach der Podiumsdiskussion fundiert Stellung zur Leitfrage.**

6 **Bewerten Sie die Methode der „Podiumsdiskussion“.**

M5 Ölsande in Alberta

Die Steuern und Gebühren, die die Ölsandkonzerne entrichten, sorgen für fast ein Drittel von Albertas Einnahmen. Bei hohen Weltmarktpreisen für Erdöl fließen der Provinz Alberta erhebliche Einnahmen aus dessen Verkauf zu.
Albertas Hauptstadt Edmonton ist ein bedeutendes Zentrum der Erdöl- und Erdgasindustrie. Zuliefer- und Dienstleistungsbetriebe sowie Forschungseinrichtungen ergänzen die Produktionssparte. Aufgrund der Konzentration von petrochemischen Betrieben wird die Stadt seit den 1940er-Jahren als „Oil Capital of Canada“ bezeichnet. Die Ölkrisen von 1973 und 1979/80 ließen den Preis des Erdöls um ein Vielfaches ansteigen. Dadurch wurde der damals sehr kostspielige Abbau der Ölsande im Nordosten der Provinz profitabel. Der Ölboom kam 1981 zu einem jähen Ende, als die Erdölpreise rasch unter die damalige Rentabilitätsgrenze sanken. Damit stieg die Arbeitslosenquote um ein Vielfaches an und zahlreiche kleinere Ölfirmen gingen in Konkurs. Mit steigenden Erdölpreisen begann sich die Wirtschaft ab 1996 zu erholen und am Ende des 20. Jahrhunderts begann eine neue Boomphase. Zugleich sind die großen Konzerne heute so kapitalstark, dass sie auch bei niedrigeren Ölpreisen weiter Ölsande abbauen, um die gesamte technische Infrastruktur sowie langfristige Verträge nicht zu gefährden. Die Ölsande haben bisher geschätzte 301 Mrd. Dollar an Investitionen in die Provinz gebracht, sie machten im Jahr 2017 schon 64 % der kanadischen Ölproduktion aus.
Das meiste Erdöl wird direkt exportiert. 99 % der kanadischen Ölexporte gehen via Ölpipeline in die USA. Zukünftig soll auch der europäische und chinesische Markt mit dem unkonventionellen Erdöl beliefert werden. Vor dem Hintergrund des weltweit steigenden Erdölbedarfs und der gleichzeitig knapper werdenden konventionellen Erdölreserven werden die Ölsande ökonomisch immer bedeutsamer.

M8 Entwicklung des Ölpreises (siehe Seite 135 M4).

M9 Eckdaten zur Förderung

	Tagbau-Verfahren	In-situ-Verfahren
Anteil der Ölsandreserven am unkonventionellen Erdöl	19 %	81 %
bisher gefördert	10 %	1 %
Entölungsgrad (förderbares Erdöl)	90 %	25–75 %
Wasserverbrauch pro Barrel Erdöl	3–6 Barrel Wasser	
Energieverbrauch pro produziertem Barrel Rohöl in Rohöl	20 Liter	41 Liter
Bereitstellungskosten (inkl. Erschließung) pro Barrel Rohöl (in US-$)	75–80	45–60

M6 Tagebau-Verfahren

Nur 19 % der Ölsand-Vorkommen von Alberta können im Tagebau abgebaut werden, da sie nicht tiefer als etwa 75 m liegen. Wie beim Braunkohlentagebau (vgl. Seite 122ff.) wird die Landschaft zerstört. Die Ölsande selbst sind ein klebriges, schwarzes Gemisch aus 83 % Sand, 4 % Wasser, 3 % Ton und 10 % flüssigem Bitumen. In den Ölsandaufbereitungsanlagen wird mithilfe von heißem Wasser und Chemikalien aus den Ölsanden eine zähe, schwarze Masse gewonnen: das Bitumen.

M7 In-situ-Verfahren

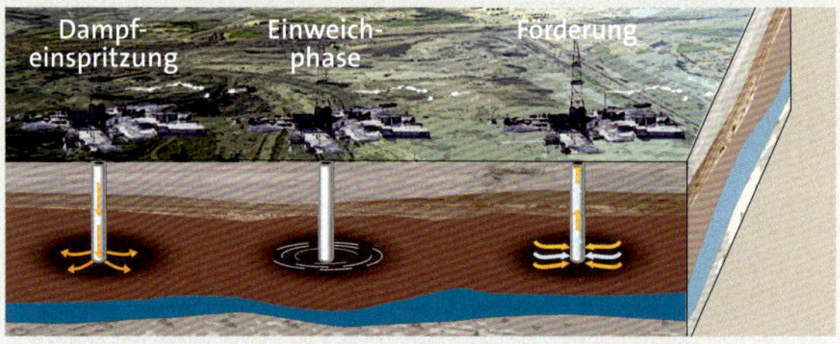

Liegen die Ölsande für den Tagebau zu tief im Erdreich, müssen diese im In-situ-Verfahren (= Vor-Ort-Verfahren) gefördert werden. Das am häufigsten verwendete In-situ-Verfahren ist das CSS-Verfahren (= Cyclic Steam Stimulation). Hierbei werden 300 °C heißer Wasserdampf und Chemikalien mit hohem Druck in die Lagerstätte gepumpt. Das durch die Hitze flüssig gewordene Bitumen wird an die Oberfläche gepumpt.
Bei den In-situ-Verfahren müssen zwar keine Wälder großflächig gerodet werden, allerdings verschlingen sie mehr Energie und setzen somit mehr Kohlenstoffdioxid (CO_2) frei als beim Tagebau-Verfahren. Zum weiteren Transport wird das Bitumen verdünnt oder erhitzt, um dann durch Pipelines oder per Bahn zu den Extraktionsanlagen transportiert zu werden. Hier wird mit erneut hohem Energieaufwand aus dem Bitumen Rohöl gewonnen. In Raffinerien wird dieses u. a. zu Kraftstoffen umgewandelt. Zwei Tonnen Ölsand enthalten etwa ein Barrel Erdöl. 2017 wurden in Kanada rund 2,7 Mio. Barrel Erdöl pro Tag aus Ölsanden gewonnen, 45 % im Tagebau und 55 % im In-situ-Verfahren.

M10 Einwohner Fort McMurray

1976	18 078
1996	33 078
2016	66 573
2018	72 800

M11 Beschäftigte* im Bergbau in Fort McMurray (in 1000)

2012	16,3
2014	15,4
2016	10,9
2018	11,3

** Anteil an der Gesamtzahl der Beschäftigten lag 2012 bei über 30 %. Darüber hinaus ist der **Multiplikatoreneffekt** dieser Branche (u. a. Wohnungsbau, Transportwesen, Handel) sehr hoch.*

M12 Ölindustrie in Fort McMurray

Die Ölindustrie führte nicht nur zu einem enormen Wohlstand der Stadt Fort McMurray und der Provinz Alberta, sondern hat auch eine große wirtschaftliche Bedeutung für ganz Kanada. Allein in Fort McMurray wurden zwischen den Jahren 2010 und 2016 rund 220 Mrd. US-$ von der Ölindustrie in die Infrastruktur investiert. Die Arbeiter in der Ölindustrie verdienen dabei mehr als doppelt so viel wie im übrigen Kanada. Insgesamt sank von 2000 bis 2016 die Emissionsintensität der Ölsandbetriebe um rund 29 %, was u. a. auf technologische und effizienzsteigernde Maßnahmen zurückzuführen ist. Außerdem werden aktuell etwa 85 % des verwendeten Wassers recycelt.
Andererseits ist Fort McMurray zu einem der teuersten Orte Kanadas geworden. Damit wächst die Schere zwischen den gut bezahlten Ölarbeitern und denen, die nicht vom Ölboom profitieren. Niemand will mehr für 14 kanadische Dollar in der Stunde arbeiten, Unternehmen von Fastfood-Ketten bis hin zu Sägewerken finden keine Arbeitskräfte mehr. Viele Rentner mussten aufgrund der enorm gestiegenen Mieten wegziehen, da sie sich diese schlicht nicht mehr leisten konnten. Wohnraum ist extrem knapp. Da die Arbeiter der Ölindustrie sehr viel verdienen, können sie fast jeden Preis bezahlen. Zudem führen laut der ehemaligen Bürgermeisterin Melissa Blake die vielen jungen Männer und das schnell verdiente Geld zu einer überdurchschnittlich hohen Kriminalitäts- und Drogenrate. Zeitweise leben bis zu 20 000 Arbeiter allein in den Containersiedlungen der Ölfirmen. Sie kommen hierhin, um schnell Geld zu verdienen; sie kehren meist nach wenigen Jahren der Stadt wieder den Rücken zu. Mit dem Ölpreisverfall zogen viele Arbeiter weg.

M13 Ölsandabbau im Tagebau-Verfahren, im Hintergrund Schwefelhalde

M14 Ausgewählte Folgen der Ölgewinnung aus Ölsand

- Wasserverbrauch von ca. 1,1 Mrd. Liter pro Tag, das entspricht dem Wasserverbrauch einer Stadt mit rund 8,3 Mio. Einwohnern (3–6 Barrel Wasser sowie zusätzlich mindestens 15 m^3 Erdgas pro 1 Barrel Erdöl)
- Wasserentnahme hauptsächlich aus dem Athabasca River, der zweitweise nur 4 % der normalen Wassermenge führt
- Freisetzung großer Mengen an Treibhausgasen (23 % mehr Emissionen durch Ölsande im Vergleich zum konventionellen Öl, Kanada: größter Pro-Kopf-Ausstoß an Treibhausgasen)
- giftige Rückstände aus Wasser und Chemikalien als Abfallprodukt der Extraktion (ca. 20 % des eingesetzten Wassers) → Leitung in sogenannte Absatzbecken (täglich rund 220 Mio. Liter neue toxische Abwässer) → die künstlichen Seen sind Todesfallen für Vögel und andere Tiere
- Abfluss von täglich ca. 12 Millionen Liter des giftigen Abwassers ins Grundwasser und umliegende Flüsse
- Nachweis von hohen Konzentrationen an Quecksilber, Arsen und krebserregenden Kohlenwasserstoffen im Wasser und in Fischen des Athabascas (aktuell intensive Forschung bezüglich des Recyclings der hochgiftigen Schlämme, doch laut Experten kein Einsatz der Techniken vor 2030)
- Versauerung der Böden und Wälder durch den im Bitumen enthaltenden Schwefel (pro Jahr etwa 3,3 Millionen Tonnen Schwefelpulver)
- Beobachtung ungewöhnlich hoher Krebs- und Immunschwächekrankheiten in angrenzenden Indianerreservaten, vermutlich zurückzuführen auf den Verzehr von – u.a. durch Schwermetalle – kontaminierten Fischen oder Wasser aus dem Athabasca River

M15 Öl – das schmutzige Geschäft

Greenpeace zählt die Erdölgewinnung aus Ölsand zu den größten Klimakillerprojekten weltweit. „Durch den Abbau der Ölsande in Kanada geschieht ein weltweites Klimaverbrechen, an dessen Auswirkungen jetzige und künftige Generationen leiden werden“, so Greenpeace-Sprecher und Ölexperte Christoph von Lieven. Die Ölsande Kanadas machen 10 % der gesamten Treibhausgasemissionen Kanadas aus. Die kanadischen CO_2-Emissionen erhöhten sich seit 1990 um über 30 %, womit im Kyoto-Protokoll zugesagte Ziele zur Verringerung der CO_2-Emissionen nicht erreicht werden; im Jahr 2011 trat Kanada aus dem Klimaabkommen aus. Lieven befürchtet, dass der Abbau in Zukunft noch verstärkt wird, da konventionelle Ölquellen in Kanada und anderswo zur Neige gehen und viele Erdölkonzerne in Kanadas Ölsande investieren. Dennoch winkte das EU-Parlament 2014 den Gesetzesvorschlag, dass Ölsandbenzin genau so behandelt werden soll wie andere Brennstoffe, durch.

M16 Once Booming Oil Town

www.cornelsen.de/codes/
Code: rusete

1 Beschreiben Sie den Ablauf bei der Energiegewinnung durch Kernenergie. Beachten Sie dabei auch den Aufbau eines Kernkraftwerkes (**M3**, **M4**).

2 Kennzeichnen Sie die Bedeutung der Energiegewinnung durch Kernenergie auf unterschiedlichen räumlichen Maßstabsebenen: Deutschland, Europa und die Welt (**M1**, **M2**, **M6**).

3 Ist die Kernenergie eine „saubere Alternative"? Versuchen Sie diese Frage mithilfe einer SWOT-Analyse zu beantworten (**M1** bis **M6**, S. 205).

Kernenergie – eine „saubere Alternative"?

M1 Kernkraftwerke in Deutschland 2020

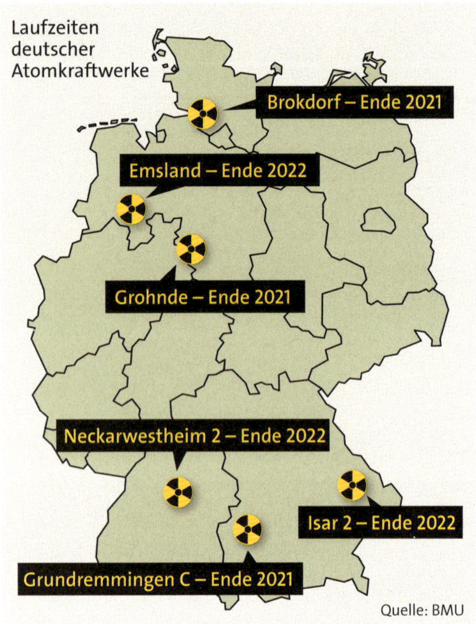

„Die Atomkraft ist eines der kostbarsten Geschenke, das die Natur für den Menschen bereithält. Ein Geschenk des Himmels (...)." So beurteilte der SPD-Politiker Leo Brandt 1957 die neuen Möglichkeiten der **Kernenergie** als Mittel zur Stromerzeugung. Seit den 1960er-Jahren spielt diese Form der Gewinnung elektrischer Energie in Deutschland und weltweit eine wichtige Rolle. Dabei hatte die Kernenergie zunächst das Image einer sauberen, sicheren und scheinbar unerschöpflichen Energiequelle. Gerade energierohstoffarme Staaten wie beispielsweise Japan nutzten diese Form der Energiegewinnung, um die hohe Importabhängigkeit von fossilen Energieträgern wie Erdöl (vgl. Ölkrise 1973/74) zu reduzieren und somit wirtschaftliche Einbußen zu verhindern. Wie funktioniert die Nutzung dieser Kernkraft?

Durch den atomaren Zerfall von sogenanntem **spaltbarem Material** wie Uran wird Energie freigesetzt, die zuvor im Atomkern gespeichert war. Diese Kernspaltung erfolgt in Form einer Kettenreaktion: Ein Atomkern beginnt mit dem **radioaktiven Zerfall** und setzt dadurch den Zerfall weiterer Atomkerne in Gang. Das setzt sehr große Energiemengen frei und muss deshalb im **Kernreaktor** kontrolliert und somit gemildert ablaufen. Die dabei freiwerdende Wärmeenergie wird an einen Wasserkreislauf übertragen, in dem Turbinen und Generatoren elektrischen Strom erzeugen.

M2 Kernreaktoren in Europa und der Welt 2020

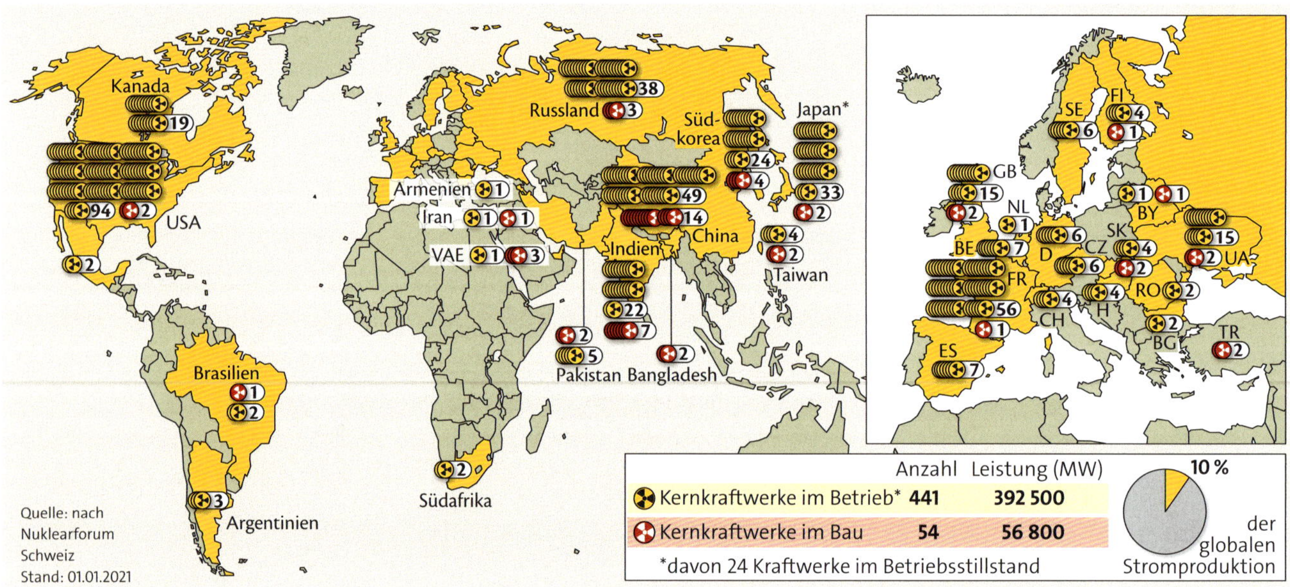

FACHBEGRIFFE

spaltbares Material: radioaktives Material, das unter Energieabgabe in Form von Wärme zerfällt (*Kernspaltung*)

Brennstab: Ort der Kernspaltung in Form eines langen Behälters, der sich im Kernreaktor befindet

radioaktiver Zerfall/Kernenergie: Reaktion, bei der sich Atomkerne unter Energieabgabe (Kernenergie) spalten

Isotop: Elementvariante mit unterschiedlicher Neutronenanzahl im Kern

Halbwertszeit: Zeit bis zur Halbierung der radioaktiven Strahlkraft eines Elements

Kernreaktor: Anlage im Kernkraftwerk, in der die Kernreaktion kontrolliert und kontinuierlich ablaufen kann

M3 Schematischer Aufbau eines häufigen Kernkraftwerk-Typs

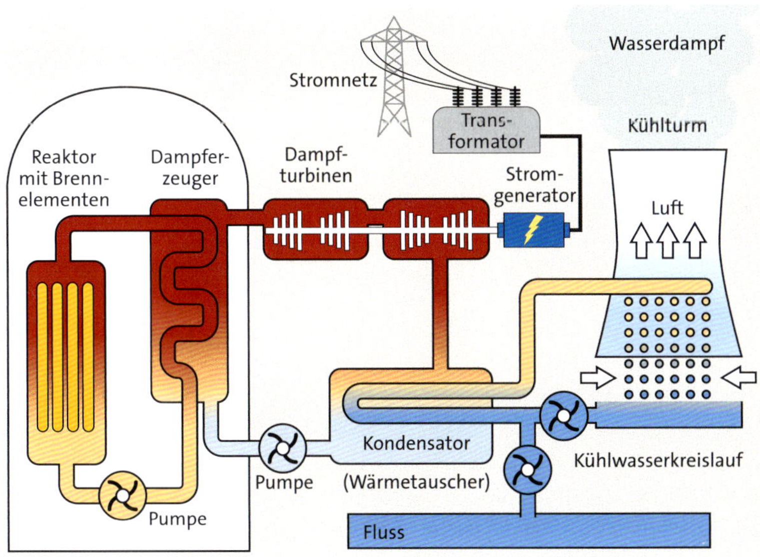

M4 Brennstoffzyklus in einem Kernkraftwerk

M5 Unterschiedliche Positionen zur Nutzung der Kernenergie

Die Kernenergie ist eine saubere, leistungsstarke und vor allen Dingen kostengünstige Form der Energiegewinnung. Mit einem Kilogramm Uran lassen sich etwa 350 000 Kilowattstunden (kWh) Strom erzeugen. Ein Kilogramm Öl z. B. reicht dagegen nur für etwa zwölf kWh. Und auch im Vergleich zur fossilen Energiegewinnung ist die Kernenergie deutlich klimafreundlicher: Während ein Braunkohlenkraftwerk pro kWh Strom 1,040 kg des Treibhausgases CO_2 ausstößt, ist der Wert bei Atomkraftwerken mit 0,025 bis 0,05 kg vergleichsweise gering. Klimafreundlicher ist nur noch die Energiegewinnung aus erneuerbaren Energien. Und auch in puncto Sicherheit gibt es keine Bedenken: diverse Notabschaltungen z. B. zum sofortigen Stopp der atomaren Kettenreaktion sind verpflichtend. Auch das angebliche Problem des nuklearen Mülls wird häufig überbewertet. Im Unterschied zu anderen Energieträgern lassen sich nicht mehr leistungsfähige Brennstäbe wiederaufbereiten, sodass Uran und Plutonium wieder angereichert werden können. Nicht recycelfähige Abfälle lassen sich problemlos unterirdisch lagern und verschließen, sodass sie auch in Zukunft keine Bedrohung darstellen. Kurz gesagt: Die Kernenergie ist gerade in Zeiten der Energiewende eine verlässliche und saubere Art der Energiegewinnung.

Von der Kernenergie geht ein hohes Risiko aus: Bei der Spaltung des nuklearen Materials wird neben der Wärmeenergie auch Energie in Form von atomarer Strahlung freigesetzt. Die verheerende Wirkung dieser Strahlung ist bereits seit dem Atombombenabwurf der USA auf die japanischen Städte Hiroshima und Nagasaki bekannt. Sie reichen von spontanen Brandverletzungen bis hin zu genetischer Mutation und Krebserkrankungen. Auch die Reaktorunfälle von Tschernobyl (Ukraine, 1986) und Fukushima (Japan, 2011) verdeutlichen eindrücklich, wie gefährlich die freigesetzte Strahlung für den Menschen und die Umwelt ist. Und diese Gefahr endet nicht mit dem Abschalten der Kraftwerke: Der atomare Müll in Form von kontaminierten Geräten und Gebäudeteilen und in Form der Brennstäbe muss endgelagert werden. Gerade die Brennstäbe benötigen noch mehrere Jahre Kühlung, bevor man sie weitgehend gefahrlos lagern kann. Ihre radioaktive Strahlung wird noch Milliarden Jahre andauern und kann über das Grundwasser oder tektonische Kräfte wieder freigesetzt werden. Geeignete Endlager wurden weltweit noch nicht gefunden. Auch in Bezug auf terroristische Anschläge sind AKWs äußerst anfällig: Sie halten beispielsweise dem Absturz eines großen Passagierflugzeuges nicht stand.

Nach verschiedenen Quellen

M6 Wer baut Uran ab?

Zum Betreiben von Kernkraftwerken ist die chemische Energieressource Uran unabdingbar, wenngleich aktuell an Thorium – einem anderen radioaktiven Element – geforscht wird. Uran gehört zu den radioaktiven Elementen. Seine **Halbwertszeit** beträgt 4,5 Mrd. Jahre. Durch den Abbau und die Anreicherung wird es für die Kernenergie nutzbar gemacht. Mehr als die Hälfte des globalen Uranbedarfs entfallen auf die USA, Frankreich und die VR China.

Ranking der Länder mit der größten Uranproduktion 2018

	1000 t	%
Kasachstan	21,7	40,6
Kanada	7,0	13,1
Australien	6,5	12,2
Namibia	5,5	10,3
Niger	2,9	5,4
Sonstige	9,8	18,4

Quelle: BGR (2019)

→ Wie funktioniert ein Kernkraftwerk

www.cornelsen.de/codes/
Code: ruhexo

1 Charakterisieren Sie Methanhydrat – das „brennende Eis“ (**M1**, **M2**).
2 Beschreiben Sie räumliche Verteilung und Vorkommen von Methanhydrat (**M2**, **M3**, **M9**, Atlas).
3 Erläutern Sie die Abbauverfahren und die möglichen Gefahren (**M6** bis **M8**).
4 Erklären Sie die besondere Bedeutung von Methanhydrat für Japan (**M5**, **M10**).
5 Kennzeichnen Sie mögliche Auswirkungen von Methanhydrat bei der erwarteten Klimaerwärmung (**M7** bis **M9**).
6 Nehmen Sie Stellung zur Leitfrage: „Methanhydrat – die Lösung für alle Energieprobleme?“ (**M1** bis **M10**).

Methanhydrat – die Lösung aller Energieprobleme?

Aufgrund der begrenzten Reichweite sowie der hohen Importabhängigkeit vieler Länder von Erdgas, Kohle und Öl ist man auf Methanhydrat gestoßen. Möglicherweise ist Methanhydrat ein vielversprechender fossiler Energieträger der Zukunft.

M1 Methanhydrat – brennendes Eis

M2 Was ist Methanhydrat

Methanhydrate kommen dort vor, wo viel **Biomasse** im Meer zu Boden sinkt und zugleich niedrige Temperaturen und hohe Drücke herrschen – insbesondere an den **Kontinentalhängen,** aber auch im **Permafrostboden**. Sie sind im Laufe von Jahrmillionen entstanden und zählen zu den fossilen Energieträgern. Dabei bildet sich Methanhydrat bei Temperaturen von unter 10 °C und hohen Drücken von mehr als 30 bar, dem 30-Fachen des Atmosphärendrucks, aus Wasser und Methangas. Das Methan wird dabei von gefrorenen Wassermolekülen in einer Art Molekülkäfig eingeschlossen. Ein Kubikmeter Methanhydrat enthält rund 160 Kubikmeter Methangas (CH_4), welches den brennbaren Hauptbestandteil von Erdgas darstellt.
Die **Hydrate** sind fest und weiß und ähneln damit gewöhnlichem Wassereis. Holt man sie vom Meeresboden herauf, zerfallen sie langsam. Dabei wird das Methangas frei, das sich entzünden lässt.

Basierend auf: World Ocean Review 3. Hamburg 2014

M3 Geschätzte weltweite Methanhydratvorkommen

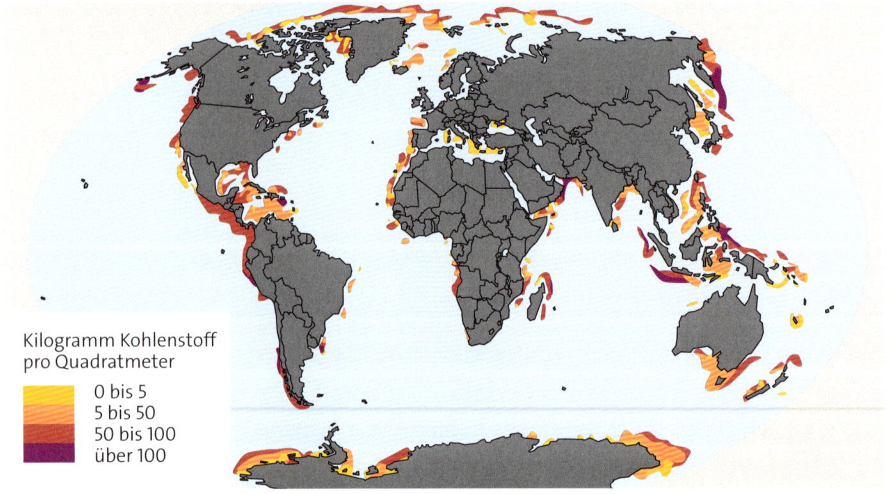

M4 Ressourcen und Reserven

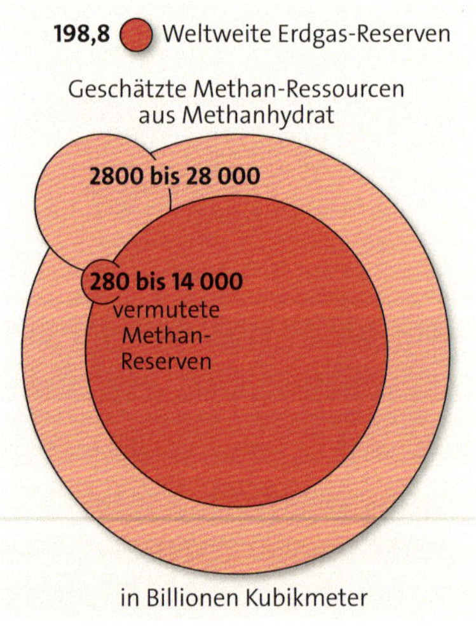

M5 Erkundung

In die Gashydratforschung wurden weltweit knapp 1 Milliarde US-$ investiert. Dabei sind Japan und Südkorea führend in der Erforschung der Förderbarkeit, denn sie verfügen nur über geringe eigene fossile Energiereserven und müssen die Energierohstoffe teuer importieren. Mit der Förderung von Methanhydraten in den eigenen Hoheitsgewässern wären sie unabhängiger von den Importen und den Preisen des Energieweltmarkts. Andere Pazifik-Anrainerstaaten wie China, Taiwan und Vietnam forschen ebenfalls mit Hochdruck an der Erschließung ihrer Gashydratvorkommen im Meeresboden.

Basierend auf: World Ocean Review 3. Hamburg 2014

FACHBEGRIFFE
Kontinentalhang (Teil des Kontinentalrandes): Bereich von der Kante des Schelfs (100–200 m Tiefe) bis zum Kontinentalfuß (2000 – 4000 m Tiefe)
Hydrate: Substanzen, in denen Wasser chemisch gebunden enthalten ist

M6 Abbauverfahren der Methanhydrate

Die Hydrate sind fest und müssten zunächst zersetzt werden, bevor man das Methangas überhaupt absaugen kann. Die bisherigen Testverfahren sind energieintensiv und teuer. Zugleich ist noch unklar, welches Verfahren sich künftig für eine Förderung in industriellem Maßstab durchsetzt.

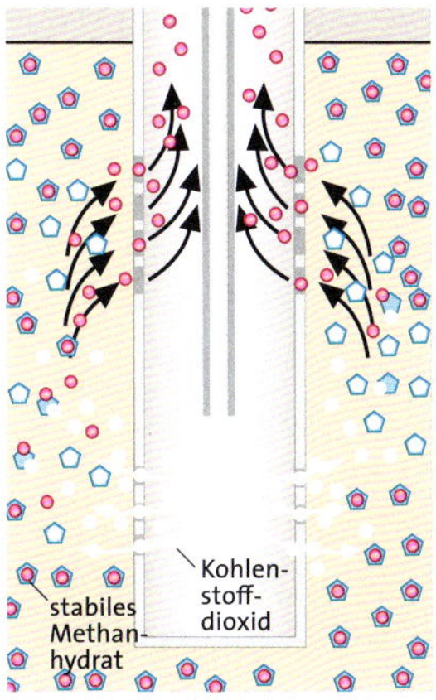

Ein Förderverfahren ist die Injektion von Kohlenstoffdioxid. Hierbei verdrängt das Kohlenstoffdioxid das Methan aus den Molekülkäfigen und geht eine festere Bindung mit den Wassermolekülen ein. Das Kohlenstoffdioxidhydrat ist also wesentlich stabiler als das Methanhydrat. Damit würde sich auch das Risiko von Hangrutschungen verringern. Die Idee ist, dass für die Injektion in Zukunft Kohlenstoffdioxid aus den Emissionen von Gas- und Kohlekraftwerken genutzt werden. Bisher läuft das Injektionsverfahren aber noch zu langsam ab.

M7 Methan in der Atmosphäre

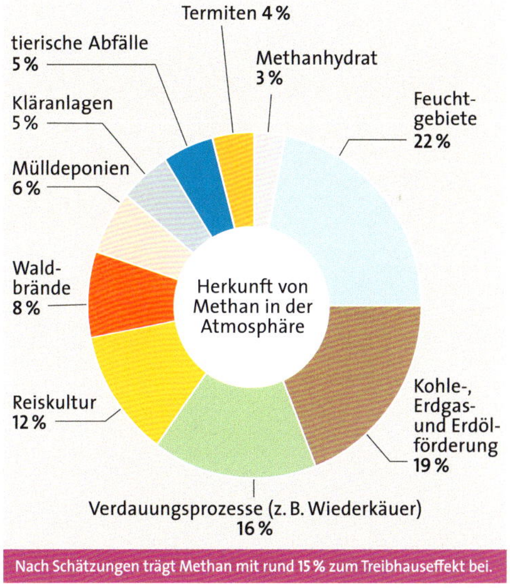

Nach: World Ocean Review 3. Hamburg 2014

M8 Mögliche Gefahren des Hydratabbaus

Heute herrscht die Auffassung vor, dass durch Bohrungen weder größere Mengen des im Vergleich zu Kohlenstoffdioxid 20-mal klimaschädlicheren Methangas in die Atmosphäre entweichen noch Tsunamis ausgelöst werden. Durch den Abbau würden zwar die stabilisierenden Methanhydratschichten entfernt, doch wäre die Energie der dadurch ausgelösten Hangrutsche von Sedimentschichten an den Kontinentalrändern zu gering, als dass sie Tsunamis verursachen könnten. Auch werden die Lebensräume am Meeresboden durch den Abbau von Methanhydrat nur punktuell gestört. Kontrovers diskutiert wurde und wird, ob und wie viel Methan künftig zusätzlich durch die Klimaerwärmung freigesetzt wird und damit den Treibhauseffekt verstärkt. Die meisten Wissenschaftler stimmen aber darin überein, dass sich durch den Klimawandel keine katastrophale Massenschmelze von Methanhydraten ereignen wird.
Zu bedenken ist aber auch, dass beim Verbrennen von Methan in jedem Fall das dort gebundene CO_2 freigesetzt wird.

Basierend auf: Maribus GmbH (Hg.): World Ocean Review 3. Hamburg 2014

M9 Lagerstätten von Methanhydrat

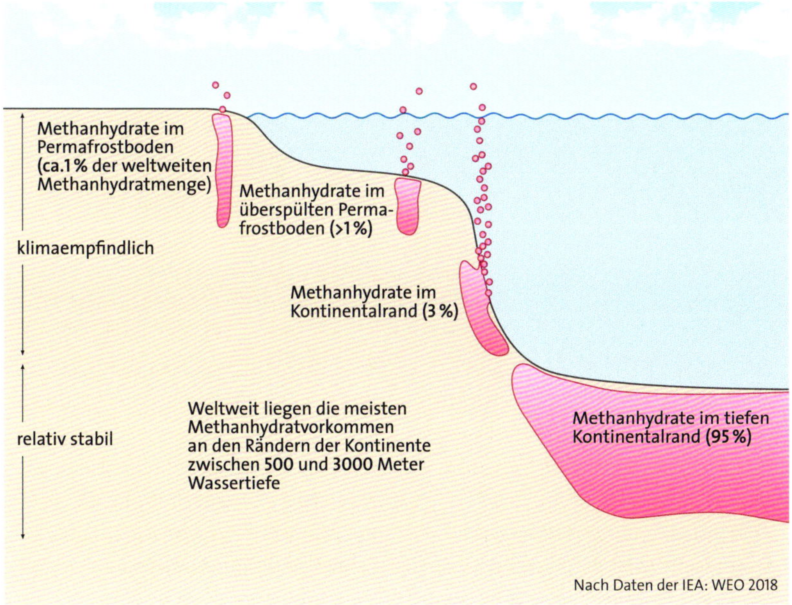

Nach: World Ocean Review 3. Hamburg 2014, S. 116

M10 Erste Fördererfolge

China und Japan ist es nach eigenen Angaben gelungen, Methanhydrat am Meeresgrund abzubauen [...]. Von einer Bohrinsel im Südchinesischen Meer aus sei der Rohstoff in einer Tiefe von 1266 Metern gefördert worden [...].
Japan meldete vor zwei Wochen einen ähnlichen Durchbruch beim Anzapfen von Methanhydrat vor der eigenen Küste. Man befinde sich aber noch auf der Ebene der Grundlagenforschung.

Quelle: Behrens, Christoph: Methanhydrat. China zapft neuartige Energiequelle am Meeresgrund an. In: Süddeutsche Zeitung online vom 21. Mai 2017

1 Beschreiben Sie die Szenarien zum globalen Energieverbrauch bis 2040 (**M1** bis **M3**).

2 Erklären Sie, warum BP und der IEA jährlich diese aufwändigen Szenarien berechnen und veröffentlichen.

3 Kennzeichnen Sie die unterschiedlichen Prognosen bis 2040 für die vier ausgewählten Raumbeispiele. Berücksichtigen Sie dabei die Entwicklung, den Energiemix sowie den Anteil an der Weltbevölkerung (**M1** bis **M6**).

4 Nehmen Sie Stellung zur prognostizierten Entwicklung des globalen Energiebedarfs (**M1** bis **M6**).

5 Recherchieren Sie die aktuellen Prognosen des globalen Energieverbrauchs (**M7**, MK Internet).

Der globale Energieverbrauch wächst und wächst ...

Prognosen
Unter anderem beschäftigen sich die **IEA** sowie der britische Mineralölkonzern BP mit unterschiedlichen Prognosen zur künftigen Entwicklung der globalen Energieversorgung.
Die Berichte prognostizieren u. a., dass das schnelle Wachstum in den Entwicklungsländern die weltweite Energienachfrage bis 2040 um rund ein Drittel steigen lässt.

Ursachen
Als zentrale Ursachen werden der anzunehmende Bevölkerungsanstieg von 7,85 Milliarden (2020) auf etwa 9,7 Mrd. Menschen sowie der weltweit wachsende Lebensstandard für große Bevölkerungsschichten – gerade in den aufstrebenden Volkswirtschaften Asiens – angenommen. Damit einher geht ein industrielles Wachstum mit einem hohen Energiebedarf.

Energieeffizienz
Ohne eine stetige Steigerung der Energieeffizienz würde dieses Verbrauchswachstum ungefähr doppelt so hoch ausfallen, sagen die Berichte voraus. Trotz der angenommenen Effizienzsteigerungen und eines kontinuierlichen weltweiten Ausbaus der erneuerbaren Energien reichen die von den Regierungen angekündigten politischen Maßnahmen nicht aus, um die globalen Klimaschutzziele zu erreichen.

Prognostizierte Entwicklung
Studien zeichnen für die zukünftige Entwicklung ein Szenario, dass rund 60 Prozent des Energiezuwachses bis 2040 immer noch durch fossile Energieträger gedeckt werden und die CO_2-Emissionen weiter steigen werden.

M1 Entwicklung des globalen Energieverbrauchs

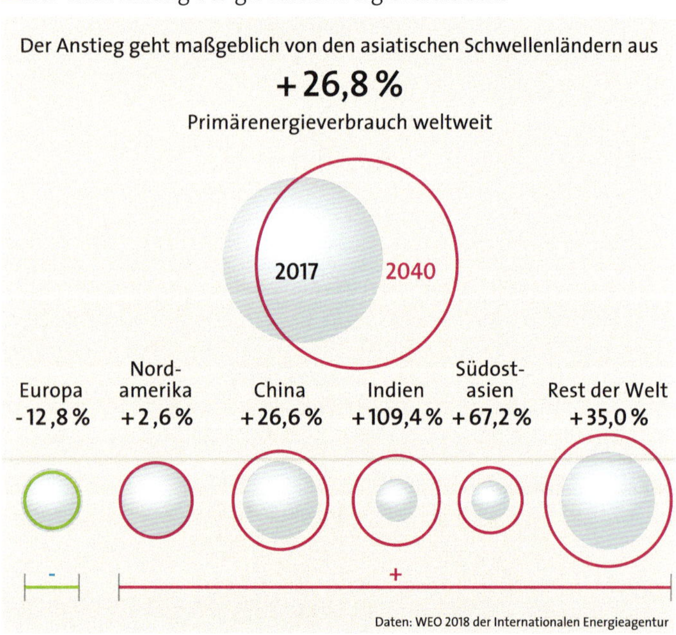

Nach: World Energy Outlook, IEA 2018

M2 Weltweiter Primärenergieverbrauch

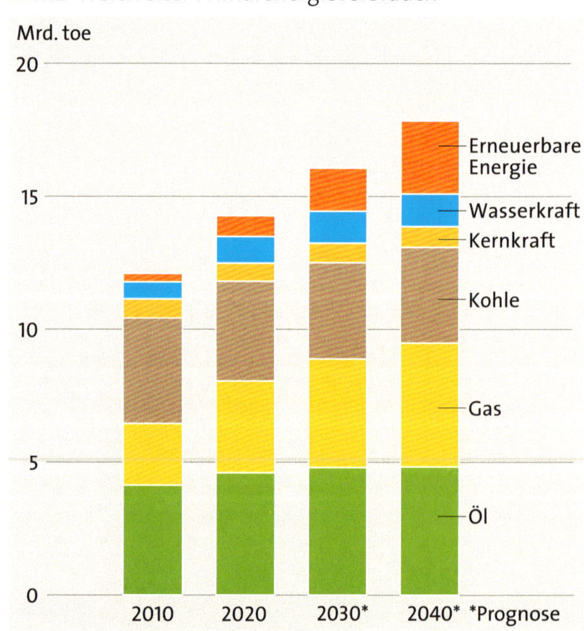

Nach: BP Energy Outlook: 2019 edition, S. 14

FACHBEGRIFFE

IEA: Internationale Energieagentur, eine Kooperationsplattform im Bereich von Energietechnologien mit eigenen Ölreserven. 1974 wurde sie von 16 Industrienationen gegründet; die jährlich erscheinende „World Energy Outlook" gilt als die „Bibel der Energiewirtschaft".

Tonne(n) **Öleinheiten** (toe): Maßeinheit der Energie (= Öläquivalent), 1 toe entspricht etwa der Energiemenge, die aus einer Tonne Öl gewonnen werden kann; somit können alle Energieträger auf toe umgerechnet werden; 1 Megatonne Öleinheiten (Mtoe) entspricht 1 Million Tonnen Öleinheiten.

M3 Europäische Union

Die Mitgliedstaaten der EU weisen in ihrer Energiepolitik sehr unterschiedliche Wege auf. Insbesondere einige hochentwickelte Staaten streben eine Entkopplung zwischen dem Energiebedarf und dem Wirtschaftswachstum an. Da in Europa kein hohes Bevölkerungswachstum zu erwarten ist, wäre bei einer erhöhten Energieeffizienz und einer gleichzeitigen Reduzierung der Emissionen ein Zuwachs an Wirtschaftsleistung (BIP-Wachstum) ökologisch verantwortbar. Kritiker sehen erhebliche Grenzen in dieser Idee, da allein der bestehende hohe Energiebedarf zu einer zunehmenden Umweltbelastung führt.
Im Jahr 2040 werden nur 5,7 % der Weltbevölkerung in der EU leben, die aber 8 % des globalen Energiebedarfs verbrauchen.

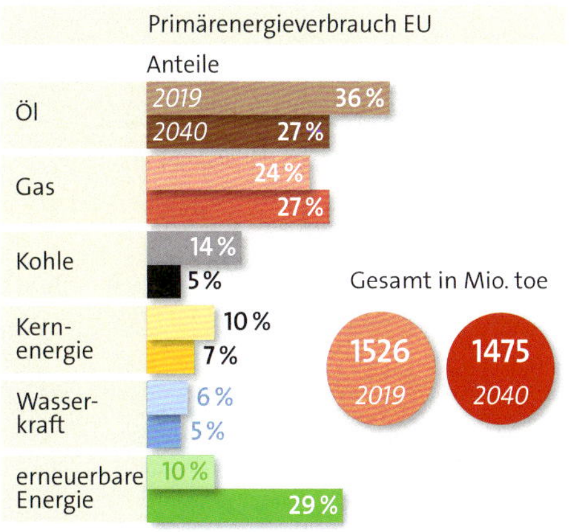

Nach: BP Energy Outlook 2019

M4 Afrika

2018 haben rund 600 Mio. Einwohner des Kontinents keinen Zugang zu Strom. Insgesamt leben rund 17 % der Weltbevölkerung in den 54 afrikanischen Staaten. Im Jahr 2040 werden fast 25 % der Weltbevölkerung in Afrika leben, aber nur 6 % des Energiebedarfs verbrauchen. Zunehmend sollen die vorhandenen Kohlevorkommen für die eigene Energieversorgung eingesetzt werden.
Der hohe Anteil an fossilen Brennstoffen führt zu einem Anstieg der CO_2-Emissionen bis 2040.

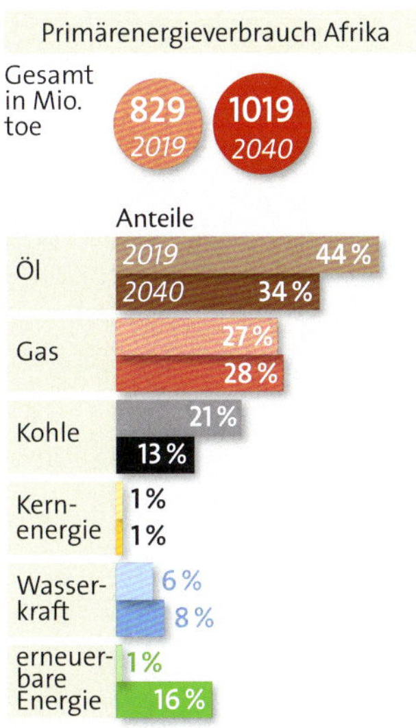

Nach: BP Energy Outlook 2020

M5 China

Bisher beruht die enorme wirtschaftliche Entwicklung Chinas zu einem großen Teil auf der günstigen heimischen Kohle. Man geht von einer starken Energieeffizienzpolitik und dem demographischen Wandel aus: Die chinesische Bevölkerung wird sich vermutlich bis 2040 bei 1,4 Mrd. Menschen einpendeln. Dies entspricht einem Anteil an der globalen Gesamtbevölkerung von 15,2 %. Zugleich wird der Anteil Chinas am globalen Energieverbrauch rund 22 % betragen.

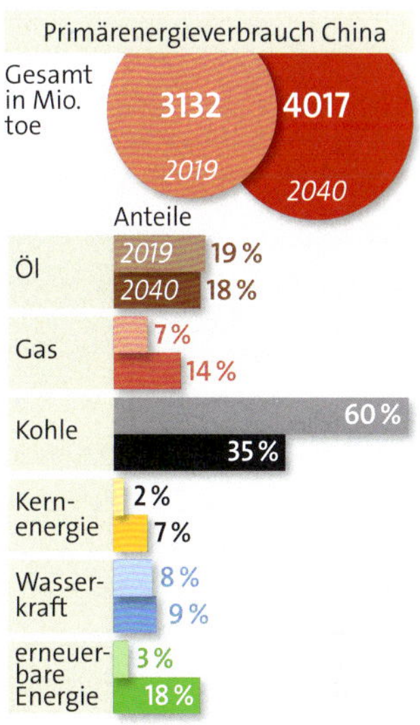

Nach: BP Energy Outlook 2020

M6 Indien

Fast 25 % der zusätzlichen weltweiten Energienachfrage kommen bis 2040 aus Indien.
Die Bevölkerung wird vermutlich bis 2040 um mehr als 267 Mio. Menschen auf rund 1,6 Mrd. anwachsen. Zudem wird von einer starken wirtschaftlichen Entwicklung sowie einem wachsenden Lebensstandard einiger Bevölkerungsschichten ausgegangen. Somit würde Indien 2040 rund 11 % der globalen Energie verbrauchen (heute: 6 %). Ein großer Teil dieses neuen Energiebedarfs könnte durch die inländische Kohle gedeckt werden. Die inländische Gasproduktion wächst zwar auch, wird aber nicht mit der Nachfrage Schritt halten können.

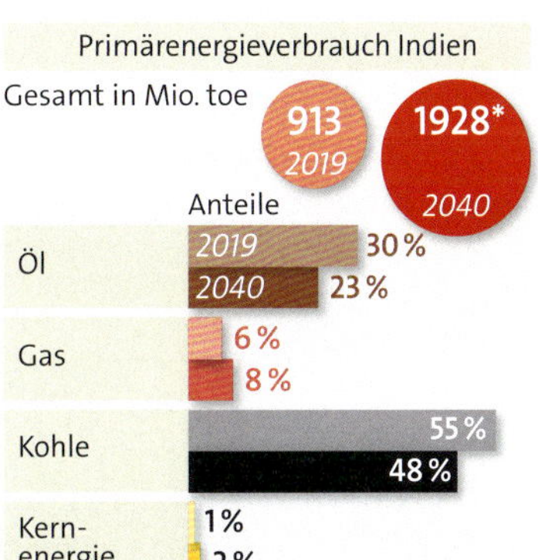

* Im Szenario von BP aus dem Jahr 2019 geht man bei Indien sogar von einem Energiezuwachs von 155,6 % aus.

Nach: BP Energy Outlook 2020

M7 Berichte zum Energieausblick

www.cornelsen.de/codes/
Code: cafixu

1 Vervollständigen und vergleichen Sie Ihre Lernmatrix mit der Musterlösung (M2).

2 Werten Sie die Karikatur aus (M1).

3 Erläutern Sie die drei Punkte in M3 und entwickeln Sie fünf weitere Fragen zum Kapitel, die Ihre Nachbarin/Ihr Nachbar beantworten soll.

4 Lösen Sie das Kreuzworträtsel (M4).

5 Nehmen Sie Stellung zu den vier Szenarien zur globalen CO_2-Emission. Berücksichtigen Sie auch die Methanemissionen (M5 und M6).

Was Sie über fossile Energieträger wissen sollten

Die verlässliche und bezahlbare Bereitstellung von Energie ist die wesentliche Voraussetzung für das Funktionieren unserer Gesellschaften und Wirtschaft. Deshalb machen zurzeit die endlichen fossilen Energieträger im weltweiten Energieverbrauch rund 85 % aus. Dieser stieg 2019 erneut an. Dabei wurden etwa zwei Drittel des Energiemehrbedarfs durch fossile Energieträger gedeckt.

Prognosen und Strategien
Die Internationale Energieagentur (IEA) geht davon aus, dass der weltweite Energiebedarf bis 2040 um weitere 25 % steigen wird. Viele Industriestaaten und insbesondere Entwicklungs- und Schwellenländer mit absehbar steigendem Energiebedarf setzen daher für ihren zukünftigen Energiemix neben erneuerbaren Energien vorerst weiterhin auf Erdöl, Erdgas, Kohle und Kernenergie. Dabei wird Erdöl auch weiterhin der wichtigste Primärenergieträger bleiben.

Reserven und Reichweiten
Durch den täglichen Verbrauch nehmen die Reserven an fossilen Energieträgern ab. Steigt – u. a. aufgrund von demographischen Veränderungen oder eines veränderten Lebensstandards – der tägliche Verbrauch an fossilen Brennstoffen, nehmen ihre Reserven schneller ab. Somit stellt die Reichweite eines Energieträgers nur einen ungefähren Näherungswert dar. Wenn man Ressourcen aufgrund neuer Fördertechniken wirtschaftlicher abbauen kann, dann können Reserven ebenfalls zunehmen (u. a. Fracking-Gas aus den USA, Ölsande in Kanada).

Geopolitische Bedeutung
Förderländer können sich zusammenschließen (u.a. OPEC-Plus), um Energiepreise zu beeinflussen. Anzunehmen ist, dass die wirtschaftliche und geopolitische Bedeutung von Ländern mit großen Erdöl- und Erdgas-Reserven wird zunehmen. Länder ohne ausreichende eigene fossile Rohstoffe versuchen durch Diversifizierung oder alternative Energieformen die Importabhängigkeit zu reduzieren (u. a. Methanhydrat). Aus der räumlichen Ungleichverteilung von Ressourcen können politische Konflikte entstehen.

Förderung und Nutzung
Während bei der Förderung von energetischen Rohstoffen ökonomische und politische Vorteile meist überwiegen, können die ökologischen und sozialen Auswirkungen erheblich negativer sein. Neben dem Verlust von Heimat (lokal: u. a. Braunkohlentagebau Garzweiler) kann es zu sozialen Konflikten kommen (regional: u. a. Erdöl aus Nigeria). Zugleich sind Auswirkungen auf die Ökologie oft negativ. So werden beim Tagebauverfahren (u. a. Ölsande aus Kanada) ganze Ökosysteme zerstört. Beim „Untertagebau" gibt es oft Probleme mit dem Grundwasser (u. a. Steinkohlenbergbau in Deutschland) oder mit den zugeführten Chemikalien (Fracking). Dagegen besteht bei der Energiegewinnung durch Kernkraft immer ein Risiko (u. a. Reaktorunfälle), und die Endlagerung radioaktiver Abfälle ist noch nicht geklärt.

Perspektiven
Das Problem der fossilen Energieträger ist nicht mehr ihre Endlichkeit, sondern es sind die bei ihrer Verbrennung entstehenden CO_2-Emissionen. Wie aber ist es möglich, weitgehend auf fossile Energieträger zu verzichten, ohne die Energiesicherheit oder die internationale Wettbewerbsfähigkeit zu riskieren? Die Antwort hierauf ist im Bereich der regenerativen Energien zu suchen (S. 152–181).

M1 Weiter so

M2 Mögliche Lösungsmatrix zum Kapitel und das Kreuzworträtsel (M4) zum Download

www.cornelsen.de/codes/
Code: jucidi

M3 ...

- Unterschied zwischen Ressource und Reserve
- Veränderung der statischen Reichweite eines fossilen Energieträgers
- Aussage: „Je mehr Menschen, desto mehr Energie wird verbraucht."

M4 Kreuzworträtsel

Hinweis: Bitte nicht in das Buch schreiben.

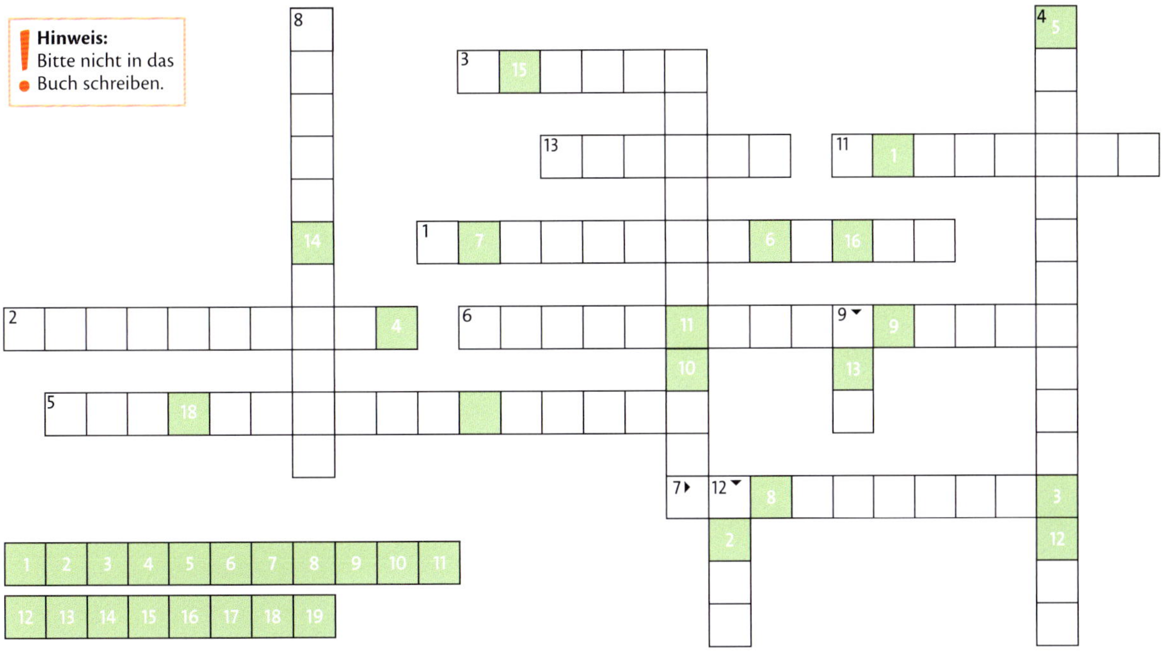

1. Energie, die direkt in der Natur vorkommt und noch nicht umgewandelt wurde
2. Fossiler Energieträger mit den meisten CO_2-Emissionen pro kg
3. Fossile Energieträger mit einer Reichweite von rund 60 Jahren
4. Erdölart aus Ölsand
5. Eine Strategie gegen Importabhängigkeit von Lieferländern
6. Folgekosten im Bergbau
7. Leistung aus öffentlichen Mitteln an Unternehmen
8. Technik zur CO_2-Abscheidung und Speicherung
9. Verflüssigtes Erdgas
10. Ein unkonventionelles Erdgas
11. Zeitpunkt der maximalen Ölförderung
12. Ein spaltbares Material
13. Treibhausgas, das rund 25-mal klimaschädlicher als CO_2 ist

M5 CO_2-Emissionen

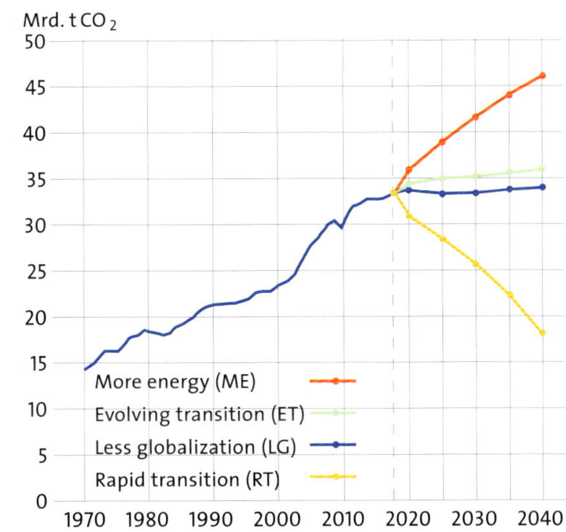

Nach: BP Energy Outlook: 2019, S. 12ff.)

Die **verschiedenen Szenarien** stellen mögliche Auswirkungen unter unterschiedlichen Annahmen dar. Faktoren dabei sind u. a. politische Entscheidungen, die Entwicklung und Umsetzung von Energieeffizienz sowie Umweltbewusstsein. Szenarien werden erstellt, um Entscheidungsfindungen zu unterstützen und Debatten zu fördern.

ME-Szenario: Der globale Energieverbrauch steigt etwa wie bisher.

ET-Szenario: Energiepolitik, Technologie und Umweltbewusstsein entwickeln sich weiter. Der globale Energieverbrauch wächst bis 2040 um rund ein Drittel.

LG-Szenario: Der globale Handel nimmt u.a. durch Handelskriege stark ab. Damit werden weniger Produkte hergestellt und transportiert.

RT-Szenario: Hierbei werden alle optimalen politischen, technischen und sozialen Komponenten vereint. Dies würde zur Erfüllung der Pariser Klimaschutzziele führen.

M6 Methanemissionen

Neben den globalen CO_2-Emissionen stellen die Methanemissionen laut IEA mit jährlich rund 570 Millionen Tonnen ein Problem dar. 60 % der Methanemissionen werden vom Menschen erzeugt, u. a. in der Landwirtschaft (24 %) sowie in Gas- oder Ölbetrieben (20 %). Methan wirkt als Treibhausgas über einen Zeitraum von 100 Jahren 28–36-mal so stark wie CO_2.

Nach: www.iea.org

1 Lokalisieren und beschreiben Sie das Carmichael-Kohlemine-Projekt im Galilee-Becken (Australien).

2 Erörtern Sie die Vor- und Nachteile des Carmichael-Kohlemine-Projektes unter Berücksichtigung der Bedeutung von Steinkohle für Australien.

→ *Zugelassene Hilfsmittel: Atlas und Taschenrechner*

→ *Ergebnisschlüssel*

cornelsen.de/codes/
Code: nutoke

Die australische Carmichael-Kohlemine – ein vertretbares Projekt zur Energiesicherung?

M1 Atlaskarte nach Wahl

M2 Kartenausschnitt Queensland und Daten zum Projekt Carmichael-Kohlemine

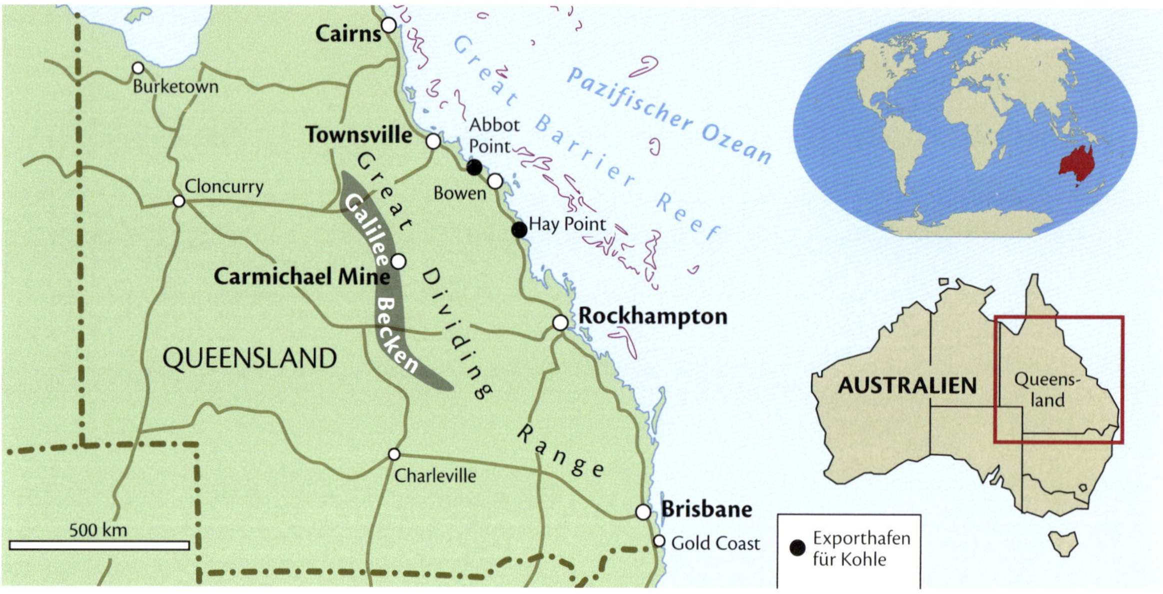

Daten zum Projekt Carmichael-Kohlemine

Investor/Betreiber	Adani-Gruppe (indischer Energiekonzern)
Planungsstart	2011
Größe der Abbaufläche	ca. 200 km²
in Aussicht gestellte Arbeitsplätze	1500 direkte und 6750 indirekte Arbeitsplätze
benötigte Anfangsinvestition für den Minenbetrieb	rd. 1,3 Mrd. Euro
Abbauart	überwiegend im preiswerteren Tagebau
geplante Abbaukapazität pro Jahr	zunächst 10 Millionen Tonnen, später bis zu 60 Millionen Tonnen für die Nutzung als Kraftwerkskohle
geplante Abbaudauer	ca. 60 Jahre
geplante Infrastruktur	Bau einer 188 km langen Eisenbahnstrecke an die bestehende Schienen-infrastruktur von Abbot Point via Bowen Becken bis ins neue Abbaugebiet des Galilee-Beckens (Kapazität: 100 Mio. t pro Jahr)
Kohlehafen Abbot Point	2011 wurde der Kohlehafen für 99 Jahre von der Adani-Gruppe gepachtet. Geplanter Ausbau zum größten Kohlehafen der Welt.
Verwendung der Kraftwerkskohle	Steinkohle soll nach Indien exportiert und dort für die Stromerzeugung eingesetzt werden.

M3 Das Galilee-Becken

- menschenarmes Gebiet mit einer Fläche von 247 000 km²
- überwiegend für extensive Weidewirtschaft genutzt (semiarides Gebiet)
- wiederholte anhaltende Dürren
- wenige Touristen besuchen die rund 160 naturbelassenen Feuchtgebiete mit natürlichen Quellen
- nur über Schotterpisten erreichbar
- 27 Mrd. Tonnen Kohle werden vermutet
- 7 Kohleminen sind in Planung
- Carmichael-Kohlemine-Projekt der Adani-Gruppe ist das am weitesten fortgeschrittene Großprojekt und könnte im Endausbau zur größten Steinkohlenmine Australiens werden
- Mitte 2019 wurden für das Carmichael-Kohlemine-Projekt alle Abbaugenehmigungen durch den australischen Staat erteilt

M4 Steinkohle in Australien 2018

Förderung	430 Mio. Tonnen
davon exportiert	380 Mio. Tonnen
Exportwert der Steinkohle	66,1 Mrd. US-$
Anteil Queenslands am Exportwert der Steinkohle	35,7 Mrd. US-$
Anteil der Steinkohle an heimischer Stromerzeugung	61 %
Arbeitsplätze Steinkohleindustrie	200 000
davon direkt im Bergbau	37 800

2015 hat die australische Regierung das Gesetz „Renewable Energy Target" verabschiedet. Danach sollen 40 % des australischen Stroms bis 2030 aus erneuerbaren Energiequellen stammen und die CO_2-Emissionen reduziert werden. 2017 betrug der Anteil der erneuerbaren Energien am Strom 15,1 % (Deutschland: 13,2 %). Zugleich wurden u. a. einige Kohlekraftwerke stillgelegt und der eigene Verbrauch an Kohle reduziert.

M5 Great Barrier Reef

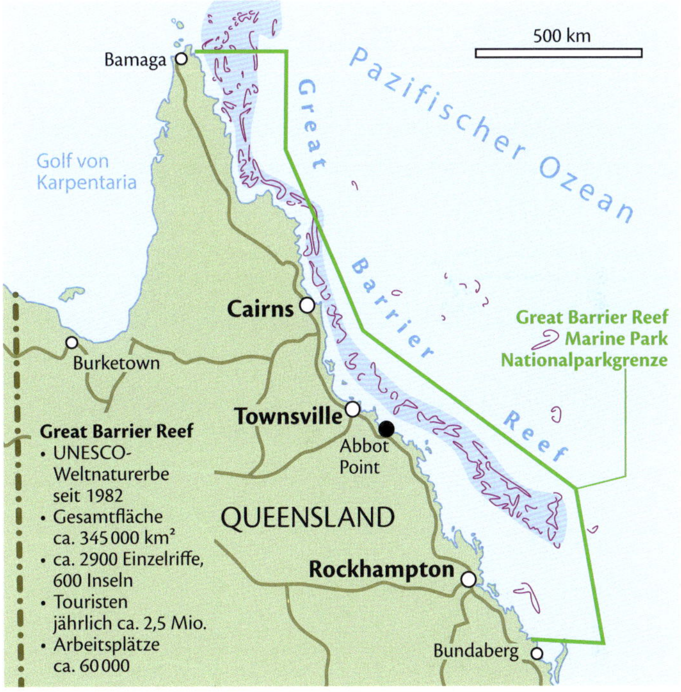

M6a Sichere Zukunft durch Kohle

Die Regierung unterstützt unter Auflagen die Kohlenförderung durch die Adani-Gruppe. Zugleich stellt die Kohlenförderung in den Bereichen Abbot Point oder Galilee-Becken eine der wenigen Möglichkeiten für eine wirtschaftliche Entwicklung dar. Der Tourismus reicht hier bei weitem nicht aus. Adani versprach der Kleinstadt Bowen (7500 Einwohner, Jugendarbeitslosigkeit: 14,3 %) mehrere tausend neue Arbeitsplätze sowie Steuereinnahmen für die Gemeinden in Millionenhöhe. Neben den direkten Arbeitsplätzen im Bergbau werden u. a. zahlreiche Arbeitsplätze im Hafen sowie im Bereich der Logistik geschaffen.
Zudem braucht Indien die Steinkohle aus Australien für seine Stromversorgung. Es erscheint besser, die hochwertige Steinkohle aus dem Carmichael-Kohlemine-Projekt zu verbrennen, als minderwertige und damit klimaschädlichere Steinkohle zum Beispiel aus Indonesien oder Nordchina zu verwenden.

Basierend auf: https://info.arte.tv/de/australien-alles-fuer-die-kohle vom 9.11.2017

M6b Kohleabbau ist unverantwortbar

Wissenschaftler warnen, dass das Carmichael-Kohlemine-Projekt der Adani-Gruppe dazu führen könne, dass die vorhandenen Quellen nicht mehr dauerhaft Wasser liefern und zahlreiche Feuchtgebiete zerstört werden.
Nach Meinung von Christian Slattery von der Australian Conservation Foundation wäre die Carmichael-Kohlemine eine Katastrophe für die Umwelt und das Klima in Queensland und der ganzen Welt. Es würde die Binnengewässer in einer Zeit verschlingen, in der mehr als die Hälfte von Queensland von Dürre beherrscht wird und die Landwirte dringend Wasser bräuchten.
Zugleich würde durch die erhöhten CO_2-Emissionen in Indien der Klimawandel verstärkt und durch die daraus resultierende Erwärmung der Meere die Zerstörung des Great Barrier Reefs beschleunigt. Zudem beklagte die Australian Marine Conservation Society, dass mit der Erschließung der Carmichael-Kohlemine jährlich zusätzlich rund 500 Kohlefrachter das Great Barrier Reef durch Abgase, Staub, Altöl und mögliche Unfälle gefährden würden.

(nach verschiedenen Quellen)

6

REGENERATIVE ENERGIEN – EINE ECHTE ALTERNATIVE?

Offshore-Windparkanlage in der Nordsee

ERWEITERUNG DER GEOGRAPHISCHEN KOMPETENZEN

In diesem Kapitel lernen Sie die verschiedenen Möglichkeiten der regenerativen Energiegewinnung kennen. Sie erkennen die unterschiedlichen Voraussetzungen, die für ihre Nutzung notwendig sind, und beurteilen deren Potenziale in den Bereichen Mobilität, Strom- und Wärmenutzung.
Sie werden sich abschließend ein begründetes und kritisches Urteil der Fragestellung dieses Kapitels bilden können.

Inhalte

- wichtige regenerative Energiequellen und ihre Nutzungsvoraussetzungen
- Nutzungspotenziale und -grenzen der verschiedenen regenerativen Energien
- Energiequellen für die Zukunft
- Nutzungskonflikte zwischen verschiedenen Interessengruppen in Gesellschaft und Politik

Aktualisierungen dieses Kapitels

www.cornelsen.de/codes/
Code: madova

Medien und Methoden

- vernetztes Auswerten unterschiedlicher Darstellungsmittel, u. a. Schemata
- Entwicklung verschiedener grafischer Darstellungsmittel (Wirkungsgefüge, Concept Map)

Bewertungen

- Nutzungspotenziale und -grenzen regenerativer Energien
- Abwägen von Argumenten für und gegen die Nutzung regenerativer Energien unter Berücksichtigung unterschiedlicher Interessengruppen

Aktionen und Handlungserwartungen

- Diskussionsbeteiligung an der Frage der Nachhaltigkeit regenerativer Energien
- eigene Verhaltensentscheidungen vor dem Hintergrund des deutlichen Klimawandels

1 Erläutern Sie den Begriff „regenerative Energien“.

2 Beschreiben Sie die Bedeutung regenerativer Energien in Deutschland und weltweit (**M2, M4, M6 bis M8**).

3 Stellen Sie die gesellschaftlichen und politischen Herausforderungen der Nutzung regenerativer Energien in Deutschland dar (**M4**).

4 Recherchieren Sie Informationen zu den Herausforderungen des Stromnetzausbaus im Zusammenhang mit dem Ausbau der regenerativen Energiegewinnung (**M3**, MK Internet: BMWi).

5 Übernehmen Sie das „Strukturdiagramm zur regenerativen Energiegewinnung und -nutzung“ in Ihre Unterrichtsaufzeichnungen und ergänzen Sie dieses während der Bearbeitung dieses Kapitels (**M1**).

Regenerative Energien – eine echte Alternative?

Bedeutung regenerativer Energien
Wenn wir in Zukunft unseren Energiebedarf decken und dabei möglichst wenig Emissionen verursachen wollen, stehen uns die sogenannten **regenerativen Energien** als Alternative zur Verfügung. Zu diesen Energien zählen Windkraft (Windenergie), Sonnenenergie (Warmwasser: Solar; Strom: Photovoltaik), Wasserkraft, Energie aus Biomasse (Biogas etc.) und Geothermie (Nutzung der Wärmeenergie aus dem Erdinneren). Neben dem Begriff „regenerativ" werden synonym die Begriffe „alternativ" und „erneuerbar" verwendet. Doch sind sie tatsächlich in der Lage, den Energiebedarf in Zukunft zu decken?

Wirklich eine Alternative?
Regenerative Energiegewinnungssysteme müssen flächendeckend vorhanden sein, um möglichst effizient wirken zu können (Eigenversorgung und kurze Wege). Sie müssen darüber hinaus in der Lage sein, Speichersysteme für nachteilige Witterungsbedingungen (z. B. Sturm oder Windflaute bei der Windenergie, geringere Anzahl an Sonnenstunden bei der Photovoltaik) zu nutzen. Und sie müssen es schaffen, den steigenden Energiebedarf wachsender Volkswirtschaften zu stillen. All diese Herausforderungen erschweren die Antwort auf die Frage, ob die Nutzung der regenerativen Energieträger eine Alternative zu den fossilen sein können.

Energiewende in Deutschland
Der Ausbau der erneuerbaren Energiesysteme für Mobilität, Strom und Wärme ist zentraler Bestandteil der deutschen **Energiewende**. Die gesteckten Ziele sehen bis 2030 einen Anteil von 65 % und bis 2050 von 80 % vor. Diese „Energiewende“ hat das Ziel, nichtnachhaltige, fossile Energieträger und die Energiegewinnung aus der Kernenergie gegen die nachhaltige Energiegewinnung aus den regenerativen Energien zu ersetzen. Zudem sollen durch technische und bauliche Veränderungen an elektronischen Geräten und Gebäuden Energieeinsparpotenziale gezielt genutzt werden, um weniger Energie bereitstellen zu müssen.

M1 Strukturdiagramm zur regenerativen Energiegewinnung und -nutzung

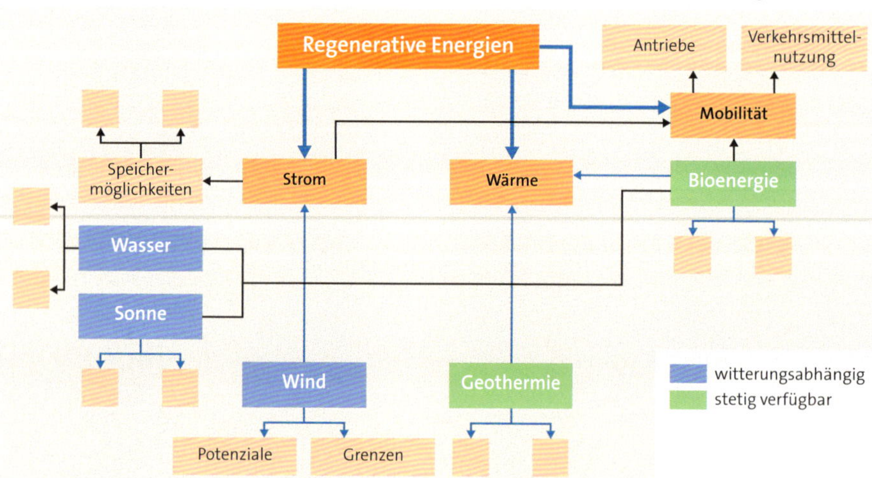

M2 Globale Stromproduktion 2019

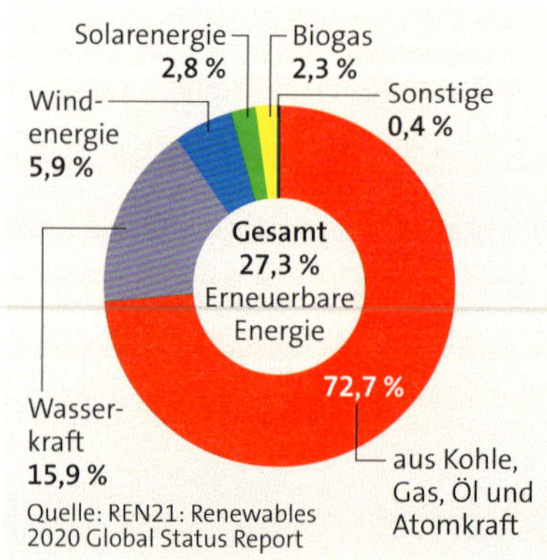

M3 Karten zum Stromnetzausbau in Deutschland

www.cornelsen.de/codes/
Code: gubuwo

FACHBEGRIFFE

regenerative Energie: auch „erneuerbare Energie“, sind Energieträger, die unerschöpflich zur Verfügung stehen oder sich schnell erneuern

Energiewende: Übergang von der Verwendung fossiler Energieträger zur nachhaltigen Energieversorgung mit regenerativer Energie

M4 Installierte Leistung der regenerativen Energien weltweit 2018

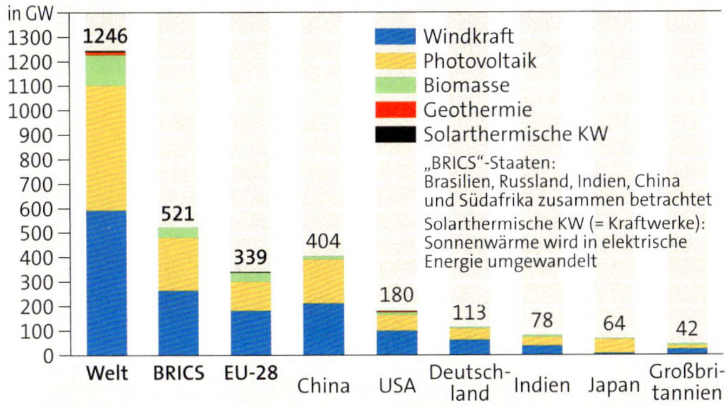

Quelle: Global Status Report (REN21 2019)

M5 Das Erneuerbare-Energien-Gesetz und die EEG-Umlage

„Der Ausbau der erneuerbaren Energien ist eine zentrale Säule der Energiewende. In diesem Zusammenhang wurde ein erfolgreiches Instrument zur Förderung des Stroms aus erneuerbaren Energien konzipiert: das **Erneuerbare-Energien-Gesetz (EEG)**, welches erstmals im Jahr 2000 in Kraft getreten ist und seither stetig weiterentwickelt wurde."

(Quelle: BMWi, 2019)

Alle Stromkunden finanzieren diesen Ausbau und die Förderung mit der **EEG-Umlage**, einem zusätzlichen Anteil des Strompreises, der 2021 6,5 und 2022 3,7 Cent pro kWh-Strom beträgt. *(Quelle: Bundesnetzagentur)*

M6 Arbeitsplätze im Bereich der regenerativen Energien 2017 und im Vergleich zu 2016

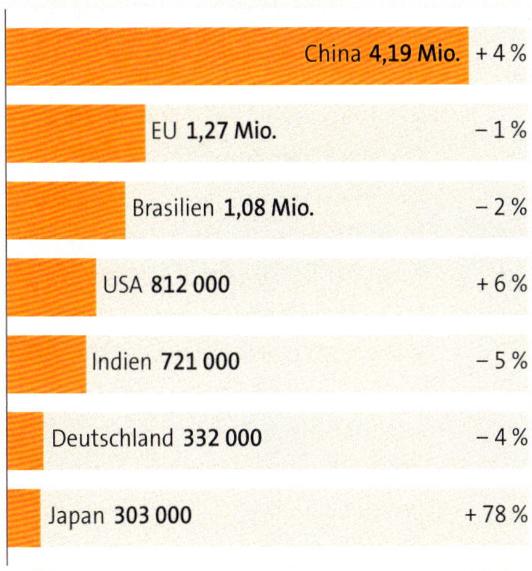

nach: IRENA 2017, ergänzt

M7 Stromerzeugung in Deutschland 2020

Mit 251 Milliarden Kilowattstunden lieferten Erneuerbare Energien 44 Prozent der deutschen Bruttostromerzeugung. Ihr Anteil am Bruttostromverbrauch betrug 45 Prozent.

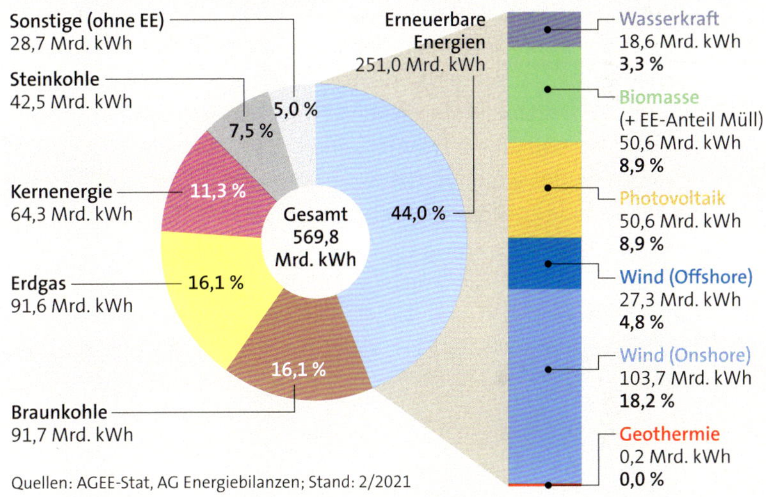

Quellen: AGEE-Stat, AG Energiebilanzen; Stand: 2/2021

M8 Bruttostromerzeugung durch regenerative Energien seit 1990 in Deutschland

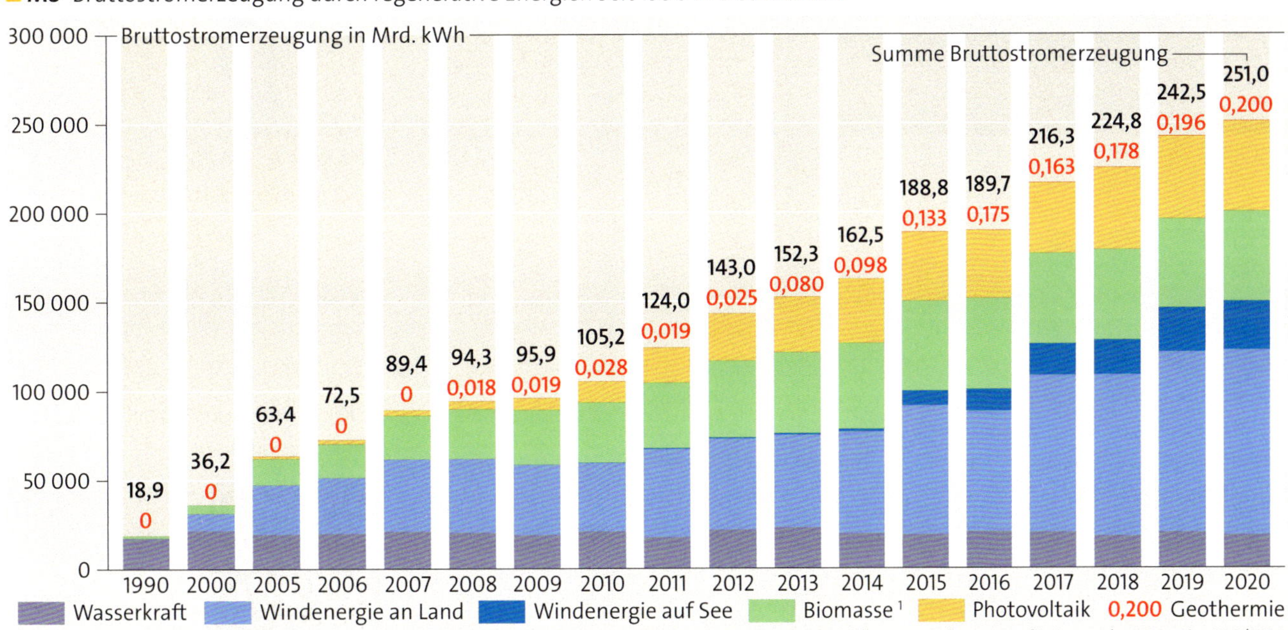

[1] feste und flüssige Biomasse, Biogas, Biomethan, Deponie- und Klärgas, Klärschlamm und biogener Anteil des Abfalls

nach: Agentur für Erneuerbare Energie e.V. 3/2021

1 Erklären Sie die Möglichkeiten zur Energiegewinnung aus Windenergie in Deutschland unter Berücksichtigung der Windverhältnisse (**M2** bis **M4**, **M6**, **M7**, Atlas).
2 Nennen Sie die Standorte der größten Windparks in Deutschland (Atlas, Internet).
3 Stellen Sie unter dem Aspekt der Nachhaltigkeit die Vor- und Nachteile der Nutzung durch Onshore-Windenergieanlagen in Deutschland in Form einer Tabelle dar (**M1** bis **M8**).
4 Formulieren Sie abschließend eine kritische Stellungnahme zur Themenfrage.

Windenergie auf dem Land – Kapazität am Limit?

Windenergienutzung
Die Nutzung der Windenergie durch den Menschen geht weit in der Geschichte zurück (4000 v. Chr., Ägypten und Babylonien).
Während großräumige Windbewegungen von starken Luftdruckunterschieden, der Erdrotation und der Land-Meer-Verteilung abhängig sind, spielen beim regional auftretenden Wind andere Faktoren eine Rolle. Vom Erdboden aus steigen mit zunehmender Höhe die Windgeschwindigkeiten, da Hindernisse fehlen. Orte mit hoher Windgeschwindigkeit eignen sich daher für die Nutzbarmachung der Windenergie durch **Windenergieanlagen,** kurz **WEA.**

M1 Windenergieanlagen

Windenergie in Deutschland
In Deutschland spielt die Windenergienutzung zur Stromerzeugung seit den 1990er-Jahren eine bedeutende Rolle. Während zuerst **Onshore**-Anlagen, d. h. WEA auf dem Land entstanden, entwickelte sich vor allen Dingen in den letzten Jahren die Nutzung der **Offshore**-Windenergie. Derzeit werden ca. 92,3 TWh durch WEA auf dem Land erzeugt, Tendenz: stagnierend. Denn Widerstände in der Bevölkerung und strengere Vorgaben und Genehmigungsverfahren führen z. B. in NRW dazu, dass jeder WEA-Standort eigens verwaltungsrechtlich geprüft werden muss. Gesetzlich allgemeingültige Abstandsregelungen zur Wohnbebauung oder Regelungen zum Artenschutz und dem Bau von WEA in Wäldern gibt es nicht. So können die Kommunen zurzeit selbst die Empfehlungen des Windenergieerlasses des Bundes nach eigenem Ermessen umsetzen.

Onshore-Windenergie in aktuellen Zahlen
In Deutschland wurden im Jahr 2019 insgesamt 278 WEA mit einer Leistung von 936 MW installiert. Damit wurde gerade die Hälfte der Vorjahresinstallation erreicht. Die durchschnittliche **Nennleistung** hat im Jahr 2018 einen Sprung auf 3,34 MW pro WEA gemacht; das liegt daran, dass der Rotordurchmesser auf 118 Meter und die **Nabenhöhe** auf 133 Meter gestiegen sind. Gegenüber dem langjährigen Mittel waren die Windbedingungen im Jahr 2018 unterdurchschnittlich gut. Die durchschnittlichen Erträge im „**Windpark** Deutschland" sind aufgrund vieler neuer und effizienter Anlagen auf 1801 **Volllaststunden** gestiegen. Abhängig von verschiedenen Faktoren erreichen Windenergieanlagen zwischen 1400 und 5000 Volllaststunden; das entspricht einem Nutzungsgrad von 16 bis 57 %.

M2 Aktuelle Daten zum Windenergieausbau

www.cornelsen.de/codes/
Code: xuviji

FACHBEGRIFFE
Windenergieanlage (WEA): Windräder mit zwei oder mehr (meistens drei) Rotorblättern, deren Drehbewegung über einen Generator Strom erzeugt (vgl. vereinfacht: Fahrraddynamo)
Onshore-WEA: WEA auf dem (Fest-)Land
Offshore-WEA: WEA auf dem Meer
Nennleistung: bestellte Leistung, die eine Anlage im Idealfall bzw. unter günstigen Voraussetzungen erbringen kann
Windpark: Ansammlung mehrerer Windräder
Nabenhöhe: Höhe der Ansatzstelle der Rotorblätter/des Rotors am Windradturm
Volllaststunden (Nennwindgeschwindigkeit): volle Auslastung einer WEA unter günstigen Bedingungen
Repowering: Austausch kleinerer WEA gegen leistungsfähigere Modelle
Infraschall: Schall unterhalb der menschlichen Hörschwelle, der Schwingungen erzeugt (ähnlich wie beim Donner in der Nähe einer Gewitterzelle)

M3 Auswirkungen der Windgeschwindigkeit auf eine Windenergieanlage (WEA)

Windgeschwindigkeit (in m/s)	Bedeutung für eine WEA
2,5–5,9	Anlaufwindgeschwindigkeit
6–10	WEA läuft konstant
10,1–19,9	Nennwindgeschwindigkeit (Volllast)
20–34	WEA schaltet sich ab
50–70	statisch noch stabil

M4 Installierte Leistung der Windkraftanlagen in Deutschland

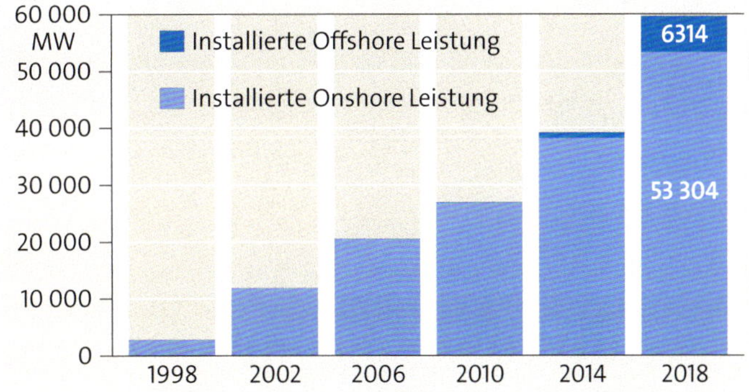

Quelle: iee.fraunhofer.de

M5 Top-5-Bundesländer mit Onshore-Windenergiegewinnung im Leistungsvergleich 2020

Rang	Bundesland	Leistung in MW	Anzahl WEA
1	Niedersachsen	11 430	6 352
2	Brandenburg	7 478	3 900
3	Schleswig-Holstein	7 064	3 673
4	Nordrhein-Westfalen	6 174	3 818
5	Sachsen-Anhalt	5 281	2 870

Nach: www.wind-energie.de (Stand: Februar 2021)

M6 Repowering – immer höher

Durch das **Repowering** werden seit ca. 10 Jahren ältere Windräder gegen neue, leistungsfähigere WEA ausgetauscht. Die neuen Anlagen haben mit einer Höhe von ca. 180 m (zum Vergleich: alte WEA 100 m Höhe, Kölner Dom 157 m Höhe) eine 3,5- bis 6-fach höhere Leistungsfähigkeit.

M7 Potenziale und Nutzung der Onshore-Windenergie

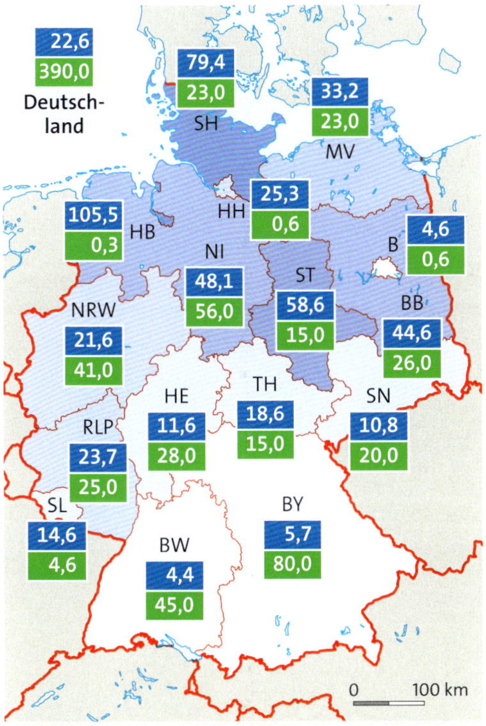

Anteil der verwirklichten Stromversorgung aus Windkraft am möglichen Potenzial (2017, in %)

Potenzial Windenergie Stromversorgung (2017, in Mrd. kWh)

nach: Agentur für Erneuerbare Energie e.V., 2020

M8 Probleme der Windenergie

Die Windenergieanlagen werden häufig sehr kritisch in der Bevölkerung wahrgenommen. Neben der Zerstörung des Landschaftsbildes („Zerspargelung der Landschaft") und der damit verbundenen Abwertung von Gebäuden und Grundstücken, treten gesundheitsbeeinträchtigende Phänomene immer stärker in den Fokus der Öffentlichkeit. Neben dem Licht-Schatten-wechsel (Schattenwurf), der durch die sich drehenden Rotor verursacht wird, kommt noch der Lärm der Windräder durch Windgeräusche und die Beeinflussung der Tierwelt. Für einige Vogel- und Fledermausarten stehen WEA unter Verdacht, durch ihre Rotorblätter totbringende Hindernisse zu sein, was man an zahlreichen Funden toter Tiere in deren Nähe belegen konnte.

„Hochrechnungen zufolge kommen in Deutschland bis zu 100 000 Vögel an Windrädern zu Tode. Das wird in der Öffentlichkeit heftig diskutiert. Daher ist es erstaunlich, dass die über 100 Millionen Vögel, die jährlich in Deutschland an Glas und Glasscheiben sterben, kein öffentliches Thema sind. Auch zu den wesentlich massiveren Schäden durch Vogelschlag im Straßenverkehr und entlang von Bahn- und Hochspannungstrassen, zur Bedrohung der Vogelwelt durch Agrargifte und Naturzerstörung gibt es keine Debatte."

Quelle: BUND Regionalverband Südlicher Oberrhein 2021

Ein anderes Problem der Windenergie sind die Stromnetze.

„Ganze Windparks werden abgeschaltet, genau dann, wenn sie eigentlich auf vollen Touren produzieren könnten. Der Grund sind nicht etwa Wartungsarbeiten oder technische Probleme – sondern überlastete Stromnetze. Im Jahr 2015 musste laut [der Energieaufsichtsbehörde] die Produktion von Grünstromanlagen von den Netzbetreibern um 4722 Gigawattstunden reduziert werden. Das entspricht etwa der halben Jahresproduktion eines Kernkraftwerks."

Quelle: Schland, Jakob. In: Berliner Morgenpost vom 22.08.2016

1 Kennzeichnen Sie die Entwicklung der Offshore-Windenergiegewinnung in Deutschland (**M2, M3, M6**).

2 Vergleichen Sie die Anzahl und das Ausbaupotenzial von Offshore-Windparks in Nord- und Ostsee miteinander und nennen Sie Vermutungen zu den Unterschieden (Atlas, **M3**).

3 Vergleichen Sie die Effektivität der Offshore-Windenergiegewinnung mit der zur Onshore-Windenergiegewinnung (**M4, M5**).

4 Erörtern Sie das Potenzial der Offshore-Windenergiegewinnung in Bezug auf die Energiewende, indem Sie verschiedene Pro- und Kontra-Argumente aus den Materialien herausarbeiten und abschließend eine schlüssige Meinung formulieren (**M1** bis **M8**).

Windenergie auf dem Meer – die Zukunft der Energiegewinnung?

M1 Offshore-Windpark („alpha ventus") in der deutschen Nordsee

Offshore-Windparks entstehen ab einer Entfernung von ca. 20–30 km vom Festland im Meer. Hierbei ist in Deutschland entscheidend, dass der sogenannte Festlandssockel, in der Nordsee die Deutsche Bucht und auch viele Stellen in der Ostsee, so flach ist, dass die WEA nicht so tief (durchschnittlich 25 Meter) in den Seeboden gebaut werden müssen.

Förderung der Offshore-WEA

Von der Offshore-Windenergiegewinnung erhofft man sich einen großen Beitrag zur Energiewende. Wind im Meer ist ziemlich sicher und Beschwerden durch Anwohner, die sich durch den Schattenwurf oder den Infraschall gestört fühlen, gibt es nicht; eine „Win-win-Situation", sollte man meinen. Aber ist das tatsächlich so?

Trends bei der Offshore-Nutzung

Vor der deutschen Nord- und Ostseeküste entstehen seit 2005 zahlreiche Windparks, die mittlerweile auch von namhaften Energieunternehmen bewirtschaftet und mitfinanziert werden. Trotz der immens hohen Baukosten, die aufgrund der sicheren Konstruktion im Meer entstehen (Tripod-Fundament), beteiligen sich selbst kleinere Stadtwerke deutscher Klein- und Mittelstädte an solchen Windparkprojekten. Diese Form der Energiegewinnung gilt genauso wie die durch Atom- und Kohlekraftwerke als **grundlastfähig**.

Wirtschaftsfaktor „Offshore"

Für die deutschen Küstenregionen ist die Energiegewinnung durch Windkraftnutzung im Meer ein bedeutender Wirtschaftsfaktor: Arbeitsplätze in der (Offshore-)Windindustrie entstehen zwar bundesweit, allerdings sind vor Ort beim Transport und der Anlageninstallation viele Fachkräfte notwendig: ein starker wirtschaftlicher Zugewinn für strukturschwache und stark vom Tourismus abhängige Regionen wie beispielsweise Ostfriesland mit dem wichtigen Offshore-Hafen Emden.

Unsicherheiten bleiben

Doch Fakt ist, dass sich in der Vergangenheit der Netzanschluss an das deutsche Stromnetz aus verschiedensten Gründen sehr lange herauszögerte. Dieses Risiko (verbunden mit langen Genehmigungsverfahren) vergrault bis heute Großinvestoren, die sich schnelle Gewinne erhoffen. Die Bundesregierung versucht, mit einer **Einspeisungsvergütung** von bis zu 19,4 ct/kWh für die ersten acht Betriebsjahre (danach 3,9 ct/kWh) Investitionen in die Offshore-Windenergie lukrativ zu machen.

Stromtrassen in Deutschland

Größere Probleme bringt der Stromtrassenausbau mit sich: Um den Windstrom von der See bis in den Süden Deutschlands zu transportieren, benötigt das deutsche Stromnetz neue **Stromtrassen**. Die drei Haupttrassen verzögern sich im Bau und stehen in der Kritik: Bürgerinitiativen kämpfen gegen den Bau und die Konsequenzen für Landschaft und Heimat.

FACHBEGRIFFE

Einspeisevergütung: staatlich festgelegte Vergütung von Strom („Mindestpreissystem")
grundlastfähig: verbrauchsdeckende tägliche Mindeststromversorgung, ohne Ausfall
Stromtrasse: Hauptleitungsbahn für große Strommengen
Tripod-Fundament: dreibeiniges Betonfundament für Offshore-WEA
Wirkungsgrad: Grad der Umsetzung der Windkraft in elektrische Energie, auf 59 % wegen der physikalischen Eigenschaften maximal begrenzt

M2 Zahlen zur Offshore-Windenergie 2020

Anzahl deutscher Offshore-Windparks:
24, mit insgesamt 1501 Offshore-Windenergieanlagen (davon 32 in 2020 erstellt)
Installierte Gesamtleistung 2020:
7770 MW (entspricht knapp 8 Braunkohlekraftwerken oder 5,5 Kernkraftwerken)

Nach: Stiftung Offshore Windenergie vom 21. Januar 2021

M3 Offshore-Windparks in Nord- und Ostsee 2020

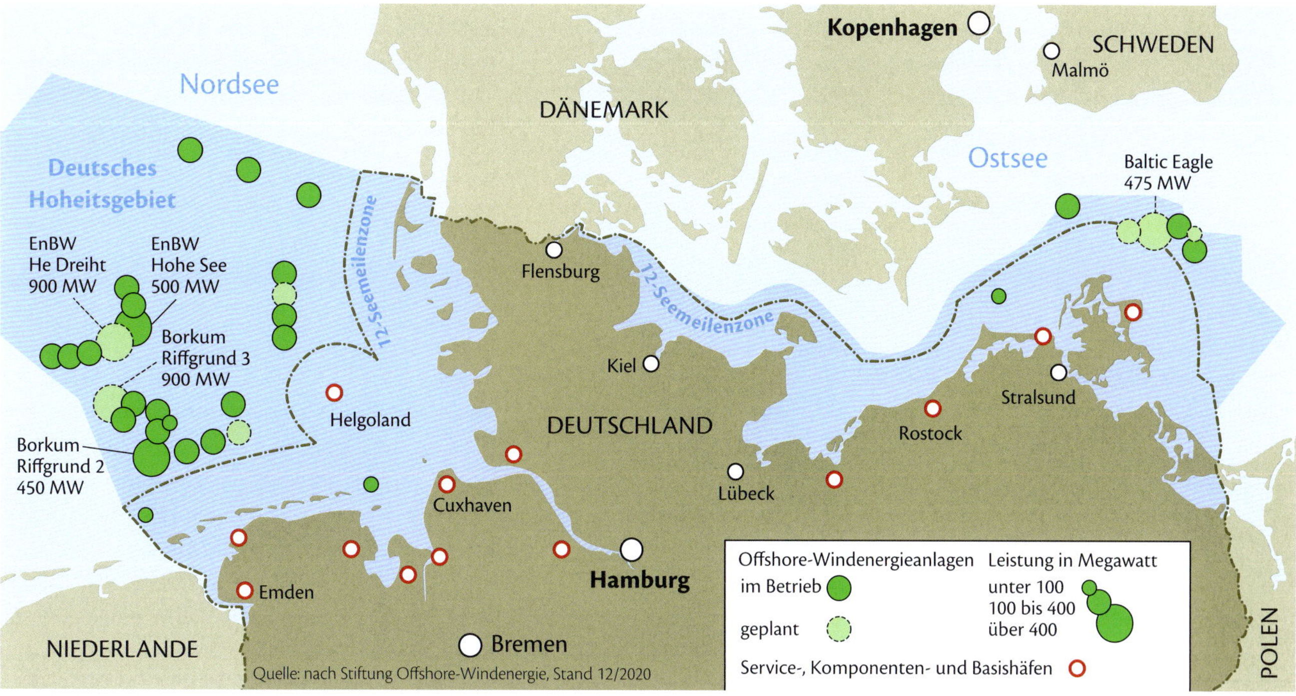

M4 Netzanschluss eines Offshore-Windparks an das Festlandstromnetz

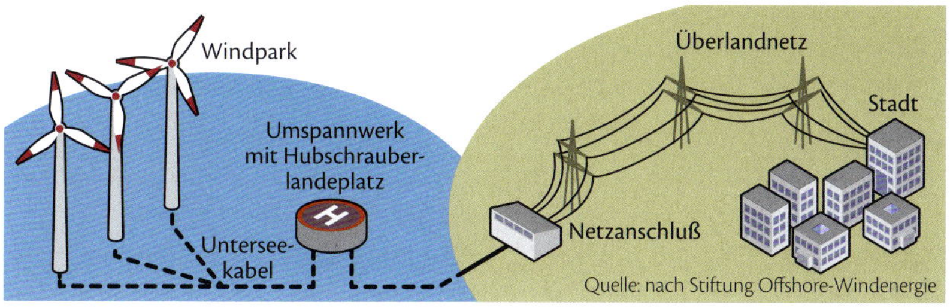

M5 Wirkungsgrad der Windenergiegewinnung

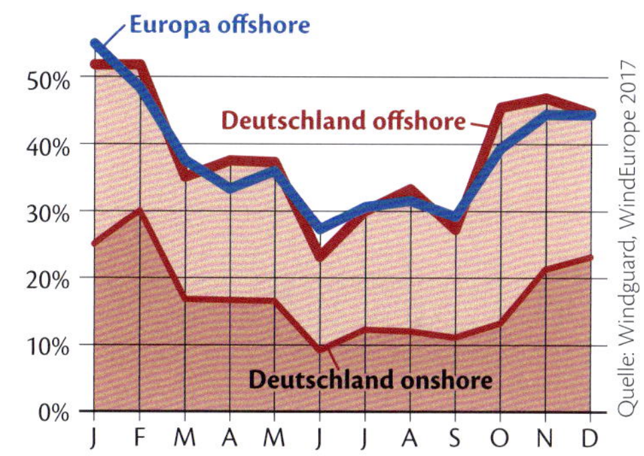

M6 Arbeitsplatzentwicklung in der deutschen Windenergiebranche

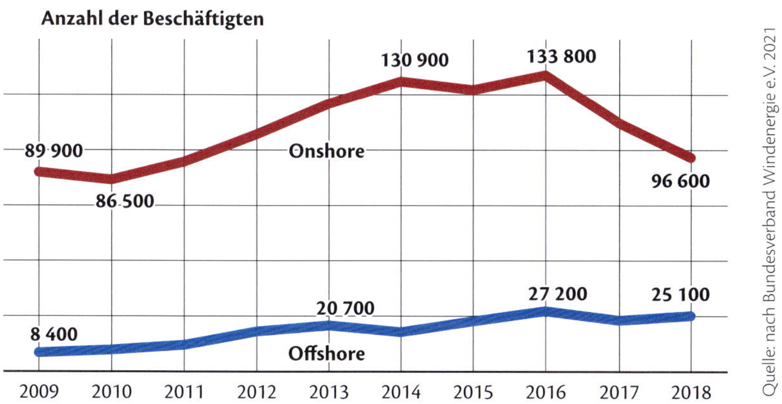

M7 Ökologische Auswirkungen der Offshore-Windenergiegewinnung

Naturschützer warnen vor den ökologischen Auswirkungen des Offshore-Windenergieausbaus: Zwar entstünden durch die Verankerung im Meeresboden neue Kaltwasserriffe, jedoch stören Infraschalllaute und die zahlreichen Rotoren viele Meeresbewohner wie die seltenen Schweinswale und den jährlichen Vogelzug im Nationalpark Niedersächsisches Wattenmeer. Auch die Küstenfischer, deren Fanggründe neu geordnet und ausgewiesen werden müssen, fürchten um ihre Existenz.

M8 Trassenstreit

„Sie gelten als ‚Hauptschlagadern' der Energiewende in Deutschland: die […] Hochspannungstrassen Suedlink, Südostlink und Korridor A. Als mächtige Erdkabel geplant, sollen sie ab 2025 […] Windstrom aus dem Norden nach Süddeutschland leiten. Doch das Projekt ist höchst umstritten. […] Wälder werden abgeholzt, Flurgrundstücke zerteilt, womöglich müssen sogar Siedlungen weichen. Denn 40 Meter und mehr soll eine einzige Stromautobahn breit sein. Die Argumentation der Politik: […] Der industriereiche Süden brauche den Strom aus dem Norden […]. Doch die Kritiker bemängeln, dass die Trassen um ein Drittel überdimensioniert seien und [zunächst] für den Transport von „schmutzigem Braunkohlestrom" nach Süddeutschland genutzt würden."

Quelle: ZDF – planet e, 2019

1 Stellen Sie Gemeinsamkeiten und Unterschiede der beiden Formen der Energiegewinnung durch die Sonne dar (**M1, M2**).

2 Vergleichen Sie, inwiefern sich die Potenziale zur Gewinnung von Solarenergie in drei verschiedenen, selbstständig gewählten Regionen Deutschlands unterscheiden. Legen Sie dazu eine Tabelle an (**M3, M4**, Atlas).

3 Analysieren Sie die Nutzung von Photovoltaikanlagen hinsichtlich ihrer Kosten und Förderung (**M6, M7**).

4 Stellen Sie die Vor- und Nachteile der Solarenergie dar und erläutern Sie ausgehend von Ihrer Recherche der vorangegangenen Aufgaben die heutige und zukünftige Bedeutung der Solarenergie in Deutschland (**M1** bis **M8**).

5 Nehmen Sie kritisch Stellung zur Themenfrage.

Solarenergie in Deutschland – wertvolle Ergänzung oder notwendige Bedingung für eine erfolgreiche Energiewende?

Kostenlose **Solarthermie**, Energie der Sonne, unabhängig von Stromanbietern, dabei gleichzeitig umweltfreundlich sein: Das klingt erst mal gut. Es gibt zwei Möglichkeiten die Energie der Sonne zu nutzen: Solarzellen, auch **Photovoltaik** genannt, und Sonnenkollektoren.

Solarzellen (Photovoltaik)

M1 Photovoltaikanlage

Solarzellen dienen der Stromerzeugung und setzen sich aus drei Schichten zusammen, die aus **Silizium** bestehen. Durch das Sonnenlicht gelangen Elektronen durch die Grenzschicht und es sammeln sich auf der einen Seite der Solarzelle negative Elektronen, auf der anderen Seite positiv geladene Protonen, ähnlich einer Batterie. Damit Strom fließen kann, werden an der Ober- und Unterseite der Solarzelle stromleitende Plättchen angebracht und verkabelt.

FACHBEGRIFFE

Globalstrahlung: Anteil der Strahlung, welche Einfluss auf Wetter und Klima hat
Photovoltaik: Umwandlung von Lichtenergie in elektrische Energie mittels Solarzellen
Silizium: chemisches Element (Si), Schmelzpunkt 1410 °C.
Solarthermie: Umwandlung der Energie der Sonnenstrahlung in Wärmeenergie

Sonnenkollektoren

M2 Sonnenkollektoren

Sonnenkollektoren haben eine andere Funktion als die Solarzellen.
Mit ihrer Hilfe wird Sonnenenergie in Wärme umgewandelt, zum Beispiel kann Wasser erhitzt werden. Bis zu 80 % der eingestrahlten Energie kann in Wärme umgewandelt werden. Sonnenkollektoren bestehen aus drei Schichten: Oben befindet sich eine Glasscheibe, in der Mitte eine Deckschicht, die untere, schwarze Metallschicht nennt sich Absorber. Die Sonnenstrahlung trifft durch die Glasscheibe auf den Absorber und ein Wärmeträgermedium erhitzt sich auf 60 bis 80 °C. Dank der eingebauten Deckschicht werden nur 5 % der Energie als Wärme wieder zurück in die Umgebung gestrahlt.

Potenziale in Deutschland

Aktuell sind in Deutschland mehr als 1,7 Millionen Photovoltaikanlagen mit einer Leistung von 49,5 Gigawatt installiert. 2019 erzeugten sie 46,5 Terawattstunden Strom. Es bietet sich jedoch in Deutschland nicht jede Region zur Nutzung von Solarenergie an. Im Süden Deutschlands ist die Sonneneinstrahlung etwa um ein Viertel höher als in den nördlichen Gebieten des Landes. Wie viel Strom eine Anlage produzieren kann, hängt unter anderem von der Intensität der Solarenergie und der Jahres- und Tageszeit ab. Der durchschnittliche Wert der **Globalstrahlung** liegt in Deutschland bei 900 bis 1200 kWh/m^2. Aufgrund des Einstrahlwinkels der Sonne zur Erde bringen Solaranlagen in Deutschland zur Mittagszeit und in den Monaten April bis September die höchsten Erträge.

Finanzielle Förderung

Der Ausbau von Solarenergie wird in Deutschland stark subventioniert. Für die Installation von Photovoltaikanlagen auf Privathäusern stehen verschiedene Förderungen von Bund und Ländern zur Verfügung, die von der Einspeisevergütung über zinsgünstige Kredite bis hin zu Zuschüssen von Energieversorgern reichen. Die bekannteste Förderung ist die Einspeisevergütung, die durch das Erneuerbare-Energien-Gesetz (EEG) geregelt wird. Als Einspeisevergütung wird der Betrag bezeichnet, den die Netzbetreiber den Betreibern von Photovoltaikanlagen zahlen, wenn diese ihren überschüssigen Solarstrom in das öffentliche Stromnetz einspeisen. Die Politik kann den Photovoltaikausbau steuern, indem sie die Subventionen erhöht oder senkt. Die Höhe der Einspeisevergütung ist zudem abhängig vom Zeitpunkt der Inbetriebnahme der Anlage. Je früher die Inbetriebnahme, desto höher die Vergütung. Die Einspeisevergütung für selbst erzeugten Strom wird 20 Jahre ab dem Zeitpunkt der Anmeldung der PV-Anlage gezahlt.

M3 Jährliche Sonnenstrahlung pro Quadratmeter in Deutschland

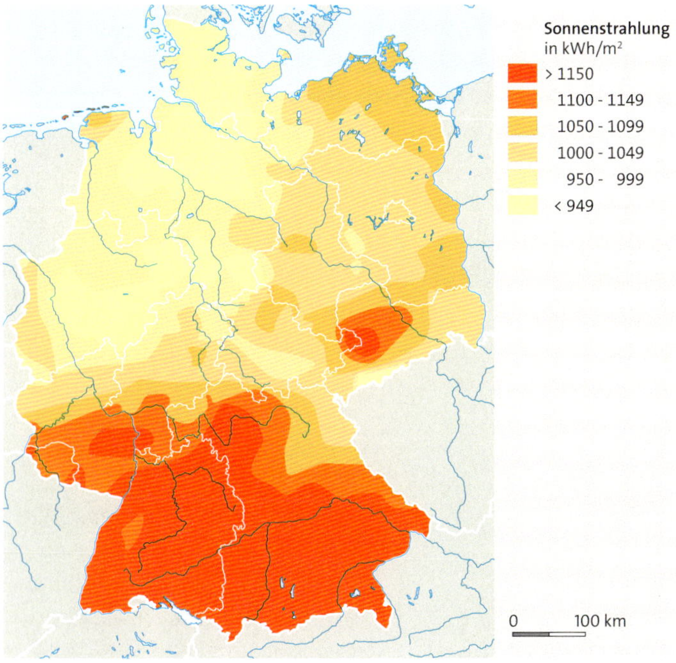

M4 Monatliche Solarstromproduktion in Deutschland

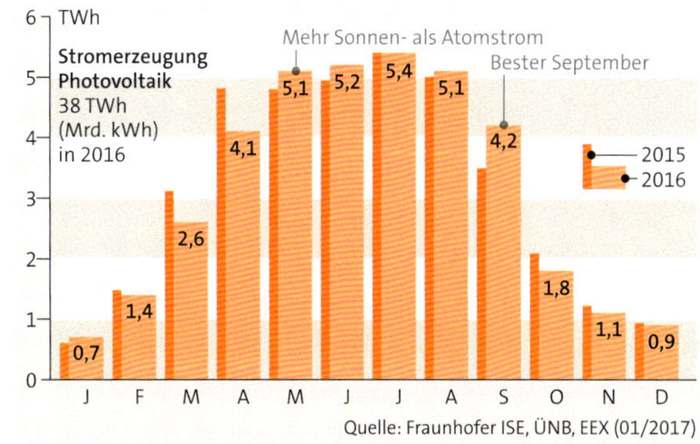

M5 Förderung von Photovoltaikanlagen durch Einspeisevergütung (EEG)

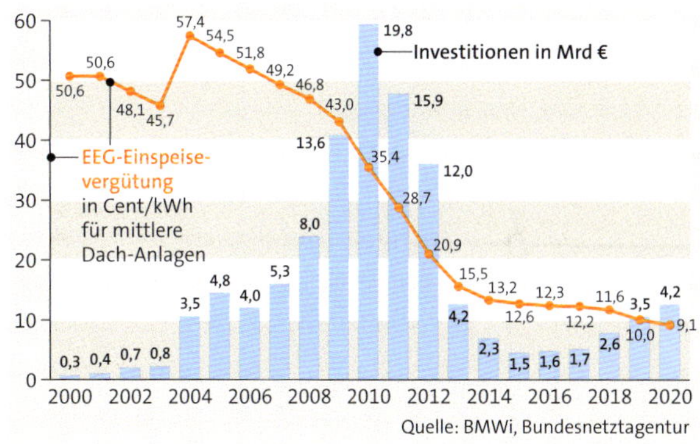

M6 Energiebereitstellung aus erneuerbaren Energieträgern in Deutschland (2020)

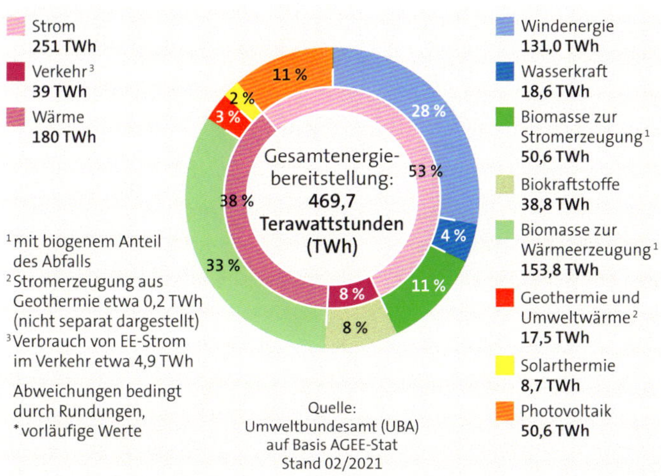

[1] mit biogenem Anteil des Abfalls
[2] Stromerzeugung aus Geothermie etwa 0,2 TWh (nicht separat dargestellt)
[3] Verbrauch von EE-Strom im Verkehr etwa 4,9 TWh

Abweichungen bedingt durch Rundungen, *vorläufige Werte

Quelle: Umweltbundesamt (UBA) auf Basis AGEE-Stat Stand 02/2021

M7 Durchschnittlicher Preis für Photovoltaikanlagen auf Privatdächern

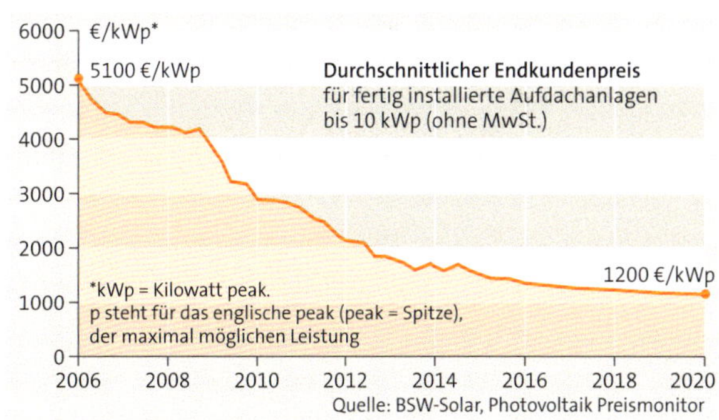

M8 Entwicklung der globalen Stromerzeugung.

Durchmesser der Tortendiagramme entspricht dem globalen Strombedarf

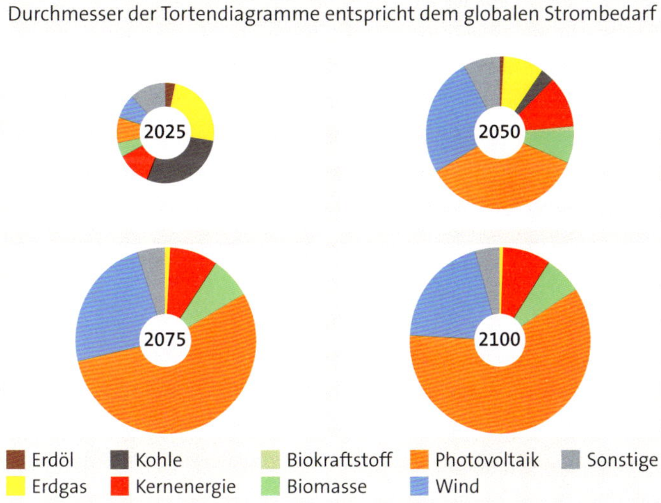

Kilowattstunde (kWh)
Kilowattstunden sind eine Maßeinheit für Energie. Eine Kilowattstunde entspricht der Energie, die eine Photovoltaikanlage mit der Leistung von 1 kW in einer Stunde erzeugen kann. Somit ist die Einheit Kilowattstunde ein Maß für den Stromertrag oder die Stromproduktion einer Photovoltaikanlage.

Das kann man mit einer Kilowattstunde Strom machen:

- 1 Waschmaschine Wäsche waschen
- 50 Stunden lang mit einer Energiesparlampe einen Raum beleuchten
- 7 Stunden fernsehen
- Essen für 4 Personen kochen

1. Stellen Sie Merkmale und Nutzungsmöglichkeiten geothermischer Energiequellen in einer Tabelle gegenüber (**M1**).
2. Kennzeichnen Sie die Bedeutung der Energiegewinnung durch Geothermie in Deutschland (**M2** bis **M5**, S. 155 **M7**).
3. Bewerten Sie Potenzial, Grenzen und Risiken des Ausbaus geothermischer Energiegewinnung in Deutschland (**M2** bis **M6**).
4. Diskutieren Sie mittels der Placemat-Methode, inwiefern Geothermie in Deutschland als „Energie der Zukunft“ bezeichnet werden kann (**M1** bis **M6**, S. 202).

Geothermie – liegt Deutschlands Energie im Untergrund?

Geothermie = Erdwärme
Im Innern der Erde befindet sich die Energie der Zukunft: **Geothermie** – unerschöpflich und umweltfreundlich. Dies klingt vielversprechend und mag theoretisch stimmen, denn dringt man in die Tiefe der Erde vor, steigt die Temperatur in Mitteleuropa durchschnittlich um 3 °C/100 m an. Man geht davon aus, dass im Erdkern Temperaturen von etwa 5000–7000 °C erreicht werden. Der Erdkern liefert 30 % der an die Erdoberfläche aufsteigenden Wärme, weitere 70 % entstehen durch den Zerfall natürlicher radioaktiver Elemente in Erdmantel und Erdkruste. Die verfügbare Energie der Erdkruste bis in 10 000 m Tiefe könnte ausreichen, den Energieverbrauch der Erde für mehr als 200 000 Jahre zu decken. Und im Vergleich zu anderen erneuerbaren Energiequellen liefert die Geothermie wind-, wetter-, tageszeit- und jahreszeitunabhängig konstante Energiemengen.

Geothermie als Energiequelle
Trotz dieser Vorteile ist der Anteil der Geothermie an der Energiegewinnung in Deutschland bislang eher gering. Am weitesten verbreitet ist bislang die Nutzung oberflächennaher Geothermie zur Versorgung privater und kleinerer öffentlicher Gebäude mit Warmwasser, Heizwärme und auch Kälte, wenn im Sommer das Wasser im Untergrund kühler ist als an der Oberfläche.
90 % des geothermischen Potenzials liegen jedoch in **petrothermalen Ressourcen**. Diese Lagerstätten der Tiefengeothermie sind unter den derzeitigen technisch-wirtschaftlichen Bedingungen allerdings nur begrenzt zugänglich.

Hydrothermale Ressourcen
sind bereits in großer Anzahl erschlossen und werden vorwiegend zur Wärmeerzeugung genutzt. Ab einer Thermalwassertemperatur von 120 °C kann dieses auch zur Stromerzeugung genutzt werden.
Noch sind Forschungen notwendig, um die Effizienz geothermischer Anlagen zu steigern. Bohrungen in große Tiefen sind teuer, schwierig und risikoreich, denn durch das Einbringen von Wasser in den Untergrund können auch kleinere Erdbeben ausgelöst werden. Auch ist die Verfügbarkeit geothermischer Ressourcen nicht überall gegeben, sondern von den regionalen Lagerstätten im Untergrund abhängig.

M1 Nutzungsformen der Geothermie

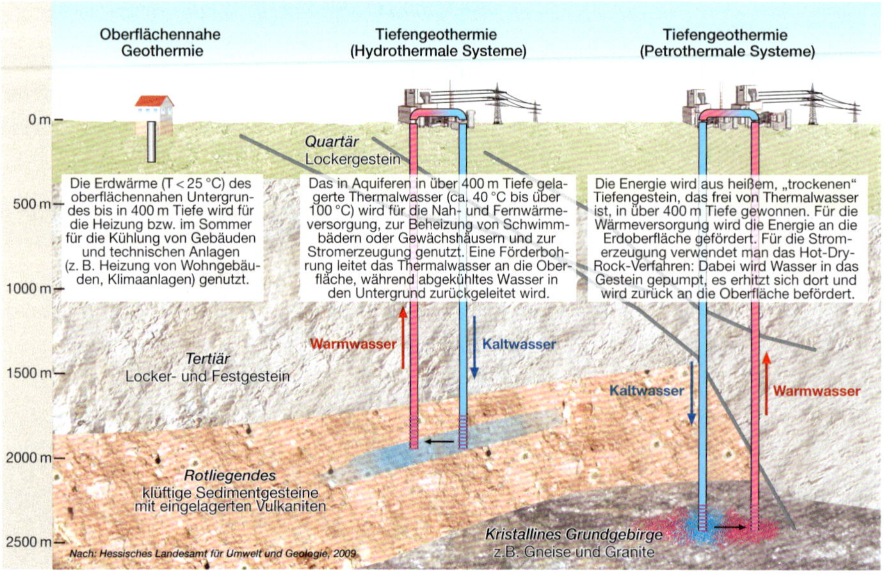

FACHBEGRIFFE
Geothermie: (Erdwärme) bezeichnet die unterhalb der Erdoberfläche gespeicherte Wärmeenergie
petrothermale Ressourcen: Wärme, die in heißem Tiefengestein gespeichert ist
hydrothermale Ressourcen: Wärme, die in wasserführenden Schichten (Aquifere) im Gesteinsuntergrund gespeichert ist
Aquifer: wasserführende Schicht im Gesteinsuntergrund
Aquiferspeicher: hydrothermale Lagerstätten, d. h. heiß- oder warmwasserführende Schichten im Untergrund, die für die saisonale Wärme- oder Kältespeicherung (z. B. von Solarwärme, Abwärme aus Blockheizkraftwerken oder Kälte) genutzt werden

M2 Geothermische Lagerstätten in Deutschland

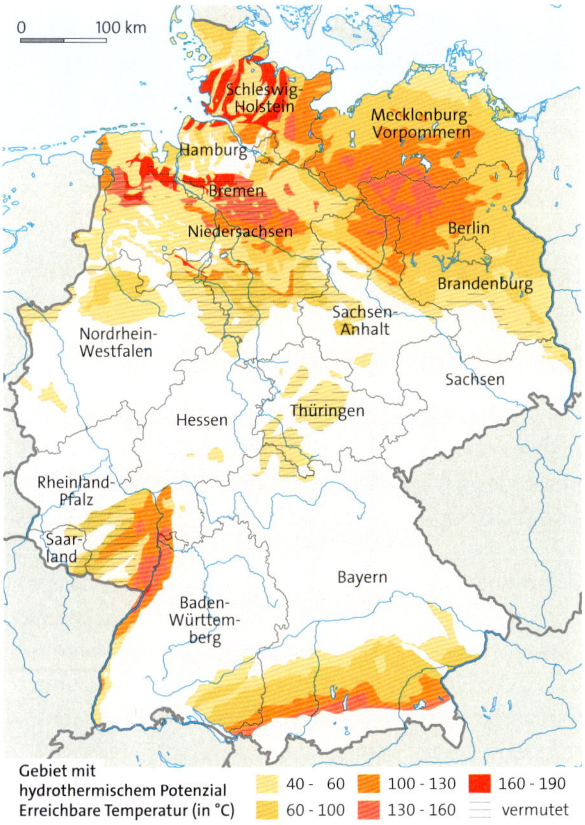

M3 Energiegewinnung durch Geothermie in Deutschland

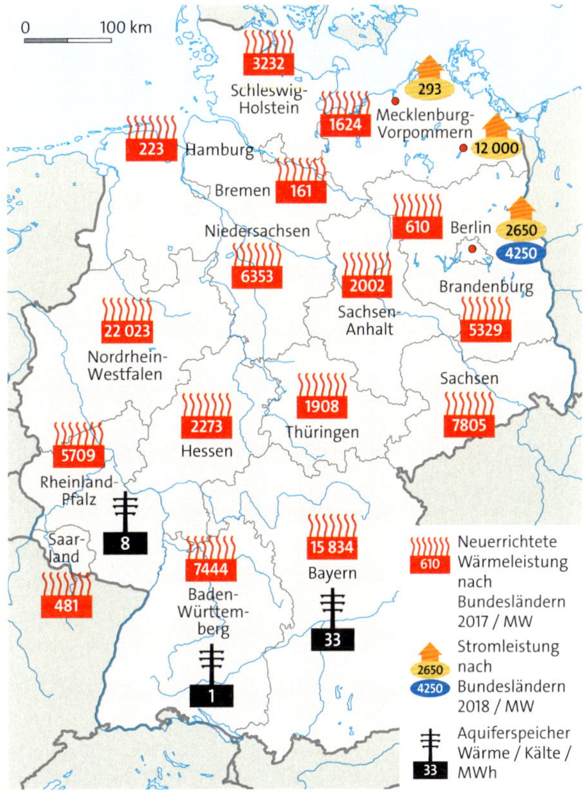

M4 Energiegewinnung aus Geothermie

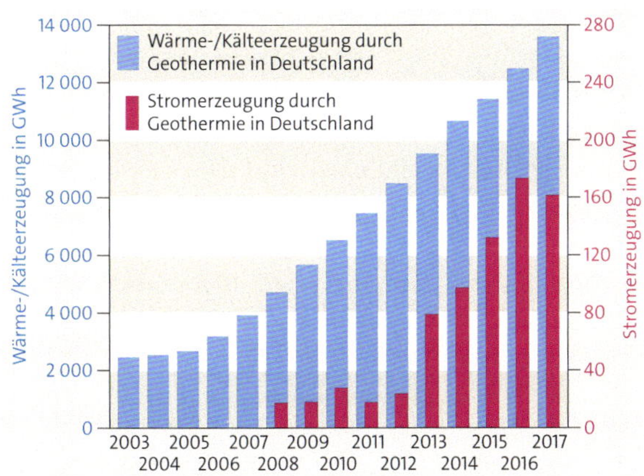

M6 Anteil der Geothermie am Wärmeverbrauch aus erneuerbaren Energien in Deutschland 2020

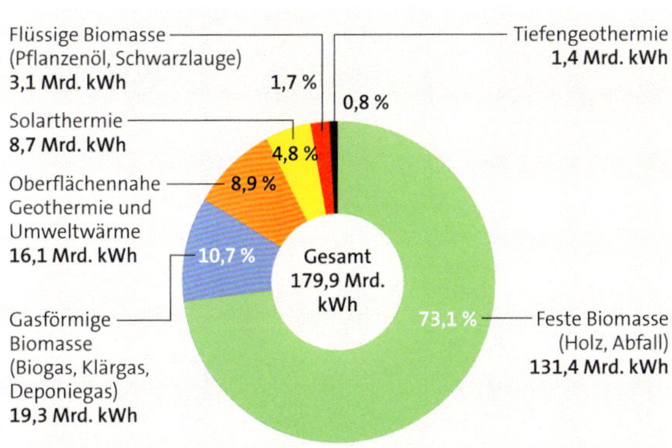

Quelle: AGEE-Stat; Stand 2/2021

M5 Die Geothermie-Katastrophe von Staufen

Kaum ein anderer Ort in Deutschland verdeutlicht die Risiken der Geothermie besser als Staufen im Breisgau. Mehr als 270 Häuser wurden dort teilweise massiv beschädigt. Ursache dafür war eine [misslungene] Erdwärmebohrung.
Was für eine Horrorvorstellung: Der Boden unter dem eigenen Haus bewegt sich, [...] sorgt für armdicke Risse in den Wänden, im Boden, verformt Fensterrahmen und lässt Fensterscheiben bersten.
All das erlebten vielen Anwohner der Altstadt von Staufen im Breisgau im Jahr 2017 – und es ist noch nicht vorbei! Die Altstadt hebt sich immer noch, wenn auch nicht mehr so drastisch wie vor einigen Jahren.
Ursache ist eine folgenschwere, aber in bester Absicht getroffene Entscheidung des Stadtrats im Jahr 2007: Das historische Rathaus sollte mit umweltfreundlicher Erdwärme geheizt werden. Dafür war hinter dem Gebäude eine 150 Meter tiefe Erdwärmebohrung erforderlich. Im Boden befindet sich jedoch zwischen wasserführenden Schichten ein Gesteinsfeld des Minerals Anhydrid.
Dieses wurden bei der Erdwärmebohrung durchstoßen. Wegen undichter Bohrwände drang Grundwasser in die Mineralschicht ein und das Anhydrid verwandelte sich in Gips. Der ganze Untergrund quoll auf und fing an sich zu heben.

Quelle: Wolfgang Richter: Problemfall Staufen. In: SWR vom 12.10.2018, 13:30 Uhr

1. Lokalisieren Sie Island und beschreiben Sie die naturgeographischen Voraussetzungen für die Geothermie (**M1**).
2. Kennzeichnen Sie die geothermisch nutzbaren Gebiete Islands sowie die Anlagen der Industrie und Stromerzeugung in Island (**M1**, **M6**, Atlas).
3. Erläutern Sie die Entwicklung des Energieverbrauchs in Islands (**M2**, **M3**).
4. Überprüfen Sie im Rahmen einer SWOT-Analyse das Potenzial Islands, Europa mit Energie zu versorgen (**M1** bis **M6**, S. 205, MK Internet).
5. Erörtern Sie den Ausbau geothermaler Energiegewinnung in Island in Bezug auf seine Nachhaltigkeit. Berücksichtigen Sie ökonomische, ökologische und soziale Perspektiven (**M1** bis **M6**).

Island – umweltfreundliche Energie für Europa?

M1 Island: Geothermische Voraussetzungen

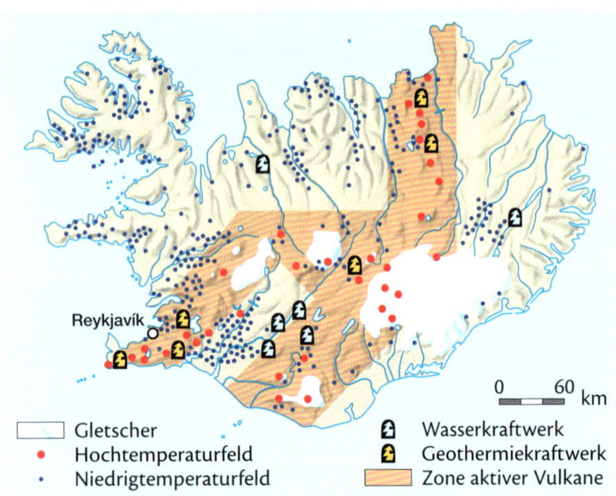

Island ist Weltmeister!
Seit Jahren verteidigt Island seine weltweite Spitzenposition bei der Nutzung erneuerbarer Energien. Die Energie für Strom und Wärme wird vollständig aus Geothermie und Wasserkraft gewonnen. Lediglich für die Fischerei sowie die Mobilität werden fossile Brennstoffe verbraucht.

Woher kommt die Erdwärme?
Die guten Voraussetzungen zur Nutzung der Erdwärme verdankt Island seiner Lage auf einem Hotspot inmitten des mittelatlantischen Rückens, wo sich die nordamerikanische und eurasische Lithosphärenplatte auseinanderbewegen. Dadurch reicht Magma bis nahe an die Erdoberfläche und erhitzt im Gestein gespeichertes Wasser. So steigen die Temperaturen in der Tiefe um 150 °C pro Kilometer. Heiße Quellen und dampfspeiende Geysire sind Zeugen der geothermischen Aktivität.

Energie im Überfluss
Die Geothermie liefert in Island die Energie für Heizung und Warmwasser in Gebäuden. Auch Gewächshäuser, Straßen, Parkplätze oder Bürgersteige werden geothermisch beheizt. Zudem erzeugen neun Geothermiekraftwerke äußerst kostengünstig und umweltfreundlich Strom. Doch nur ein geringer Teil des auf Island produzierten Stroms fließt an private Haushalte. Der Großteil geht an die Schwerindustrie. Und da der billig erzeugte Strom bisher noch nicht preisgünstig exportiert werden kann, kommen die Abnehmer ins Land. Durch den Bau leistungsstarker Geothermiekraftwerke haben sich internationale Unternehmen zur energieintensiven Aluminium-, Stahl- und Siliziummetallproduktion im Land angesiedelt – Tendenz steigend.

M2 Primärenergieverbrauch und Kraftwerke in Island

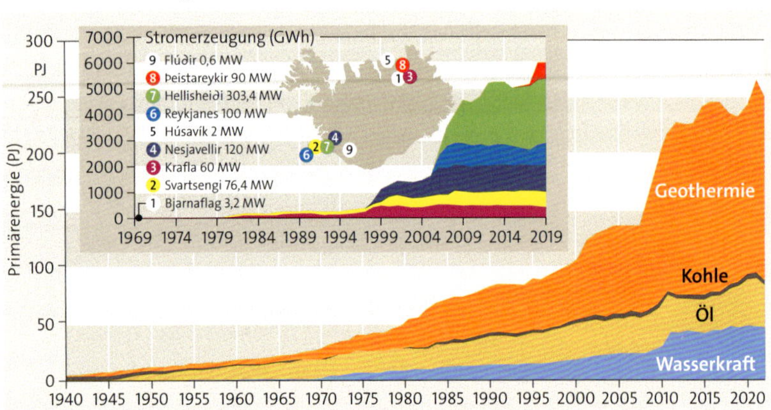

M3 Energieverbrauch in Island nach Nutzung 2016

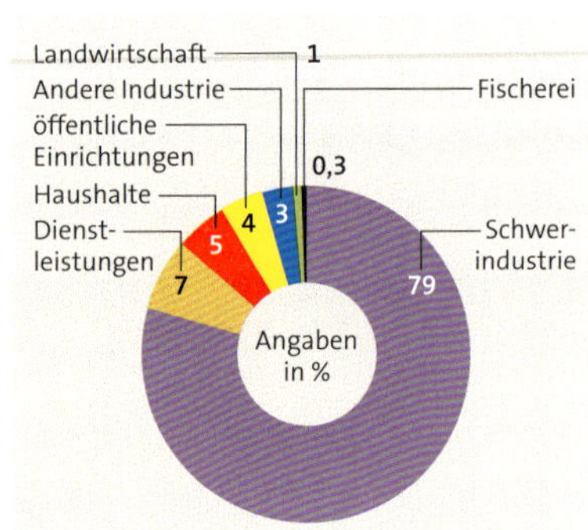

Quelle: National Energy Authority, Iceland

FACHBEGRIFFE
Fulmarole: tief in die Erdkruste reichende Erdspalte, Loch oder Höhle, aus der heiße vulkanische Gase entweichen
Green Washing: öffentlichkeitswirksame Methode, um einem Unternehmen ein umweltfreundliches und verantwortungsbewusstes Image zu geben
Geysir: Quelle, die heißes Wasser in Fontänen in regelmäßigen oder unregelmäßigen zeitlichen Abständen ausstößt

M4 Energie für Europa

Nach verschiedenen Quellen (fiktive Person)

M5 Island will die grüne Batterie Europas werden

[...] Schon lange wird in Island darüber nachgedacht, den im Überfluss vorhandenen Strom zu exportieren. [...] Seit der Finanz- und Wirtschaftskrise im Herbst 2008 sucht Island nach neuen Einnahmequellen.
Zur Umsetzung wäre ein Unterseekabel mit [...] 1000 km Länge notwendig, das Island mit Schottland verbinden würde. Technisch wäre das machbar, aber der Bau des Kabels kostet viel Geld. Es wäre das längste Seekabel der Welt [...].
Der Preisunterschied für Strom aus Island oder aus Kontinentaleuropa war in der Vergangenheit nicht groß genug. Doch dank stark gestiegener Strompreise in Europa könnte sich ein Unterseekabel heute endlich lohnen. Um in Zukunft zum Stromexporteur zu werden, müsste Island seine Stromproduktion noch einmal deutlich ausbauen [...].
Dafür müssten die isländischen Ingenieure jedoch tiefer bohren oder neue Kraftwerke bauen. Tiefbohrungen bis in 5 km Tiefe mit Temperaturen bis zu 500 °C gelten mit heutiger Technik aber als noch nicht beherrschbar.
Neue Kraftwerke beanspruchen viel Fläche, die dazugehörigen Straßen und Stromleitungen würden das Landschaftsbild [...] stark verändern und in das Ökosystem eingreifen [...]. Viele der geothermischen Felder liegen in unberührter Natur.
Abschließend geklärt ist auch nicht, wie lange ein geothermisches Feld tatsächlich nutzbar bleibt. Bei exzessiver Nutzung könnten die Felder an Temperatur und Druck verlieren.
Trotz Risiken hält Island an der Idee des Stromexportes fest. Durch steigende Strompreise, Atomausstieg und den Bedarf nach erneuerbarer Energie in Zeiten des Klimawandels ist die saubere Energie aus Island für viele andere Länder interessant.

Quelle: Budde, Vanja. In: IQ – Wissenschaft und Forschung, 2015

M6 Umweltauswirkungen durch Geothermie- und Industrieprojekte

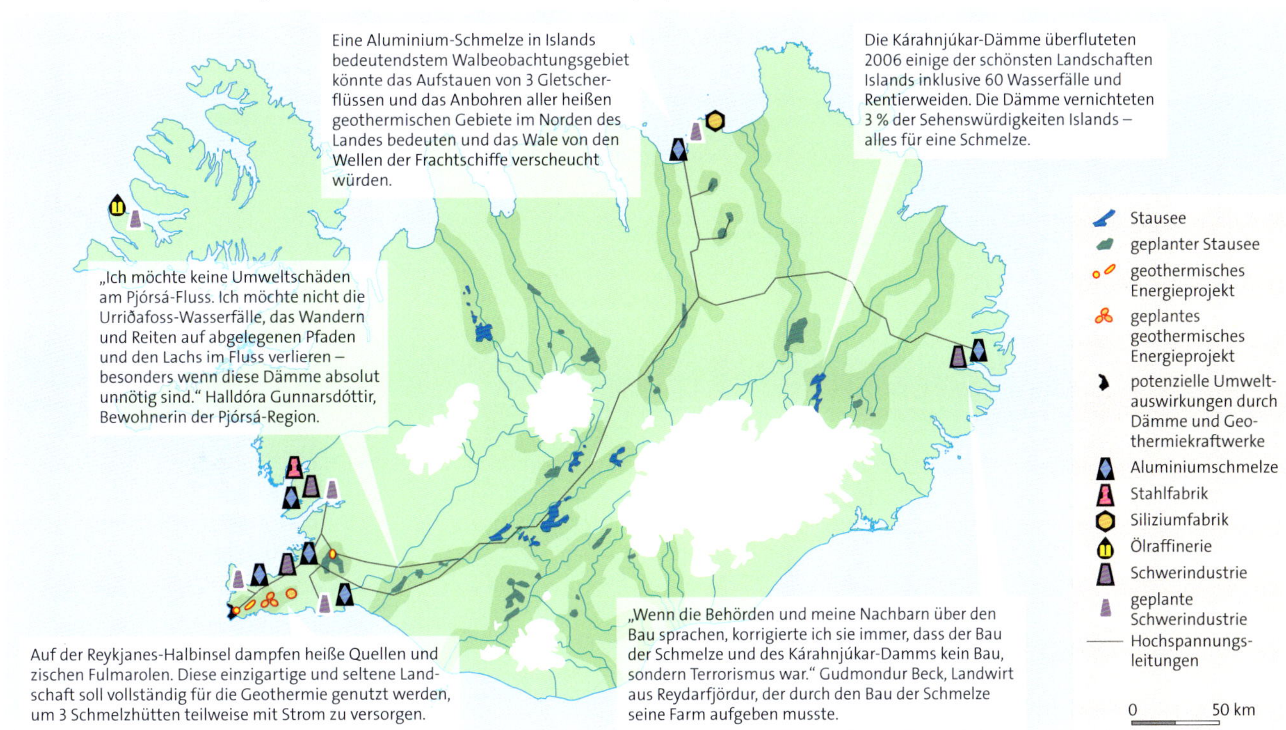

1 Erklären Sie die Funktionsweise eines Laufwasserkraftwerks (**M2**).

2 Recherchieren Sie im Internet die Funktionsweise eines weiteren Wasserkraftanlagetyps und bereiten Sie eine kurze Präsentation vor: Wellenkraftwerk, Gezeitenkraftwerk, Gletscherkraftwerk (MK Internet).

3 Beschreiben Sie die Lage der Wasserkraftanlagen in Deutschland und erläutern Sie die räumliche Verteilung (**M3**, Atlas).

4 Erläutern Sie die Bedeutung der Wasserkraft in Deutschland und im internationalen Vergleich (**M1**, **M3**, **M4**, S. 155 **M7**).

5 Stellen Sie die Vor- und Nachteile der Wasserkraft heraus und erörtern Sie die zukünftige Bedeutung der Wasserkraft im deutschen Strommix (**M1** bis **M6**).

Wasserkraft in Deutschland – dürre Aussichten?

Wasserkraft (Hydroenergie) ist die älteste technisch genutzte regenerative Energie mit einer jahrtausendealten Tradition. Schon im alten Ägypten und später auch im römischen Reich wurde die Energie des Wassers direkt mechanisch genutzt, z. B. als Antrieb von Wasserschöpfrädern zur Bewässerung der Felder. Heute wird die gewonnene Energie aus Wasserkraft mithilfe von Generatoren in Strom umgewandelt. Dabei ist das jeweilige Potenzial zur Stromerzeugung primär abhängig von den Niederschlagsmengen und den topographischen bzw. geographischen Verhältnissen, weswegen die Stromerzeugung regional sehr stark schwankt.

2020 gab es in Deutschland ca. 7300 Wasserkraftanlagen. Lange war die Wasserkraft in Deutschland die bedeutendste regenerative Energiequelle, bis sie um das Jahr 2004 von der Windkraft abgelöst wurde.

Man unterscheidet hauptsächlich zwischen **Laufwasserkraftwerken**, bei denen die natürliche Strömung von Flüssen und Bächen genutzt und teilweise durch Aufstauung erhöht wird, und **Speicherkraftwerken**, die das Gefälle und die Speicherkapazität von Talsperren und Bergseen zur Stromerzeugung nutzen. Eine Sonderform der Speicherkraftwerke sind die **Pumpspeicherkraftwerke**, bei denen das Wasser in höher gelegene Speicherbecken gepumpt wird und bei Bedarf wieder abgerufen werden kann. Sie dienen also als Speicher von elektrischer Energie. Durch diese Möglichkeiten der Regulierbarkeit können Wasserkraftwerke leicht an den Strombedarf angepasst werden. Wasserkraft gilt im Gegensatz zu anderen erneuerbaren Energien als **grundlastfähig**.

Der Bau von Wasserkraftwerken ist aufwändig, raum- und kostenintensiv, doch die Anlagen sind sehr langlebig und der Rohstoff Wasser steht zudem kostenlos zur Verfügung. Im laufenden Betrieb entstehen außerdem keine CO_2-Emissionen. Jedoch zeigen Studien des Umweltministeriums und des Umweltbundesamtes, dass das nutzbare Potenzial der Wasserkraft in Deutschland vor allem unter technischen, ökologischen und infrastrukturellen Aspekten weitgehend ausgeschöpft ist. Eine Erhöhung der Stromerzeugung kann jedoch durch die Modernisierung und Erweiterung bereits bestehender Anlagen erreicht werden.

M1 Bruttostromerzeugung und Investitionen in die Errichtung von Wasserkraftwerk-Anlagen in Deutschland

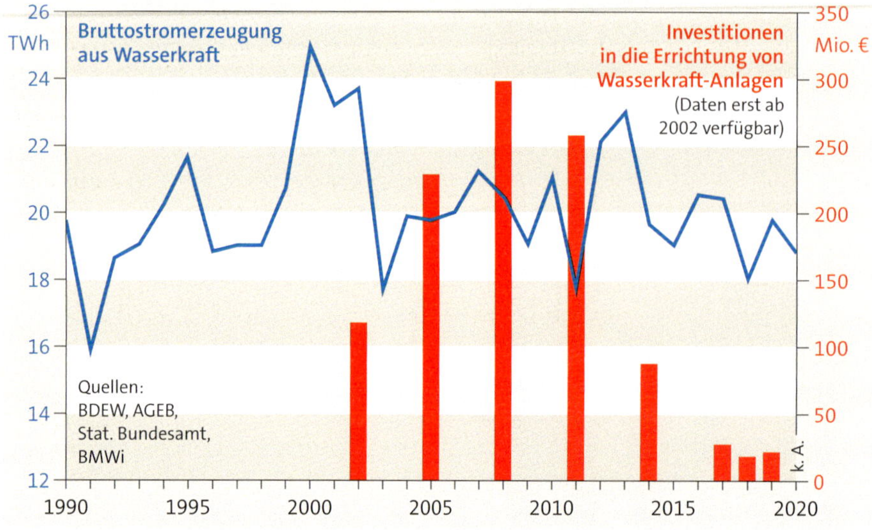

FACHBEGRIFFE

Bruttostromerzeugung: insgesamt produzierte Strommenge z. B. eines Kraftwerks (ohne Abzug des Eigenbedarfs an elektrischem Strom)

Morphodynamik: alle reliefbildenden Prozesse

M2 Funktionsweise eines Laufwasserkraftwerks

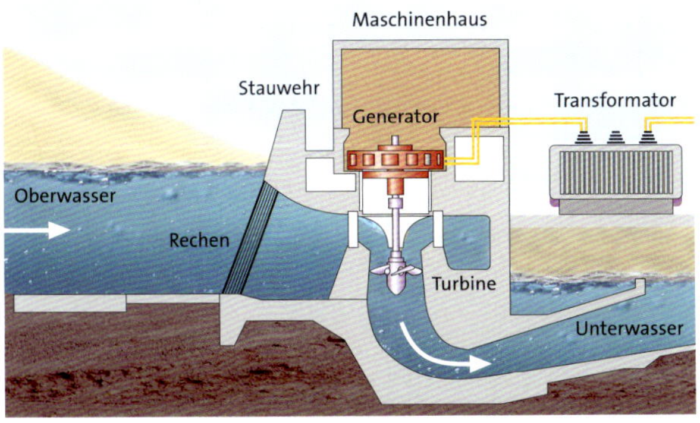

Laufwasserkraftwerk Baldeneysee, Essen

M4 Wasserkraft und Klimawandel

Die Höhe der Wassermenge in einem Fluss wird durch viele Faktoren bestimmt, wobei Niederschlag und Verdunstung einen wesentlichen Einfluss haben. [...] Das Umweltbundesamt hat die möglichen Effekte des Klimawandels auf die Ertragssituation der Wasserkraft untersuchen lassen. Demnach kann für die nähere Zukunft mit einer Mindererzeugung aus Wasserkraft um ein bis vier Prozent, für die fernere Zukunft von bis zu 15 Prozent gerechnet werden.

M5 Anteil erneuerbarer Energien an der gesamten Primärenergieversorgung ausgewählter Länder 2016

	Insgesamt (in %)	Davon Wasserkraft (in %)
Welt	13,7	2,5
EU-28	13,6	1,9
Island	87,2	21,9
Norwegen	51,2	45,1
Albanien	42,2	29,7
Lettland	38,2	5,1
Schweden	37,1	10,8
Dänemark	30,3	0,0
Portugal	25,4	6,1
Litauen	20,2	0,5
Italien	17,2	2,4
Spanien	14,5	2,6
Deutschland	12,5	0,6
Polen	8,8	0,2
Niederlande	5,1	0,0

M3 Wasserkraftanlagen in Deutschland

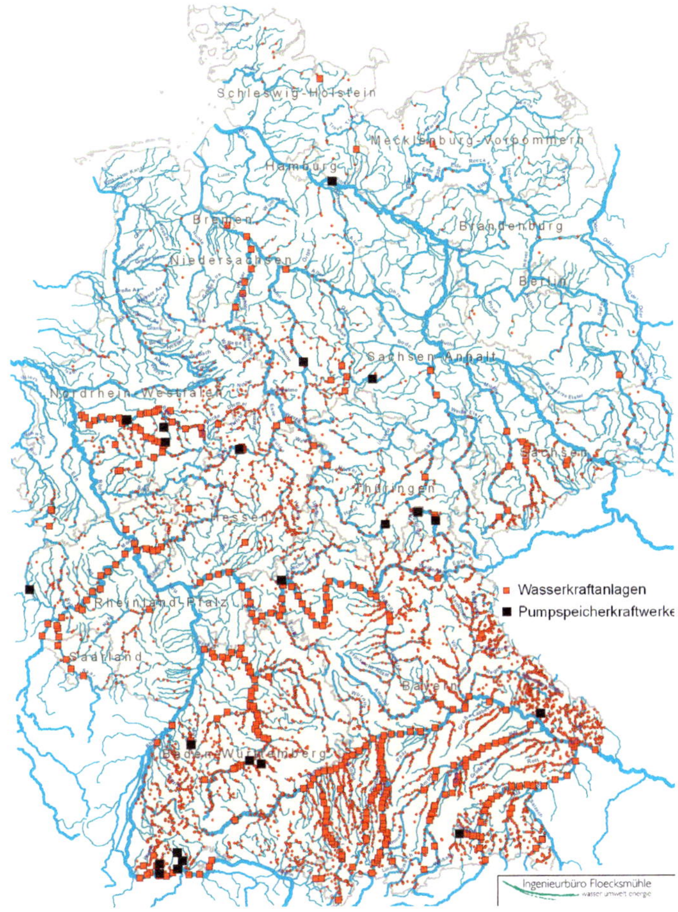

M6 Ausgewählte Auswirkungen der Wasserkraft auf die Ökologie

Die energetische Nutzung unserer Gewässer ist mit erheblichen Eingriffen in Natur und Landschaft verbunden. Dies verändert das Ökosystem von Fließgewässern und Auen. [...] Die Stromproduktion aus Wasserkraft ist umso effizienter, je mehr Wasser möglichst gleichmäßig über das Jahr verteilt zur Verfügung steht und desto größer die Fallhöhe des Wassers ist. Naturbelassene Flüsse bieten diese Voraussetzungen nicht. Sie müssen für die moderne Wasserkraftnutzung durch den Bau eines **Querbauwerkes** aufgestaut werden, bevor die erste Kilowattstunde Strom produziert werden kann. Mit diesem und anderen notwendigen Eingriffen in Natur und Landschaft sind folgende [...] ökologische Beeinträchtigungen verbunden, die oftmals die Erreichung der Umweltziele im Gewässerschutz gefährden:
- die Unterbrechung der biologischen und **morphodynamischen** Durchgängigkeit der Fließgewässer,
- die direkte Schädigung von Organismen, welche die Turbinenanlage passieren, mehrere aufeinander folgende Wasserkraftwerke an einem Flusslauf [...] können zur Gefährdung von Populationen führen,
- die Veränderung des Lebensraumes unterhalb von Stauwerken durch zu geringen Wasserabfluss im verbleibenden Gewässerbett.

Quelle: Umweltbundesamt

1 Beschreiben Sie,
a) wie Biogas und Biomethan hergestellt und genutzt werden (**M1**).
b) welche Bedeutung Energiepflanzen bei der Flächennutzung in Deutschland haben (**M2** bis **M4**).

2 Vergleichen Sie die ökonomische Bedeutung der Bioenergie mit derjenigen der anderen erneuerbaren Energien (**M4, M6, M7**).

3 Beurteilen Sie, inwiefern Bioenergie eine vertretbare Lösung für eine nachhaltige Energiewende sein kann (**M5, M8**). Wählen Sie dazu selbstständig eine Darstellungsform (z. B. Text, Wirkungsgefüge, Zeichnung).

4 Erweitern Sie Ihr begleitendes Strukturdiagramm zu Kapitel 6 dieses Buches (S. 154 **M1**).

Biogas – ökologisch und sozial vertretbare Energiequelle zur Strom- und Wärmeerzeugung?

Seit dem Bestehen der Menschheit wird aus Pflanzen(resten) Wärme und Energie gewonnen. Was vor Jahrtausenden mit einem einfachen Lagerfeuer anfing und das Überleben der Menschen sicherte, hat sich heute zu einem hochtechnologisierten und lukrativen Wirtschaftszweig entwickelt. Neben Holz wird beispielsweise aus Mais, Weizen, Zuckerrüben, Raps und auch tierischen Exkrementen, also aus Biomasse, Bioenergie gewonnen, welche zu großen Anteilen in Form von Biogas und **Biomethan** genutzt wird. Ein Verfahren, das auf den ersten Blick vielversprechend und klimaneutral erscheint, da bei der Verwertung der Pflanzen vordergründig nur das CO_2 freigesetzt wird, welches diese über die Photosynthese aufgenommen haben. Dennoch wird die energetische Nutzung der Bioenergie zunehmend kontrovers diskutiert. Denn trotz positiver Treibhausgasbilanzen kann der Anbau von Energiepflanzen auch mit massiven ökologischen und sozialen Folgen verbunden sein. So ist beispielsweise die Geruchsbelastung sehr hoch und die Gärabfälle weisen einen hohen Nitratwert auf.

M1 Aufbau einer landwirtschaftlichen Biogasanlage

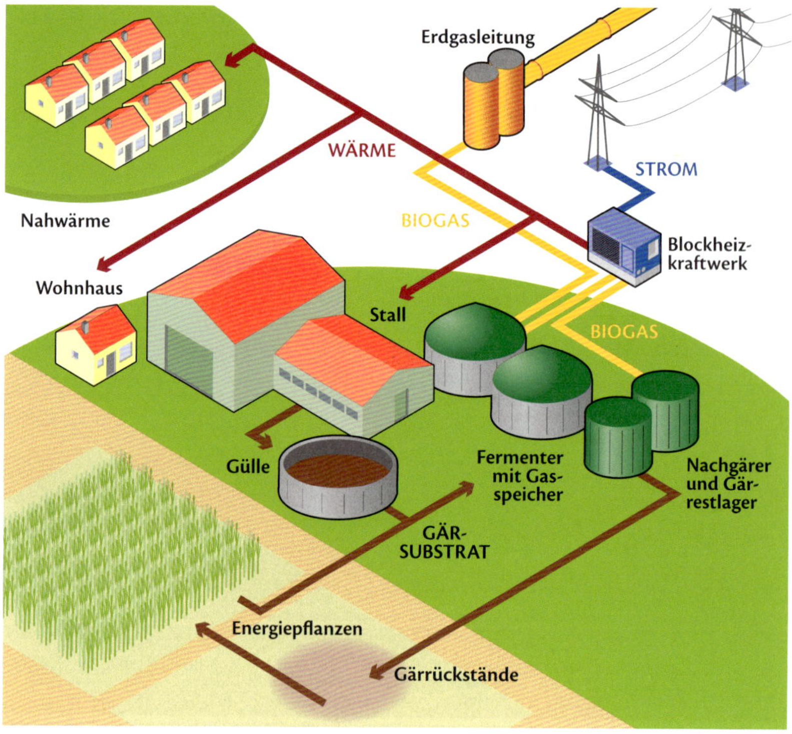

M2 Flächennutzung in Deutschland 2020

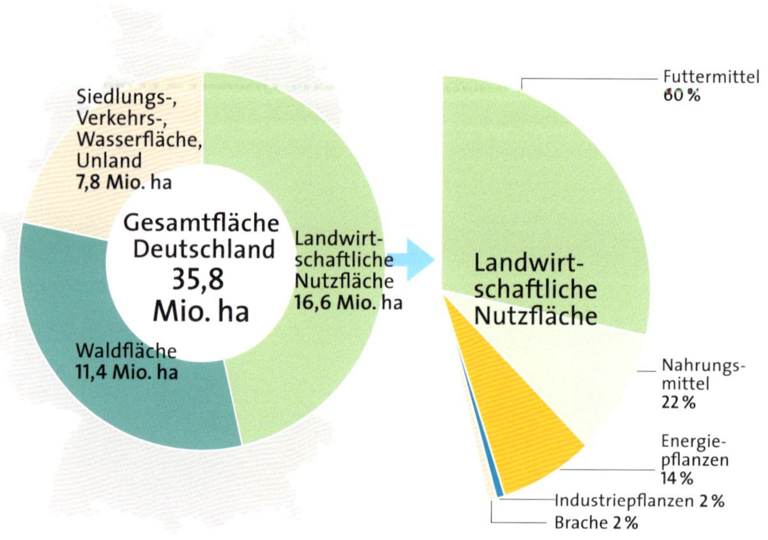

Quelle: FNR nach Statistischem Bundesamt, BMEL (2020)

FACHBEGRIFFE

Biomethan (Bio-Erdgas): aufbereitetes Biogas, welches die gleichen verbrennungstechnischen Eigenschaften wie Erdgas hat und in das Erdgasnetz eingespeist wird

M3 Anbau nachwachsender Rohstoffe in Deutschland 2020

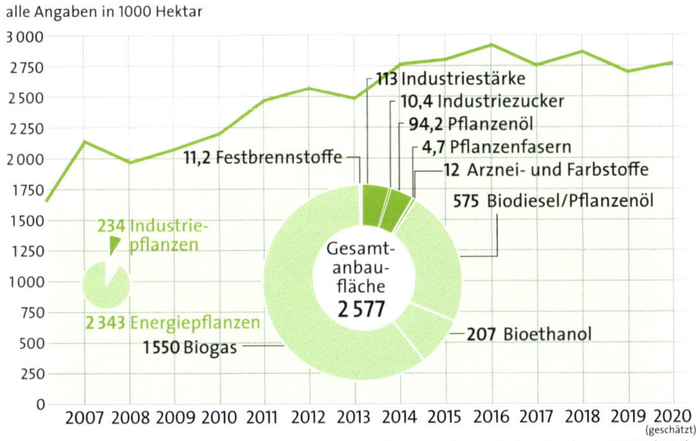

Quelle: FNR nach Statistischem Bundesamt, BMEL (2020)

M4 Anteil der Bioenergie am Klimaschutz und an der Energiewende in Deutschland 2020

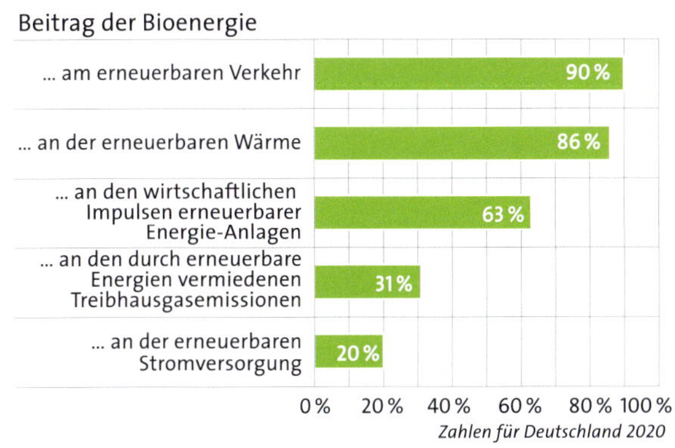

Quelle: BMWI, AGEE-Stat (Februar 2021)

M5 Eine „Teller oder Tank“-Debatte, die auf regionaler bis globaler Maßstabsebene diskutiert werden muss

„Die Umweltfreundlichkeit von Bioenergie pauschal zu bewerten, ist angesichts ihrer Vielfältigkeit nicht sinnvoll. Vielmehr ist eine Betrachtung des jeweiligen Einzelfalls nötig. Grundsätzlich konkurriert die energetische Nutzung von Biomasse mit anderen Verwendungsmöglichkeiten. Eigens auf fruchtbaren Ackerflächen angebaute „Energiepflanzen“ stehen in direkter Konkurrenz zur Nahrungs- und Futtermittelproduktion, aber auch zur stofflichen Nutzung, zum Beispiel für biobasierte Kunststoffe (Verpackungen) und Chemikalien.
Die drastische Steigerung der Nachfrage nach Anbaubiomasse verändert die globale Landnutzung. Die Ausweitung der Bioenergienutzung in den Industrieländern ist jedoch nicht der einzige Nachfragetreiber. Sie wird von einer steigenden Nachfrage nach tierischen Produkten und entsprechendem hohen Futtermittelbedarf in Schwellenländern begleitet. [...]
Langfristig führen Bevölkerungszunahme, steigender Fleischkonsum in Schwellenländern, Klimawandel und auch Bioenergie sehr wahrscheinlich zu Preissteigerungen bei Rohstoffen. Diese Preissteigerungen werden im Hinblick auf die globale Hungerproblematik kontrovers diskutiert. Einerseits ist es unter bestimmten Bedingungen möglich, dass dadurch der ländliche Raum in Entwicklungs- und Schwellenländern seine Einkommenschancen verbessert. Andererseits kann es aber auch zur Verdrängung von Kleinbauern und extensiven Nutzungsformen kommen. Auch kann eine Intensivierung der landwirtschaftlichen Produktion mit ökologischen Kosten verbunden sein. Wenn diese beispielsweise mit einem sehr hohen Einsatz von synthetischen Dünge- und Pflanzenschutzmitteln sowie einem Humusabbau oder dem Verlust von biologischer Vielfalt einhergeht.“

Quelle: Umweltbundesamt: Bioenergie, vom 26.06.2020

M6 Wirtschaftliche Impulse aus dem Betrieb von Erneuerbare-Energien-Anlagen 2020

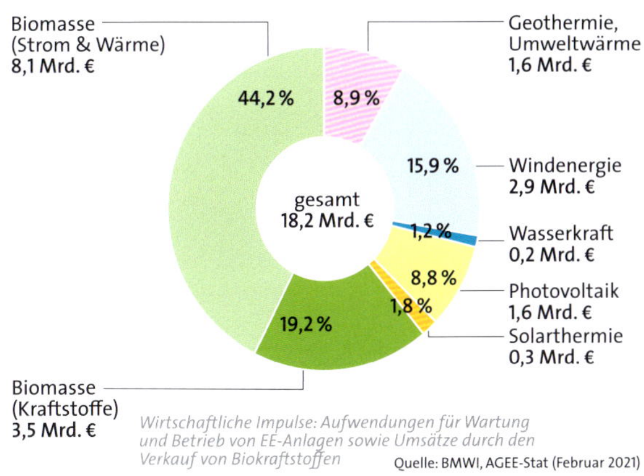

Wirtschaftliche Impulse: Aufwendungen für Wartung und Betrieb von EE-Anlagen sowie Umsätze durch den Verkauf von Biokraftstoffen
Quelle: BMWI, AGEE-Stat (Februar 2021)

M7 Einheimische Bioenergie: Was kann sie 2050 leisten?

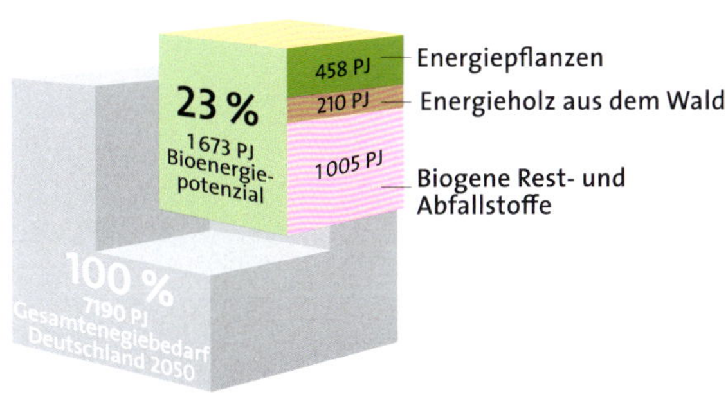

Quellen: FNR, TI, DBFZ

M8 Bioenergie: Die dunkle Wahrheit

www.cornelsen.de/codes/
Code: wibege

M9 Biogasanlagen

Derzeit werden in Deutschland mehr als 9700 Biogasanlagen betrieben. Im Jahr 2021 haben die in Deutschland betriebenen Biogasanlagen 33,2 Terawattstunden Strom erzeugt und damit 6 % des Stromverbrauchs in Deutschland gedeckt.

Nach Angaben des BMWi im Dezember 2021

1 Beschreiben Sie das dargestellte Problem (**M1**, **M2**).
2 Erläutern Sie die Entwicklung des Energiepflanzenanbaus für Biokraftstoffe und die Beschäftigungswirksamkeit dieses Sektors (**M3** bis **M5**).
3 Erörtern Sie Vor- und Nachteile der Produktion von Biokraftstoffen der ersten und der zweiten Generation (**M5** bis **M7**).
4 Bewerten Sie die Entwicklungsmöglichkeiten von Biokraftstoffen in Deutschland, indem Sie eine SWOT-Analyse durchführen. Berücksichtigen Sie dabei unterschiedliche Positionen sowie den Aspekt der Nachhaltigkeit (**M1** bis **M3**, **M5** bis **M7**, S. 205).

Biokraftstoffe – Sprit aus nachwachsenden Rohstoffen auf Kosten der Nahrungsmittelproduktion?

M1 Karikatur

M2 Tank oder Teller?

Mexiko ist in heller Aufregung: Der Preis für Tortillas ist innerhalb kurzer Zeit auf schwindelerregende, für viele Mexikaner unvorstellbare Höhen geklettert. [...] Vor einem Jahr kostete ein Kilo Tortillas umgerechnet rund 48 Euro-Cent, heute sind es 65 Cent. Einige Geschäfte verlangen sogar bis zu 1,6 Euro je Kilo. [...] Für den Preisanstieg gibt es mehrere Gründe. Zum einen stecken dahinter die Vereinigten Staaten. Dort wird seit einiger Zeit Ethanol als alternative Energiequelle gefördert. Weil – derzeit zumindest noch – Ethanol vor allem aus Mais hergestellt wird, hat die Nachfrage Amerikas nach dem Getreide sprunghaft zugelegt. [...]

Quelle: Tigges, C.: Tortilla-Krise in Mexiko. In: F.A.Z., 1.2.2007, Nr. 27, S. 12

Ein Hektar Getreide reicht, um ein Jahr lang 18 Menschen zu ernähren oder ein Auto mit durchschnittlichem Verbrauch einmal zu betanken. Getreide hat eine große Bedeutung als Grundnahrungsmittel, vor allem in vielen Entwicklungsländern. Die weltweite Produktion von Mais rangiert mit rund 700 Mio. Tonnen auf Platz 1, vor Weizen und Reis. Weltweit werden jedoch immer mehr **Energiepflanzen** nur noch zur Umwandlung in Biosprit angebaut. Fast die Hälfte der US-amerikanischen Maisernte wandert bereits in die Gewinnung von **Ethanol**, in Brasilien wird der Amazonas-Urwald durch Soja- und Zuckerrohranbau immer weiter dezimiert, in Indonesien wird Regenwald für Palmölplantagen abgeholzt, ein Fünftel des deutschen Ackerlandes dient inzwischen der Produktion von Biogas und -sprit – mit Konsequenzen für die weltweite Nahrungsmittelversorgung.
Als Reaktion auf die Debatte „Teller oder Tank?“ hat die EU beschlossen, dass bis 2030 im Verkehrssektor in den EU-Mitgliedstaaten 12 % des Energieeinsatzes aus erneuerbaren Energien stammen müssen. Dabei sollen herkömmliche **Biokraftstoffe** aus Raps, Mais oder Weizen, die auch zur Produktion von Nahrungsmitteln verwendet werden können, reduziert werden und der Anteil an Biokraftstoffen der 2. Generation aus Rest- und Abfallstoffen gesteigert werden. Basierend darauf hat die Bundesregierung eine Biokraftstoff-Nachhaltigkeitsverordnung erlassen. Danach gelten Biokraftstoffe nur als nachhaltig hergestellt, wenn sie – unter Einbeziehung der gesamten Herstellungs- und Lieferkette – im Vergleich zu fossilen Kraftstoffen mindestens 35 Prozent an Treibhausgasen einsparen. Außerdem dürfen nur Rohstoffe aus nachhaltigem Anbau verwendet werden, somit sind Pflanzen aus dem Anbau auf abgeholzten Primärwaldflächen ausgeschlossen.

M3 Beschäftigte im Bereich erneuerbarer Energien in Deutschland

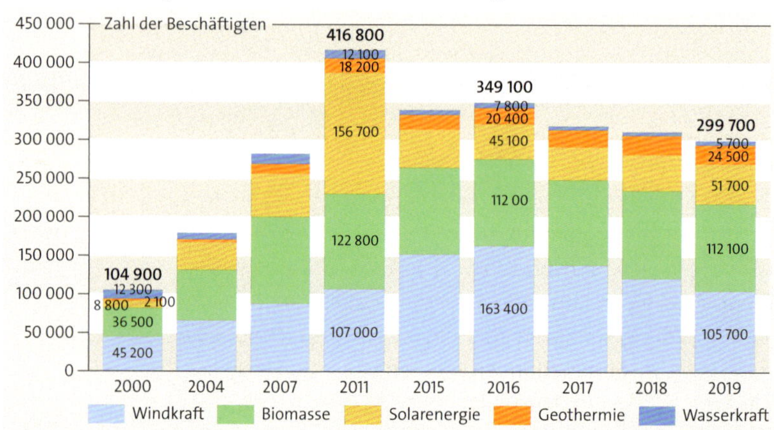

Quelle: BMWI, Informationsportal Erneuerbare Energien, 2021

M4 Energiepflanzenanbau für Biokraftstoffe

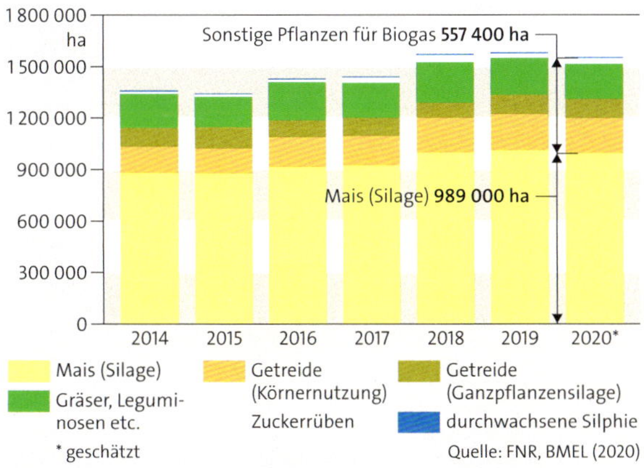

M5 Ausgangsstoffe für Biokraftstoffe in Deutschland 2019

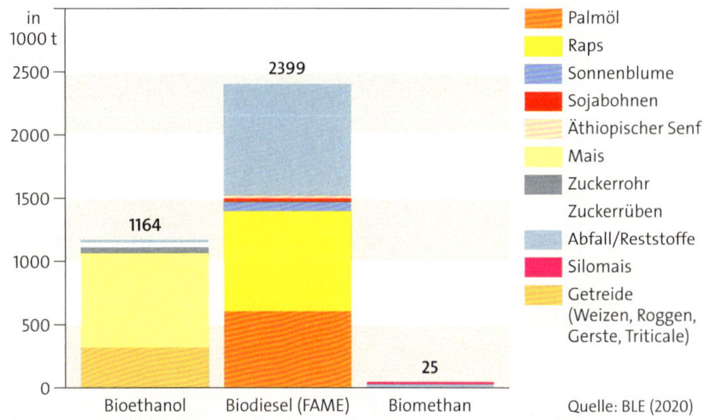

M6 Biokraftstoffe der zweiten Generation – eine Alternative?

In Biokraftstoffe der zweiten Generation werden große Hoffnungen gesetzt, weil sie aus Abfallstoffen gewonnen werden können und somit nicht die ethischen Probleme der „Teller-Tank Debatte" aufwerfen. Zudem spart ihre Herstellung deutlich mehr Treibhausgase ein, als dies bei den Biokraftstoffen der Fall ist, die aus Nahrungs- oder Futtermitteln hergestellt werden. Bisher standen aber technische und finanzielle Gründe der Produktion dieser Abfallkraftstoffe entgegen.

Herkömmliche Biokraftstoffe aus **Anbaubiomasse** stellen den Löwenanteil der Erneuerbaren Energien im Verkehr. Das Europäische Parlament will ihren Anteil halbieren – und stattdessen „fortschrittliche Biokraftstoffe" aus Abfällen und andere „fortschrittliche erneuerbare Kraftstoffe" fördern, die es heute nicht in nennenswerten Mengen gibt. Statt eines „Sowohl-als-auch" ziehen die Abgeordneten es allen Ernstes vor, eine Sorte Biokraftstoffe durch eine andere zu ersetzen. Um den Erneuerbaren-Anteil im Verkehr so innerhalb von zehn Jahren um lächerliche zwei Prozentpunkte zu steigern, müssten ab dem Jahr 2020 jährlich 900 Mio. EUR investiert werden. Aber wer soll in „fortschrittliche erneuerbare Kraftstoffe" investieren, nachdem das Parlament herkömmliche Biokraftstoffe ruiniert hat?

Elmar Baumann, Geschäftsführer des Verbandes der Deutschen Biokraftstoffindustrie

Ich kann die Aufregung der Biokraftstoffwirtschaft nur teilweise nachvollziehen. Sie fordert Klarheit und Sicherheit für ihre Investitionen. Die Debatte über die Nachhaltigkeit von Biokraftstoffen wird aber seit mehr als 20 Jahren geführt und ebenso lange die Diskussion über die indirekte Landnutzung. [...] Viele Biokraftstoffe stehen in Konkurrenz zur Nahrungsmittelindustrie. In den Niederlanden haben Forscher ermittelt, dass Biokraftstoffe auf Basis von Nahrungsmitteln nicht notwendig sind. Die Biokraftstoffwirtschaft kann davor nicht die Augen verschließen. [...] Der Übergang von der ersten Generation der Biokraftstoffe auf Basis von Nahrungsmitteln hin zu moderneren Biokraftstoffen auf Grundlage von Algen und Abfällen ist richtig und notwendig. Der Anteil der Biokraftstoffe wird bis 2050 auf ungefähr 20 Prozent steigen.

Bas Eickhout, Abgeordneter der Grünen im EU-Parlament und Mitglied im Umweltausschuss

Quelle: DVZ – Deutsche Verkehrs-Zeitung: Biokraftstoffe auf Basis von Lebensmitteln sollen reduziert werden, vom 30.01.2018

FACHBEGRIFFE

Anbaubiomasse: weist auf die pflanzliche Herkunft und den Energiegehalt der Anbaupflanzen hin
Biokraftstoff: aus stärke-, öl- oder zuckerhaltigen Teilen der Energiepflanzen erzeugt
Energiepflanzen: im Gegensatz zu Futterpflanzen und Pflanzen zur Nahrungsmittelproduktion nur für den Zweck der Energiegewinnung angebaut (Holz zählt i. d. R. nicht dazu)
Ethanol: biogener Flüssigbrennstoff, der durch Weiterverarbeitung von Energiepflanzen entsteht und für Verbrennungsmotoren häufig in Kombination mit fossilen Brennstoffen genutzt wird; seit 2010 ist in Deutschland eine Beimischung von bis zu 10 % Ethanol möglich (E10 Kraftstoff), vorher waren es bis zu 5 %

M7 Positionen zur Nachhaltigkeit von Biokraftstoffen

www.cornelsen.de/codes/
Code: muwame

1. Kennzeichnen Sie die Mobilität der Gegenwart und erklären Sie die Auswirkungen (**M3, M7**).
2. Vergleichen Sie die Nutzung von Elektro- und Wasserstoffantrieben bezüglich ihrer Effektivität und ihrer Klimaneutralität (**M1, M2, M5**).
3. Recherchieren Sie zum Ladeangebot für E-Autos und zu möglichen Wasserstofftankstellen in Ihrer Stadt oder Ihrem Kreis und beurteilen Sie die Nutzungsmöglichkeiten (**M4**).
4. Erläutern Sie mithilfe Ihres Vorwissens und der Materialien, wie eine „neue", klimaneutralere Mobilität aussehen könnte (**M1** bis **M7**).

Mobilität der Zukunft – wie klimaneutral ist die neue Mobilität?

Die einfachste Lösung für klimaneutrale Mobilität wäre, möglichst wenig auf verbrennungsmotorbetriebene Verkehrsmittel zurückzugreifen; denn sowohl die Verbrennung von Kraftstoffen als auch die Batterieproduktion, -aufbereitung und -entsorgung bei E-Autos setzen CO_2 frei. Doch der Trend zu PKW mit hohem Energieverbrauch (z. B. **SUVs**) steht dem entgegen.

Elektromobilität

Kann der elektrische Antrieb eine CO_2-sparende Alternative sein? E-Fahrzeuge besitzen neben einem Elektromotor auch einen Akkumulator (Batterie, umgangssprachlich: Akku). Wenn diese Batterie mit regenerativ gewonnenem Strom geladen wird, sind E-Autos CO_2-neutral unterwegs. In der Kritik stehen die batteriebetriebenen Motoren dennoch, da für die Herstellung eines Lithium-Ionen-Akkus pro 1 kW Leistung 150 kg CO_2 entstehen können (vergleichbar mit der Verbrennung von ca. 2500 Litern Benzin), abhängig von der bei der Produktion eingesetzten Stromart. Des Weiteren können durchschnittlich nur ca. 75 % des aus der Ladestation kommenden Stroms für den Ladevorgang genutzt werden; ebenso ist die Reichweite der Akkus mit zurzeit 300 km eher gering. Auch die Batterieentsorgung bereitet Probleme auf ökologischer Ebene.

Wasserstoffverbrennungsmotor

Bei der Verbrennung von Wasserstoff entstehen bei einer sehr starken thermischen Reaktion hauptsächlich Wasser und Stickstoffoxid, die über einen Katalysator chemisch entfernt werden müssen. Ein Wasserstoffverbrennungsmotor ist ähnlich aufgebaut wie ein herkömmlicher Verbrennungsmotor und wird mit H2-Gas betankt. Die Herstellung, Lagerung und der Transport von H2 sind sehr schwierig und energieintensiv. Dieses kleine Molekül entweicht sehr schnell aus vielen Behältern; H2-Tanks müssen sehr dickwandig sein. Die Lagerung in Metallhydridspeichern scheint für die Zukunft bedeutsam, da hierbei ein Metall Wasserstoff speichert wie ein Schwamm Wasser.

Brennstoffzelle

In der Brennstoffzelle kann Wasser mithilfe von elektrischer Energie in Wasser- und Sauerstoff umgewandelt werden. Beide Gase können an einem Katalysator wieder zur Reaktion gebracht werden, sodass die freigewordene Energie einen Elektromotor antreibt.

M1 Wirkungsgrad von Motoren

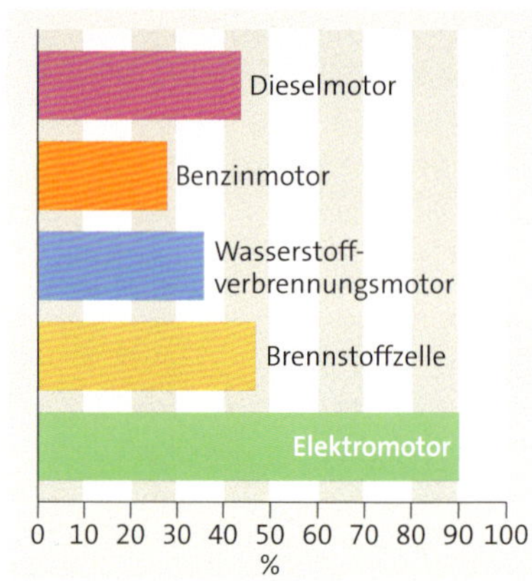

M2 „Stromer" – Zulassungszahlen akkubetriebener Autos 2020

	E-Autos	Hybride*
Zulassungen	194 163	527 864
Vorjahresvergleich (in %)	+ 207	+ 121
Anteil (in %)	6,7	18,1

Quelle: KBA (2021)
beinhaltet Hybrid und Plug-in-Hybrid (vgl. M4)

M3 Vergleich CO_2-Äquivalente* für Verkehrsmittel und deren Nutzung 2019

Verkehrsmittel	(g/Pkm**)
PKW	143
Linienbus	29
Straßenbahn	55
Eisenbahn (nah)	55
Eisenbahn (fern)	29
Reisebus	32
Flugzeug	214

**CO_2-Äquivalente: berücksichtigt die Wirksamkeit aller ausgestoßenen Treibhausgase in Bezug zu CO_2*
***Gramm pro Personenkilometer*
Nach: Umweltbundesamt, 11/2020

M4 Wasserstofftankstellen und Ladesäulen

www.cornelsen.de/codes/
Code: nifuye

M5 Motorhybride als Übergangslösung?

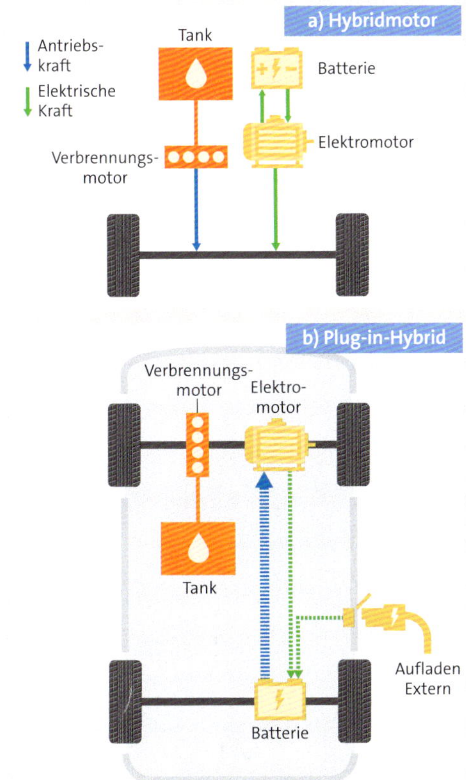

M6 Ausgewählte Möglichkeiten der CO_2-Minderung im Verkehr

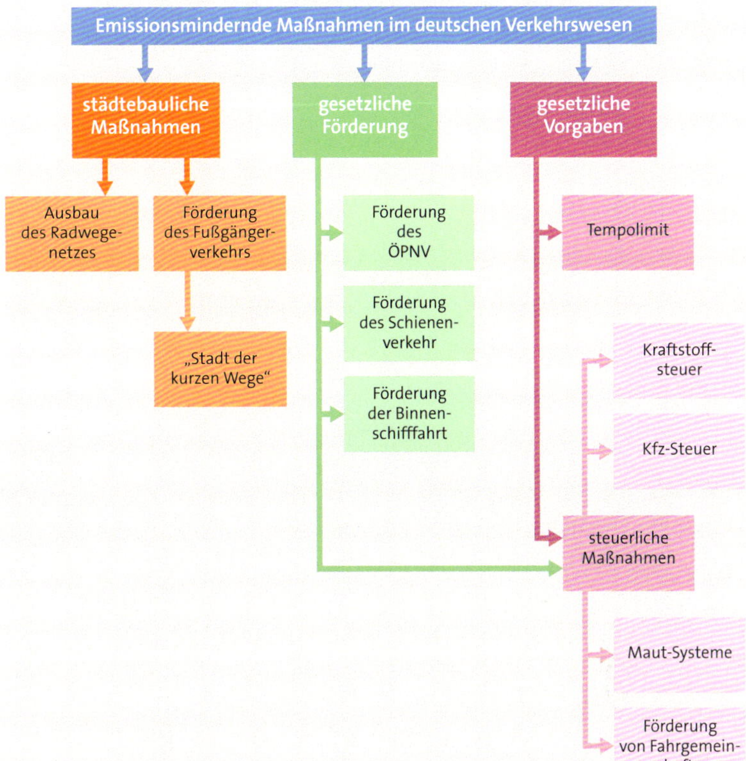

Quelle: Umweltbundesamt 2010

M7 Trends der Verkehrsmittelnutzung in Deutschland

Alternativen zum motorisierten Individualverkehr (kurz: MIV) bieten die Angebote des **ÖPNV** und des **Carsharings**. Während Carsharing-Angebote in (Groß-)Städten bereits seit den frühen 2000er-Jahren mit mäßigem Erfolg bestehen, ist die Nutzung des ÖPNV nach wie vor beliebt, besonders in den Städten und Ballungszentren wie dem Ruhrgebiet. Durch eine gute **Flächenabdeckung** können viele Fahrgäste ein breites Angebot nutzen. Ähnliches gilt für das Radwegenetz, das in Städten zunehmend an Bedeutung gewinnt. All diese Angebote gelten in Bezug auf Flächenabdeckung und somit in Bezug auf die Effektivität nicht in gleichem Maß für den ländlichen Raum, der immerhin in Deutschland einen Flächenanteil von 91 % und einen Bevölkerungsanteil von 58 % ausmacht. Hier kann der Ausbau neue Möglichkeiten für einen „Verkehr der Zukunft" bieten, wobei die Wirtschaftlichkeit in Frage steht.

Nach Angaben des BMVI, Februar 2020

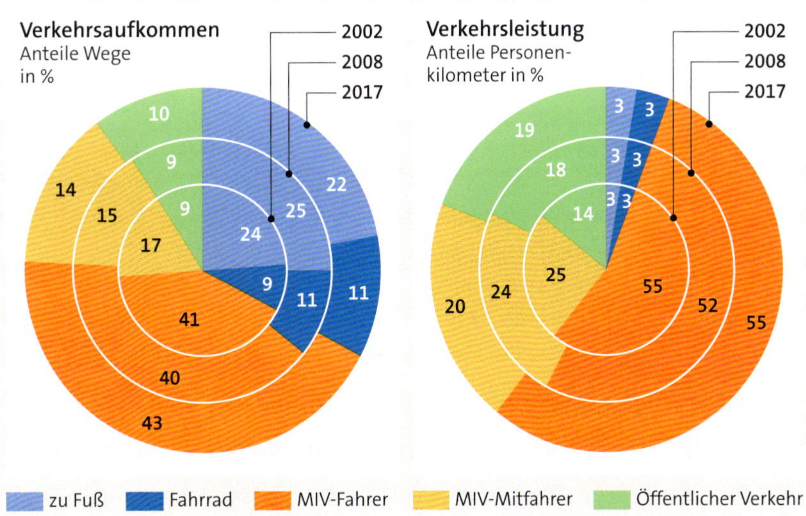

FACHBEGRIFFE

Carsharing: Fahrzeuge einer Gesellschaft/Gemeinschaft, die gegen Bezahlung periodisch bei Bedarf genutzt werden können

Hybrid: Kombination von verschiedenen Antriebs- und Kraftstofftechniken, z. B. Verbrennungs- und Elektromotor

SUV (Sport Utility Vehicles): Geländelimousinen oder Stadtgeländewagen mit relativ hohem Kraftstoffverbrauch und CO_2-Ausstoß

1 Beschreiben Sie die Möglichkeiten der Energiespeicherung von elektrischer Energie (**M2, M5, M6**).

2 Erklären Sie das Zusammenspiel von Speichersystemen und einem „intelligenten Stromnetz" (Smart grid) und verdeutlichen Sie die Potenziale (**M1, M2**).

3 Erläutern Sie die Probleme der Akku-Herstellung und die hier dargestellten Lösungsansätze (**M2** bis **M4** sowie S. 172/173).

4 Erörtern Sie die Bedeutung der hier dargestellten Energiespeichersysteme für die Energiewende in Deutschland, indem Sie unter Berücksichtigung der Vor- und Nachteile der unterschiedlichen Speichersysteme ein begründetes Urteil formulieren (**M1** bis **M6**).

Energiespeichersysteme – welche Möglichkeiten sind umsetzbar?

Witterungsabhängigkeit
In besonders sonnen- und windreichen Phasen kann es zu einem Überangebot an Strom kommen, sodass die regenerativen Energieerzeuger gedrosselt werden. Allein in Deutschland gingen so beispielsweise 2017 rund 5,52 Terawattstunden Strom verloren (entspricht der Fahrtstrecke von 1 Mio. km für jedes der 2017 zugelassenen E-Autos). Zugleich werden bei Windflauten oder sonnenarmen Phasen klimaschädliche konventionelle Kraftwerke hochgefahren, da grundlastfähige regenerative Energieerzeuger wie die Offshore-Windkraft, Biogasanlagen oder Wasserkraftwerke es nicht schaffen, unseren Strombedarf zu decken. Um diese Problematik zu verringern, bedarf es neben einem möglichst gut ausgebauten Stromnetz auch der Energiespeichersysteme, sodass Stromschwankungen abgefangen werden können.

Intelligentes Strommanagement
Günstiger als die Investition in relativ teure Speichersysteme ist die Anpassung des Stromverbrauchs in der energieintensiven Industrie (Chemie und Metallverarbeitung). Hierzu sind flexible Produktionsprozesse notwendig, die schnell an- oder abgeschaltet werden können. Eine andere Möglichkeit bietet die Produktion „auf Halde" in stromreichen und verbrauchsarmen Zeiten. Um Strombedarfe durch die Netzbetreiber genau ermitteln zu können, sollen intelligente Stromzähler (smart meter) Bedarfe erfassen und zeitgenau passende Lösungen zur Speicherung oder Nutzung einleiten.

M1 Intelligentes Stromnetz „Smart grid"

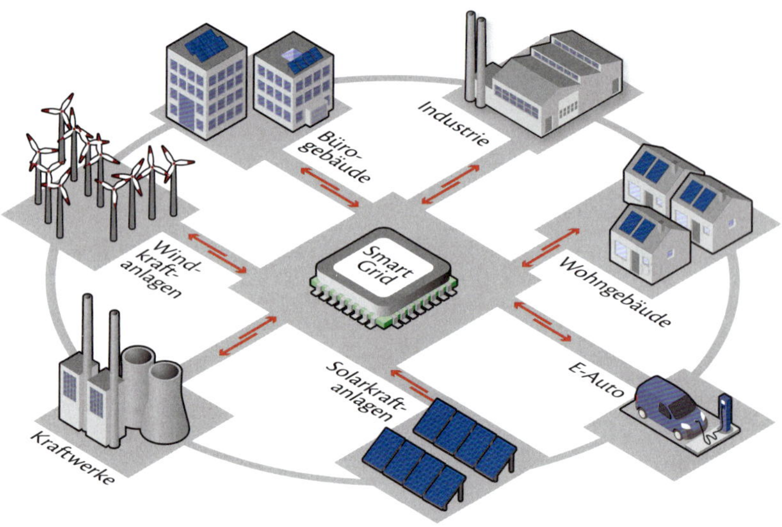

M2 Ausgewählte Energiespeichersysteme

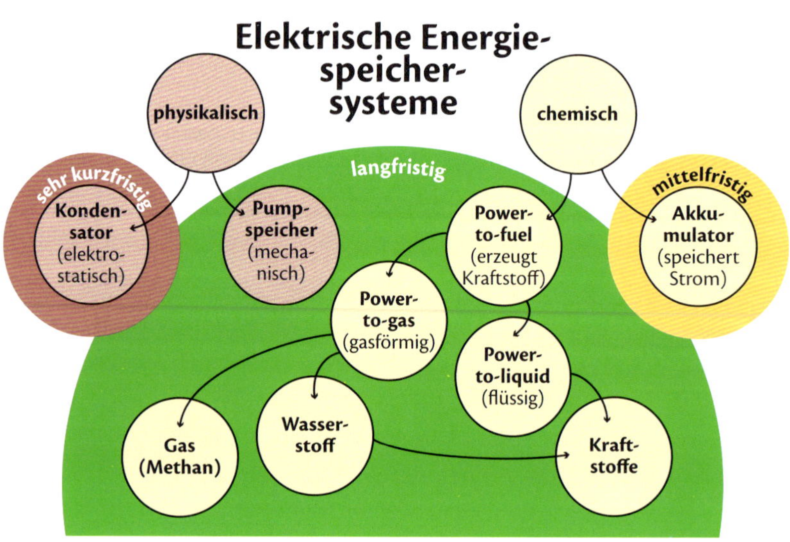

FACHBEGRIFFE

Kondensator: Stromspeicher, der aus zwei voneinander getrennten Metallplatten besteht, die sich elektrostatisch aufladen

Power-to-fuel: Verfahren, bei dem elektrische Energie in Gase (Power-to-gas) oder Flüssigkeiten (Power-to-liquid) zur späteren Nutzung für die Energiegewinnung überführt wird

M3 Der 1000-Kilometer-Akku

„Forscher haben einen Akku entwickelt, der Autos 1000 Kilometer weit bringt, weniger kostet und ökologischer hergestellt werden kann. [...] Der neue Lithium-Schwefel-Akku ist nach Angaben der Forscher viel effizienter als bisher genutzte Akkus. Er kann bei gleicher Größe ein Smartphone fünf Tage mit Strom versorgen, oder ein E-Auto 1000 Kilometer weit fahren lassen. [...] Dazu nutzen die Forscher eine Technologie, die in den 1970er-Jahren zur Verbesserung von Waschpulver angewandt wurde. [...] Dieser Ansatz [...] begünstigt nicht nur hohe Leistung und lange Lebensdauer, sondern ist auch einfach und äußerst kostengünstig in der Herstellung unter Verwendung von Prozessen auf Wasserbasis und kann zu einer erheblichen Reduzierung umweltgefährdender Abfälle führen. [...] Australische Forscher präsentierten 2016 [...] einen Vorläufer des Akkus, den sie jetzt zur Serienreife bringen wollen. [...]"

Quelle: Der 1000-Kilometer-Akku. mdr WISSEN vom 10.01.2020

M4 Aufbereitung und Recycling – Ausweg aus der „Batteriekrise"?

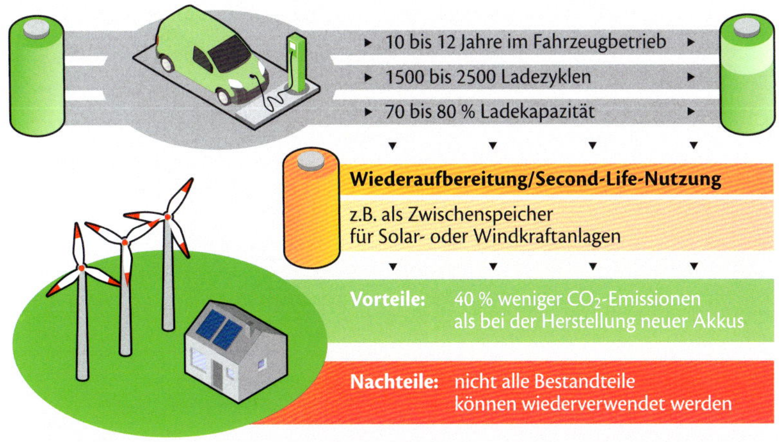

M5 Pumpspeicherkraftwerk

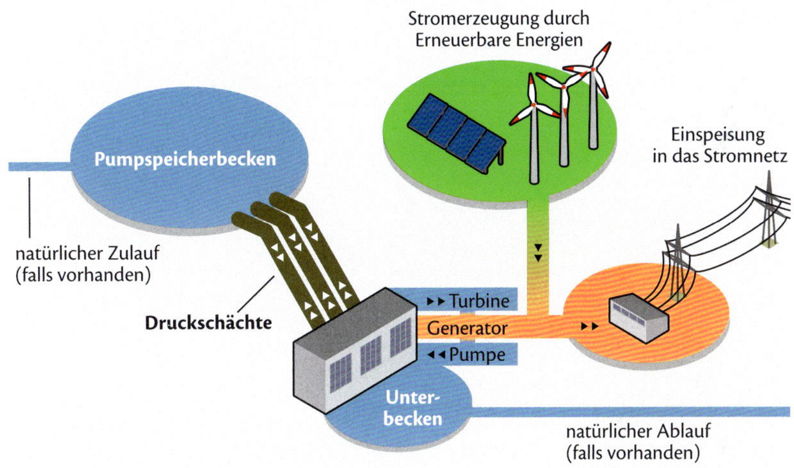

M6 Power-to-fuel-Technologie

Wandlung von Strom aus erneuerbaren Energien zu Treibstoffen und gleichzeitiger Reduktion des CO_2-Ausstoßes

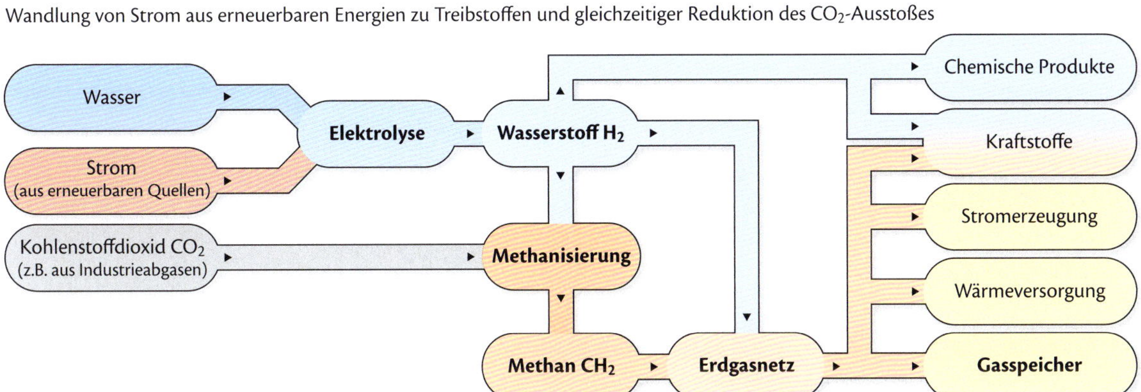

Quelle: nach BMBF

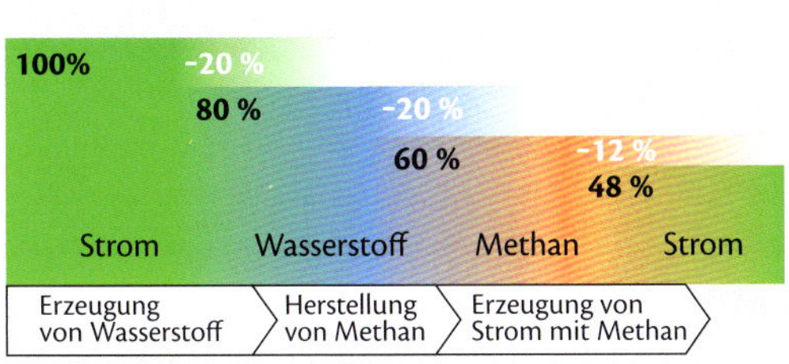

Wirkungsgrad bei der Power-to-gas-Technologie

Die **Power-to-X-Technologie** versucht, überschüssige Strommengen für ihre spätere Nutzung batterieunabhängig zu speichern. Bislang übernahmen Pumpspeicherkraftwerke diese Aufgabe. Die **Power-to-gas-** (Methanisierung und Elektrolyse) und **Power-to-liquid-Technologie** (Kraftstoffe) versuchen ebenso CO_2-neutral, dafür aber standortunabhängig Energie zu speichern, wobei zu bedenken ist, dass bei jedem Umwandlungsvorgang Energie (meist als Wärme) abgegeben wird.

1 Beschreiben Sie, welche Maßnahmen Kopenhagen zur Reduktion von CO_2-Emissionen ergreift (**M1, M2, M4, M6**).

2 Erläutern Sie, in welchen Bereichen die dänische Hauptstadt erfolgreich CO_2-Emissionen reduziert und in welchen sie vor besonderen Herausforderungen steht. Wählen Sie die Darstellungsform Ihrer Ergebnisse selbstständig aus (**M1** bis **M7**).

3 Informieren Sie sich über die Klimainitiativen Ihrer Heimatstadt und vergleichen Sie diese tabellarisch mit denen von Kopenhagen (Internet).

Kopenhagen – die erste CO_2-neutrale Großstadt?

M1 Das Kopenhagener Energiesystem

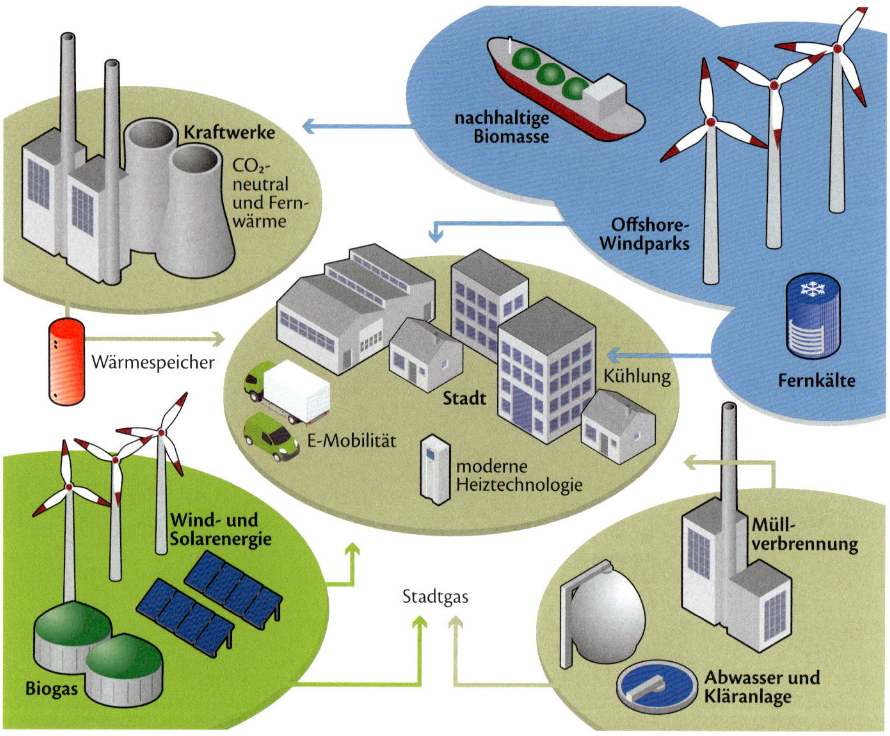

M2 CO_2-Einsparungen nach Einzelbereichen im Kopenhagener Klimaplan 2025

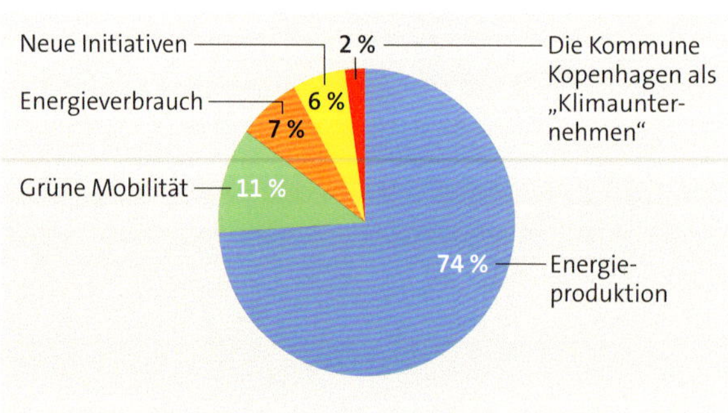

Kopenhagen will 2025 die weltweit erste klima- und **CO_2-neutrale Hauptstadt** sein. Ein ehrgeiziges Vorhaben – möchte doch eine wachsende Bevölkerung von bereits mehr als 640 000 Einwohnern mit Energie sowie Wärme versorgt werden und uneingeschränkt mobil sein. Um diesen Herausforderungen entgegenzutreten, hat die Stadt mit dem „Klimaplan 2025“ eine „Vision“ und einen Maßnahmenkatalog entworfen, welcher Kopenhagen grüner, smarter und letztendlich klimaneutral machen soll. Seit 2009 wird hauptsächlich in den Bereichen Energieverbrauch, Energieproduktion und grüne Mobilität CO_2 eingespart. Dadurch konnte Kopenhagen den CO_2-Ausstoß zwischen 2005 und 2017 bereits um 42 % (1 Million Tonnen) senken, obwohl die Bevölkerung im gleichen Zeitraum um 20 % wuchs. Um klimaneutral zu sein, muss Kopenhagen jedoch den CO_2-Ausstoß um weitere 1,5 Millionen Tonnen reduzieren. Ob dies bis 2025 tatsächlich gelingen wird, ist noch ungewiss. Ein großer Schritt in die richtige Richtung war die Eröffnung des neuen Biomassekraftwerks im Jahr 2020, wodurch 80 % der **Fernwärme** in Kopenhagen CO_2-neutral sein werden.

Um das prestigeträchtige Ziel – erste CO_2-neutrale Hauptstadt zu sein – zu erreichen, hält die Stadtverwaltung konsequent an ihrer Strategie fest, und neue Beschlüsse werden nur im Einklang mit dem „Klimaplan 2025“ getroffen.

FACHBEGRIFFE

CO_2-neutrale Stadt: Stadt, deren Emissionen vollständig kompensiert werden können und somit keine das Klima beeinflussende Wirkung haben

Fernkälte: Versorgung des Verbrauchers mit Kälte über eine Fernrohrleitung

Fernwärme: Belieferung von Wohngebäuden mit Wärme durch ein Rohrsystem von einem Kraft- oder Heizwerk

Copenhagenize-Index: Ranking von Städten, die versuchen, das Fahrrad als Verkehrsmittel zu etablieren

M3 Vorhersagen für die Bevölkerungsentwicklung Kopenhagens

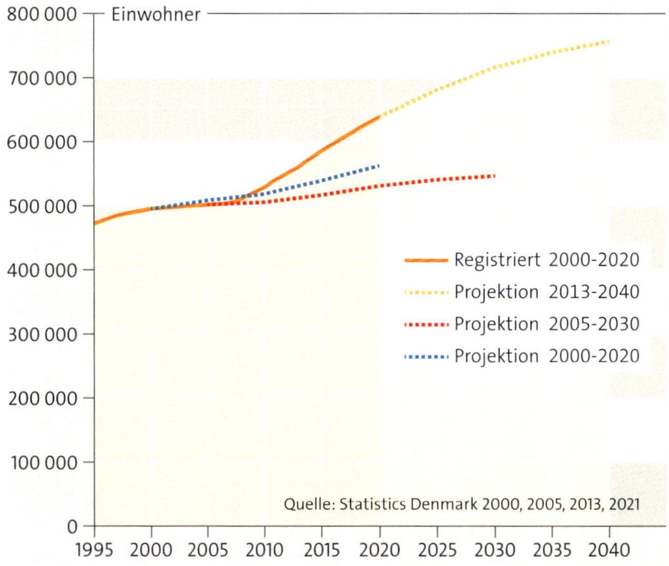

M4 Biomasse statt Braunkohle

Mit dem 2020 in Betrieb genommenen Block 4 des Biomasseheizkraftwerks „Amager-værket" kann Kopenhagen 43 % der CO_2-Emissionen durch Energieproduktion reduzieren. Dieser Block wird ausschließlich mit Biomasse (vorwiegend Holzpellets) betrieben und die Energieproduktion Kopenhagens zu 100 % klimaneutral machen, da die Verbrennung von Braunkohle komplett eingestellt wird.

M5 Entwicklung des Verkehrs

Seit 2010 sind die verkehrsbedingten CO_2-Emissionen um 9 % gesunken und auch der Autoverkehr (Anzahl der gefahrenen Kilometer innerhalb Kopenhagens) ist um 3 % zurückgegangen. Der Radverkehr ist um 12 % gestiegen. Dennoch war der Rückgang der gezählten Fahrten mit dem Auto nicht so groß wie erwartet. Er lag bei 33 % im Jahr 2015. Mit anderen Worten, das Ziel von max. 25 % von Fahrten mit dem Auto wurde nicht erfüllt – auch bedingt durch das starke Bevölkerungswachstum Kopenhagens.

Nach: Climate Road Map 2017-2020 – City of Copenhagen

M6 Radinfrastruktur verschiedener Städte im Vergleich 2019

	Kopenhagen	**München**	**Berlin**
Fläche (km^2)	86,2	310,7	891,7
Einwohner (Mio.)	0,632	1,484	3,670
Bevölkerungsdichte (Einw. pro km^2)	7231	4777	4115
Radverkehrsanlagen (km)	526	1200	590
Copenhagenize-Index 2019	1	>20	15

M7 Entwicklung der CO_2-Emissionen in Kopenhagen

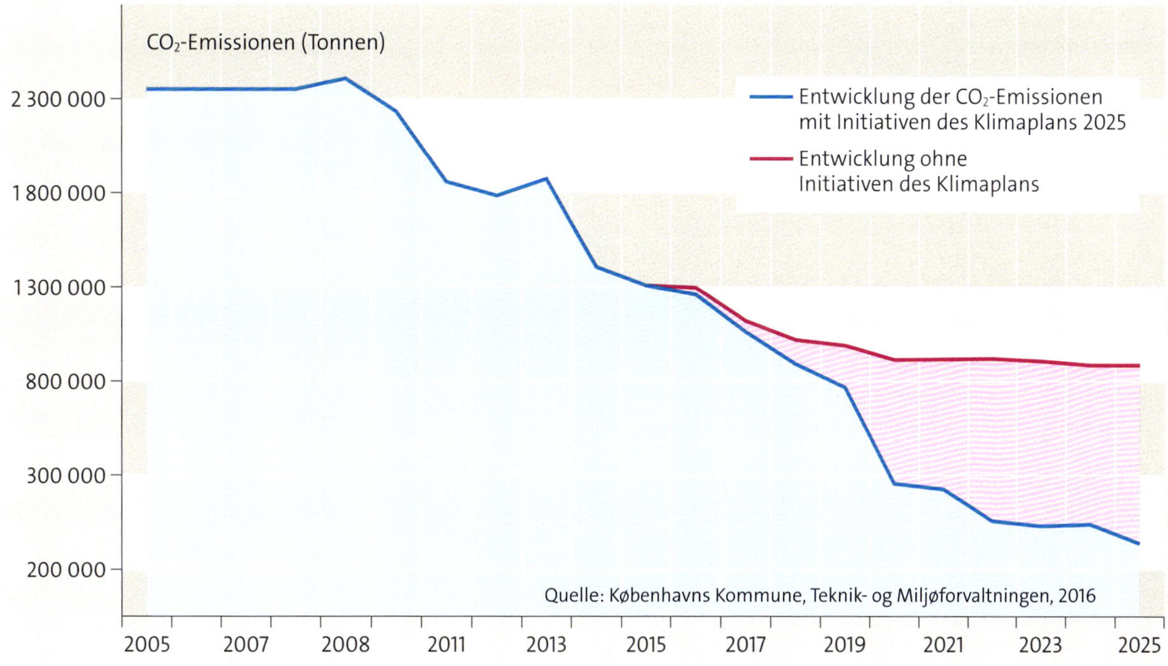

1 Fassen Sie die Möglichkeiten der Nutzung erneuerbarer Energien zusammen (**M3**).

2 Vergleichen Sie Ihr selbst erstelltes Strukturdiagramm (Check in S. 154) mit dem in **M5**.

3 Häufig geht es bei der regenerativen Energiegewinnung nur um die Betrachtung des Stroms. Beschreiben Sie die Entwicklung der Bereiche Wärme und Verkehr und nennen Sie Möglichkeiten und Nutzungsperspektiven der regenerativen Energiegewinnung in diesen Bereichen (**M1**).

4 Beurteilen Sie mithilfe Ihres Wissens über die Wasserstofftechnologie die Aussagen von Wirtschaftsminister Peter Altmaier: „Wir müssen beim Wasserstoff die Nummer 1 werden!" (**M2**)

5 A. Vertiefen Sie Ihr Begriffswissen, indem Sie das Kreuzworträtsel lösen (**M4**).
B. Vertiefen Sie Ihr Basis- und Anwendungswissen, indem Sie den BIPARCOUR „durchlaufen" (**M5**).

Regenerative Energien

Regenerative Energiegewinnung in Deutschland – eine erste Bilanz
Das Ziel, den Ausbau der regenerativen Energiegewinnung in Deutschland voranzutreiben, scheint auf den ersten Blick erfolgversprechend zu sein. Im Jahr 2019 stieg der Anteil der erneuerbaren Energien am Bruttostromverbrauch von 37,8 % auf 42,1 % nochmals deutlich an; zehn Jahre zuvor lag er noch bei 16,4 %.

Probleme des weiteren Ausbaus
Der Ausbau der regenerativen Energiegewinnung ist begrenzt: Neben der Witterungsabhängigkeit (Wind, Solar) und der Standortabhängigkeit (Geothermie und Wasserkraft) spielen Gesetzgebung und gesellschaftliche Widerstände eine wesentliche Rolle.
Standortunabhängiger sind die Bioenergie-, Wasserstoff- und die Methannutzung (vgl. Power-to-gas-Speichertechnologie). Im Jahr 2045 sollen in Deutschland 100 % der benötigten Energie aus regenerativer Quelle stammen; die EU strebt bis zu diesem Zeitpunkt ein „klimaneutrales Europa" an.

Versuch einer ersten weltweiten Bilanz
Weltweit gestaltet sich die Nutzung regenerativer Energiegewinnung unterschiedlich, was mit dem unterschiedlichen Zugang zu fossilen Energieträgern (eigene Rohstoffe und Rohstoffabhängigkeit), der technologischen Entwicklung und den Investitionsmöglichkeiten zusammenhängt.

Neue Technologien schaffen neue Möglichkeiten
Neue Speichertechnologie und intelligente Stromnetze bieten immer neue Möglichkeiten, aber auch hier steckt die Entwicklung noch in den „Kinderschuhen" und der Fortschritt ist von der politischen Förderung und gesellschaftlichen Akzeptanz abhängig.
Die Corona-Krise 2020/2021 hat gezeigt, dass neue Arbeitsformen wie das „Homeoffice" die Nutzung der Verkehrsträger und damit die Ressourcennutzung beeinflussen; so könnten auch neue Arbeitsformen einen Einfluss auf die Mobilität haben.

M1 Anteil der regenerativen Energie in den Bereichen Strom, Wärme und Verkehr in Deutschland

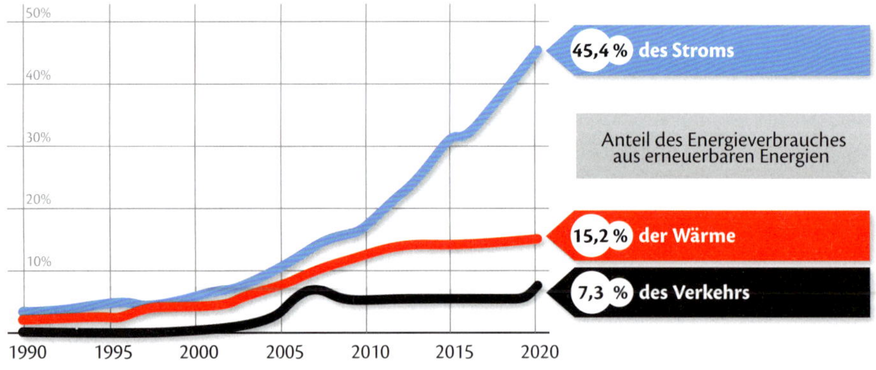

Quelle: nach Umweltbundesamt/AGEE-Stat

M2 „Wir müssen beim Wasserstoff die Nummer 1 werden!"

„Schon heute werden ungefähr 45 Prozent unseres Stromverbrauchs aus erneuerbaren Energien wie Wind, Photovoltaik oder Biogas gedeckt. Aber die Dimension der Energiewende ist ungleich größer [...]. Die Zeit für Wasserstoff und die dafür nötigen Technologien ist reif. Sie bieten enorme [...] Potenziale und können neue Arbeitsplätze schaffen. [...] Klar ist aber auch: Deutschland wird auch langfristig Energie importieren müssen. Und das gilt auch für Wasserstoff. Für eine erfolgreiche Energiewende brauchen wir daher internationale Partner. [...] Ich arbeite dafür, dass Deutschland bei Wasserstofftechnologien die Nummer 1 in der Welt wird."

Quelle: FAZ-Gastbeitrag von Wirtschaftsminister Peter Altmaier (vom 05.11.2019)

M3 Ausgewählte erneuerbare Energiegewinnungsformen

Photovoltaik
In diesen, meist auf Dächern oder großen Freiflächen errichteten Anlagen wird Sonnenenergie in elektrische Energie umgewandelt. Voraussetzung für die Effizienz ist eine ausreichende Sonnenscheindauer.

Windkraft
Die Energie des Windes wird mittels Rotorblättern und Generatoren in elektrische Energie umgewandelt. Windexponierte Standorte sind die Voraussetzung dafür.
Es wird zwischen Onshore (Land) und Offshore (Meer) unterschieden.

Geothermie
Mithilfe der im Erdinneren gespeicherten Energie wird Wasser erhitzt. Dieses Wasser kann dann als Wärmequelle oder zur Stromerzeugung (mittels Turbine und Generator) genutzt werden. Geotektonische Gegebenheiten vor Ort müssen stimmen.

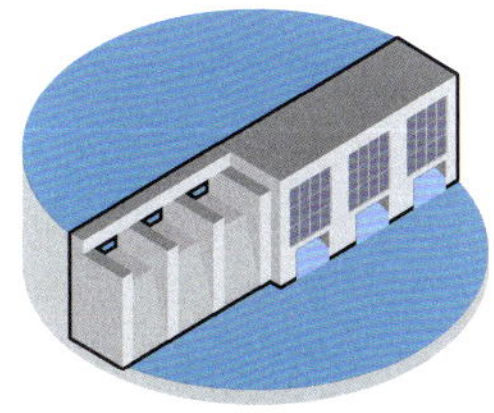

Wasserkraft
Durch die Kraft des sich bewegenden Wassers wird diese Bewegungsenergie in mechanische (Turbine) und anschließend in elektrische (Generator) Energie umgewandelt. Fließende Gewässer oder große Fallhöhen sind dafür notwendig.

Bioenergie
Durch die Nutzung von Biomasse (z. B. Raps, Mais) in Biogasanlagen werden Strom, Wärme und Treibstoffe erzeugt.
Diese Energiegewinnungsform ist standortunabhängig.

M4 Begriffe und Begrifflichkeiten zur „Regenerativen Energiegewinnung"

Hinweis:
Bitte nicht in das Buch schreiben.

1. Fachbegriff für Stromgewinnung aus Sonnenenergie
2. natürliches Problem bei der Energiegewinnung aus Sonnen- und Windenergie
3. Verfahren zur Bildung von Gasen und Flüssigkeiten aus elektrischer Energie
4. Kraftwerk zur Energiespeicherung und -gewinnung mithilfe von Gewässern/Stauseen
5. intelligenter Stromzähler für ein besseres Strommanagement
6. technischer Ort der Gewinnung von Energie aus der Reaktion von Wasserstoff und Sauerstoff
7. geographischer Ort mit der größten Menge an gewonnener Offshore-Windenergie in Deutschland
8. Kombination aus Elektro- und Verbrennungsmotor
9. Energiegewinnung mithilfe von Erdwärme
10. Abkürzung für das „Erneuerbare-Energien-Gesetz"
11. Wärmegewinnung aus Sonnenlicht
12. technischer Ort zur Umwandlung von Wasser- und Windkraft in elektrische Energie
13. verbrauchsdeckende tägliche Mindeststromversorgung ohne Ausfall
14. Anteil der eingesetzten Energie, die tatsächlich zur Nutzung/Fortbewegung genutzt wird
15. Fachbegriff für die Windenergiegewinnung auf dem Meer
16. europäische Hauptstadt mit dem Ziel zur „Klimaneutralität"
17. Anlage zur Herstellung von Gasen aus tierischen und pflanzlichen Produkten
18. Fachbegriff (Adjektiv) für erneuerbare Energieträger

M5 BIPARCOUR und Strukturdiagramm

www.cornelsen.de/codes/
Code: pajufe

1 Lokalisieren Sie Japan und kennzeichnen Sie seine aktuellen Energie- und Mobilitätsdaten (**M1** bis **M3**, Atlas).

2 Erläutern Sie die japanische „Basic Hydrogen Strategy" für den Bereich Mobilität (**M1** bis **M7**).

3 Nehmen Sie Stellung zum Thema der Klausur.

→ *Hilfsmittel: Atlas*

Japan – gelingt die Mobilitätswende mit Wasserstoff?

M1 Wasserstofftankstelle in Tokio

Ende 2020 gab es 142 solcher Tankstellen in Japan (Baukosten: jeweils ca. 1 Mio. €).

M2 Eckdaten zu Japan 2019

Einwohner	126,2 Mio.
Energieverbrauch	454,1 Mio. Tonnen Öläquivalent (weltweit Rang 5)
Importabhängigkeit von fossilen Energieträgern	94,4 %
Pkw-Bestand	77,4 Mio.
davon batterieelektrisches Fahrzeug (BEV*)	ca. 300 000
davon Brennstoffzellenautos (FCEV**)	ca. 3 800
Produktion von Wasserstoff (Preis: ca. 9,50 € pro kg)	ca. 250 Tonnen, entspricht ca. 720 Tonnen Öläquivalent

** BEV = Battery Electrical Vehicle, ** FCEV = Fuel Cell Electric Vehicle*

M3 Energiemix Japans 2018 und 2030

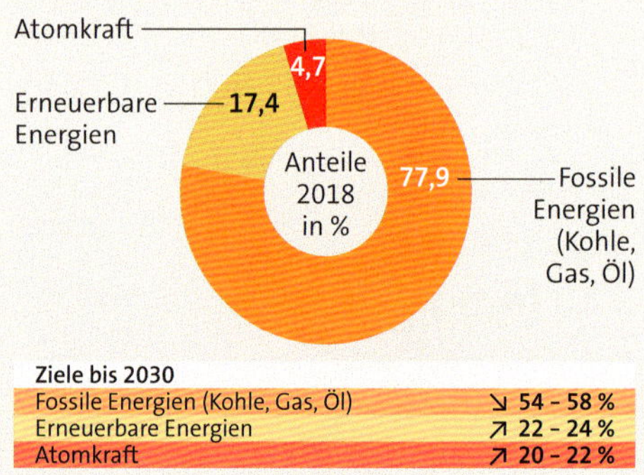

M4 Brennstoffzellenautos

In der Brennstoffzelle wird aus Wasserstoff und Sauerstoff Strom erzeugt, der einen Elektromotor antreibt. Diese Technik der Brennstoffzellenautos (FCEV) erscheint im Gegensatz zu der von batterieelektrischen Fahrzeugen (BEV) auch für den Antrieb von schweren Fahrzeugen wie Bussen und Lkw, aber auch Zügen oder Schiffen geeignet.

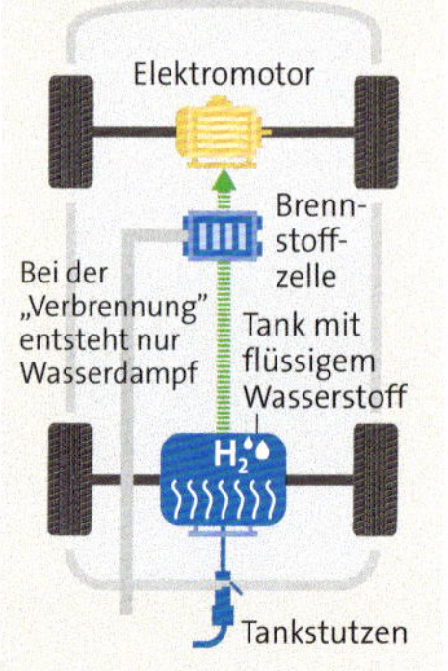

M5 Vergleich batterieelektrisches Fahrzeug und Brennstoffzellenauto 2019

	BEV	FCEV
Zeit zum „Auftanken“	Schnellladung ca. 15 Min. für 100 km, komplette Ladung ca. 75 Min.	ca. 3 Minuten, wie beim „normalen“ Tanken
Wirkungsgrad	ca. 70 %	ca. 40 %
Anschaffungskosten	ab 20 000 €	ca. 57 000 €**
Tankkosten (500 km)	ca. 15 €	ca. 50 €**
Reichweite	350–600 km	bis zu 660 km
Problembereich Umweltbelastung	Herstellung der Batterie, genutzter Strom*	genutzter Wasserstoff*
Begrenzende Faktoren	zu geringe Kapazität des Stromnetzes	zu wenig Wasserstoff und Tankstellen

** Je mehr Strom bzw. Wasserstoff durch regenerative Energien erzeugt wird, desto geringer ist die Umweltbelastung*

*** Experten gehen davon aus, dass durch eine höhere Produktion die Preise weiter sinken.*

M6 Wasserstoffgewinnung

Im Gegensatz zu Strom kann Wasserstoff in großen Mengen gespeichert, gelagert und transportiert werden.
Zunächst soll der japanische Wasserstoff in Australien aus Braunkohle im CCS-Verfahren* gewonnen werden. Mit Spezialschiffen wird der Wasserstoff dann nach Japan transportiert. Langfristig soll der Wasserstoff aus erneuerbaren Quellen in Japan selbst gewonnen werden: In besonders sonnen- und windreichen Phasen kommt es zu einem Überangebot an Strom, sodass die regenerativen Energieerzeuger gedrosselt werden. Dieser so „verlorene“ Strom könnte zur Wasserstoffgewinnung genutzt werden. In Deutschland gingen beispielsweise 2017 allein so 5,5 Terawattstunden Strom verloren.

Nach verschiedenen Quellen

** Beim CCS-Verfahren werden die entstandenen Emissionen wie CO_2 abgeschieden und dauerhaft tief im Boden gespeichert.*

M7 Basic Hydrogen Strategy der japanischen Regierung bis 2030

Ziele	**Weitere Ziele**
Staatliche Förderung: jährlich rund 300 Mio. Euro, u. a. für Kaufprämien von 28 000 € je Brennstoffzellenauto Bis 2050: Senkung der Treibhausgasemissionen um 80 Prozent Ziel: Weltmarktführer im Bereich Wasserstoffantriebe	Wasserstoffproduktion: **300 000 t*** zum Verkaufspreis von rund **3 € pro kg** Zugelassene Fahrzeuge mit Brennstoffzelle (FCEV): **800 000** Öffentliche Busse mit Wasserstoffantrieb: **1200** Wasserstofftankstellen: **900** **entsprechen ca. 860 000 t Öläquivalent*

M8 Kritische Stimmen

Warum mit der regenerativen Energie den verschwenderischen Umweg über Wasserstoff bzw. Brennstoffzellen gehen, wenn man Akkus gleich mit erneuerbaren Energien laden kann, monieren Kritiker. Zudem sind Brennstoffzellenautos aufgrund ihrer hohen Kosten noch nicht wettbewerbsfähig. Zurzeit werden weniger als 20 % des Wasserstoffes mit erneuerbaren Energieerzeugern hergestellt.

Nach verschiedenen Quellen

→ *Ergebnisschlüssel*

www.cornelsen.de/codes/
Code: cusoyi

7

KLIMAWANDEL – WO STEHEN WIR?

Leitbild „100 Prozent Klimaschutz"

Bis zum Jahr 2030 sollen die Treibhausgasemissionen in Deutschland um gegenüber 1990 um 60 Prozent und bis 2040 um 88 Prozent reduziert werden. Bis 2045 soll die Treibhausgasneutralität verbindlich erreicht werden.

Bundes-Klimaschutzgesetz (KSG) vom 24.06.2021

ERWEITERUNG DER GEOGRAPHISCHEN KOMPETENZEN

In diesem Abschlusskapitel des Buches beschäftigen Sie sich mit der Frage, was wir für Klimaschutz in der Zukunft machen können und welche Anstrengungen unbedingt notwendig sind. Hierbei werden auch aktuelle Themen beleuchtet, z. B. welche Bedeutung der Klimaschutz während und nach der Corona-Pandemie für unsere Gesellschaft hat. Sie lernen unterschiedliche Sichtweisen und Ansätze kennen unter Berücksichtigung ökonomischer, ökologischer, politischer und sozialer Aspekte und können sich auf Basis dieses Wissens ein eigenes Urteil über die Bedeutung von Klimaschutz bilden.

Inhalte

- Coronavirus und Klimaschutz
- Optionen für mehr Klimaschutz
- regionale und überregionale Beispiele

Aktualisierungen dieses Kapitels

www.cornelsen.de/codes/
Code: tuzafo

Medien und Methoden
- Schemata, thematische Karten, Luftbilder, Grafiken
- Internetrecherche
- Erstellung von PowerPoint-Präsentationen
- Gruppendiskussion

Bewertungen
- zukünftige Bedeutung des Themas im politischen und gesellschaftlichen Kontext
- Lösungsansätze
- eigene Verantwortung

Aktionen und Handlungserwartungen
- Beteiligung an der öffentlichen Diskussion bzgl. der Rolle des Menschen beim Klimawandel
- Beispiele für verantwortungsvollen Umgang mit dem Klima auf regionaler und überregionaler Ebene
- eigene Optionen für mehr Klimaschutz

1 Beschreiben Sie das Bild auf der Auftaktseite 182/183 und erstellen Sie Arbeitshypothesen für das abschließende Kapitel unter der Leitfrage, ob Klimaschutz nur durch eine radikale Reduzierung der CO_2-Emission möglich ist.

2 Beschreiben Sie die klimatischen Besonderheiten im Frühjahr 2020 (**M2**).

3 Erläutern Sie die Veränderungen der NO_2-Konzentration in Europa zwischen März/April 2019 und März/April 2020 (**M2, M6**).

4 Recherchieren Sie die aktuelle Situation bezüglich des Ausstoßes von CO_2 und beurteilen Sie die Entwicklung der CO_2-Emission seit der Corona-Krise im Jahr 2020 (**M3**, M4, MK Internet).

5 Geben Sie eine eigene Stellungnahme zu der These ab, dass dem Klimawandel genauso entschlossen begegnet werden muss wie der Corona-Krise (**M1, M3** bis **M6**).

Hat der Corona-Lockdown Auswirkungen auf unser Klima?

Der Frühling 2020 hat das Leben der Menschen deutlich verändert. Während des Lockdowns im Zuge der Corona-Pandemie mussten weltweit Millionen Menschen zu Hause bleiben. Dort konnten sie beobachten, dass kaum mehr Flugzeuge flogen, der ÖPNV und Individualverkehr beinahe zum Erliegen kamen. Gleichzeitig stellten sie fest, dass es in diesem Zeitraum Abweichungen von den klimatischen Mittelwerten gab. So stellten die Monate April und Mai in mehreren Kategorien Rekorde auf. Diese Monate wiesen in Bezug auf Wärme, Trockenheit und Sonnenscheindauer deutliche Abweichungen von den langjährigen Mittelwerten auf. Die Mitteltemperatur des Monats April 2020 stellt mit einem Wert von 11,3 °C eine deutliche Abweichung vom Referenz-Mittelwert von 7,9 °C dar. Bei der Niederschlagsmenge erreichte der April 2020 mit 15 l/m² nur 24 % der ansonsten üblichen Niederschlagsmenge von 62 l/km². Und bei der Sonnenscheindauer lag der April 2020 auf dem ersten Platz bei den Messungen seit 1951. Insgesamt standen am Ende des Monats 295 Sonnenstunden und damit mehr als das Doppelte des Referenz-Mittelwerts von 148. Die Folgen dieser Entwicklung sind mittlerweile in unserem Alltag zu stetigen Begleitern geworden: Waldbrandgefahr, vertrocknete Bäume, Ausbreitung des Borkenkäfers und Absterben des Fichtenbestandes, Ausbreitung des Eichenprozessionsspinners und gesperrte Wälder – die Stressfaktoren für die Baumarten nehmen zu und gleichzeitig breiten sich Schadinsekten, die gut mit den veränderten Klimabedingungen klarkommen, weiter aus.

Welche Folgen hat das für unser Handeln? Die Corona-Krise hat gezeigt, dass durch ein Herunterfahren der Wirtschaft die Qualität der Luft deutlich verbessert werden konnte. Allerdings kann das langfristig nicht das Ziel sein, weil Millionen Arbeitsplätze und der Wohlstand der einzelnen Länder an einer funktionierenden Wirtschaft hängen. Andererseits weisen Forscher immer wieder darauf hin, dass der Klimawandel mit seinen langfristigen Folgen erhebliche Auswirkungen für unsere Wirtschaft haben wird.

M1 „Fridays for Future“-Demonstration in Nürnberg im April 2020

M2 NO_2-Konzentration in Europa im März/April 2019 und März/April 2020

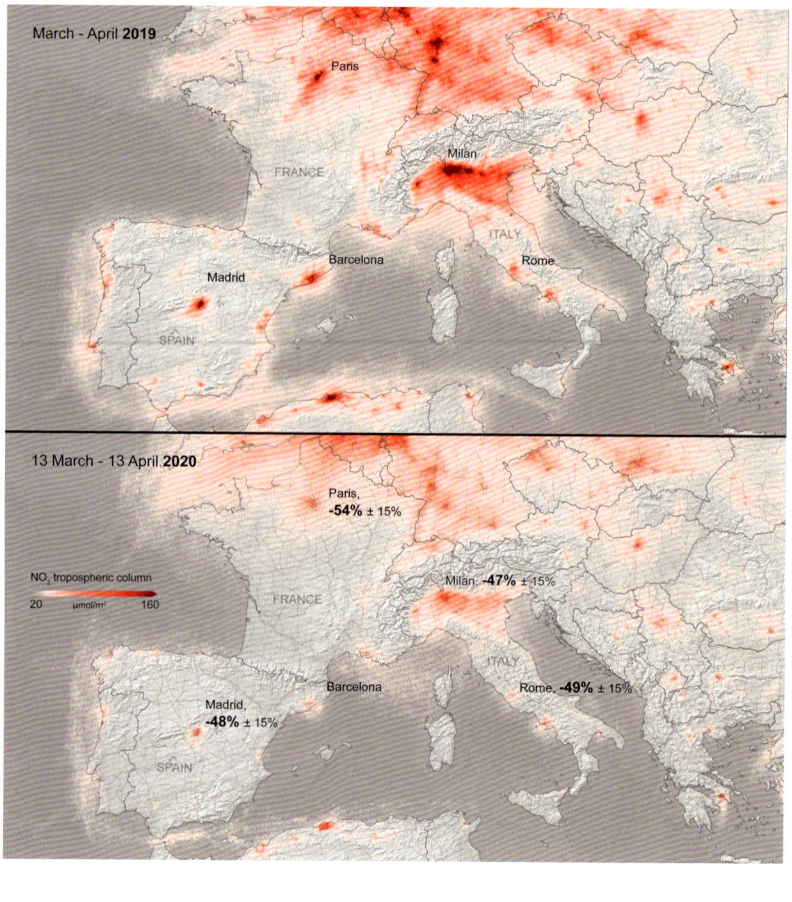

M3 CO_2 in Deutschland: Trotz Lockdown neuer Rekord

Flugzeuge sind auf Startbahnen geparkt, Fabriken stehen still, und es gibt weniger Berufsverkehr, weil im Homeoffice gearbeitet wird. Weltweit entstehen weniger Emissionen, laut IEA sinkt der Ausstoß voraussichtlich um 2,6 Milliarden Tonnen gegenüber 2019. Der energiebedingte CO_2-Ausstoß würde damit auf den niedrigsten Stand seit 2010 fallen. Der Rückgang wäre stärker als nach der Weltwirtschaftskrise [...] Ende 2007. In China, weltgrößter Klima-Einheizer, brach der CO_2-Ausstoß nach Beginn des Lockdowns vorübergehend sogar um rund ein Viertel ein.
Trotzdem werden in diesem Frühjahr neue CO_2-Rekorde gemessen. Am 3. Mai 2020 verzeichnete das Mauna-Loa-Observatorium auf der hawaiianischen Insel Big Island den neuen Tageshöchststand von rund 418 Molekülen pro Million „Luftteilchen" (parts per Million, ppm). Vor einem Jahr hatte der Höchstwert bei 415 ppm gelegen. Damit ist der CO_2-Gehalt in der Atmosphäre seit vorindustrieller Zeit um rund 50 Prozent angestiegen. Bis zum Beginn der Kohlenutzung in großem Maßstab im 19. Jahrhundert in Großbritannien lag der Wert bei 280 ppm. Die Marke von 400 ppm wurde erstmals 2013 gerissen.
Dass der CO_2-Rekord nun trotz sinkender Emissionen wiedereingestellt wurde, verdeutlicht das Grundproblem: Das zusätzlich emittierte Kohlendioxid verbleibt Hunderte von Jahren in der Atmosphäre. Auch eine geringere Zunahme als im Vorjahr führt so zu einem Anstieg der Konzentration in der Atmosphäre – und damit zu einem verstärkten Treibhauseffekt. Die Konzentration steigt nur etwas langsamer. Nach Schätzungen senkt Corona die vorher erwartete Zunahme 2020 von 2,8 auf 2,5 ppm im Jahresdurchschnitt.

Wille, Joachim: Auch Corona rettet das Klima nicht: CO_2-Gehalt auf neuem Rekord. In: Frankfurter Rundschau vom 14.05.2020

M4 Auswirkungen der 1. Corona-Krise auf die globalen Emissionen 2020

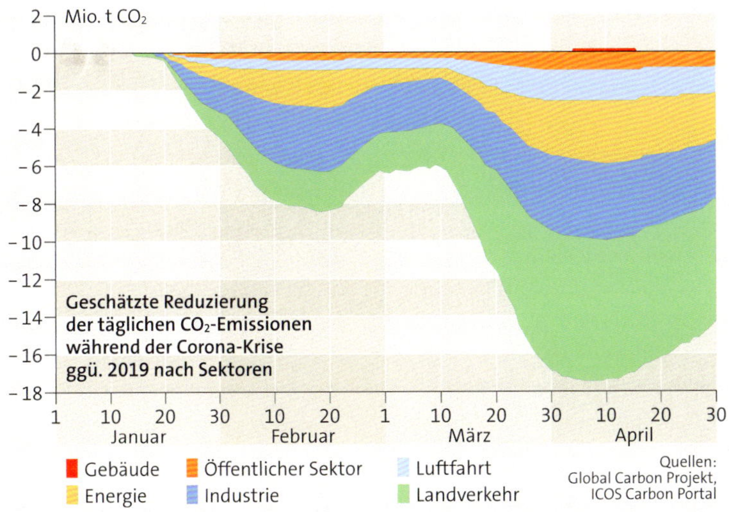

M5 „Fridays for Future"-Demonstration in Stuttgart im April 2020

M6 Geparkte Flugzeuge während der Corona-Krise auf der Nordwest-Landebahn am Airport Frankfurt im April 2020

1 Diskutieren Sie mit Ihrem Nachbarn über den Twitter-Eintrag (**M1**).

2 Beschreiben Sie den CO_2-Ausstoß seit 1990 und kennzeichnen Sie Deutschlands Rolle dabei (**M2, M3**).

3 Diskutieren Sie am Beispiel des CO_2-Fußabdrucks eines deutschen Durchschnittsbürgers Ihr eigenes Konsumverhalten (**M4** bis **M7**).

4 Erörtern Sie konkrete Maßnahmen zum Klimaschutz bezogen auf Ihr eigenes Konsumverhalten (**M3, M5, M6**).

5 Berechnen Sie auf der Seite des Bundesumweltamtes Ihren eigenen CO_2-Abdruck (uba.co2-rechner.de) und diskutieren Sie Ihren eigenen Beitrag in der aktuellen Diskussion (Internet).

6 Erstellen Sie eine PowerPoint-Präsentation (alternativ ne Plakat) zu den Möglichkeiten, in Ihrer Schule die CO_2-Emission zu reduzieren (**M8**, S. 207).

Klimawandel – was können wir tun?

M1 Twitter-Eintrag von Reporter Dirk Gießelmann im Greenpeace-Magazin

> »Ich lebe in einer Gesellschaft, zu deren Wesen es gehört den Planeten auszubeuten. Sie hat Wachstum zur Notwendigkeit und Konsum zur Tugend erklärt.«
>
> Dirk Gieselmann, Reporter des Greenpeace-Magazins, im Artikel „Ich bin ein Monster" über seinen ökologischen Fußabdruck.

Die Diskussion um konkrete Maßnahmen zum Klimaschutz begleitet unseren Alltag. Neben Artikeln in Fachzeitschriften nimmt die Berichterstattung in den Medien weiter zu und wir werden täglich zum Nachdenken angeregt. Dabei steht die Frage im Vordergrund, was wir tun können, um die Erwärmung unseres Planeten zu reduzieren und zu verlangsamen. Das Ziel muss dabei der Schutz unseres Ökosystems sein, ohne dass wir unsere ökonomische Basis zu sehr einschränken und dadurch massive soziale Probleme verursachen. Bei der Diskussion unter Politikern, Ökonomen, Wirtschaftsvertretern und ökologischen Interessenverbänden spielt unser eigenes Verhalten eine entscheidende Rolle. Vor allem die junge Generation zeigt ein großes Interesse an diesem Thema und daneben das Bedürfnis, etwas zu verändern.
Neben der „Fridays for Future"-Bewegung um die Protagonisten Greta Thunberg und Luisa Neubauer beschäftigen sich immer mehr Schülerinnen und Schüler mit diesen Entwicklungen. Forderungen nach einem radikalen Umdenken in der Klimapolitik werden aus dieser Gruppe immer lauter. Diese Forderungen werden unterstützt von mehr als 27 000 Wissenschaftlern im deutschsprachigen Raum, die diese Forderungen mit Daten und Fakten begleiten. Neben der Teilnahme an den Aktionen der „Fridays for Future"-Bewegung kann jeder einzelne Mensch kritisch über sein Konsumverhalten und seine Konsumgewohnheiten nachdenken, um einen Wandel mitzugestalten. Hier geht es um einfache Veränderungen des Einkaufsverhaltens bezüglich des täglichen Bedarfs (regionale oder Fairtrade-Produkte). Andere Bereiche unseres Konsums haben noch erheblich größere Auswirkungen auf die Umwelt, z. B. unser Einkaufsverhalten bezüglich Kleidung oder technischen Geräten wie Smartphones. Daneben kann jeder Einzelne über sein Urlaubs- und Freizeitverhalten nachdenken, z. B. über die Folgen, die ein unkontrollierter Massentourismus für die Urlaubsregionen hat.
In der Corona-Krise ist den Menschen deutlich geworden, dass ein Verzicht auf bestimmte Bereiche in unserer Konsumgesellschaft gar nicht so schwerfällt. Vielleicht ergeben sich dadurch Chancen für jeden Einzelnen, noch gezielter über Nachhaltigkeit und Eigenverantwortung nachzudenken.

M2 CO_2-Gesamtausstoß weltweit

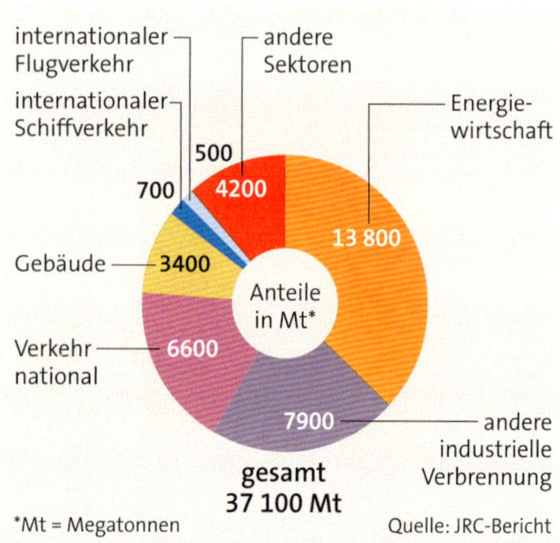

M3 Pro-Kopf-Ausstoß von CO_2 in ausgewählten Ländern

Land	1990	2000	2010	2019
Deutschland	12,87	10,69	10,09	8,52
Frankreich	6,87	6,75	6,02	4,81
USA	20,05	20,98	18,00	15,52
China	2,04	2,86	6,71	8,12
Japan	9,23	9,73	9,31	9,10
Russland	15,96	10,93	11,63	12,45

Quelle: European Commission, Joint Research Centre: Fossil CO_2 emissions of all world countries, Report, verschiedene Jahrgänge

M4 Das grüne Gewissen konsumiert mit

[...] Ein Klick und das neue T-Shirt ist im Warenkorb. Wohl nie war Onlineshopping so beliebt und so nötig wie aktuell. Praktisch ist der Kauf per Klick, doch für die Umwelt verheißt er oft nichts Gutes. Deshalb bieten Fintech-Unternehmen Kundinnen und Kunden jetzt die Möglichkeit, beim Einkauf sofort zu sehen, was der eigene Konsum für die Umwelt bedeutet. Durch einen Zusatz in der App wird der individuelle CO_2-Fußabdruck im Warenkorb angezeigt. [...]
Er [der Gründer der Hamburger Online-Bank Tomorrow] wolle nachhaltiges Banking aus der Nische holen und sieht „Finanzen als einen riesigen Hebel, um einen Wandel herbeizuführen." Im Gegensatz zu klassischen Banken verspricht Tomorrow, die Kundeneinlagen nicht in Branchen wie Rüstung, Massentierhaltung oder Kohlekraft zu investieren. Vielmehr sollen durchweg nachhaltige Projekte finanziert werden. Für jede Transaktion zahlen Händler dabei eine gewisse Gebühr – die sogenannte Intercharge Fee – an die Bank. Einen Teil dieser Gebühren investiert Tomorrow dann in den Schutz des Regenwaldes. Wer das Premiummodell der Bank für 15 Euro im Monat nutzt, dem wird gar versprochen, jährlich 11,3 Tonnen CO_2 zu kompensieren.

Quelle: https://www.tagesschau.de/wirtschaft/verbraucher/co2-fussabdruck-konsum-101.html

M5 CO_2-Fußabdruck der digitalisierten Welt

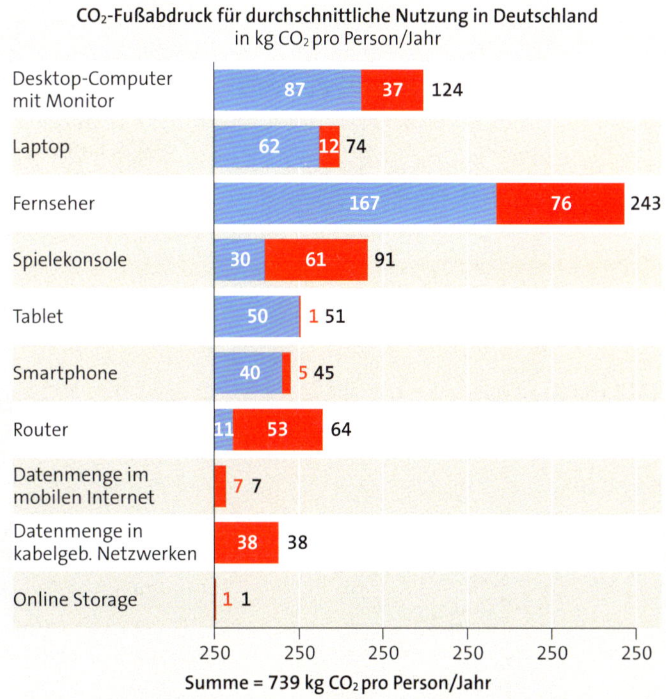

Quelle: Öko-Institut e. V.: Digitaler CO_2-Fußabdruck, Berlin 2020

M6 Treibhausgas-Ausstoß einer Person in Deutschland

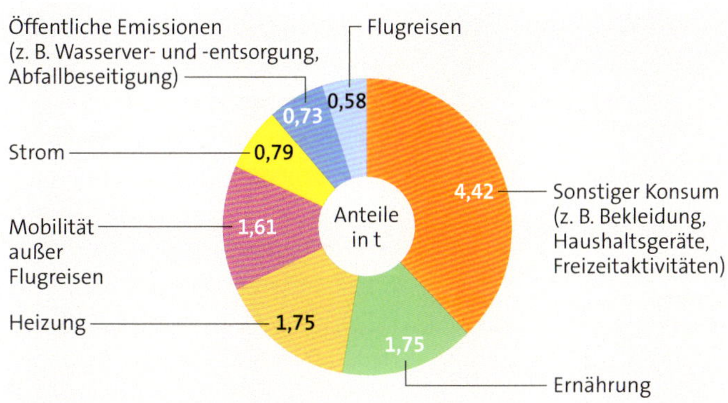

Quelle: Bundesumweltministerium

M7 Durchschnittlicher CO_2-Fußabdruck pro Person und Jahr

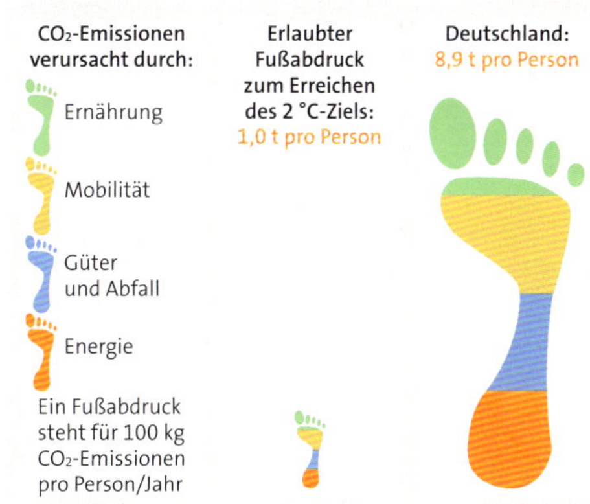

M8 Was können wir tun?

Der Anteil des Straßenverkehrs an den verkehrsbedingten Emissionen liegt bei über 95 %.

Durch den Verzicht auf Standby könnte ein Einfamilienhaus 170 kg CO_2 vermeiden.

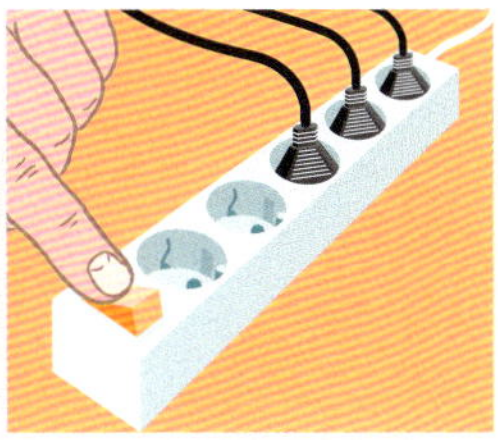

Pro Jahr wirft jeder Deutsche circa 82 kg Lebensmittel in den Müll.

19 Mio. t Verpackungsmaterial wurden 2020 verbraucht.

Heizung runter. Jedes Grad weniger spart ca. 6 % Heizenergie.

1. Lokalisieren Sie die Stadt Monheim und beschreiben Sie die Entwicklung der Bevölkerungszahlen seit 2009 (**M1**, **M2**, Atlas).
2. Erläutern Sie das Klimaschutzkonzept für die Stadt Monheim (**M3** bis **M7**).
3. Geben Sie eine Beurteilung ab, inwiefern die Stadt Monheim eine Vorbildfunktion im Bereich des Klimaschutzes für andere Städte und Gemeinden besitzen kann (**M3** bis **M7**).
4. Informieren Sie sich über Maßnahmen zum Klimaschutz, die in Ihrem Heimatort umgesetzt werden (Internet).
5. Bereiten Sie einen Kurzvortrag zu „Klimaschutzmaßnahmen an meinem Wohnort ...“ vor (S. 206).

Monheim – mit einem Klimaschutzkonzept in die Zukunft

M1 Luftbild von Monheim (Blick von Süden)

Die Stadt Monheim hat in den vergangenen Jahren eine rasante Entwicklung durchlaufen. Dabei profitierte die 44 000-Einwohner-Stadt schon immer von ihrer guten Lage. Mit der Wahl von Daniel Zimmermann zum Bürgermeister im Jahr 2009 konnte die Entwicklung von Monheim nochmals beschleunigt werden. Durch eine Gewerbesteuersenkung wurde Monheim dank des niedrigsten Gewerbesteuersatzes in ganz Nordrhein-Westfalen attraktiv für den Zuzug vieler Unternehmen, sodass seit 2009 mehr als 350 Unternehmen ihren Sitz nach Monheim verlegten. Die zusätzlichen Einnahmen führten im ersten Schritt zu einer Entschuldung der Stadt; im zweiten Schritt wurden Finanzmittel freigesetzt, von denen die Bürgerinnen und Bürger profitieren. Neben der Sanierung von Schulen und Spielplätzen, dem Streichen der Kita-Gebühren und dem Verlegen eines modernen Glasfasernetzes arbeitet die Stadt seit 2014 verstärkt an einem Klimaschutzprogramm, das auf neueste digitale Technik setzt und so Monheim zu einer **Smart-City** machen soll. So konnten seit 2015 die alten Kugelstraßenleuchten (70 Watt) sukzessive durch LED-Leuchtdioden (18 bis 34 Watt) ersetzt werden, die computergesteuert je nach Bedarf angesteuert werden können. Durch die Umstellung hat sich eine jährliche Stromersparnis von 19 000 Kilowattstunden ergeben. Daneben setzt Monheim auf eine effiziente Energieversorgung, z. B. bezüglich der Gebäudetechnik beim Bau der Musik- und Kunstschule. Die Wärmeversorgung in diesem Gebäude wird durch eine moderne Gasabsorptionswärmepumpe erreicht, was CO_2-Einsparungen von 25 Prozent zur Folge hat. Ein weiteres Augenmerk liegt für die Stadt Monheim auf der Verkehrsplanung. Das Radverkehrskonzept beinhaltet den Aufbau eines städtischen Fahrradverleihsystems sowie in Zusammenarbeit mit den Städten Neuss, Düsseldorf und Langenfeld einen gemeinsamen Radschnellweg. Das jüngste Projekt der Stadt Monheim sorgte für ein großes mediales Echo, denn seit Februar 2020 verfügt Monheim über die deutschlandweit erste Buslinie mit autonom fahrenden Bussen. Das Besondere dabei ist, dass alle Einwohner Monheims kostenlos auf den ÖPNV zurückgreifen dürfen, was die Umsetzung der Klimaziele der Stadt weiter vorantreiben dürfte.

M2 Entwicklung der sozialversicherungspflichtig Beschäftigten in Monheim

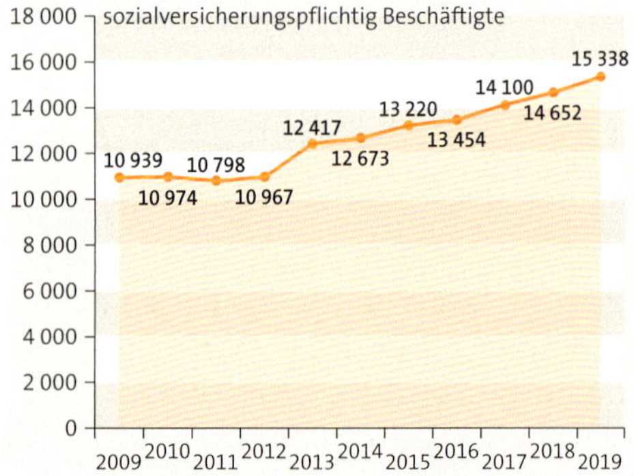

FACHBEGRIFF

Smart-City: Innovative, digitalisierte, klimaschonende und sozial gestaltete Stadt.

M3 Ein Klimaschutzmanager

2014 hat der Rat zur Verabschiedung des Klimaschutzkonzeptes auch die Einstellung eines Klimaschutzmanagers beschlossen.
Aufgaben des Klimaschutzmanagers:

- die Koordinierung, Initiierung und hauptverantwortliche Umsetzung der Maßnahmen des integrierten Klimaschutzkonzeptes
- Controlling der Klimaschutzmaßnahmen
- Aufbau und Pflege von Akteursnetzwerken
- Fortschreibung der CO_2-Bilanz
- Erfassung und Aufbereitung klimaschutzrelevanter Daten
- Planung und Durchführung von themenbezogenen Aktionstagen, Wettbewerben oder Schulungen

Im Rahmen des Förderprogramms „Klimaschutzprojekte in sozialen, kulturellen und öffentlichen Einrichtungen" wird die Stelle vom Bundesministerium für Umwelt, Naturschutz und Reaktorsicherheit (BMU) mit 65 % gefördert.

Quelle: https://www.monheim.de/stadtleben-aktuelles/stadtprofil/klimaschutz

M4 Radverkehrskonzept der Stadt Monheim (Ausschnitt)

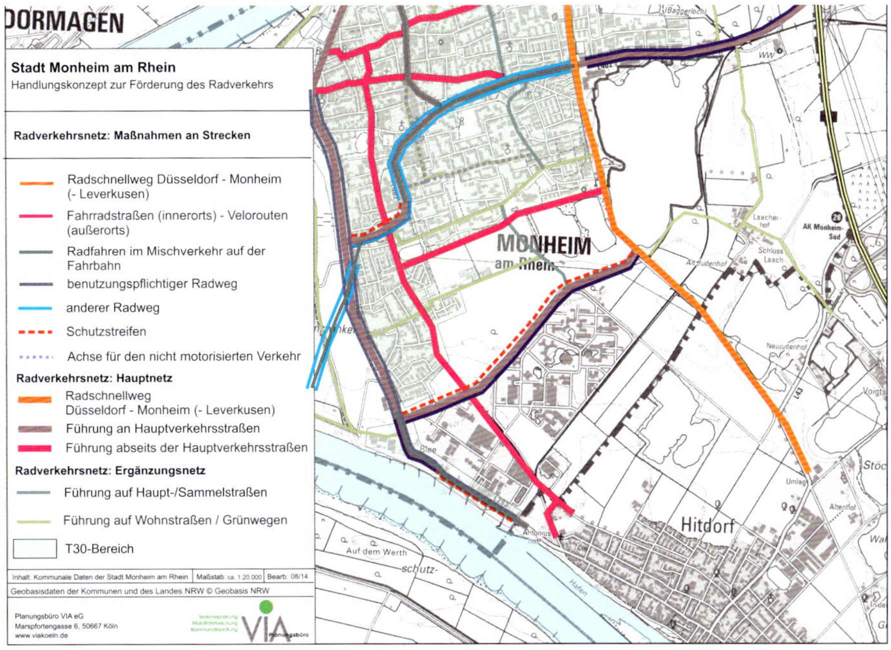

M5 Monheim 4.0

Seit 2016 wird die Strategie einer digitalen, klimaschützenden und ressourcenschonenden Stadt mit Hotspots im Stadtgebiet, Smart-Parking, Smart-Lighting, Stadtdisplays und Carsharing umgesetzt. Seitdem bilden fünf E-Busse eine allein mit fast autonom fahrenden Fahrzeugen bestückte Linie zwischen Busbahnhof und Altstadt.

Quelle: https://www.monheim.de/stadtleben-aktuelles/stadtprofil/smart-city (Abruf: 19.07.2021)

M6 Szenario einer Energieautarkie

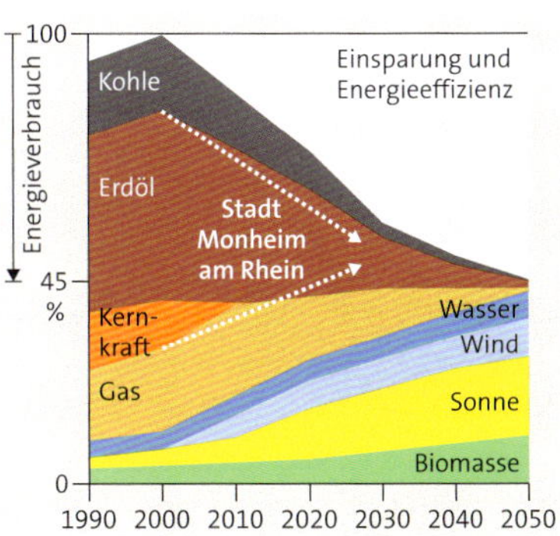

M7 Integriertes Klimaschutzkonzept der Stadt Monheim

KLIMASCHUTZ für Monheim am Rhein

In Kooperation mit dem Büro Infas Enermetic, verschiedenen Akteuren im Stadtgebiet sowie interessierter Bürgerinnen und Bürger hat die Stadt ein integriertes Klimaschutzkonzept entwickelt. Das Konzept wurde am 20. Februar 2014 vom Rat der Stadt verabschiedet und ist seitdem der „Fahrplan" in Sachen Klimaschutz.
Das integrierte Klimaschutzkonzept bilanziert die Energieverbräuche und den CO_2-Ausstoß für die Sektoren Wirtschaft, Private Haushalte, Verkehr und Kommune. Es beinhaltet knapp 40 Maßnahmen, die den Ausstoß von klimaschädlichem Kohlenstoffdioxid bis zum Jahr 2030 um 20 Prozent mindern sollen. Die Einzelprojekte zielen insbesondere darauf ab, den Anteil erneuerbarer Energien zu erhöhen, den Strom- und Wärmebedarf zu reduzieren, klimafreundliche Verkehrsmittel zu fördern.

1 Lokalisieren Sie Costa Rica und beschreiben Sie das naturräumliche Potenzial des Landes im Hinblick auf erneuerbare Energien (**M1**, **M2**, Atlas).

2 Stellen Sie Maßnahmen bzw. Projekte zum Natur- und Klimaschutz in Costa Rica vor (**M1**, **M4**, **M5**, **M8**).

3 Nehmen Sie kritisch Stellung zu der Aussage: „Auch in Costa Rica läuft nicht alles perfekt" (**M3**, **M5** bis **M7**).

4 Beurteilen Sie unter Berücksichtigung der aktuellen Situation die Übertragbarkeit der energiepolitischen Maßnahmen Costa Ricas, z. B. auf Deutschland (**M1** bis **M8**, Internet).

Costa Rica – ein kleines Land als großes Vorbild?

Früher spöttisch als „Bananenrepublik" bezeichnet, schwingt sich nun ein kleines Land in Mittelamerika zum (vermeintlichen) Klimahelden auf: 2019 legte Costa Rica einen Plan vor, der den CO_2-Fußabdruck des Landes bis 2035 auf das Niveau der 1940er-Jahre und bis 2050 auf Null setzen will. Das heißt, zu diesem Zeitpunkt sollen nicht mehr Treibhausgase produziert werden, als das Land kompensieren kann. Gleichzeitig ist man überzeugt davon, dass dies nicht nur nicht zu Lasten der boomenden Wirtschaft geht, sondern – im Gegenteil – neue Wachstumsimpulse setzt.
Kann das Schwellenland damit zu einem globalen Trendsetter und Vorbild in Sachen Klimaschutz werden?

M1 Stromversorgung 2018

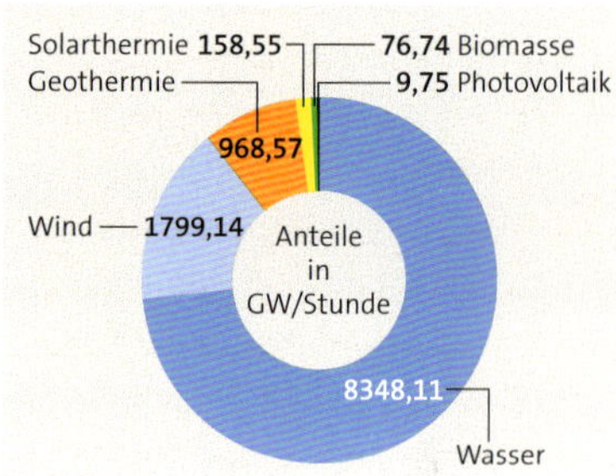

M2 Ländersteckbrief Costa Rica 2019

1948: Abschaffung des Militärs; Haushaltsmittel fließen in Gesundheit und Bildung
Seit Mitte der 1980er-Jahre: verstärkter Umweltschutz, Entwicklung zur Tourismusdestination, Diversifizierung der Wirtschaft
Seit 2010: starkes Wirtschaftswachstum

Fläche	51 100 km² (D: 349 360 km²)
Einwohner	5,05 Mio. (D: 83 Mio.)
Einwohner/km²	98 (D: 236)
BNP total	61,7 Mrd. US-$
BNP/Kopf	6062 US-$ (2000) 8142 US-$ (2010) 9893 US-$ (2019)
Importe	16,1 Mrd. €
Rohstoffe, Konsum- u. Produktionsgüter, Öl, Baustoffe	
Exporte	11,6 Mrd. €
Obst (v. a. Bananen, Ananas, Melonen), Kaffee, Zierpflanzen, Fleisch, Fisch und Meeresfrüchte, elektrische Bauteile, medizinische Ausrüstung	
Tourismuseinnahmen	4,1 Mrd. €
Arbeitslosenquote	11,9 %
Elektrizität: Produktion	10,79 Mrd. kWh
Elektrizität: Verbrauch	9,81 Mrd. kWh (D: 536,50 Mrd. kWh)
Flächennutzung	54,5 % Wälder 8 % Städte

Nach: Statistisches Bundesamt (Destatis), 12/2020

M3 Autos und E-Fahrzeuge in Costa Rica

	Fahrzeuge (gesamt)	**Fahrzeuge (pro 1000 Einwohner)**	**E-Fahrzeuge (gesamt)**
2007	841 448	159,06	k. A.
2011	889 587	192,84	80
2015	1 076 401	221,89	110
2019	k. A.	k. A.	806

zum Vergleich (2019) – Fahrzeuge/1000 Einwohner: Deutschland 561, Rumänien 362, Welt 220

M4 Costa Rica: Nationalparks

Naturschutz ist ein Markenzeichen Costa Ricas. Kaum ein anderes Land hat eine dermaßen beeindruckende Vielfalt und Vielzahl von Schutzgebieten unterschiedlichster Kategorien aufzuweisen. Über 25 Prozent der Landesfläche verfügen über einen Schutzstatus. In den Reservaten der indigenen Bevölkerung, in Waldreservaten und Nationalparken sowie Schutzzonen und privaten Reservaten werden die natürliche Vielfalt und die landschaftliche Schönheit des Landes bewahrt.

M5 Interview mit Costa Ricas Präsident Carlos Alvarado Quesada am 20.06.2019

In Lateinamerika gilt Ihr Land als ein Vorreiter in Sachen Klimaschutz ...
Costa Rica hat im Februar seinen Plan für eine Dekarbonisierung vorgestellt, bis 2050 soll in keinem Sektor mehr CO_2 ausgestoßen werden.
Im Verkehrssektor sieht es aber anders aus, wenn man all die Bananenlastwagen sieht, die einen an der Küste mit Abgasen einhüllen.
Die Dekarbonisierung wollen wir auch im Verkehrssektor schaffen, mit Elektroantrieben für Züge und Fahrzeuge. Auch im Busverkehr. Klar, auch in der Landwirtschaft müssen wir besser werden – aber wir haben einen Plan. Überall spüren wir die Auswirkungen der Wetterextreme: Überschwemmungen und Dürren – man darf nicht vergessen: Unsere wichtigsten Agrarexportgüter sind Ananas, Bananen und Kaffee. Daher ist es wichtig zu diversifizieren: Der wichtigste Exportmarkt sind heute Medizinprodukte wie Katheter, wir wollen mit deutschen Unternehmen durch Technologie-Cluster in Costa Rica die Kooperation ausbauen.
Ein Abfallprodukt der Globalisierung, unter dem auch Costa Rica mit seinen Küsten am Atlantik und Pazifik leidet, ist der Plastikmüll – was tut Ihre Regierung, um die Menge zu reduzieren?
Die Bürger sind viel sensibilisierter als noch vor fünf Jahren für das Thema. Kaum noch jemand trinkt in Costa Rica Getränke mit Plastikstrohhalmen. Zudem sind wir gerade in Gesetzgebungsverfahren, um den Plastikverbrauch stark einzuschränken und Strafsteuern auf die Verschmutzung durch Plastikmüll zu erheben.
[Z] um Kampf gegen den Klimawandel. Die Kosten drohen stets die Ärmsten stark zu treffen [...]
Wir haben [in Costa Rica] auch bestimmte Steuerregelungen, etwa eine Besserstellung von umweltfreundlichen Antrieben im Verkehr. Das Thema muss [aber] immer die Inklusion* sein – sonst gibt es keine Akzeptanz, das ist auch bei der Digitalisierung so, alle müssen daran gerecht partizipieren können. Es darf keine Zwei-Klassen-Gesellschaft geben, auch nicht beim Kampf gegen den Klimawandel. Bildung, Ausgleichsregelungen und eine starke Sensibilisierung für dieses Thema dienen am Ende auch der Stärkung unserer Demokratie.
Glauben Sie wirklich, dass in einer Welt, wo die USA und andere Staaten den Pariser Klimavertrag ignorieren, der Klimawandel noch gebremst werden kann?
Ja, ich bin ein optimistischer Mensch. Es heißt, die Pessimisten sehen die Hürden, die Optimisten bauen die Zukunft. Wir müssen kämpfen. Je mehr Länder Pläne zur Dekarbonisierung vorlegen, desto stärker wird der Druck und die Motivation zu folgen. Wir haben fünf Millionen Einwohner in Costa Rica, die große Mehrheit glaubt an den Weg. Ist es in Europa und den USA nicht ähnlich? ... Es ist zum Beispiel einfach nicht wahr: Es gibt keine neuen Arbeitsplätze in der Kohleindustrie. Es gibt keine andere Option, wir haben nur diesen Planeten. Wir müssen den Optimismus nur in Handeln umsetzen.

Quelle: Georg Ismar: Wir haben nur diesen Planeten. In: Der Tagesspiegel vom 20.06.2019, 14:14 Uhr
**Gemeint ist z. B., dass Klimaabgaben für alte Autos nicht die finanziell Benachteiligten zusätzlich belasten darf*

M6 CO_2- und Treibhausgasemissionen

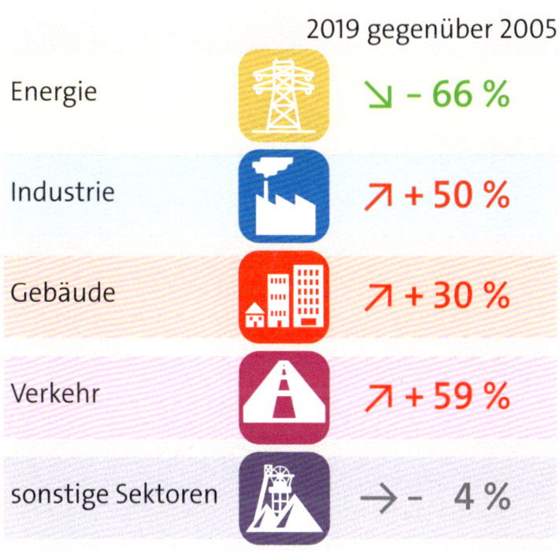

M7 Entwicklung der CO_2-Emissionen nach Sektoren

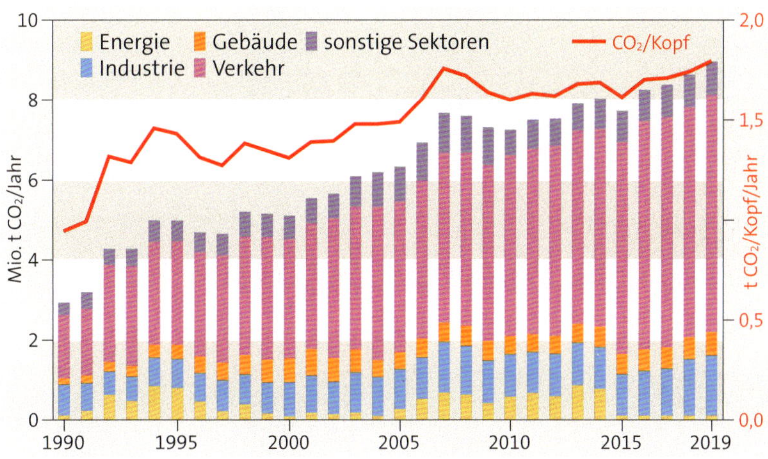

M8 Klimaneutraler Kaffee

www.cornelsen.de/codes/
Code: fovibi

1. Erläutern Sie in einem Partnergespräch drei Begriffe aus der Wortwolke (**M2**).
2. Beschreiben Sie den Klimaschutz-Index 2021 und geben Sie eine eigene Stellungnahme zu den Klimaschutzbemühungen Deutschlands ab (**M3**).
3. Lösen Sie das Kreuzworträtsel (**M4**).
4. Nehmen Sie Stellung zu dem Zitat von Leonardo DiCaprio (**M1**).
5. Erstellen Sie ein Placemat und definieren Sie Ihre eigene Rolle beim Klimaschutz (**M5**, S.202).

Klimawandel – wo stehen wir?

M1 Leonardo DiCaprio zum Klimaschutz

M2 Wortwolke Klimaschutz

M3 Klimaschutz-Index 2021

Der Index bewertet die Klimaschutz-Bemühungen von 57 Ländern und der EU, die für rund 90 % der weltweiten Treibhausgas-Emissionen verantwortlich sind.

sehr gut 0 Länder | *gut* 13 Länder + EU | *mäßig* 14 Länder | *schlecht* 15 Länder | *sehr schlecht* 15 Länder | *keine Bewertung*

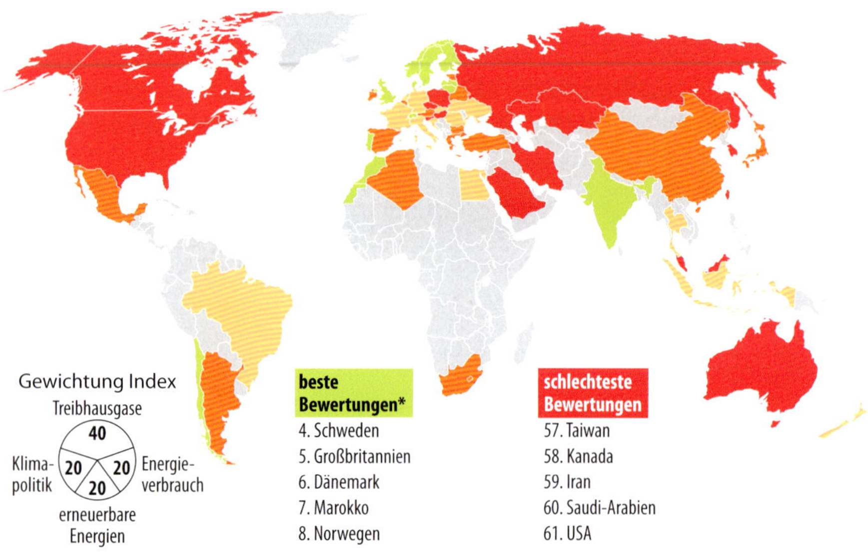

*Rang 1 bis 3 nicht vergeben Quelle: Germanwatch/Climate Action Network/New Climate Institute dpa•101781

Rekordwaldbrände in Kalifornien außer Kontrolle! Hitze in Sibirien lässt Permafrost auftauen! Australien ist „on fire"! Rekordhitze und Rekordtrockenheit in Europa!

Diese Schlagzeilen bestimmen mittlerweile in wiederkehrendem Rhythmus die Berichterstattung in den Medien. Wissenschaftler haben nachgewiesen, dass es einen unmittelbaren Zusammenhang zwischen der Klimaerwärmung und den Katastrophen gibt. Trotzdem haben Umfragen während der Corona-Krise gezeigt, dass die wirtschaftlichen Sorgen der Deutschen größer sind, als der Einsatz für mehr Klimaschutz. Auch die politischen Maßnahmen haben deutlich gemacht, dass die Bedeutung der Wirtschaft über allen anderen Interessen steht. Aus diesem Grund ist es notwendig, den Klimaschutz als oberstes gesellschaftliches und politisches Ziel im Bewusstsein der Menschen zu verankern. Denn der Klimaschutz und die Reduzierung der Treibhausgasemissionen sind die Voraussetzung für gute Lebensbedingungen und auch für eine funktionierende Wirtschaft in der Zukunft. Somit ist es nicht nur Aufgabe der Politiker, sondern eine gesellschaftliche Notwendigkeit jedes Einzelnen, sich mit dem Klimaschutz aktiv zu befassen.

Die Corona-Krise hat die Abhängigkeit einiger Regionen gezeigt, die z. B. einseitig auf Tourismus setzen. Ein Klimawandel könnte für solche Regionen in Südeuropa oder Inselgruppen wie die Malediven verheerende wirtschaftliche und gesellschaftliche Folgen haben, die dann wiederrum in der Zukunft zu einem Teufelskreis aus Armut und Migration führen könnten.

M4 Klimaschutzrätsel

Tragen Sie die Wörter entweder waagerecht oder senkrecht ein.

Waagerecht:

1. Wie nennet man den Effekt, der zur Erwärmung der Erde führt?
2. Diese Technik könnte zu einer Rettung von Korallenriffen beitragen, die damit an den Klimawandel angepasst werden.
3. Dieser Prozess soll durch politische Maßnahmen auf deutlich unter 2 Grad Celsius begrenzt werden.
4. Diese Emissionsquelle trägt in Deutschland zu rund 18 % des Treibhausgasausstoßes bei.
5. Diese Region leidet am stärksten unter dem Klimawandel.
6. Dieses Phänomen ist eine terrestrische Ursache von Klimaveränderungen.
7. Von diesem Wochentag leitet sich eine Bewegung von Schülerinnen und Schülern für den Klimaschutz ab.

Senkrecht:

8. Hiermit können Sie Ihren CO_2-Verbrauch messen.
9. Ein bedeutendes Treibhausgas.
10. Mit Verwendung dieser Getränkebehälter können Sie selbst zum Klimaschutz beitragen.
11. In dieser Stadt wurde 2015 das Klimaschutzabkommen vereinbart.
12. Mit diesen Produkten können nicht nur der unkontrollierte Raubbau im Regenwald verringert, sondern auch die Lebensbedingungen der Menschen in Entwicklungsländern verbessert werden.

Hinweis: Bitte nicht in das Buch schreiben.

Das Rätsel gibt es unter dem QR-Code S.183

Schreibung: ß = ss
Umlaute = ein Buchstabe

M5 Einfluss des Wasserverbrauches auf den Klimawandel

Beim Duschen wird weniger Wasser als beim Füllen einer Badewanne verbraucht. Gleichzeitig kann Energie gespart werden, da weniger Wasser erwärmt wird.
Durchschnittlich verbraucht eine Person in Deutschland 120 Liter Wasser pro Tag für Baden/Duschen, Toilettenspülung, Wäschewaschen, Körperpflege, Putzen, Geschirrspülen, Gartenbewässerung, Kochen und Trinken. Ein Mensch in Indien hat durchschnittlich nur 25 Liter Wasser pro Tag zur Verfügung. Und nicht überall sind die Menschen ausreichend mit (Trink-)Wasser ausgestattet. Ein sorgsamer Umgang mit dem kostbaren Wasser ist daher sehr wichtig! Ein leicht tropfender Wasserhahn verliert in 24 Stunden rund 36 Liter Wasser. Tropfende Wasserhähne daher zudrehen oder reparieren!
Wasser zu erhitzen braucht viel Energie. Deshalb sind die Wasch- und Geschirrspülmaschine für einen Teil des Stromverbrauchs verantwortlich. Um Strom zu sparen, sollten diese immer voll beladen und das Energiesparprogramm verwendet werden.

Energielabel für Waschmaschinen

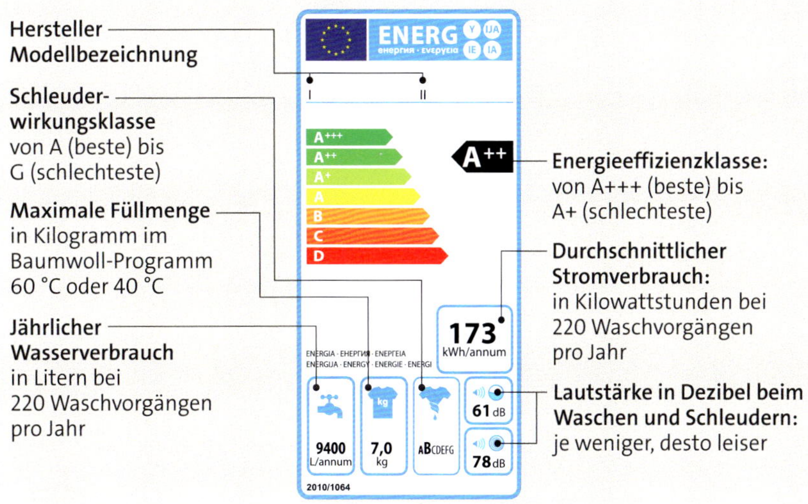

Beim Neukauf von Geräten auf die Energieeffizienz achten! Darüber gibt das Energielabel Auskunft. Waschmaschinen der höchsten Energieeffizienzklasse A+++ sind langfristig günstiger.

Geographische Arbeitsmethoden

Quelle der Karte: Landestalsperrenverwaltung des Freistaates Sachsen

In der Oberstufe sollen Sie u. a. lernen, Materialien selbstständig zu erschließen, zu vernetzen, zu bewerten und zu präsentieren.
Diese Methodenkompetenz stellt nicht nur eine zentrale Grundlage für Ihr Abitur, sondern für Ihr gesamtes zukünftiges Studium bzw. Ihren Beruf dar.

Im Folgenden werden Ihnen praktische Hinweise und Tipps zu wichtigen geographischen Methoden angeboten, die sich bei vielen Schülerinnen und Schülern bewährt haben. Die Methodenseiten wurden dabei so angelegt, dass Sie diese selbstständig erarbeiten können. Die konkreten Hinweise reichen dabei vom Umgang mit Tabellen bis hin zur professionellen Recherche im Internet.

Auswertung von Materialien

Für die Entwicklung und Verinnerlichung einer vielfältigen Methodenkompetenz, die eines der Hauptziele der Oberstufe darstellt, haben sich Checklisten als hilfreiche Orientierung erwiesen. Während diese zunächst noch kleinschrittig abgearbeitet werden, sind sie später zunehmend nur noch eine Orientierungshilfe im „Hintergrund". Grundsätzlich gilt, dass Sie erst fundierte Aussagen zu einem Material entwickeln können, wenn Sie die Aufgabenstellung vollständig verstanden (vgl. S. 208 f., Operatoren) und das Material genau erfasst haben (z. B. Überschrift, Signaturen, Begriffe oder Zahlenwerte). Somit ist die Überprüfung der formalen Aspekte und die Beschreibung genauso wichtig wie die Interpretation und Bewertung. Behalten Sie die Aufgabenstellung und die Themenstellung während der gesamten Auswertung stets im Auge. Belegen Sie Ihre Aussagen immer durch Daten bzw. Indizien aus dem Material (Materialbezug). Verwenden Sie geographische Fachbegriffe, um umständliche, meist ungenaue Umschreibungen zu vermeiden.
Berücksichtigen Sie für eine erfolgreiche Materialauswertung die vier folgenden Arbeitsschritte:

Checkliste zur Auswertung von Materialien

1. Überprüfung der formalen Aspekte
- Um welche Materialart handelt es sich (z. B. wissenschaftlicher Text, Diagramm, thematische Karte)?
- Wie lauten das Thema, die Überschrift und der Untertitel?
- Wer ist der Verfasser (Perspektive, ggf. Hinweis auf subjektive Sichtweise)?
- Aus welcher Quelle stammt das Material (Seriosität) und wann ist es erschienen?

2. Beschreibung und Begriffsklärung
- Klären Sie unbekannte Begriffe sowie Abkürzungen (u. a. Register im Buch, Internet).
- Welche Verständnisschwierigkeiten treten auf, wie können Sie diese überwinden?
- Formulieren Sie die Hauptaussagen des Materials (Stimmen diese mit der Überschrift überein?) und belegen Sie diese durch genaue Materialangaben (z. B. Zeilenangabe).
- Welche Besonderheiten und Auffälligkeiten sind zu nennen?

3. Interpretation
- Ordnen Sie Aussagen des Materials mithilfe Ihres Vorwissens und/oder zusätzlichen Materials in den Gesamtzusammenhang bzw. die Aufgabenstellung ein und erklären Sie diese. Geben Sie dabei stets konkrete Verweise auf die jeweilige Materialstelle (z. B. Zeilenangabe) an.
- Welche möglichen Ursachen bzw. Folgen lassen sich aus den beschriebenen Aspekten ableiten?
- Versuchen Sie ggf. die Einzelaspekte grafisch darzustellen (vgl. Wirkungsgefüge), um ihre Vernetzung untereinander zu klären.
- Welche neuen Erkenntnisse können Sie so gewinnen?
- Sind die Aussagen durch weiteres Material überprüfbar?

4. Bewertung und Kritik
- Ist das Material logisch und widerspruchsfrei?
- Wird sachlich informiert oder versucht, den Leser zu beeinflussen?
- Wo liegen die Aussagegrenzen des Materials, sodass Sie nur begründete Vermutungen formulieren können?

Auswertung von Texten

Einerseits ergänzen Texte die Aussagen geographischer Arbeitsmittel wie Karten, Diagramme und Tabellen, andererseits können diese als Quellentexte selber geographische Arbeitsmittel sein.

Vor der Auswertung steht das aufmerksame Lesen des Textes unter der Berücksichtigung der Aufgaben- bzw. Themenstellung. Hierbei bietet es sich an, zentrale Aspekte sowie unbekannte Begriffe zu markieren (Textmarker).

Bei Texten ist eine Gliederung in Sinnabschnitte zur Erfassung von Teilaussagen sowie von Sachinformationen hilfreich. Hierbei kann sowohl die vorgegebene Gliederung als auch die Formulierung der jeweiligen Leitgedanken zu einem Abschnitt hilfreich sein. Kernaussagen sollten Sie, um eine möglichst unverfälschte Wiedergabe zu gewährleisten, zitieren ([„..."] [Mat. x, Zeile y]).

Überlegen Sie, in welchem Kontext (zeitlichen, räumlichen, ökonomischen, gesellschaftlichen, politischen) die Textaussage steht. Bedenken Sie auch, welche Absicht der Verfasser verfolgt und wer seine Adressaten sind bzw. waren.

Auswertung von Tabellen und Diagrammen

Daten in Form von Zahlen liegen in der Regel in tabellarischer (= statistische Tabellen) oder grafischer Form (= Diagramme) zur Erfassung und Vermittlung von Sachverhalten vor. Während eine Statistik exakt ablesbare Zahlenwerte enthält, steht bei einem Diagramm die Anschaulichkeit im Vordergrund (geringere Aussagegenauigkeit). Während die Überschrift einen inhaltlichen Überblick gibt, werden die Einzeldaten durch die Kopf- und Randleiste weiter inhaltlich untergliedert. Zusammen stellen sie die zum Verständnis der Tabelle notwendigen Informationen zur Verfügung. Folgende Aspekte sollten neben der Checkliste (vgl. Seite 195) bei einer Auswertung Berücksichtigung finden:

M1 Bestand an Pkw und BEV ausgewählter Länder 2019

Randspalte — *Tabellenüberschrift mit Bezugsjahr*

M1 Bestand an Pkw und BEV ausgewählter Länder 2019

Land	Pkw-Bestand insgesamt (in Mio.)	davon BEV*	Anteil der BEV am Gesamtbestand (in %)	Kraftfahrzeuge je 1000 Einwohner
China	259,4	3 810 000	1,5	184
USA	274,0	1 452 900	0,5	838
Deutschland	46,7	230 750	0,5	570
Indien	29,3	k. A.	k. A.	22
Weltweit gesamt	1321,0	7 886 500	0,6	170

* BEV bezeichnen batterieelektrische Fahrzeuge, hierzu zählen keine Brennstoffzellen Pkw

nach: Statistisches Jahrbuch

Kopfzeile — *Zeilen* — *(evtl.) Summenzeile* — *Spalten* — *Anmerkungen, Erklärungen* — *Quelle*

M2 Zwei Säulendiagramme im Vergleich

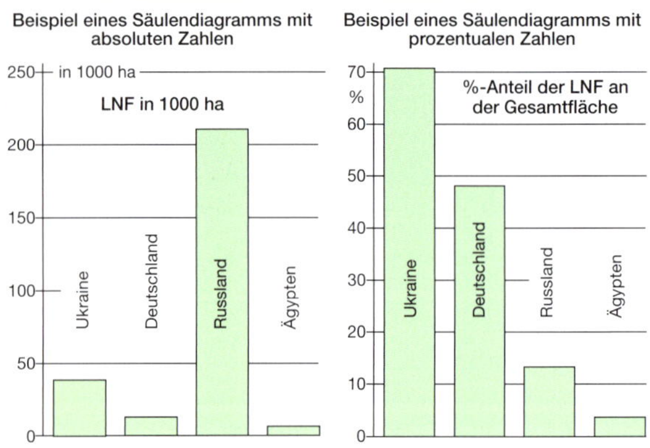

Diagramm mit Software erstellen

Beispielsweise mit dem Tabellenkalkulationsprogramm Excel oder dem Textverarbeitungsprogramm Word können Sie digital Diagramme erzeugen.

Klicken Sie im Word-Menü auf die Registerkarte „Einfügen" und dann auf das Symbol mit dem Namen „Diagramm". Nun werden Ihnen zahlreiche Diagrammtypen angeboten. Geben Sie dazu die entsprechenden Daten in die vorgegebene Tabelle ein. Durch umfangreiche Einstellmöglichkeiten können Sie Ihr Diagramm individuell beschriften und layouten. Dabei gilt immer: Der Inhalt und die Lesbarkeit stehen vor Spielereien.

Die größten Vorteile digital erzeugter gegenüber analog erzeugten Diagrammen sind die Veränderbarkeit und der Einbau in digitale Präsentationen.

Überprüfung weiterer formaler Aspekte

- Zahlenarten (absolute, relative Zahlen), Prozentangaben oder Beziehungszahlen (z. B. t/ha) und/oder Indexzahlen (= hierbei wird ein Bezugswert gleich 100 gesetzt)
- Zahlenwerte (gerundet, geschätzt oder vorläufig; „k. A." = Daten sind nicht verfügbar)
- Bezugsraum
- Maßeinheiten der Achsen (Zeitsprünge bzw. Verzerrungen)
- Eindeutigkeit verwendeter Begriffe und Art der Gruppenbildung
- Minimal- und Maximalwerte
- Häufigkeitsverteilungen
- zeitliche Entwicklungen (gleichmäßig oder sprunghaft?), Verlaufsphasen aufgrund unterschiedlicher Veränderungen (Zunahme, Abnahme, Stagnation?)
- um den beschriebenen Verlauf erklären zu können, bedarf es meist zusätzlicher Informationen
- ggf. Zahlenwerte berechnen/weiterverarbeiten
- Daten untereinander vergleichen und Zusammenhänge aufzeigen; mögliche Tendenzen bzw. Arbeitshypothesen formulieren und durch Materialangaben belegen

Bewertung und Kritik

- Ist die gewählte grafische Darstellungsart geeignet?
- Sind bei relativen Zahlenangaben die Grund- bzw. Bezugswerte angegeben?
- Sind die gewonnenen Aussagen aufgrund des Zeitraumes, der Zeitpunkte, des Bezugsraumes oder der Aufarbeitung mit zusätzlichem Material vergleichbar?

M3 Erzeugung digitaler Diagramme mit Word

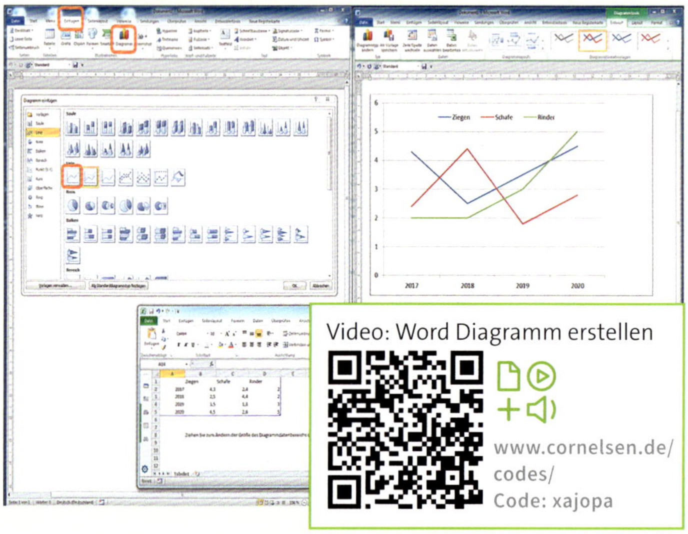

Video: Word Diagramm erstellen

www.cornelsen.de/codes/
Code: xajopa

Auswertung von thematischen Karten und Satellitenbildern

M1 Kartenausschnitt Innenstadt von Dresden

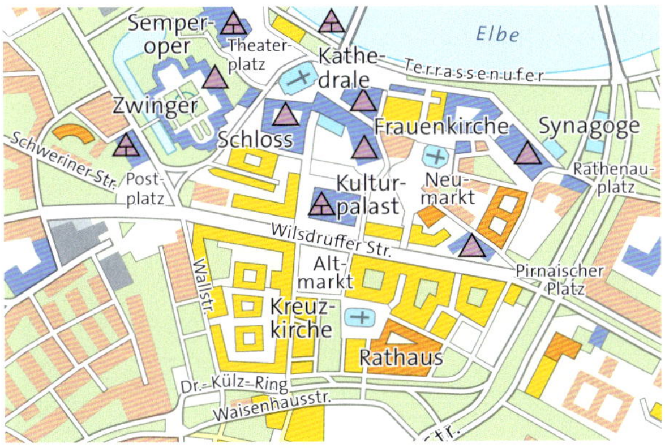

M2 Satellitenaufnahme von Dresden

Thematische Karten stellen raumbezogene Themen unterschiedlicher Art dar. Im Gegensatz zu einer Karte verallgemeinert ein Satellitenbild nicht. In natürlich gehaltenen Farben ist es meist nichts anderes als eine senkrechte Luftbildaufnahme eines bestimmten Raumes.

Überprüfung der formalen Aspekte

- Was wird dargestellt (Thema bzw. Überschrift, Quelle, Erscheinungsjahr, Legende)?
- Wo liegt der Raum? Wie groß ist er (Maßstab, Grundorientierung, räumliche Einordnung)?
- Ist der Raumausschnitt eingenordet, Norden oben?

Beschreibung

- Was gibt es wie oft an welchen Stellen (u. a. wichtige Signaturen, lineare und flächige Strukturen, Farbenflächen, Formen)? Setzen Sie Einzelelemente kausal und funktional zueinander in Beziehung.
- Zur Gliederung in Teilräume bietet sich häufig eine Skizze an, in der vergleichbare Areale zu Flächen zusammengefasst werden. Eine solche Skizze bietet nicht nur einen ersten Überblick, sondern erleichtert auch die weitere Beschreibung.
- Verwenden Sie bei der Beschreibung das Fachvokabular. Verzichten Sie auf wenig präzise Formulierungen (z. B.: „viel, relativ häufig") und vermeiden Sie Übertreibungen (z. B.: „... eine absolut extreme Zersiedlung").

Interpretation

- Was sagt die Abbildung aus? Kennzeichnen Sie ihre Vermutungen („Die Siedlung könnte sich aufgrund ... entwickelt haben."). Überprüfen Sie Ihre Vermutungen anhand zusätzlicher Informationen aus anderen Materialien und/oder Ihres Vorwissens.
- Begründen und erklären Sie Ihre Aussagen mit geographischen, politischen und historischen Strukturen und Entwicklungen.

Kritik und Bewertung

- Wo liegen die Grenzen der Karten-/Satellitenbildaussagen (Abbildungskritik, fehlende Zusatzinformationen)?
- Ist die Karte übersichtlich und zugleich inhaltsreich?
- Weist das Satellitenbild Informationslücken auf?

Skizze anlegen

Legen Sie ein Transparentpapier oder eine Folie über die Kartenvorlage oder skizzieren Sie „frei Hand". Dabei kommt es nicht auf eine detaillierte Wiedergabe der Vorlage an, sondern auf die Darstellung der Verteilung und Konzentrationen von Gleichartigem. Kartenskizzen eignen sich aufgrund ihrer starken Vereinfachung auch dazu, sich Umrisse bzw. räumliche Anordnungen besser einzuprägen.

M3 Kartenskizze zur funktionalen Gliederung

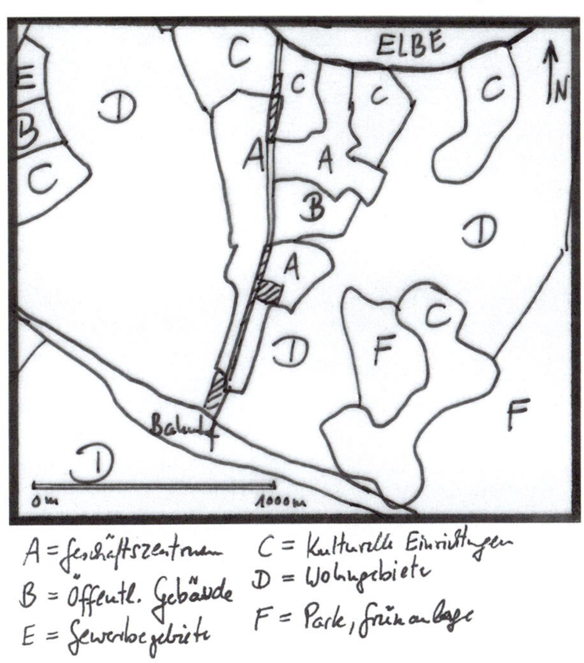

Informationsrecherche im Internet

Mithilfe des Internets können Sie in relativ kurzer Zeit aus einer unüberschaubaren Vielfalt weltweiter Informationen aktuelle geographische Daten und Informationen zu den verschiedensten Problemstellungen des Geographieunterrichts recherchieren und für die Bearbeitung Ihrer Themenstellung verwenden.

Möglichkeiten der Internetrecherche

Suchmaschinen sind nichts anderes als Computer, die auf Datenbanken zurückgreifen, in denen Millionen von Webseiten mit Adressen und kurzen Inhaltsangaben gespeichert sind. Suchen Sie z. B. den Begriff „Treibhauseffekt", so erhalten Sie über 500 000 Einträge. Damit die Qualität der Trefferliste verbessert wird, bietet sich bei nahezu allen Suchmaschinen die Nutzung von **Suchoperatoren** (wie AND, OR oder NOT) an. Bei einer Suche nach „Treibhauseffekt AND El-Nino" werden nur die Webseiten aufgelistet, in denen beide Suchbegriffe vorkommen.

Dagegen werden **Spezialsuchmaschinen** thematisch aufbereitet und liefern Ihnen daher hochwertige Suchergebnisse, wie wissenschaftliche Veröffentlichungen von Hochschulen und Forschungseinrichtungen. Einige dieser Suchmaschinen ermöglichen die zusätzliche Suche in Büchern und Zeitungsartikeln.

Metasuchmaschinen verknüpfen die Ergebnisse verschiedener Suchmaschinen. **Semantische Suchmaschinen** akzeptieren Fragestellungen als Eingabe und zeigen aufbereitete Ergebnisse an. Diese stehen derzeit nur in englischer Sprache zur Verfügung. Suchen Sie z. B. nach genauen Informationen zum afrikanischen Wald, reicht die Frage: „How much of Africa is covered by forest?". Umfangreiche Daten und Entwicklungsreihen, z. B. über die Bevölkerungsentwicklung eines Landes, können Sie in statistischen Datenbanken finden. In Online-Communities können Sie sich mit anderen Benutzern über Ihr Thema austauschen. Beachten Sie jedoch, dass Sie die erhaltenen Informationen überprüfen müssen, bevor Sie diese verwenden.

Tipps zur Internetrecherche

Man unterscheidet zwischen der quellenbasierten und der freien Internetrecherche. Bei der quellenbasierten Internetrecherche bekommen Sie Internetadressen von Ihrer Lehrperson vorgegeben, achten Sie darauf, diese vollständig ins Adressfeld einzugeben.

Bevor Sie eine freie Recherche im Internet starten, sollten Sie sich genau überlegen, wie und auch wo Sie am schnellsten an die gewünschten Informationen gelangen können. Zunächst sollten Sie Suchbegriffe zusammenstellen, mit denen Sie Informationen vermutlich finden können. Eine Möglichkeit ist es, sich in der Online-Enzyklopädie Wikipedia einen ersten Überblick über Ihr Thema zu verschaffen. Einige der Artikel besitzen jedoch nicht die gewünschte Informationstiefe oder Verlässlichkeit für eine Nutzung als wissenschaftliche Quelle. Verlassen Sie sich nie auf nur eine Informationsquelle, sondern überprüfen Sie diese mindestens durch eine zweite. Besuchen Sie dazu verschiedene Webseiten aus Ihrer Trefferliste und vergleichen Sie die Ergebnisse. Hilfreich sind weiterführende Links und Literaturangaben, die in Ihren Treffern enthalten sind. Übernehmen Sie keine fremden Informationen, ohne die jeweilige Quelle zu nennen. Drucken Sie Texte und Schaubilder aus oder speichern diese in einer Datei mit Angabe der vollständigen Quellenangaben. Auf diese Weise können Sie sich ein kleines Archiv anlegen.

M1 Schema

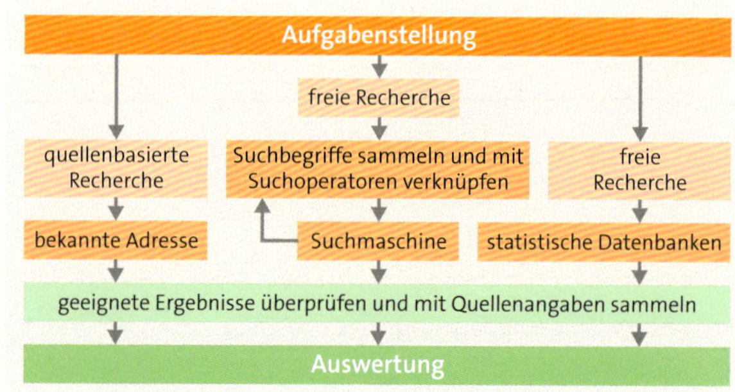

Beurteilung der verwendeten Internetquellen

Informationen aus dem Internet müssen auf Zuverlässigkeit geprüft werden, dazu fragen Sie sich:

- Wie glaubwürdig ist das Informationsangebot?
- Werden Literaturangaben genannt, welche die Aussagen belegen?
- Handelt es sich um den offiziellen Internetauftritt eines Unternehmens?
- Handelt es sich um Werbung oder einen Fachartikel?
- Wie aktuell ist die Information? Sind es alte Daten?

Zur Einschätzung der Seriosität einer Quelle hilft es oft, die Internetadresse, den Autor oder Teile des Textes erneut in die Suchmaschine einzugeben. Auch hilft ein Blick ins Impressum oder die Kontaktmöglichkeiten, um mehr zu erfahren. Zuverlässig sind Daten von staatlichen oder öffentlichen Institutionen wie Statistikämtern.

M2 Internetrecherche (Auswahl)

Suchmaschinen	http://www.google.de http://www.bing.com http://www.yahoo.com
Spezialsuchmaschinen für Bücher/Artikel	http://books.google.de http://www/forschungsportal.net
Metasuchmaschinen	http://www.metager.de http://www.metacrawler.de
Semantische Suchmaschine	http://www.wolframalpha.com
Online-Communities	http://www.gutefrage.net
Statistische Datenbanken	http://www.destatis.de/ http://ec.europa.eu/eurostat http://faostat.fao.org/ https://www.cia.gov/the-world-factbook/

Arbeit mit virtuellen Globen

Virtuelle Globen sind Anwendungen aus der Geoinformatik. Sie eignen sich besonders gut zur Visualisierung von Geodaten sowie Geoinformationen und bieten zudem viele Möglichkeiten zur Analyse. Geodaten können über Webdienste bezogen und auf dem Globus visualisiert werden (z. B. das aktuelle Wetter), und es ist möglich, selbst Geodaten zu erstellen – z. B. Linien, Polygone oder Overlays. Neben Google Earth, NASA World Wind, Geoforge Virtueller Globus und Bing Maps 3D gibt es zahlreiche andere virtuelle Globen.

Google Earth ist ein kostenloser virtueller Globus. Damit können Satelliten- und Luftbilder unterschiedlicher Auflösungen mit Geodaten überlagert und auf ein digitales Höhenmodell der Erde übertragen werden. Mithilfe von Ebenen sind eine Vielzahl interessanter geographischer Informationen darstellbar. Um eine Ebene anzusehen, klicken Sie im Bereich Ebenen das Kästchen neben der jeweiligen Ebene an. Neben weiteren Funktionen kann diese Version Zeitreihen anzeigen, ihre Overlays integrieren oder Informationen zum Gelände anzeigen (Änderung des Sichtwinkels).

AUSGEWÄHLTE FUNKTIONEN

Karten als Overlays verwenden

1. Öffnen Sie den entsprechenden Kartenausschnitt bei Google Earth.
2. Suchen Sie im Internet einen geeigneten Kartenausschnitt zu Ihrer Thematik. Speichern Sie diesen.
3. Mit der Funktion „Overlay hinzufügen" können Sie nun die gespeicherte Karte als Layer in Google Earth nutzen. Geben Sie der Karte einen Namen.
4. Positionieren Sie die Karte mithilfe der Ankerpunkte „Drehung", „Größenveränderung" und „Verschiebung" sowie der Transparenzfunktion und dem allgemeinen Kartenzoom möglichst optimal. Klicken Sie dann auf **OK**, um die Bilderstellung abzuschließen.
5. Die neue Karte wird unter „Orte" angezeigt und ist hier auch wieder ausblendbar.

Zeitreihen von Orten

1. Öffnen Sie den entsprechenden Kartenausschnitt bei Google Earth.
2. Über die Funktion „timelaps" (https://earthengine.google.com/timelapse/) können Sie vorgegebene Beispiele aber auch individuelle Orte in Zeitreihe betrachten und so beobachtbare Veränderungen auswerten.

Entfernungen und Flächen abmessen

1. Öffnen Sie den entsprechenden Kartenausschnitt bei Google Earth.
2. Mit der Funktion „Lineal" können Sie nun Entfernungen und mit der Funktion „Polygon" Flächen abmessen.

M1 Google Earth mit Erläuterungen (ähnliche Darstellung)

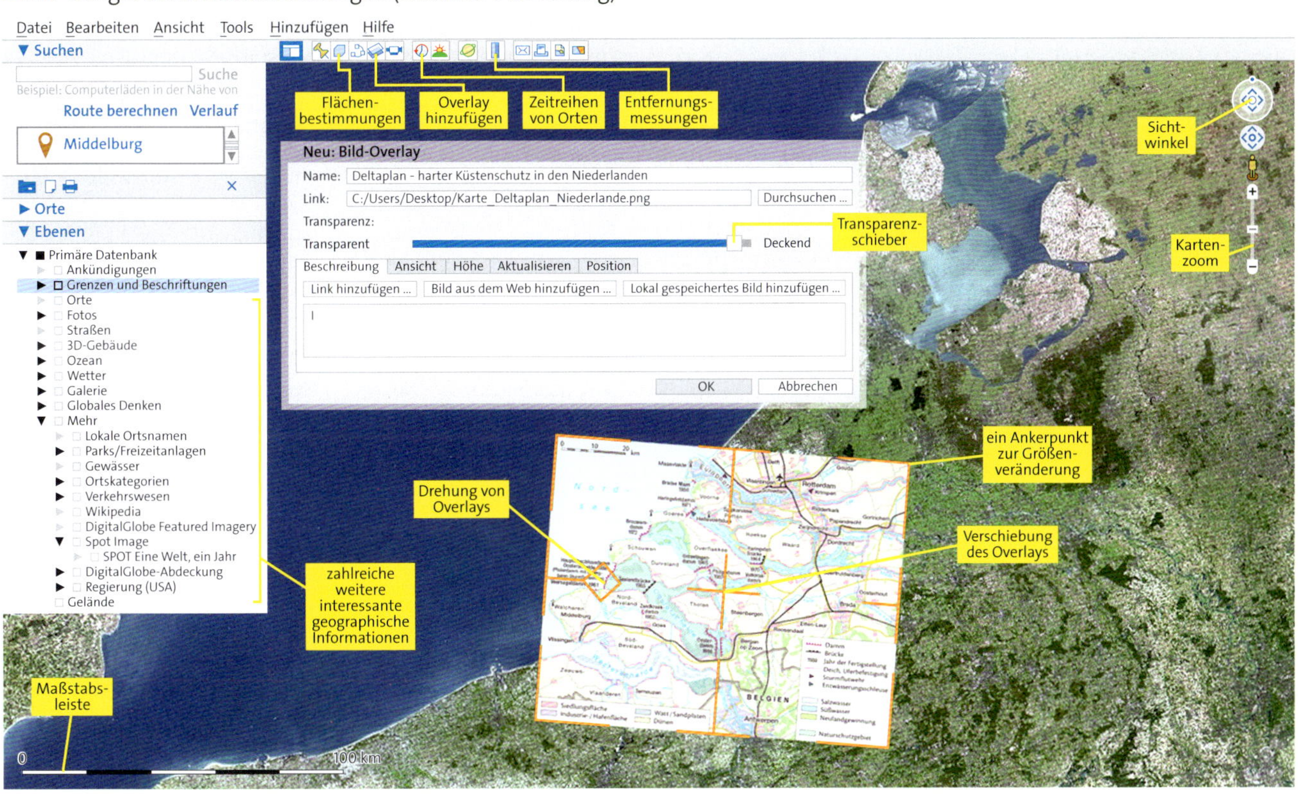

Mindmap/Mindmapping

Mindmapping beschreibt eine Kreativtechnik, mit der Sie Themengebiete erschließen, leichter merken und präsentieren können. Sie eignet sich für Zusammenfassungen, bei der Aufbereitung Ihres Lernstoffes, bei der Strukturierung einer Klausur, bei Präsentationen sowie für Notizen im Unterricht. Dabei haben Unterthemen keine Vernetzung untereinander. Je nach Absicht und Zeit können Sie Ihre Mindmap etwa durch unterschiedliche Farben, Bilder oder Zeichnungen gestalten.

M1 Aufbau einer Mindmap

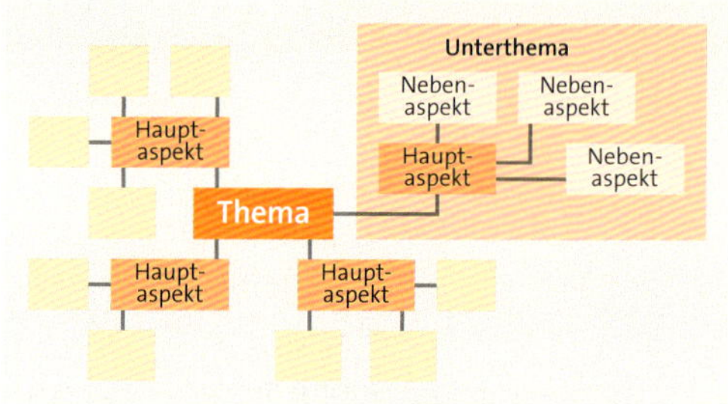

Zunächst notieren Sie das Thema bzw. die Fragestellung in der Mitte Ihres Blattes. Von hier aus gehen Verzweigungen zu den Hauptaspekten und von dort zu den Nebenaspekten usw. (= Begriffshierarchie). So wird Ihr Thema in seine einzelnen Unterthemen aufgegliedert. Damit alles übersichtlich bleibt, benutzt man nur Schlüsselwörter. Ein Vorteil ist, dass Sie jederzeit neue Aspekte ergänzen können. Aber auch digital können Mindmaps erstellt werden. Dazu bieten sich kostenlose webbasierte Apps oder Software zum Download an (siehe QR-Code).

Erstellen einer Concept Map

Eine Concept Map stellt Aspekte in Kästchen dar, die hierarchisch wie bei der Mindmap strukturiert sind. Dabei werden aber Aspekte unterschiedlicher Unterthemen durch Linien miteinander verbunden. Durch Beschriftungen an den Verbindungslinien kann die Art der Vernetzung verdeutlicht werden.

M2 Aufbau einer Concept Map

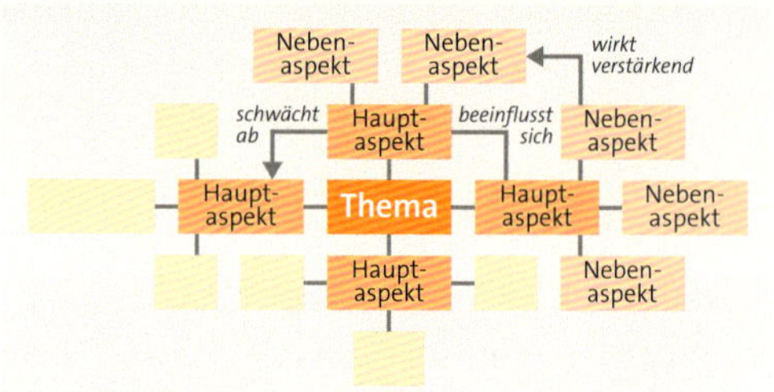

Einsatzbereich Klausur

M3 Von Mindmaps (blau) zu Concept Maps (rot) bei einer Klausur

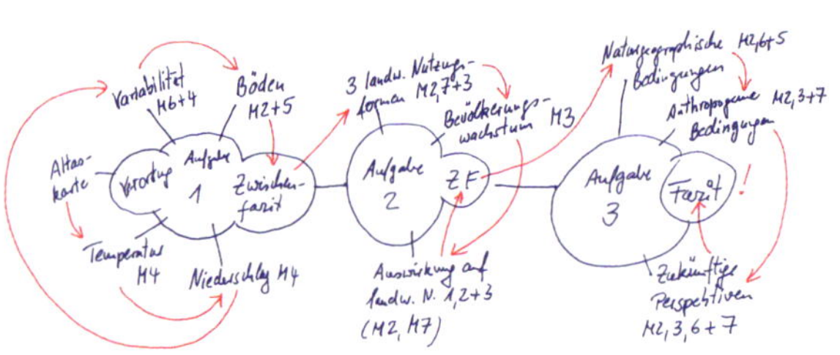

Besonders schwer ist es bei Klausuren, das Thema und die Fragestellungen ständig im Auge zu halten, alle Materialien zu berücksichtigen und eine sachlogische, klare sowie vernetzte Struktur zu entwickeln. Deshalb bietet es sich an, auf einen „Extrazettel" alle Fragen (hier Aufgaben 1 bis 3) sowie das Fazit zu notieren und diesen alle Materialien zuzuordnen (3 Mindmaps). Überprüfen Sie, ob alle Materialien mindestens einmal verwendet werden. Legen Sie nun eine sachlogisch sinnvolle Reihenfolge fest (hier durch rote Pfeile), sodass drei inhaltlich zusammenhängende Concept Maps entstehen. Es geht nicht um Schönheit, sondern um die sinnvolle Gliederung Ihrer Klausur und Berücksichtigung aller Materialien. Nun können Sie sich mithilfe Ihrer Concept Map auf Ihre schriftliche Ausarbeitung konzentrieren.

Mindmap und Concept Map digital erstellen

www.cornelsen.de/codes/
Code: civisi

Cluster/Clustering/Clustern

Beim Clustering handelt es sich um eine Kreativtechnik zur Visualisierung von vernetzten Gedanken. Zunächst wird ein Schlüsselbegriff oder Thema auf der Mitte eines Blattes notiert und umkreist. Dann werden Assoziationen um den Schlüsselbegriff herum notiert und mit diesem verbunden. Diese Gedanken stellen wieder neue Schlüsselbegriffe dar, die mit neuen Assoziationen verbunden werden können. Anders als bei „linearen" Notizen entsteht eine netzartige Skizze vielfältiger Assoziationen, ein sogenanntes Cluster. Damit haben Sie eine Orientierungshilfe für die Verfassung eines möglichen Textes erstellt.

M4 Cluster zum Begriff „Landschaftszone"

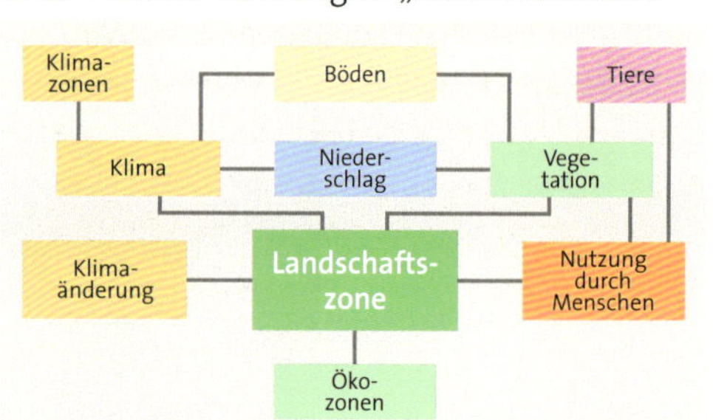

Zur Ideenfindung bietet sich Clustering auch für Gruppen an. Die Teilnehmer lassen sich dabei von den Assoziationen ihrer Mitschüler anregen. Ein Schriftführer notiert ohne Zensur alles – entsprechend dem Aufbau eines Clusters –, was die Gruppenmitglieder äußern. So kommen viele Ideen zusammen, mit denen danach weitergearbeitet werden kann.

Während beim Clustering der Schwerpunkt auf der Verknüpfung von assoziativen Ideen liegt, steht beim Mindmapping und bei der Concept Map die Hierarchisierung von Begriffen im Vordergrund.

Erstellen eines Fließdiagramms

In einem Fließdiagramm wird ein Vorgang als eine Abfolge von linearen Zusammenhängen dargestellt. Die einzelnen Aspekte lassen sich durch eine monokausale Ursache-Folge-Wirkung linear miteinander verbinden (vgl. **M2**). Zugleich eignet sich das Fließdiagramm auch, um Abläufe, Prozesse oder Entwicklungen darzustellen. Daneben können auch Fließdiagramme mit zwei oder mehreren Abfolgen dargestellt werden (vgl. **M1**). Die Anordnung der Einzelaspekte bei einem Fließdiagramm kann digital mithilfe geeigneter Software unterstützt werden (siehe QR-Code).

M1 Ein Fließdiagramm mit zwei Monokausalketten

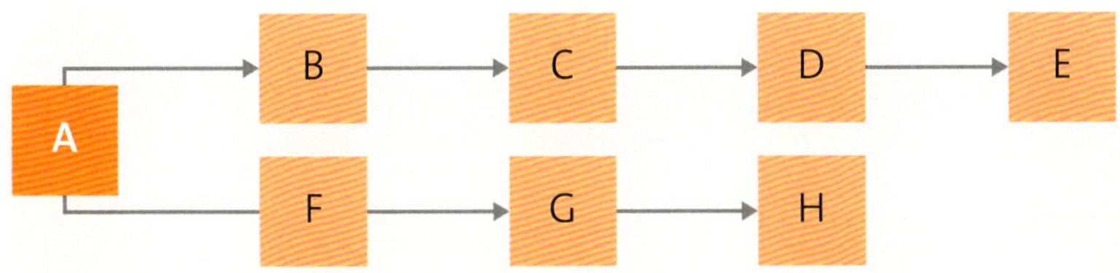

M2 Ein Aspekt der Desertifikation

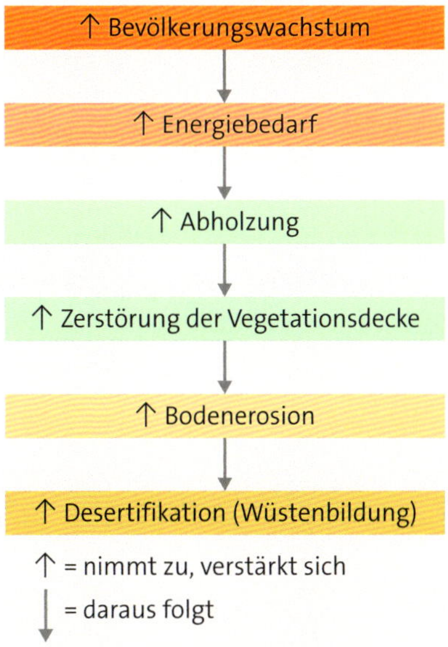

Erstellen eines Wirkungsgefüges (Strukturdiagramms)

Zumeist besitzen geographische Systeme keine einfache lineare Struktur. In ihnen laufen Prozesse ab, die sich wechselseitig beeinflussen und so zu vielfältigen Vernetzungen führen. Dabei ergeben sich neben monokausalen Ursache-Folge-Wirkungen Rückkoppelungen und multikausale Verflechtungen.
Für die Visualisierung dieser komplexeren Wechselwirkungen von Prozessen oder Problemkomplexen in ihrer multikausalen Wechselbeziehung eignen sich Wirkungsgefüge. Zunächst geben Sie Ihrem Wirkungsgefüge einen Titel. Klären Sie nun den „Ausgangspunkt" (hier: Bevölkerungsdruck) und das „Ziel/Ergebnis" (hier: Desertifikation) Ihres Wirkungsgefüges. Ordnen Sie die von Ihnen bei der Text-/Materialauswertung entnommenen bzw. selbst formulierten Fachbegriffe in Ihr Wirkungsgefüge ein. Bedenken Sie dabei das Ursache-Folge-Prinzip und ggf. vorliegende Wechsel-/Rückwirkungen.
Dabei verdeutlichen die Pfeile die Qualität der Vernetzung zwischen Ursachen, Folgen und Ergebnissen („A — B" bedeutet: A steht in Wechselbeziehung zu B, „A → B" bedeutet: Aus A folgt B; „A ↔ B" bedeutet: Sowohl A kann aus B als auch B aus A folgen). Durch unterschiedliche Pfeilstärken sowie durch kurze Erläuterungen an den Pfeilen können Sie die wichtigsten Verbindungen kennzeichnen. Zur Anschaulichkeit eignen sich in den Kästen leicht verständliche Symbole, wie „↑" (für viel, zahlreich, zunehmend) und „↓" (für abnehmend, wenig, schwach). In einem Fazit können Sie die Kernaussage Ihres Wirkungsgefüges formulieren. Die komplexe Anordnung der Einzelaspekte bei einem Wirkungsgefüge kann digital mithilfe geeigneter Software unterstützt werden. In einer solchen Anwendung sind Änderungen und Erweiterungen leichter umsetzbar (siehe QR-Code).

M3 Aufbau eines Wirkungsgefüges

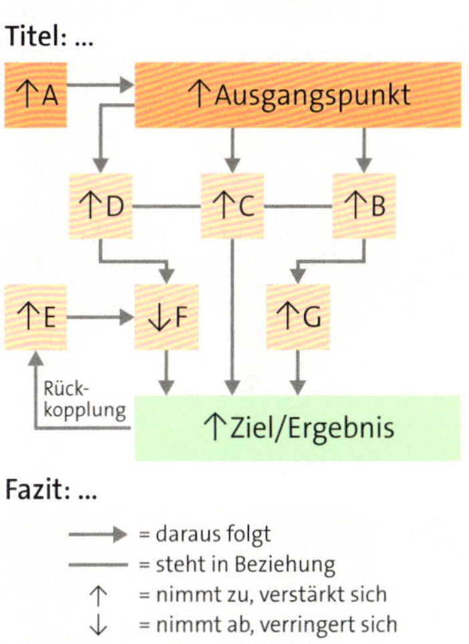

M4 Wirkungsgefüge zum Prozess der Desertifikation

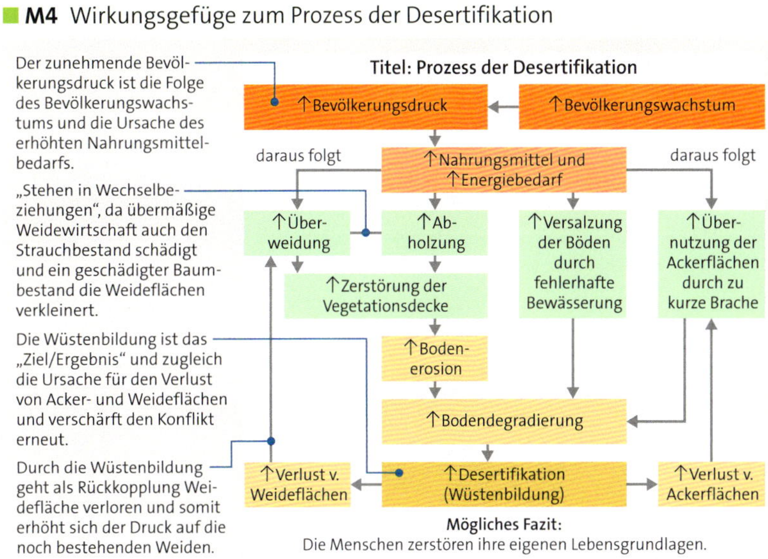

Diagramme digital erstellen

www.cornelsen.de/codes/
Code: cucija

Stummes Schreibgespräch

Bei einem stummen Schreibgespräch kommunizieren Schüler in Partnerarbeit in absoluter Stille schriftlich miteinander. Ein Schüler notiert das Thema auf einem Blatt und formuliert das, was ihm zu diesem Thema einfällt. Nun gibt er es weiter. Der Partner nimmt Bezug zur gemachten Aussage. So können ganze Geschichten entstehen oder auch nur eine Sammlung von Stichwörtern. Eine weitere Variation besteht in der Placemat-Methode.

Placemat-Methode

M1 Möglicher Aufbau eines Placemats

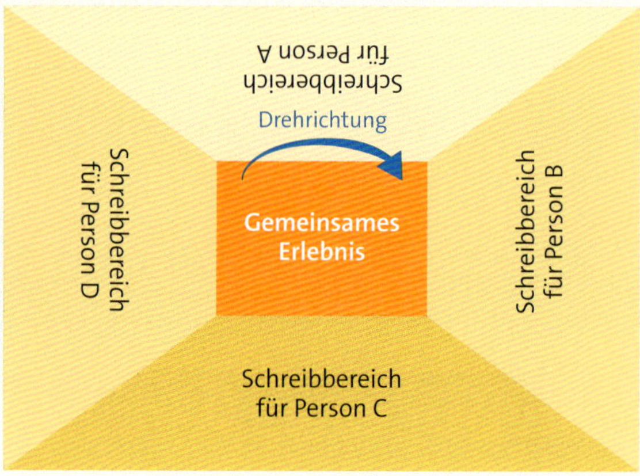

Die Placemat-Methode stellt eine Form des kreativen Schreibgespräches dar. Jede Gruppe erhält ein großes Blatt Papier (das Placemat), welches wie auf der Abbildung vorbereitet worden ist. Sinnvoll erscheint es, wenn die Mitte für die spätere Präsentation abnehmbar ist (separates Blatt). Zunächst notiert jedes Gruppenmitglied in seinem Schreibbereich Ideen, Vorwissen zu einem Thema oder die Antwort auf eine vorgegebene Fragestellung. Dabei sind sowohl Skizzen als auch offene Fragen oder Hinweise auf Widersprüche ausdrücklich erlaubt. In einem zweiten Schritt wird das Placemat im Uhrzeigersinn gedreht. Nun liest und ggf. kommentiert jedes Gruppenmitglied die Äußerungen seines Vorgängers. Wenn nach und nach alle die Äußerungen der übrigen Gruppenmitglieder gelesen und ggf. kommentiert haben, verständigt sich die Gruppe auf ein gemeinsames Ergebnis und notiert dies in der Mitte des Placemat. In einer Plenumsphase kann das Gruppenergebnis vorgestellt werden.

Lebendiges Diagramm

Hierbei sollen scheinbar objektive, räumliche Daten und Fakten mit dem subjektiv erlebten Raum zusammengebracht werden. Denn jeder nimmt den Raum subjektiv wahr und konstruiert sich so seine individuelle Realität. Mit dem lebendigen Diagramm soll die verborgene Lebenswirklichkeit hinter den Zahlenwerten sichtbar und zugleich veranschaulicht werden. Dazu werden Aussagen von Menschen oder Fotos einzelnen Zahlenwerten zugeordnet.

M2 Jahresdurchflussmengen der Mulde bei Grimma 2012 bis 2018

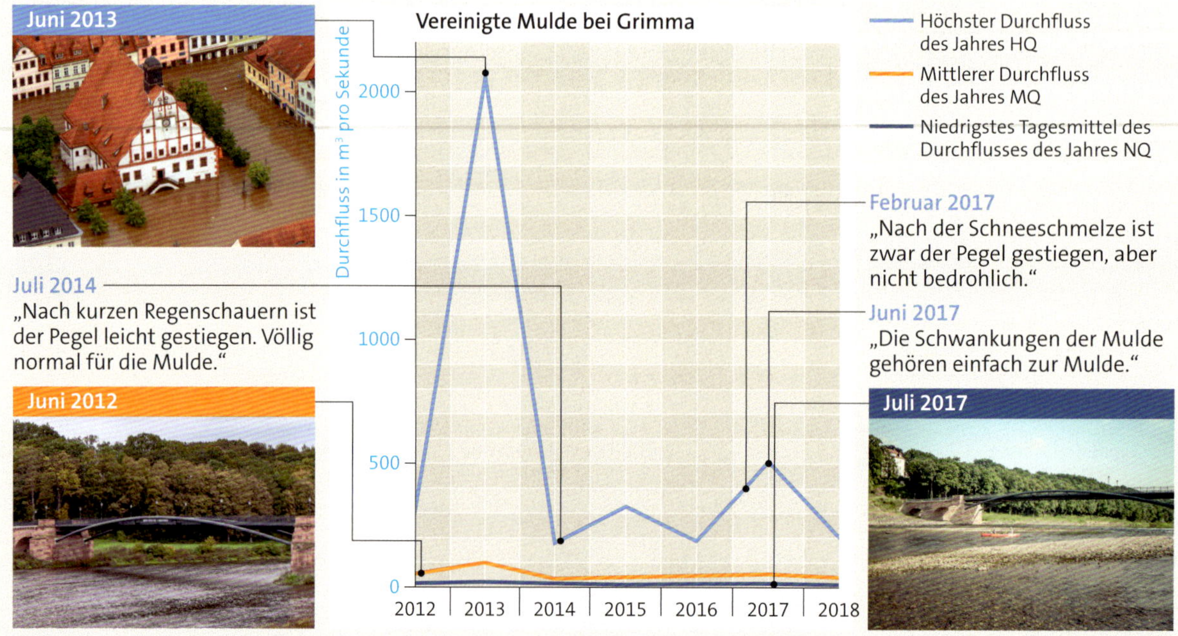

Modelle auswerten

Reale Sachverhalte und Prozesse sind meist sehr komplex. Zu deren Veranschaulichung werden vereinfachte Darstellungen genutzt, sogenannte Modelle. Ein Modell ist eine Abbildung der Realität, die nur das Wesentliche darstellt, indem Details und Nebensächlichkeiten weggelassen werden. Dabei gibt es zahlreiche Modellarten, die je nach Zielsetzung gewählt werden. Dies kann in Form eines dreidimensionalen Globusmodells, eines Kreislaufs (z. B. Wasserkreislauf), eines dreidimensionalen Schemas (z. B. Plattentektonische Prozesse), einer Computeranimation oder eines Wirkungsgefüges geschehen.

1. Überprüfung der formalen Aspekte
Klären Sie mithilfe des Materialtitels, welchen Sachverhalt bzw. welchen Prozess das Modell darstellt.

Beispiel: **M1** Passatzirkulation im Frühling und Herbst

2. Beschreibung und Begriffsklärung
Klären Sie anhand der Legende, welche Bestandteile (unbekannte Begriffe, Abkürzungen, Symbole, Farben) das Modell hat, und geben Sie deren Bedeutung an.
Beschreiben und begründen Sie die zentralen Bestandteile im Modell.
Zeigt das Modell Prozesse auf? Wenn ja, welche?

Beispiel: Passatkreislauf. Was ist der „Motor" für diese Winde? In welche Richtung(en) wehen sie? Worin besteht der Kreislauf?
Benutzen Sie dabei Fachbegriffe und Ihr Grundlagenwissen (u. a. Konvektionsniederschlag, vom Hoch zum Tief, vgl. Seite 16 f.).

3. Interpretation
Aussagen des Modells werden ggf. mithilfe von Zusatzinformationen eingeordnet und erklärt.
Welche möglichen Ursachen bzw. Folgen lassen sich aus dem beschriebenen Modell ableiten?

Beispiel: Was bedeutet die Aussage des Modells für die räumliche Niederschlagsverteilung und für die Landwirtschaft?
Der Zusatz im Titel „Frühling und Herbst" als auch die Beschriftung „Verschiebungsrichtung ..." scheinen auf eine Verschiebung des gesamten Systems im Sommer und Winter hinzudeuten. Auf welche? Warum? Und mit welchen Folgen?

4. Grenzen
Erscheint das Modell geeignet, um seine Kernaussage zu veranschaulichen? Ist das Modell trotz seiner Vereinfachungen exakt genug? Wo weist das Modell Grenzen auf? Sollte das Modell korrigiert oder ergänzt werden?

Beispiel: Hier würde eine dritte Dimension möglicherweise helfen, um die dynamische Veränderung des Modells besser zu veranschaulichen.

M1 Passatzirkulation im Frühling und Herbst

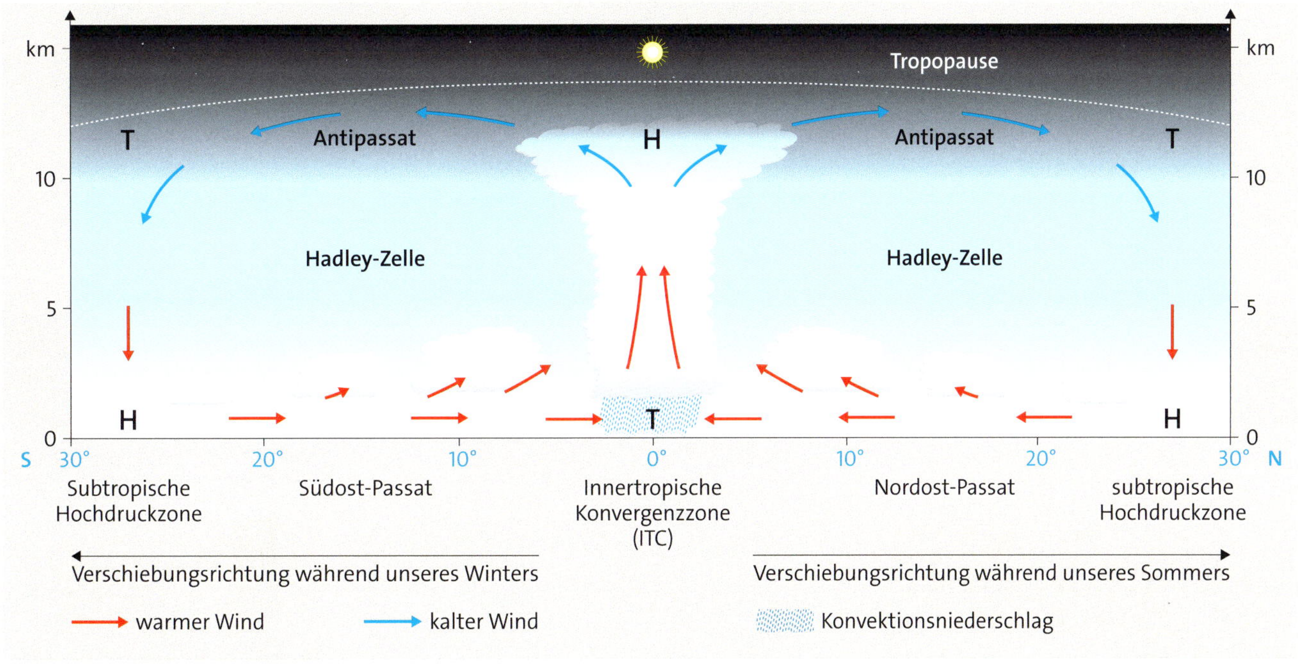

Stop-Motion-Film erstellen

Dies ist ein Erklärvideo mit einer Länge von rund 3 bis 5 Minuten, in dem komplexe geographische Zusammenhänge mithilfe des „Lege-Trick-Verfahrens" sowie Kommentaren erläutert werden. Dabei setzen sich die „Regisseure" vertiefend mit fachlichen Inhalten, der Fachsprache sowie der Visualisierung auseinander und schulen zugleich ihre Medienkompetenz. Zahlreiche kostenfreie Apps stehen hierzu zur Verfügung (siehe QR-Code).

Vorbereitung
- Thema und Ziel klären
- Gliederung entwickeln und erste Abfolge (Story) überlegen
- Storyboard durch einfache Skizzen veranschaulichen und ggf. optimieren
- auf wenige verständliche Bilder beschränken
- auf Kernaussagen und Fachbegriffe konzentrieren und am Storyboard notieren (Drehbuch)
- mit der Bedienung der Hardware (Smartphone, Tablet oder PC) sowie Software (eine App auswählen, siehe QR-Code) vertraut machen
- Hintergrund und Legebilder (Icons) erstellen
- Rollen festlegen (Sprecherin, Animatorin, Kamerafrau)

Storyboard - Drehbuch

Szenen	Mögliche Kommentare
Der Treibhauseffekt - eine Herausforderung für die Menscheit	Wir zeigen dir den Unterschied zwischen dem natürlichen und anthropogenen Treibhauseffekt und erklären, worin die Problematik des Klimawandels besteht.
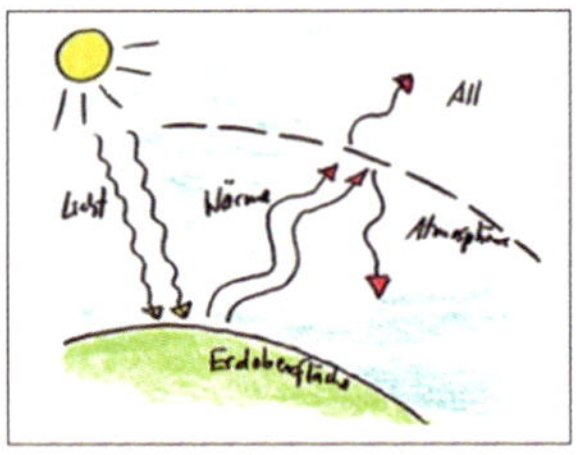	Ein Teil der Sonnenstrahlen werden an der Erdeoberfläche reflektiert. Diese Wärmestrahlung wird durch die Atmosphäre zurück gehalten. Das nennt man Treibhauseffekt.
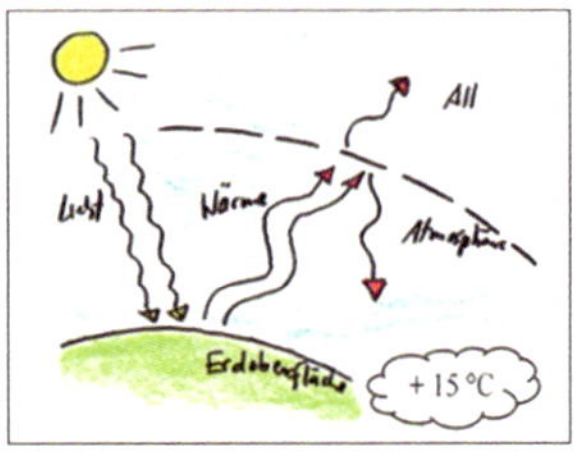	Ohne Atmosphäre wäre es - 18°C kalt. Durch den natürlichen Treibhauseffekt beträgt die Durchschnittstemperatur rund 15°C. Leben ist möglich.

Durchführung
- Stativ verwenden – Improvisation möglich
- Probe durchführen, ggf. nachbessern und optimieren
- Aufnahme – möglichst an einem Stück
- Kontrolle der Aufnahme (Ton verständlich?, Abläufe passend?)

Auswertung
- Präsentation im Plenum
- Reflexion (Darstellung, fachliche Inhalte, Fachsprache, ...)

Ein Lineal und ein Gummiband zur Absicherung des Smartphones ersetzen hier das Stativ.

Auch Notenständer bieten sich als Stativ an. Machen Sie sich vorher Notizen, was sie zu den einzelnen Bildern sagen wollen.

Kostenlose App für Stop-Motion-Videos

www.cornelsen.de/codes/
Code: qasowo

Venn-Diagramm

Diese Diagrammform bietet sich an, um Gemeinsamkeiten und Unterschiede bei einem Vergleich darzustellen. Es besteht aus zwei oder mehr sich überlappenden Kreisen. In der Schnittmenge werden die Gemeinsamkeiten gesammelt. Zu einem solchen Vergleich ist auch eine Vergleichs-Tabelle denkbar. Entscheidend ist das Ergebnis Ihres Vergleiches.

M1 Vergleichstabelle

Merkmale von Beispiel A	Gemeinsamkeiten	Merkmale von Beispiel B
…	…	…
Ergebnis:		

M2 Venn-Diagramm

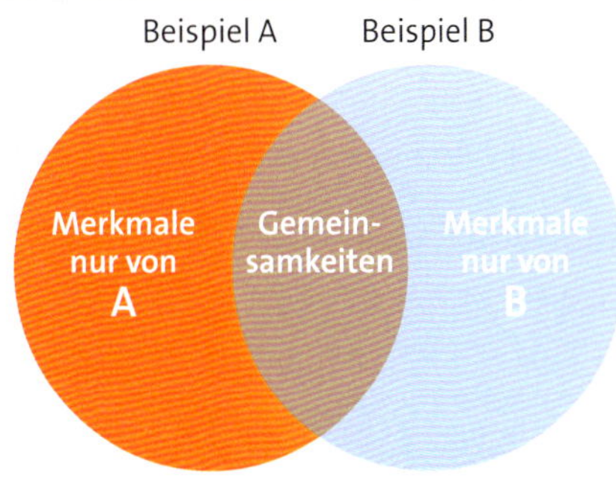

Ergebnis: ....

SWOT-Analyse

Das Instrument der SWOT-Analyse stammt aus der Wirtschaft und dient als Grundlage von Planungsentscheidungen oder zur Bewertung von Entwicklungsperspektiven. Zunächst wird die Ausgangslage analysiert. Dabei werden interne Stärken und Schwächen sowie externe Chancen und Risiken festgestellt. Aufgrund dieser Ergebnisse können Entscheidungen getroffen oder fundierte Stellungnahmen zu einer Themenstellung formuliert werden.
Dabei können je nach Sachverhalt oder Fragestellung u. a. räumliche, soziale, politische, ökonomische oder ökologische Aspekte von Bedeutung sein. Diese werden in die Matrix eingetragen. Bei der Frage: „Ist Erdgas eine Brückentechnologie für Deutschland?" ergibt sich folgende Matrix (vgl. S. 130 f.):

Interne Faktoren (selbst beeinflussbar)	**Externe Faktoren** (selbst nicht beeinflussbar)
Stärken (**S**trengths) – vielfältige Einsatzmöglichkeiten (u. a. Heizungen, chemische Industrie, Stromerzeugung) – Im vergleich zu anderen fossilen Energieträgern vergleichsweise niedrige CO_2 Emissionen – Infrastruktur für Gas vorhanden – russisches Gas: Reichweite 128 Jahre – …	**Chancen** (**W**eaknesses) – Reduzierung der Importabhängigkeiten durch Pipelines und LNG-Tanker – immer mehr Länder können Erdgas liefern – …
Schwächen (**O**pportunities) – schwierig für Mobilität einsetzbar (kaum gasbetriebene Pkw) – bisher nur drei Bezugsländer – Gefahr der Abhängigkeit von russischem Erdgas – LNG-Terminal fehlt noch – …	**Risiken** (**T**hreats) – Konflikt zwischen den USA und Russland – LNG ist teurer – klimaschädlich, da hohe Methan-Emissionen – Verlängerung der Nutzung fossiler Energieträger – …

Bei der Auswertung gilt es, alle vier Bereiche gegeneinander abzuwägen. Beispielsweise wie Stärken genutzt werden können, um Risiken zu reduzieren und Chancen zu realisieren. Oder wie trotz Schwächen Chancen genutzt und Risiken minimiert werden können.

Hier: Formulierung einer fundierten Stellungnahme zur Frage: „Ist Erdgas eine Brückentechnologie für Deutschland?"

Praktische Hinweise für Referate

Ein Referat stellt eine anspruchsvolle Leistung dar, da Sie Ihren Mitschülern einen – meist – unbekannten Sachverhalt verständlich und interessant präsentieren sollen. Es setzt voraus, dass Sie den dargestellten Sachverhalt verstanden haben und den Vortrag möglichst frei mit geeignetem Anschauungsmaterial (z. B. Abbildungen, Originalmaterial, Präsentationssoftware, vgl. S. 207) vortragen können. Um den Mitschülern das Zuhören und Verstehen bei einem Referat zu erleichtern, sollten Sie jedem ein Handout (= Thesenpapier) zur Verfügung stellen.

Vorarbeit

Zunächst müssen Sie die Themenstellung genau klären. Wird ein Bezugsraum gewählt, so sollten Sie diesen in seinen wichtigsten geographischen Merkmalen kurz vorstellen. Die Entscheidung, was für das Referat wichtig ist, ergibt sich erst nach einer gewissen Einarbeitung in Ihr Thema. Sie sollten sich sofort angewöhnen, beim Kopieren von Literatur die jeweilige Quellenangabe festzuhalten. Bei der nochmaligen Lektüre der ausgewählten Literatur können Sie eine Gliederung (Inhaltspunkte Ihres Referates chronologisch geordnet) erstellen. Geeignete Abbildungen (z. B. Karten, Modelle, Abbildungen) können bei Erklärungen sehr hilfreich sein und bieten für den Zuhörer zugleich eine Abwechslung. Komplizierte oder unleserliche Abbildungen schrecken dagegen ab. Nun folgt die inhaltliche Füllung der erstellten Gliederung. Achten Sie darauf, dass Ihr Referat in den gesetzten Zeitrahmen passt. Wenn Sie ein Gespräch mit der Lehrperson suchen, sollten Sie bereits einen Überblick über die gesamte Inhaltsstruktur Ihres Themas haben und Ihre Gliederung begründen können.

Ausarbeitung

Nun können Sie Ihr Referat schriftlich ausformulieren, wobei Sie stets Ihre Gliederung sowie den Spannungsbogen berücksichtigen sollten. Zu Anfang sollten neben dem Thema die wichtigsten Begriffe erläutert werden. Begriffsdefinitionen gehören auf Ihr Handout. Im Hauptteil sollten Sie die Informationen und Argumente so gestalten, dass diese sachlogisch und überzeugend zum Ziel führen. Hierbei können allgemeine Sachverhalte meist besser anhand von konkreten Beispielen erläutert werden. Zum Schluss erfolgt eine kurze Zusammenfassung der Ergebnisse bzw. ein Ausblick. Ein inhaltlich noch so glänzendes Referat taugt unter Umständen nichts, wenn der Zuhörerkreis nicht angemessen miteinbezogen wird.

M1 Einseitiges Handout zu Ihrem Referat

Kopf des Handouts: Kurs, Lehrperson, Referent(in), Datum und Thema des Referates, z. B.

GK Geographie — Soest, 21.2.2020
Referentin: Maximiliane Mustermann — Lehrer: Herr K.

Thema: Hochwasserschutz in Grimma an der Mulde

Gliederung mit den wichtigsten Definitionen und Abbildungen (mit Quellenangaben), z. B.:

1. Grimma – eine Kleinstadt an der Mulde in Sachsen
2. Hochwasserschutz bis 2002
3. Was passierte zwischen 2002 und 2013?
4. Seit 2013: Entwicklung vielfältiger Bereiche des Hochwasserschutzes
5. Heute: Fertigstellung der baulichen Hochwasserschutzmaßnahmen
6. Fazit zum Hochwasserschutz in Grimma
7. Verwendet Quellen, z. B.:
   M1:
   https://bit.ly/2U6hZbs (Aufruf 20.2.2020)
   https://bit.ly/2J62da4 (Aufruf 20.2.2020)
   https://bit.ly/2U7tEXg (Aufruf 20.2.2020)

M1: Lageplan mit Überschwemmungsflächen

Durchführung

Verteilen Sie das Handout erst unmittelbar vor dem Vortrag und lassen Sie Ihren Mitschülern ausreichend Zeit zum Lesen und zum Klären von Verständnisfragen. Für das Halten Ihres Referats gilt grundsätzlich, dass Sie zu Beginn das Thema und den Inhalt kurz erläutern. Karteikarten (max. 15) mit Stichpunkten helfen Ihnen, alle wichtigen Daten benennen zu können. Voraussetzung bei dieser Vorgehensweise ist, dass Sie den gesamten Stoff der Präsentation und seine Abfolge im Kopf haben und freisprechend vortragen können. Zitate oder Zahlenangaben können Sie selbstverständlich vorlesen. Auf keinen Fall dürfen Sie auswendig Gelerntes schnell „herunterrattern" oder gar das gesamte Referat ablesen.

Allgemein gilt bei Referaten, dass gesprochener Text und verwendete Abbildungen aufeinander abgestimmt sein müssen. Sie sollten darauf achten, dass jede gezeigte Abbildung ausführlich kommentiert wird. Die hierfür notwendige Zeit wird häufig unterschätzt. Eine Generalprobe wirkt da Wunder und Präsentationen von Unterrichtsergebnissen sind eine gute Übung. Da für die Zuhörer der Inhalt neu ist und jeder Satz nur einmal gesprochen wird, erscheint es sinnvoll, nach größeren Abschnitten, spätestens aber am Ende der Präsentation, die Möglichkeit für Verständnisfragen einzuräumen.

Aus einer Präsentation lernen

Zum Abschluss eines Referates sollten Sie sich mit Ihren Mitschülern (vgl. „Referat auf dem Prüfstand") mögliche Verbesserungsvorschläge in Bezug auf verbale und visuelle Darstellung und zum Handout überlegen.

M2 Referat auf dem Prüfstand

- Ist das Thesenpapier verständlich und logisch gegliedert?
- Stellt das Thesenpapier eine informative „Hilfestellung" dar?
- Wurde das Thema bzw. die Problemstellung klar?
- Konnte man dem Vortrag akustisch und inhaltlich folgen?
- Konnte man dem Redefluss folgen (zu schnell/zu langsam)?
- Wurden Sachverhalte bzw. Fachbegriffe verständlich erklärt?
- War ein logischer Aufbau erkennbar und nachvollziehbar?
- Weiß man nun mehr über das Thema?
- Motivierte der Vortrag zum Zuhören?

Nutzung einer Präsentationssoftware

Eine Präsentation mithilfe einer Präsentationssoftware wie PowerPoint ist mit dem Einsatz von Folien vergleichbar. Es gibt allerdings beim Einsatz einer Präsentationssoftware erheblich mehr Möglichkeiten bezüglich der Farben, der Animationen und der Abbildungen. Ziel soll es sein, die Vorteile dieser Präsentationsweise so zu nutzen, dass die Zuhörer die Inhalte des Vortrages besser verstehen und Informationen auf sich wirken lassen.

Vorbereitung

1. Sie benötigen unbedingt ein Konzept, bevor Sie die Folien gestalten. Auch eine solche Präsentation wird in Einleitung (vgl. **M1**), den umfangreichen Hauptteil (vgl. **M2**) und ein Fazit (vgl. **M4**) gegliedert.
2. Reduzieren Sie die Anzahl der Folien auf ein Minimum, damit mehr Zeit für jede Folie bleibt. Jede Folie sollte mindestens eine Minute lang gezeigt werden.
3. Folien sollten maximal 12 Zeilen und eine mindestens 20 Punkt große Schriftart enthalten.
4. Verwenden Sie ein einheitliches Layout (vgl. **M3** und **M4**): Schriftart, Schriftgröße, farbliche Gestaltung usw.
5. Verwenden Sie auf Folien nur Stichworte. Sie sollen die Stichworte in Ihrem Vortrag ausformulieren, die Zuhörer sollen vorrangig zuhören, nicht ablesen.
6. Die erste Folie mit dem Thema soll den Inhalt des Referates präsentieren und dabei das Interesse der Zuhörer wecken. Dazu eignen sich Fotos und Animationen.
7. Auf der zweiten Folie sollten Sie die Gliederung Ihres Vortrages vorstellen (vgl. **M2**).
8. Auf allen weiteren Folien können in der Kopfzeile das Thema sowie ein Storyboard und in der Fußzeile Ihr Name und die Seite bzw. Nummer der Folie stehen.

Durchführung

1. Kontrollieren Sie vorab, ob alle Geräte funktionieren.
2. Arbeiten Sie mit einem Laptop oder Tablet, sind für Sie alle Folien der Präsentation sichtbar. Falls nicht, können Sie die Folien als Karteikarten ausdrucken. So behalten Sie die Struktur des Vortrages im Überblick.
3. Halten Sie während der Präsentation den Blickkontakt zu den Zuhörern. Unterstützen Sie Ihre Präsentation durch sinnvolle Artikulation, Gestik und Bewegung.
4. Alle Regeln für ein Referat gelten auch hier. Dazu zählt auch ein Handout, welches Sie leicht erstellen können, indem Sie die zentralen Folien verkleinert ausdrucken.

M1 Beispiel einer Einstiegsfolie

Thema: Hochwasserschutz in Grimma an der Mulde

Leben mit dem Risiko von Hochwasser

August 2002:
Rathaus in der Innenstadt von Grimma (Sachsen)

Juni 2013:
Rathaus in der Innenstadt von Grimma (Sachsen)

Maximiliane Mustermann

M2 Beispiel für eine zweite Folie

Thema: Hochwasserschutz in Grimma an der Mulde

1. Grimma – 2. HWS bis 2002 – 3. 2002 bis 2013 – 4. Seit 2013 – 5. Heute – 6. Fazit

Inhalt

1. Grimma – eine Kleinstadt an der Mulde in Sachsen
2. Hochwasserschutz bis 2002
3. Was passierte zwischen 2002 und 2013?
4. Seit 2013: Entwicklung vielfältiger Bereiche des Hochwasserschutzes
5. Heute: Fertigstellung der baulichen Hochwasserschutzmaßnahmen
6. Fazit zum Hochwasserschutz in Grimma

Maximiliane Mustermann Seite 2 von 10

M3 Orientierungshilfen für die Zuhörer

Thema: Hochwasserschutz in Grimma an der Mulde

1. Grimma – 2. HWS bis 2002 – 3. 2002 bis 2013 – 4. Seit 2013 – 5. Heute – 6. Fazit

2. Hochwasserschutz bis 2002

Hier ist der Bereich für Stichworte, Abbildungen, Fotos, Diagramme, Karten …

Dabei gilt: Lesbarkeit und Relevanz für Ihr Referat sind für die Auswahl entscheidend!

Maximiliane Mustermann Seite 3 von 10

M4 Mögliche Abschluss-Folie

Thema: Hochwasserschutz in Grimma an der Mulde

1. Grimma – 2. HWS bis 2002 – 3. 2002 bis 2013 – 4. Seit 2013 – 5. Heute – 6. Fazit

6. Fazit

Heute ist Grimma vor einem Jahrhunderthochwasser geschützt.

Beste Strategie ist Kombination
- bauliche und technische Maßnahmen,
- Risikovorsorge,
- Katastrophenschutz und
- natürlicher Wasserrückhalt

2019: Einweihung der knapp 2 km langen Hochwasserschutz-Anlage mit 78 Flut-Toren

Maximiliane Mustermann Seite 10 von 10

Operatoren und Redemittel der drei Anforderungsbereiche

Aufgabenstellungen enthalten spezielle Verben, die „Operatoren“. Diese geben Ihnen genau an, was Sie machen sollen. Sie sollten deshalb dies wie Vokabeln lernen. Darüber hinaus werden in den Aufgabenstellungen dieses Buches zahlreiche unterschiedliche Operatoren verwendet, um eine gewisse Abwechslung zu gewährleisten. In ihren Klausuren sollten und in der Abiturklausur werden nur die 17 offiziellen Operatoren des Faches Geographie verwendet. Diese werde im Folgenden erläutert und mögliche Redemittel als Hilfestellung benannt.

Für kluge Köpfe – Training
In schriftlichen Hausaufgaben können Sie schrittweise mit Themen, Operatoren, Redemitteln und Material üben – geben Sie von Zeit zu Zeit eine solche Hausaufgabe Ihrer Lehrperson zur Durchsicht mit der Bitte um ein Feedback. So bekommen Sie zunehmend ein Gefühl für eine optimale Lösung einer Aufgabestellung.

AFB= Anforderungsbereich

Operator	Erläuterung	AFB	Was sollen Sie tun? (vereinfacht)	Mögliche Redemittel
nennen	Informationen/Sachverhalte ohne Kommentierung wiedergeben	I	Nennen Sie andere Indikatoren als die im Text genannten, die eine globalisierte Welt kennzeichnen.	Die höchste Erhebung ist der .../Die Landeshauptstadt heißt .../Die beiden am stärksten vertretenen Ethnien sind ...
lokalisieren	Einordnen von Fall-/Raumbeispielen in bekannte topographische Orientierungsraster	I-II	Es gilt, themenbezogen einen Untersuchungsraum räumlich einzuordnen. Orientierungsraster gehen vom Groß- zum Kleinräumigen: also Kontinent, Land, Nachbarländer, Teilregion, Gradnetzangaben → erste themenbezogene Erkenntnisse wie „Binnenstaat“ oder „Landschaftszone“ sind erwünscht	... befindet sich auf der Nord-/Südhalbkugel/... liegt westlich (östlich ...) von ... in einer Entfernung von rund A km/.... Befindet sich A Grad nördlicher/südlicher Breite und B Grad östlicher/westlicher Länge/... befindet sich in .../liegt nahe .../ im Süden (Westen ...)/...östlich (nördlich ...) von .../grenzt an .../Die Nachbarländer im Westen (Norden ...) sind ...
beschreiben	Materialaussagen/Sachverhalte mit eigenen Worten geordnet und fachsprachlich angemessen wiedergeben	I-II	Werten Sie die entsprechenden Materialien detailliert aus. Nennen Sie exakte Daten und Veränderungen. Nur das, was Sie hier erkennen, werden Sie in den folgenden Aufgaben erläutern und bewerten. Am Ende sollten Sie Ihre zentralen Aussagen in einem „Zwischenfazit“ kurz bündeln (z. B.: „Insgesamt machen die dargestellten naturgeographischen Voraussetzungen deutlich, dass es sich um eine Region mit überwiegend landwirtschaftlicher Nutzung handelt.“)	Eine Fläche von ..., wurde .... geplant ..., ist im Besitz von .../Zu Beginn .../Nach x Jahren verändert sich .../Wichtige Merkmale sind .../Die obere /mittlere/untere Schicht wird gebildet durch ..., ist gekennzeichnet durch .../Zwischen dem Jahr A und B ist die ... um den Wert C gestiegen /gefallen/Insgesamt .../Letztendlich .../Schlussendlich .../ Zusammenfassend lässt sich sagen, dass ... (Studieren Sie auch die Hinweise zur Auswertung eines Klimadiagramms auf S. 35)
darstellen	aus dem Unterricht bekannte oder aus dem Material entnehmbare Informationen und Sachzusammenhänge geordnet (grafisch/verbal) verdeutlichen	I-II		
ein- und zuordnen	einem Raum/Sachverhalt auf der Basis festgestellter Merkmale eine bestimmte Position in einem Ordnungsraster zuweisen	II	einen Raum z. B. einer Landschaftszone begründet zuordnen	Dies kann man erklären/erläutern mit ..., da/weil/daher/aufgrund .../Dies hängt zusammen mit ... /... lässt sich dadurch erläutern, dass .../Dies bedeutet, dass .../ Aufgrund von ..., kann davon ausgegangen werden, dass .../Daraus ergibt sich, dass .../Ursächlich hierfür ist .../Dies hat zur Folge, dass, .../Dies begründet sich/ Gründe sind .../ (Zwischenfazit) Zusammenfassend kann festhalten werden, dass ...
kennzeichnen	einen Raum/Sachverhalt auf der Basis bestimmter Kriterien begründet charakterisieren	II	Die Lage von einem Sachverhalt (z. B. Anbaugebiete von Kakao) beschreiben, Gegebenheiten (z. B. Klima, Böden) benennen und den Zusammenhang zwischen Lage und Verteilung herausarbeiten	

Operator	Erläuterung	AFB	Was sollen Sie tun? (vereinfacht)	Mögliche Redemittel
erläutern	Sachzusammenhänge mithilfe ergänzender Informationen verdeutlichen	II	Hierbei geht es um die Zusammenhänge zwischen den Kernaussagen der einzelnen Materialien, um Ursache-Wirkung oder Wechselwirkungen zwischen mehreren Aspekten zu verdeutlichen. Sie sollten sich bei jeder Aussage fragen, was könnte daraus folgen? (z. B.: hohes Bevölkerungswachstum → höherer Bedarf an Nahrungsmitteln → (vermutlich) Aufstockung der Viehbestände → Übernutzung → ...)	siehe „ein- und zuordnen" und „kennzeichnen"
erklären	Begründungszusammenhänge, Voraussetzungen und Folgen bestimmter Strukturen und Prozesse darlegen	II		
analysieren	komplexe Materialien/Sachverhalte in ihren Einzelaspekten erfassen mit dem Ziel, Entwicklungen/Zusammenhänge aufzuzeigen	II-III		
vergleichen	Gemeinsamkeiten und Unterschiede zwischen (vergleichbaren) Strukturen/Prozessen erfassen und Kriterien bezogen verdeutlichen	II-III	Zentrale Merkmale der (beiden) Untersuchungsgegenstände (z. B. Raumbeispiele) gegenüberstellen und herausstellen, wo sie Gemeinsamkeiten oder Unterschiede aufweisen.	Beim Vergleich von A und B, kann man feststellen, dass bis auf .../Im Vergleich zu A fällt auf, dass .../A ist weitgehend vergleichbar mit .../Folgende Gemeinsamkeiten lassen sich beobachten: z. B. .../Unterschiede bestehen dagegen in .../ Im Gegensatz zu .../Trotz vieler Gemeinsamkeiten gibt es Unterschiede .../Es gibt zwar die dargestellten Unterschiede, doch überwiegen die Gemeinsamkeiten.
anwenden	Theorien/Modelle/Regeln mit konkretem Fall-/Raumbeispiel/Sachverhalt in Beziehung setzen	II-III	Zunächst das Ziel sowie die zentralen Merkmale des „Modells" beschreiben. In einem zweiten Schritt werden die zentralen Merkmale mit dem Raumbeispiel verglichen (vgl. S. 203).	siehe „beschreiben" und „vergleichen"
erörtern	einen Sachverhalt unter Abwägen verschiedener Pro- und Contra-Argumente klären und eine schlüssige Meinung entwickeln	III	Sie sollen mithilfe der Klausurmaterialien (und ihres Vorwissens) für die Fragestellung möglichst die unterschiedlichen Perspektiven (z. B. Kleinbauern, Plantagenbesitzer, Vertreter der Regierung und Konsumenten) aus unterschiedlichen Blickwinkeln (z. B. ökonomische, ökologische, soziale und politische Perspektive) kritisch (positiv und negativ) darstellen und abschließend eine begründete Meinung in einem Fazit formulieren. Dabei sollte Ihre abschließende Meinung im Fazit nie einseitig sein.	Im positiven Bereich überwiegen die ökonomischen Auswirkungen, dagegen stellen sich die Auswirkungen gerade im ökologischen als auch sozialen Bereich sehr negativ dar .../Für ... sprechen .../ Dagegen spricht, dass/Es erscheint unwahrscheinlich, dass ... da .../ Auf Grundlage der bisherigen Ausarbeitung, kann ..., demzufolge .../Einerseits ..., andererseits .../Infolgedessen .../Daraus ergibt sich ... Eine Bewertung erscheint schwierig, da .../Wägt man insgesamt die ökonomischen, ökologischen, sozialen und politischen Aspekte ab, dann überwiegen .../ Abschließend lässt sich daher sagen, dass .../Als Fazit kann festgehalten werden, dass .../Fazit: Zusammenfassend lässt sich somit sagen, dass .../Nach einer kritischen und differenzierten Überprüfung lässt sich damit folgern, dass ...
nehmen Sie (kritisch) Stellung	unter Abwägung unterschiedlicher Argumente zu einer begründeten Einschätzung eines Sachverhalts/einer Behauptung gelangen	III		
beurteilen und bewerten	auf der Basis von Fachkenntnissen/Materialinformationen/eigenen Schlussfolgerungen unter Offenlegung/Reflexion der angewendeten Wertmaßstäbe zu einer sachlich fundierten, Einschätzung gelangen/eine begründete, differenzierte eigene Meinung entwickeln	III		
überprüfen	(Hypo-)Thesen/Argumentationen/Darstellungsweisen auf ihre Angemessenheit/Stichhaltigkeit/Effizienz hin untersuchen	III	Aussagen oder Sachverhalte anhand von Argumenten aus dem Material dahingehend überprüfen, ob sie zutreffen oder nicht. Danach eine abschließende begründete Einschätzung formulieren.	

Lösungstipps

1 LEBEN UND WIRTSCHAFTEN VON DEN POLEN BIS ZU DEN MITTELBREITEN

S. 18

3 Stellen Sie die Entstehung der Hadley-Zelle in Form eines Fließdiagrammes dar (M3, S. 201).

Nutzen Sie zum Erstellen des Fließdiagramms sowohl den Autorentext auf S. 18 als auch das Material **M3.** Berücksichtigen Sie dabei, dass die einfallende Sonnenenergie am Äquator als Motor des Aufbaus und der Funktion der Hadley-Zelle gesehen werden kann; somit kann dies als Startpunkt für Ihr Fließdiagramm genutzt werden. Da es sich bei dieser Zelle im weitesten Sinne um einen Kreislauf handelt, sollte der letzte Punkt sich auch auf den Startpunkt beziehen.

S. 20

2 Vergleichen Sie Eigenart und Lage von Klima- und Landschaftszonen und erläutern Sie die Unterschiede.

Da ein Vergleich sowohl die Gemeinsamkeiten als auch die Unterschiede verdeutlichen soll (vgl. Operator „Vergleichen" auf S. 209), müssen Vergleichskriterien festgelegt werden. Um hier Vergleichskriterien festzulegen, sollte man sich folgende Fragen stellen: Welche (ggf. messbaren) Elemente (z. B. Temperatur, Boden etc.) werden berücksichtigt (vgl. Definition der Begriffe)? Welche gemeinsamen und welche unterschiedlichen Elemente zur Erfassung dieser Zonen gibt es?

4 Erstellen Sie ein Wirkungsgefüge zur Entstehung von Landschaftszonen der Erde mithilfe der bisher behandelten Aspekte in diesem Lehrwerk (S. 201).

Folgende Begriffe können in Ihrem Wirkungsgefüge einen passenden Platz, d. h. eine passende Verknüpfung zu weiteren Begriffen finden: Gebirge/Relief (Luv-/Lee-Lage), Meeresströmungen, Klima, Sonneneinstrahlung, Niederschlag, Temperatur, Lage/Entfernung zum Meer, Bodenbildungsprozesse, Vegetation, Meeresströmungen, Oberflächengewässer, Verdunstung.

S. 24

3 Wenden Sie die Methode „themenbezogenes Lokalisieren" an: Lokalisieren Sie die Soester Börde unter dem Themenschwerpunkt „Klima und Landwirtschaft" (M4, Atlas).

Der Themenschwerpunkt „Klima und Landwirtschaft" macht es notwendig, beide Begrifflichkeiten miteinander zu verknüpfen: Da das Klima die landwirtschaftliche Nutzung bedingt, müssen zunächst klimatische Gegebenheiten (z. B. mittels eines Klimadiagrammes oder hier mittels einer Atlaskarte zur Temperatur und zu den Niederschlagsmengen) beschrieben werden, bevor man die landwirtschaftliche Anbaufläche und die Anbauprodukte benennt; ihr Anbau ist wiederum auch von den Bodenbedingungen abhängig. Im Fall einer Bördelandschaft (Soester Börde) ist die Bodenqualität zu berücksichtigen (Atlaskarte zur Bodenqualität/Bodenwertzahl).

S. 26

2 Erläutern Sie die Auswirkungen der globalen Erwärmung auf die polare Zone (M2 bis M5).

Nutzen Sie folgende Schlagworte und Begriffe für Ihre Erläuterung: Vegetationsperiode, Bodenbildungsprozesse, Vegetation, Permafrostboden, Infrastruktur und Gebäude, (aktive und passive) Kühlungssysteme, Rohstoffe, Handelsrouten (z. B. Nordostpassage).

S. 28

1 Lokalisieren Sie Svalbard, indem Sie die Lage im Gradnetz und die naturräumlichen Gegebenheiten berücksichtigen (M1, M4, Atlas).

Unter den „naturräumlichen Gegebenheiten" verstehen Geographen viele verschiedene Aspekte, die sich meistens auf die Bedingungen beziehen, die eine Nutzung durch den Menschen erschweren oder aber ermöglichen. Sie sollen sich in diesem Teil der Aufgabe 1 auf die klimatischen Gegebenheiten (**M3,** Atlas), die Bodenbedingungen (Autorentext, Atlas) und die Vegetation (Autorentext, **M1, M5**), ohne bereits (zukünftige und aktuelle) Probleme zu beziehen und Wertungen oder Interpretationen zu tätigen.

3 Die Wochenzeitung „Die Zeit" betitelte einen Artikel wie folgt: „Norwegens doppeltes Spiel mit dem Klimawandel". Nehmen Sie zu dieser Schlagzeile unter Berücksichtigung des Kohleabbaus und der Erdölförderung kritisch Stellung (M2, M3, M5 bis M9).

Die Materialien und Texte der Buchdoppelseite beschreiben die ersten Auswirkungen des Klimawandel auf Svalbard. Berücksichtigen Sie bei Ihrer Stellungnahme nicht nur die Tatsache, dass der Klimawandel dort erkennbar ist, sondern betrachten Sie zusätzlich die wirtschaftliche Nutzung (Steinkohlenabbau und ihre spätere Verwendung zur Stromgewinnung oder Stahlherstellung durch Verbrennung etc.) dieser Inselgruppe in **M4.**

S. 34

3 Erarbeiten Sie mithilfe Ihrer Ergebnisse aus Aufgabe 2 eine Checkliste zur Auswertung von Klimadiagrammen (M5 bis M7).

Formulieren Sie zunächst für **M6** oder Ihre Ausarbeitung zu einem Klimadiagramm Zwischenüberschriften.
Zum Beispiel „Lage beschreiben":
„Rom liegt an der Westküste von Mittelitalien in Südeuropa (Atlaskarte). Die Klimastation befindet sich 46 m über dem Meeresspiegel bei 42 Grad nördlicher Breite (= Nordhalbkugel) und 12 Grad östlicher Länge." (vgl. **M6).**

Listen Sie auf, welche Aspekte nun unter dem Begriff „Lage beschreiben“ alle behandelt werden.
1. Regionale Lage (hier: Westküste), Land, Kontinent
2. Höhenlage
3. Koordinaten

4 Erklären Sie mithilfe der vorherrschenden Windrichtungen, der Meeresströmungen und der Lage das Klima von drei Klimastationen aus M1 (M1 bis M4, Seite 20, Atlas).

Hilfe 1: Klären Sie zunächst, welche Auswirkungen die einzelnen Faktoren wie „Windrichtung, Meeresströmung, Lage und Steigungsregen“ auf das Klima haben können.
Windrichtung: Mit dem Wind können trockene oder auch feuchte Luftmassen herangeführt werden. Insbesondere Winde, die über das Festland wehen, können nur wenig Feuchtigkeit aufnehmen. Gibt es eine vorherrschende Windrichtung, dann ist dieser Prozess ausgeprägt.
Meeresströmung: Luftmassen über kalten Meeresströmungen können nur wenig Feuchtigkeit aufnehmen, da wenig Wasser verdunstet. Dagegen nehmen Luftmassen über warmen Meeresströmungen große Mengen an Wasserdampf auf. Dies gilt auch für Winde über warmen Meeren. Somit transportieren die Luftmassen mit dem Wind große Wassermengen.
Lage: Wassermassen wirken ausgleichend auf Temperaturen. Dies hat zur Folge, dass küstennahe Gebiete von milden Wintern und nicht so heißen Sommern geprägt werden (maritimes Klima). Je weiter aber ein Ort vom Meer entfernt ist, desto geringer sind diese ausgleichenden Effekte. Die Sommer werden heißer und die Winter kälter (kontinentales Klima). Zudem nehmen mit zunehmender Höhe die Temperaturen ab.
Steigungsregen (vgl. S. 20): Steigungsregen entsteht, wenn Wind feuchte Luftmassen an Gebirgszügen oder Erhebungen aufsteigen lässt. Die Luft wird mit zunehmender Höhe immer weiter abgekühlt, bis die darin enthaltene Luftfeuchtigkeit kondensiert. Zunächst bilden sich Wolken, bei weiterer Abkühlung folgen Niederschläge.

Hilfe 2: Beispiel Rom. Insgesamt ist das Klima von Rom durch eher heiße und niederschlagsarme Sommermonate sowie feuchte und milde Wintermonate gekennzeichnet. In den Sommermonaten herrscht Nord-Nordwest Wind vor. Die Luftmassen wehen über das trockene spanische Festland (**M4**). Somit bringen die Luftmassen keine Niederschläge. Zugleich führt die Nähe zur Mittelmeerküste zu einem gewissen Temperaturausgleich, sodass die Sommer nicht zu heiß werden (maritimes Klima).
In den Wintermonaten herrschen Westwinde vor. Über dem warmen Mittelmeer nehmen die Luftmassen große Mengen an Feuchtigkeit auf (**M3**). Treffen diese Luftmassen auf die italienische Küste kommt es zu Niederschlägen. Zugleich werden die winterlichen Temperaturen durch das maritime Klima abgemildert. Rom weist damit ein mediterranes Klima auf und liegt in der subtropischen Klimazone.

2 LEBEN UND WIRTSCHAFTEN IN DEN SUBTROPEN UND TROPEN

S. 50

4 Suchen Sie bei Google Earth die al-Azraq-Oase und machen Sie einen 360-Grad-View. Beschreiben Sie dann Ihre Eindrücke (MK Google Earth).
Beachten Sie die Geographische Arbeitsmethode „Arbeiten mit virtuellen Globen“ auf der Seite 199.

S. 50

3 Erstellen Sie ein Wirkungsgefüge zu den ökologischen Folgen der landwirtschaftlichen Nutzung im Campo de Dalías in der Provinz Almería (M3 bis M7, S. 201 MK).
Berücksichtigen Sie die Arbeitsmethode „Erstellen eines Wirkungsgefüges“ auf der Seite 201. Unter dem QR-Code gibt es auch die Möglichkeit dieses digital zu erstellen.

S. 54

1 Lokalisieren Sie al-Faschir und kennzeichnen Sie die naturgeographische Ausstattung (Klima, Böden) in der Region von al-Faschir (Pilotkarte, M1, M2, M4, Seite 23, Atlas).
1. Werten Sie das Klimadiagramm **M2** aus (vgl. Seite 35)
2. Die Region al-Faschir wird von der Dornstrauchsavanne dominiert (**M4**). Somit liegt al-Faschir in der Landschaftszone der subtropischen Trockengebiete. Auf der Seite 23 befinden sich Informationen zu den Böden in dieser Landschaftszone (u. a. Nährstoffangebot).

S. 56

3 Erstellen Sie mithilfe von M2 ein Wirkungsgefüge zur Desertifikation für die Region al-Faschir. Ergänzen Sie dabei auch die Aspekte „sesshafte Nomaden, Klimaänderungen und Flüchtlinge“ (S. 54 bis 56, S. 201 MK).
Erarbeiten Sie zunächst die fünf vorgestellten Ansätze auf Seite 57. Versuchen Sie diese nun in Ihr Wirkungsgefüge an jenen Stellen einzufügen, an denen genau diese Problematik sichtbar wird. Darüber hinaus gilt es weiteren Problembereichen (z. B. zu große Tierherden, zu viele Menschen in der Region, viele Flüchtlinge, zu hoher Nahrungsmittelbedarf) mit möglichen Maßnahmen entgegenzuwirken. Fügen Sie Ihre Überlegungen auch zu diesen Bereichen in das Wirkungsgefüges ein. Bedenken Sie dabei mögliche Auswirkungen auf die Desertifikation.

S. 58

2 Erklären Sie die Ursachen des Tageszeitenklimas in der Landschaftszone der Tropen (M2, Seite 18).
Grundlegend gilt: Wenn die Sonne (fast) rechtwinklig auf die Erdoberfläche scheint, ist die Einstrahlungsintensität am höchsten. Die Erdoberfläche strahlt dies als Wärme ab. Klären Sie nun, in welchem Bereich der Zenitstand der Sonne im Jahresverlauf verläuft und warum (Seite 18/19). Klären Sie zudem, was der Begriff „Tageszeitenklima“ genau bedeutet (Fachbegriffe). Noch ein Tipp: Je weiter Sie sich vom Äquator entfernt, desto mehr nehmen die jährlichen Temperaturschwankungen zu.

S. 60

1 Lokalisieren Sie weltweit die Regionen mit immergrünem tropischen Regenwald (M5, M6, Seite 58 M2).
Beachten Sie die Abhängigkeit zur Landschaftszone (Seite 58 **M2**) und die drei großen Regenwaldgebiete (**M5** und **M6**).

S. 62

2 Kennzeichnen Sie die Bedeutung des Palmölsektors für die Provinz West-Kalimantan in Form eines Textes oder mithilfe einer Präsentationssoftware (M1 bis M4, M6, Seite 207 MK).

1. Klären Sie die genaue Bedeutung des Operators „kennzeichnen" (Seite 208) und werten Sie alle angegebenen Materialien aus.
2. Überlegen Sie sich eine Gliederung, wie Sie vorgehen möchten. Z. B.: West-Kalimantan (**M4**), Palmöl vorstellen (**M1** bis **M3**), Entwicklung (**M7**), Daten und Fakten (Text, **M5**), Fazit.
3. Ordnen Sie Ihrer Gliederung „Folien" bzw. Abbildung zu und fotografieren Sie diese.
4. Am Ende fassen Sie die wichtigsten Aspekte in einem Satz zusammen (Fazit).
5. Karteikarten mit Notizen unterstützen Sie bei der Präsentation.

S. 64

5 Diskutieren Sie die unterschiedlichen Perspektiven und die daraus resultierenden möglichen Folgen (M8 bis M10).

1. Vernetzen Sie die einzelnen Perspektiven mit der bisherigen Entwicklung sowie möglichen Auswirkungen. Beachten Sie dabei auch die gegenseitigen Wechselwirkungen. So führt beispielsweise der Verzicht der EU auf Palmöl bei Biokraftstoff auf einen reduzierten Bedarf. Dem gegenüber steht aber die Ankündigung Indonesiens die Ölpalmplantagen bis 2025 auf 26 Millionen Hektar zu vergrößern und verstärkt eigenes Palmöl selbst zu verbrauchen.
2. Formulieren Sie eine – möglichst fundierte – Vermutung, wo das gesamte Geschehen hinführen könnte.

S. 66

1 Lokalisieren Sie den Bundesstaat Mato Grosso und erstellen Sie eine Mindmap zur Entwicklung und Bedeutung des Sojaanbaus in Brasilien und in Mato Grosso (Atlas oder Google Earth MK, M1 bis M4, Seite 200).
Beachten Sie die Arbeitsmethode „Arbeiten mit virtuellen Globen" auf der Seite 199 und „Mindmap/Mindmapping" auf Seite 200.
Lokalisierung mit Google Earth die übrigen Bundesstaaten und Nachbarländer (Grenzen und Beschriftungen aktivieren), Flächenmessung mit Polygon(-Messwert): ca. 340 500 km², Lineal: Über 1000 km Ausdehnung in West-Ost-Richtung, detaillierte Gradnetzangaben (unten links).

3 LEBEN AUF DER ERDE – LEBEN MIT NATUREREIGNISSEN UND IHREN FOLGEN

S. 76

3 Stellen Sie Ursachen für die unterschiedliche Vulnerabilität einer Region oder eines Staates mithilfe einer Concept Map dar (M1, M2, M4, S. 72/73, S. 200).
Überlegen Sie zunächst, welche Faktoren die Vulnerabilität einer Region oder eines Staates beeinflussen.
Bestimmen Sie die positive und negative Auswirkungen unterschiedlicher Faktoren.

4 Nehmen Sie am Beispiel einer Tsunamikatastrophe Stellung zur Überschrift „Gleiches (Natur-)Ereignis – unterschiedliche Wirkung?" (M1, M3, M5, M6, S. 72/73, MK Internet).

1. Werten Sie zunächst den Weltrisikoindex, die Exposition und die Vulnerabilität für Japan und Indonesien aus.
2. Überlegen Sie anhand dieser Daten, wie beide Länder auf einen Tsunami vorbereitet wären.
3. Analysieren Sie anhand der Strukturdaten der Länder sowie der beschriebenen Beispiele die sozialen, wirtschaftlichen und politischen Bedingungen und Vorgehensweisen zur Bewältigung der Tsunami-Katastrophe.
4. Bewerten Sie, inwieweit die Vorgehensweisen mit dem Wert der Vulnerabilität im Weltrisikoindex übereinstimmen.

S. 80

3 Kennzeichnen Sie die Vulnerabilität Amatrices gegenüber Naturgefahren (M1 bis M7).
Analysieren Sie die seismischen Verhältnisse (Erdbebengefahr) in der Region um Amatrice.
Beurteilen sie anhand der Texte, wie gut Amatrice auf Erdbebenereignisse vorbereitet ist und für wie verwundbar Sie den Ort einschätzen.

5 Der Tourismus ist einer der wichtigsten Wirtschaftszweige in der Region um Amatrice. Analysieren Sie, wie sich die Darstellung der Urlaubsregion in den Medien infolge des Erdbebens verändert hat, und zeigen Sie langfristige soziale und ökonomische Folgen mithilfe einer Concept Map auf (M1, M6, M7, S. 200 MK).

1. Betrachten Sie sich unterschiedliche Berichte über den Ort Amatrice im Zusammenhang mit den Stichworten Urlaub, Landschaft, o. ä.
2. Betrachten Sie sich unterschiedliche Berichte über den Ort Amatrice im Zusammenhang mit den Stichworten Erdbeben, Katastrophe, o. ä.
3. Überlegen Sie, wie sich die Darstellung des Ortes verändert hat und wie dies die Meinung der Leser (z. B. potenzielle Touristen) beeinflussen könnte.
4. Überlegen sie, welche ökonomischen (wirtschaftlichen) Folgen es haben könnte, wenn bestimmte Personengruppen (z. B. Touristen) den Ort nicht mehr besuchen und welche Auswirkungen dies auf die Wirtschaft und die soziale Struktur (z. B. durch den Verlust von Arbeitsplätzen) haben könnte.

S. 82

3 Veranschaulichen Sie mithilfe eines Wirkungsgefüges Ursachen und Folgen eines Tsunamis (M1 bis M5, M7, S. 201).
Unterteilen Sie die Concept Map in die Bereiche: Ursachen, Auswirkungen und Folgen (direkte und indirekte Folgen).
Beispiele für
- Ursachen: geotektonische Vorgänge
- Auswirkungen: „Versetzen" des Meeresbodens, Entstehen von großen Wellen, Auftreffen der Wellen auf das Festland, Aktivierung des Frühwarnsystems, Flucht, ...
- direkte Folgen: Schäden an Gebäuden, Verletzte, Todesopfer, ...
- indirekte Folgen: Spendenaufrufe, Optimierung von Frühwarnsystemen, ...

4 Nehmen Sie am Beispiel des Tsunamis in Indonesien vom 28. September 2018 Stellung zu der Aussage „Das Frühwarnsystem hat versagt!" (M5 bis M7, Internet).
Berücksichtigen Sie die einzelnen Elemente der Warnkette und überprüfen Sie, an welchen Stellen diese funktionierte und an welchen nicht.
Nehmen Sie unterschiedliche Perspektiven ein. Mögliche Perspektiven: Entwickler des Frühwarnsystems, lokale indonesische Katastrophenschutzbehörden, Bevölkerung/Überlebende.

S. 84

3 Erklären Sie, inwiefern sich Vulkanausbrüche auf das lokale und globale Klima auswirken können (M3).
Überlegen Sie, welchen Einfluss hoch aufsteigende Aschepartikel (Aschewolken) auf das Wetter und das Klima haben, z. B. die Niederschlagsbildung oder die Durchlässigkeit von Ascheschichten für die Sonneneinstrahlung und die daraus resultierende Temperaturentwicklung.

4 Etwa 10 000 Touristen besuchen jährlich für den Preis von rund 200 US-$ für einen Tagesausflug den Whakaari-Vulkan (übersetzt: „der dramatische Vulkan") auf White Island (Neuseeland). Bewerten Sie mithilfe einer SWOT-Analyse dieses touristische Angebot unter Berücksichtigung verschiedener Perspektiven (M1 bis M3, S. 205).
Berücksichtigen Sie die Erläuterungen zur Geographischen Arbeitsmethode der SWOT-Analyse auf Seite 205.
Erstellen Sie sich eine Tabelle mit den verschiedenen Bereichen einer SWOT-Analyse (Stärken, Schwächen, Chancen, Risiken).
Überlegen sie Argumente in den einzelnen Bereichen im Hinblick auf die Energiegewinnung in Island.
Erstellen Sie ein zusammenfassendes Fazit, das die einzelnen Argumente gegeneinander abwägt und Lösungs- bzw. Entwicklungsmöglichkeiten aufzeigt.

S. 86

3 Analysieren Sie die Folgen des Ausbruchs des Volcán de Fuego vom 3. Juni 2018 (M2, M3).
Beachten Sie die Art der Folgen sowie und die regionale Ausdehnung der Schäden. Verwenden Sie die Maßstabsleiste, um die regionale Ausdehnung zu bestimmen.

4 Erklären Sie die Bedeutung der Niederschlagsvorhersage für die Abschätzung der Folgen des Vulkanausbruchs (M2, M3).
Überlegen Sie was passiert, wenn Niederschlägen und Aschewolken zusammentreffen.

5 Beurteilen Sie das Potenzial von Satellitenbildaufnahmen und -auswertungen zum Katastrophen- und Krisenmanagement am Beispiel des Copernicus-Programms der Europäischen Union (M1 bis M3, Internet).
Berücksichtigen Sie die verschiedenen Daten, die in Kombination zur Katastrophenanalyse verwendet werden können und welcher Nutzen daraus für die Vorhersage von Schadensereignissen resultiert.

S. 88

3 Beurteilen Sie die Auswirkungen von Hurrikan „Irma" unter Berücksichtigung der Vulnerabilität betroffener Staaten (M1 bis M5, S. 76/77 M1, Atlas, Internet).
Beachten Sie die jeweilige Anfälligkeit des betroffenen Staates gegenüber Hurrikanen sowie die Kapazitäten zur Bewältigung eines Hurrikanereignisses und zur Anpassung an potenzielle zukünftige Ereignisse.

4 Diskutieren Sie den Einfluss des Klimawandels auf die Entstehung und den Verlauf von Hurrikanen. Stellen Sie Ihre Ergebnisse in einem Wirkungsgefüge dar (M1 bis M7, S. 201, Internet).
Überlegen sie, welche Folgen der Anstieg der Klimawandel für die globalen Meerestemperaturen hat. Welchen Einfluss hat eine Veränderung der Meerestemperaturen auf die Regionen und der Zeitraum, in denen sich Hurrikane bilden können?

4 LEBEN MIT DEM RISIKO VON WASSERMANGEL UND WASSERÜBERSCHUSS

S. 96

2 Kennzeichnen Sie den Wasserstress in unterschiedlichen Regionen der Erde (S. 94/95).
Berücksichtigen Sie unterschiedliche klimatologische Bedingungen auf der Erde. Überlegen Sie auch, inwiefern eine hohe Bevölkerungsdichte oder der Entwicklungsstand eines Landes (Industrieland, Entwicklungsland) die Wasserverfügbarkeit beeinflussen können.

5 „Die Landwirtschaft lässt uns verdursten!" Nehmen Sie Stellung zu dieser Aussage (M2 bis M6).
Berücksichtigen sie den Wasserverbrauch in der Landwirtschaft z. B. in Dürrejahren mit geringen Niederschlägen, in Regionen mit geringen Niederschlägen oder beim Anbau wasserintensiver Pflanzen wie Avocados oder Mandeln.

5 LEBEN MIT DEM RISIKO VON WASSERMANGEL UND WASSERÜBERSCHUSS

S. 118

5 Nehmen Sie Stellung zur statischen Reichweite von fossilen Energieträgern (M4, M6).

1. Klären Sie auf Seite 209 den Operator „Stellung nehmen".
2. Definieren Sie den Begriff „statischen Reichweite" (**M5**).
3. Beachten Sie „Größen", die sich verändern können wie zum Beispiel der Energieverbrauch pro Person oder eine verbesserte Fördertechnikmöglichkeiten.
4. Was folgt daraus für die „statischen Reichweite"?

S. 120

2 Berechnen Sie die Ausgaben Liberias sowie die Einnahmen Russlands für Rohöl 2012, 2015 und 2020. Leiten Sie daraus mögliche Auswirkungen für die Länder ab (M1).

Sie benötigen einen Taschenrechner. Um die Rechnung zu vereinfachen, geht man zunächst von den beiden Annahmen aus, dass das afrikanische Land Liberia 2012, 2015 und 2018 die gleiche Menge an Erdöl benötigt (hier: 9,4 Mio. Barrel) und Waren zum gleichen Wert exportiert hat (hier: 410 Mio. US-$). 2012: Bei einem Erdöl preis von 111,7 US-$ bedeutet dies, dass Liberia (9,4 Mio. x 111,7 = 1049,98) ca. 1050 Mio. US-$ für den Import von Rohöl bezahlen musste. Da im gleichen Jahr der Wert der Exportgüter bei 410 Mio. US-$ lag, führt dies zu einem Handelsdefizit von 640 Mio. US-$. Somit würde sich das Land allein durch seine Erdölimporte verschulden oder müsste auf Erdölimporte verzichten.

S. 128

4 Kennzeichnen Sie die Bedeutung des Energieträgers Steinkohle für die VR China, USA, Indonesien und Indien (M4 bis M6).

1. Schauen Sie sich den Anteil der Kohle am Energiemix des Landes an (**M5**). Ist der Anteil hoch, können Sie von einer aktuell wichtigen Bedeutung der Kohle für dieses Land ausgehen.
2. Vergleichen Sie nun die Steinkohlefördermengen mit dem jeweils eigenen Verbrauch der Länder an Steinkohle (**M4**). Hier wird die Bedeutung der Steinkohle als Exportgut für das jeweilige Land deutlich.
3. Steinkohle gilt als günstiger und – gerade, wenn ein Land über große Vorkommen verfügt auch als sehr sicherer Energieträger. Schauen Sie sich deshalb den Anteil an den weltweiten Reserven an (**M4**).
4. Möglicherweise bestätigen Informationen in **M6** die aktuelle Bedeutung der Steinkohle für ein Land oder geben Ihnen Hinweise auf die zukünftige Bedeutung dieses Energieträgers.

S. 130

5 Nehmen Sie Stellung zur Aussage: „Erdgas ist die Brückentechnologie ins regenerative Zeitalter" (M9, M10).

1. Klären Sie auf Seite 209 die genaue Bedeutung des Operators „Stellung nehmen".
2. Werten Sie die angegebenen Materialien sowie den Autorentext bezüglich positiver und negativer Aspekte aus.
3. Eine Möglichkeit wäre zunächst die positiven Aspekte (z. B: Erdgas emittiert nur etwa halb so viel CO_2 wie Steinkohle), dann die negativen (z. B.: eine neue Erdgaspipeline den Verbrauch von fossilen Energien verlängern).
   Zum Abschluss formulieren Sie ihre Meinung begründet in einem Fazit (z. B.: Insgesamt scheinen die ... Aspekte zu überwiegen, da ...: Deshalb ...)

S. 134

5 Recherchieren Sie mögliche Ursachen und Folgen der aktuellen Ölpreisentwicklung und erläutern Sie diese (Internet).

Beispielhaft die Ölpreisentwicklung zur Zeit der COVID-19-Pandemie (März- April 2020)

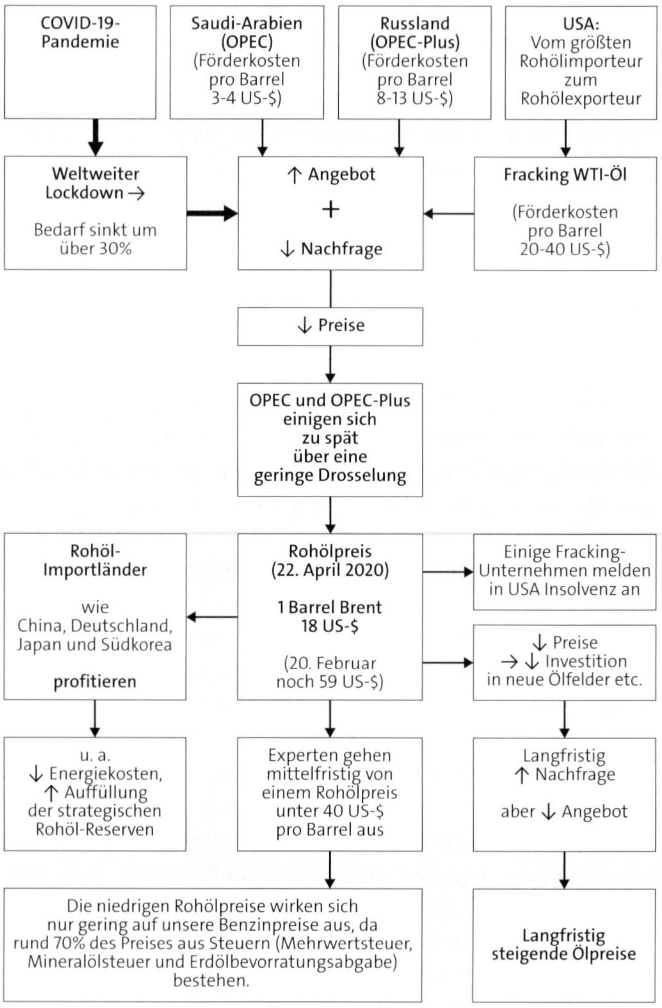

S. 136

2 Charakterisieren Sie die Wirtschaftsstruktur von Nigeria unter besonderer Berücksichtigung des Energiesektors (M1, M2, M7).

1. Klären Sie die genaue Bedeutung des Operators „charakterisieren" (Seite 208) und werten Sie alle angegebenen Materialien aus.
2. Zur Wirtschaftsstruktur gehören alle drei Wirtschaftssektoren sowie deren Bedeutung.
3. „Unter besonderer Berücksichtigung des Energiesektors" bedeutet, dass Sie einen besonderen Fokus auf diesen Sektor richten sollen? Berücksichtigen Sie auch, was die nigerianische Wirtschaft behindern könnte.
4. Am Ende fassen Sie die wichtigsten Aspekte in einem Satz zusammen (z. B.: Insgesamt ist die Wirtschaft Nigerias geprägt durch ...).

7 Nehmen Sie mithilfe Ihres Wirkungsgefüges Stellung zur Leitfrage.

Nutzen Sie Ihr Wirkungsgefüge als Grundlage dieser Stellungnahme.

Bei dieser Aufgabe ist es sinnvoll zunächst die wirtschaftliche Bedeutung und das mögliche Investitionspotenzial der Rohöleinnahmen zu beschreiben (Text, **M2, M7).**

Nun kann an den Daten von **M1** plus Autorentext verdeutlicht werden, ob dieses Investitionspotenzial zum Wohlstand der Bevölkerung bzw. der Wirtschaft und Infrastruktur (Text) eingesetzt wurde. Danach können mögliche Gründe gesucht werden, wieso dieses Investitionspotenzial möglicherweise nicht in ausreichendem Maße zum Allgemeinwohl verwendet wurde (**M5).**

Schließlich kann ein Fazit formuliert werden, in dem die Leitfrage „Erdölreichtum in Nigeria – ein Garant für Wohlstand?" beantwortet wird.

S. 144

4 Erklären Sie die besondere Bedeutung von Methanhydrat für Japan (M5, M10).

1. Klären Sie den Operator (Seite 209), lesen Sie den Text und werten Sie alle angegebenen Materialien aus.
2. Beschreiben Sie die Situation des Industrielandes Japan bezüglich seines Energiebedarfes sowie seiner Energieversorgung.
3. Kennzeichnen Sie die Methanhydratvorkommen vor der japanischen Küste.
4. Vernetzten Sie diese beiden Aspekte und formulieren Sie ein Fazit.

S. 146

2 Erklären Sie, warum BP und der IEA jährlich diese aufwändigen Szenarien berechnen und veröffentlichen.

Eine genaue Analyse in Form von Szenarien gilt nicht nur als wichtige Grundlage für eigene Entscheidungen, sondern gibt zahlreichen Beteiligten eine Orientierung. Zugleich beeinflusst man diese, sodass die Wahrscheinlichkeiten für die eigenen Szenarien steigen.

Übertragen Sie diese Gedanken auf die Prognosen von BP und der IEA.

S. 148

2 Werten Sie die Karikatur aus (M1).

1. Beschreiben Sie die Karikatur (Titel, Entstehungszeit, Zeichner, ..., was ist zu sehen?)
2. Interpretieren Sie die Karikatur im Kontext der fossilen Energieträger und des Klimawandels (Stehen die u. a. die Figuren und Objekte stellvertretend für jemanden/etwas? Was könnte diese Karikatur aussagen?)

6 LEBEN MIT DEM RISIKO VON WASSERMANGEL UND WASSERÜBERSCHUSS

S. 158

2 Vergleichen Sie die Anzahl und das Ausbaupotenzial von Offshore-Windparks in Nord- und Ostsee miteinander und nennen Sie Vermutungen zu den Unterschieden (Atlas, M3).

Nutzen Sie zum Vergleich des Ausbaupotenzial Kriterien, die für die Errichtung von (Offshore-)Windparks Voraussetzung sind; berücksichtigen Sie dabei Windgeschwindigkeiten (Atlas), Seemeilengrenzen und Hoheitsgebiete (**M3**, Atlas).

S. 162

2 Kennzeichnen Sie die Bedeutung der Energiegewinnung durch Geothermie in Deutschland (M2 bis M5, S. 155 M7).

Überlegen Sie, in welchen Bereichen eine geothermische Energiegewinnung eingesetzt werden kann und wer diese nutzen kann (Privatpersonen, Industriebetriebe, Kommunen).

Vergleichen Sie die Bedeutung und den Nutzen mit der Energiegewinnung aus fossilen Energieträgern.

3 Bewerten Sie Potenzial, Grenzen und Risiken des Ausbaus geothermischer Energiegewinnung in Deutschland (M2 bis M6).

Berücksichtigen Sie bei Ihrer Bewertung Aspekte wie die regionale Verfügbarkeit, Fördermöglichkeiten, seismische Risiken und auch finanzielle Aspekte.

S. 164

4 Überprüfen Sie im Rahmen einer SWOT-Analyse das Potenzial Islands, Europa mit Energie zu versorgen (M1 bis M6, S. 205, Internet).

Berücksichtigen Sie die Erläuterungen zur Geographischen Arbeitsmethode der SWOT-Analyse auf S. 205.

Erstellen Sie sich eine Tabelle mit den verschiedenen Bereichen einer SWOT-Analyse (Stärken, Schwächen, Chancen, Risiken).

Überlegen sie Argumente in den einzelnen Bereichen im Hinblick auf die Energiegewinnung in Island.

Erstellen Sie ein zusammenfassendes Fazit, das die einzelnen Argumente gegeneinander abwägt und Lösungs- bzw. Entwicklungsmöglichkeiten aufzeigt.

S. 172
4 Erläutern Sie mithilfe Ihres Vorwissens und der Materialien, wie eine „neue", klimaneutralere Mobilität aussehen könnte (M1 bis M7).
Berücksichtigen Sie in Ihren Überlegungen unbedingt nicht nur die Nutzung unterschiedliche Verkehrsträger im Individualverkehr, sondern greifen Sie auch – wie es **M8** zeigt – auf ÖPNV-Lösungen, Carsharing-Angebote und den Ausbau der (städtischen) Radwegenetze zurück.
Der Begriff „klimaneutral" soll hier in erster Linie gleichbedeutend mit CO_2-arm oder -neutral sein.

S. 174
3 Erläutern Sie die Probleme der Akku-Herstellung und die hier dargestellten Lösungsansätze (M2 bis M4 sowie S. 172/173).
Berücksichtigen Sie in Ihrer Erläuterung die CO_2-Bilanz bei der Herstellung (S. 172), die Reichweite bzw. Speicherkapazität (**M2,** auch S. 172), die „Langlebigkeit" (Ladezyklen, **M2** und **M4),** die Entsorgung und das Recycling (S. 172 und **M4)** und den (ggf. aktuellen) Forschungsstand (**M3,** Internet).

Register

Fachbegriffe sind fettgedruckt.

→ Ein Lexikon, in dem alle Fachbegriffe dieses Bandes erläutert werden

www.cornelsen.de/codes/
Code: feqana

Quellenverzeichnis

Fotos:

COVER: Science Photo Library/EUROPEAN SPACE AGENCY; 3 l. dpa Picture-Alliance/AP; 3 Mi. Imago Stock & People GmbH/Danita Delimont/LynnSeldon; 3 r. Look at Sciences/laif; 4 l. sciencephotolibrary/Roberts, G.R.; 4 Mi. Shutterstock.com/Harald Toepfer; 5/6 stock.adobe.com/mitifoto; 5 Mi. mauritius images/Hans Blossey; 5 r. mauritius images/Chromorange; 8/9 dpa Picture-Alliance/AP; 10 M1 Mester, Gerhard; 14 M2 mauritius images/dieKleinert; 16/17 Imago Stock & People GmbH/Danita Delimont/Lynn Seldon; 22 1.v.l. mauritius images/alamy stock photo/Ivashutin Sergey; 22 2.v.l. stock.adobe.com/Christopher Howey; 22 3.v.l. stock.adobe.com/Szatewicz/Adrian; 22 4.v.l. Shutterstock.com/Andriy Solovyov; 22 5.v.l. Shutterstock.com/JGA, 22 6.v.l. stock.adobe.com/Priakhin Mikhail/Mieszko9, 23 1.v.l. mauritius images/Pitopia; 23 2.v.l. dpa Picture-Alliance/dpa - Bildarchiv/Dr. R. Philips; 23 3.v.l. stock.adobe.com/majonit;23 4.v.l. stock.adobe.com/25ehaag6; 23 5.v.l. stock.adobe.com/Inspirational Living; 23 6.v.l. stock.adobe.com/soft_light 27 M5 dpa Picture-Alliance/dpa -infografik; 28 M1 Shutterstock.com/Anton_Ivanov; 29 M5 Panther Media GmbH/Danita Delimont; 31 M5 stock.adobe.com/elenanoeva; 36 M2 Thüringer Landesamt für Umwelt, Bergbau und Naturschutz (Foto und Profilbearbeitung: K. Hohnvehlmann 1998 für das heutige TLUBN); 37 M3 Ulrich Schrader; 37 M4: eoVISION GmbH; 39 M6 Imago Stock & People GmbH/Aurora Photos; 45 M5 stock.adobe.com/SCHNELLEWELTEN/Heike; 46 Bild dpa Picture-Alliance/Ton Koene; 47 Bild mauritius images/alamy stock photo/Ivan Damanik; 49 M2 stock.adobe.com/David Brown; 49 M3 F1online/ AGE/GFC Collection; 49 M4 Shutterstock.com/Anthony Ricci; 49 M8 science photo library/US DEPARTMENT OF AGRICULTURE/GARY BANUELOS; 50 M1 eoVision GmbH; 51 M2 Shutterstock.com/Khaled Nobani; 52 M1 mauritius images/alamy stock photo/Claudia Weinmann; 53 M4 Shutterstock.com/Alex Tihonovs; 54 M1 mauritius images/alamy stock photo/MJ Photography; 57 M3 dpa Picture-Alliance/Godong; 57 M4: Atmosfair gGmbh; 57 M6 Stahl/MISEREOR; 57 M7 Imago Stock & People GmbH/imagebroker/Florian Kopp; 59 M3 Science Photo Library/Wolfe, Art; 59 M4 Imago Stock & People GmbH/Eduardo Justinia; 59 M5 Shutterstock.com/Arnain; 62 M1 dpa Picture-Alliance/EPA/Bagus Indahono; 62 M2 imago/H.BERBAR/HBL NETWORK; 66 M1 Shutterstock.com/Kelvin H. Haboski; 67 M5 u. M7 science photolibrary/PLANETOBSERVER; 69 M2 Klaus Stuttmann; 70 M2 stock.adobe.com/debiv; 80 M1 dpa Picture-Alliance/ABACA; 82 M1 dpa Picture-Alliance/AP; 82 M3 dpa Picture-Alliance/dpa -infografik; 83 M6 Deutsches GeoForschungsZentrum GFZ; 84 M1 science photo library/Roberts, G.R.; 86 M1 mauritius images/alamy stock photo/LANDSAT/NASA/LWM; 87 M5 mauritius images/Luis Castaneda; 87 M6 dpa Picture-Alliance/XinHua/PRENSA LIBRE; 88 M1 stock.adobe.com/lavizzara; 91 o. u Mi. dpa Picture-Alliance/euroluftbild.de/ZB/GAF AG; 91 u. stock.adobe.com/2013 Luciano Avolio; 92 M4 dpa Picture-Alliance/dpa -infografik; 97 M5 stock.adobe.com/Karl-Heinz Dickmann; 98 M1 o. Shutterstock.com/Fexel; 98 M1 u. mauritius images/Pitopia; 99 r. o. mauritius images/Stephan Schulz; 99 r. u. stock.adobe.com/fotoak80; 100 M2 stock.adobe.com/thauwald-pictures; 101 M5 o. dpa Picture-Alliance /Armin Weigel; 107 M2 Shutterstock.com/Harald Toepfer; 107 M3 dpa Picture-Alliance/AP/Timur Karpov; 108 M1 stock.adobe.com/Silvia Bogdanski; 109 M4 Frank Velix Kühnen; 111 M5 Shutterstock.com/Enola99d; 111 M7 Adobe Stock/Romolo Tavani; 113 M3 Shutterstock.com/CRS PHOTO; 116/117 stock.adobe.com/mitifoto; 122 M2 mauritius images/alamy stock photo/Rupert Oberhäuser 123 M7 stock.adobe.com/Tobias Arhelger; 123 M8 dpa Picture-Alliance/Hans Blossey; 125 M5 dpa Picture-Alliance/Henning Kaiser; 125 M6 Imago Stock & People GmbH/Jochen Tack; 126 M6 dpa Picture-Alliance/Christophe Gateau; 128 M1 dpa Picture-Alliance/AP Content; 131 M6 mauritius images/alamy stock photo/Gualberto Becerra; 133 M8 dpa Picture-Alliance/AP Images/David Zalubowski; 137 M6 Imago Stock & People GmbH/Friedrich Stark; 139 FOTOFINDER.COM/Caro/Schmigelski; 141 M13 mauritius images/alamy stock photo/Bayne Stanley; 144 M1 Dietmar Gust, Berlin; 148 M1 Mester, Gerhard; 152/153 Cover stock.adobe.com/Visions-AD; 156 M1 stock.adobe.com/thauwald-pictures; 158 M1 dpa Picture-Alliance/REUTERS/X80003/POOL; 160 M1 stock.adobe.com/Michel Angelo;160 M2 stock.adobe.com/Pavlo Vakhrushev; 165 M4 stock.adobe.com/Alexej Marachoviec; 167 M2 u. mauritius images/Hans Blossey; 167 M3 Ingenieurbüro Floecksmühle GmbH; 170 M1 Thomas Plaßmann; 177 M4 stock.adobe.com/© Gustavo Munoz Soriano; 180 M1 dpa Picture-Alliance/AP/Yomiuri Shimbun/Shintaro Nakane; 182/183 Cover stock.adobe.com/Oliver Boehmer - bluedesign®; 184 M1 dpa Picture-Alliance/Daniel Karmann; 184 M2 (c) contains modified Copernicus Sentinel data (2019-20), processed by KNMI/ESA; 185 M5 Imago Stock & People GmbH/Arnulf Hettrich; 185 M6 mauritius images/Chromorange; 188 M1 Imago Stock & People GmbH/Arcaid Images/Florian Monheim; 189 M4 Stadt Monheim am Rhein; 189 M5 l. o. mauritius images/Rupert Oberhäuser; 189 M5 r. o., M5 u. beide, M7 Stadt Monheim am Rhein; 192 M2 stock.adobe.com/ViennaFrame 192 M3 dpa Picture-Alliance/dpa -infografik 193 M5 stock.adobe.com/Jérôme Rommé; 194 stock.adobe.com/Syda Productions (unter Verwendung von Foto: Landestalsperrenverwaltung Sachsen); 196 M3 Nutzung mit Genehmigung von Microsoft; 197 M2 dpa Picture-Alliance/euroluftbild.de/ZB/bsf swissphoto; 197 M3 Frank Velix Kühnen; 199 M1 HG science photo library/PLANETOBSERVER; 200 M3 Frank Velix Kühnen; 202 M2 u. r. dpa Picture-Alliance/Westend61 202 M2 o.l. dpa Picture-Alliance/Zentralbild/Jens Wolf; 202 M2 u. l. stock.adobe.com/sehbaer_nrw; 204 alle: Frank Velix Kühnen; 206 M1; Landestalsperrenverwaltung Sachsen; 207 Bild M1 dpa Picture-Alliance/dpa-Zentralbild/Jens Wolf; 207 Bild M4 dpa Picture-Alliance/dpa-Zentralbild/Sebastian Willnow.

Illustrationen, Karten und Grafiken

Cornelsen/Volkhard Binder: 74 M1; **Cornelsen/Franz Josef Domke:** 108 M2, 109 M5, 110 M1, 110 M3, 119 M2, 119 M5, 122 M1, 122 M3, 126 M1, 140 M7, 145 M6, 145 M7, 145 M9, 146 M1, 146 M2, 149 M5, 161 M1, 167 M2, 168 M2, 169 M3, 169 M4, 169 M6, 169 M7, 179 M4, 193 M4; **Cornelsen/Elisabeth Galas:** 78 M2; **Cornelsen/Oliver Hauptstock:** 38 M1, 81 M3, 86 r., 87 M2, 105 M4, 114 M2, 114 M3, 131 M8, 132 M1, 132 M2, 133 M4, 134 M1, 137 M3, 138 M1, 138 M2, 142 M1, 142 M2, 143 M3, 143 M4, 144 M3, 144 M4, 147 M3, 147 M4, 147 M5, 147 M6, 150 M2, 151 M5, 159 M3, 159 M4, 159 M5, 159 M6 168 M1, 174 M1, 174 M2, 175 M4, 175 M5, 175 M6 o., 175 M6 u., 176 M1, 178 M1, 179 M3; **Cornelsen/Peter Kast:** 55 M4, 36 M1, 44 M1, 53 M5, 70 M3, 75 M3, 94/95, 99 M2, 102 M2, 104 M1, 106 M1, 124 M2, 164 M1; Cornelsen/Walther Maria Scheid: 78 M1.1, 78 M1.2, 78 M1.3, 78 M1.4; **Cornelsen/Dieter Stade:** 11 alle, 12 M2, 13 M5, 14 M1, 18 M1, 18 M2, 19 M3, 19 M4, 19 M5, 20 M1, 21 M2, 21 M3, 22/23, 24 M1, 25, 25 M2, 25 M3, 25 M4, 25 M5, 25 M6, 27 M2, 27 M3, 28 o., 29 M3, 29 M4, 30 o., 30 M1, 30 M3, 32 M1, 33 M2, 34 o., 34 M1, 34 M2, 34 M3, 34 M4, 35 o., 36 o., 39 M5, 40 M1, 40 M3, 40 M4, 41 M6, 44 o., 44 M3, 48 M1, 49 M6, 50 o., 51 M5, 51 M8, 51 M9, 52 o., 52 M2, 53 M7, 54 o., 54 M2, 54 M3, 55 M6, 56 M1, 56 M2, 58 M2, 59 M6, 60 M1, 61 M3, 61 M5, 62 o., 62 M4, 62 M5, 63 M8, 63 M9, 63 M11, 64 o., 64 M1, 64 M2, 64 M4, 65 M5, 65 M6, 65 M7, 66 o., 66 M2, 66 M3, 66 M4, 67 M9, 67 M10, 68 M1, 69 M4, 69 M5, 71 M5, 71 M6, 71 M7, 72/73, 75 M2, 76 M1, 77 M2, 78 o., 79 M3, 79 M5, 80 o., 81 M4, 81 M5, 82 o., 83 M4, 84 o., 85 M3, 85 M4, 89 M4, 89 M5, 89 M6, 90 M1, 90 M2, 91 F1, 91 F2, 91 F3, 91 F6, 92 M2, 93 M7, 93, M8, 96 M1, 96 M2, 97 M4, 97 M6, 98 o., 100 M3, 101 M5, 104 o., 106 o., 107 M5, 113 M6, 114 M1, 118 M1, 120 M3, 121 M4, 121 M6, 124 o., 127, 129 M6, 130 M1, 130 M2, 130 M3, 132 o., 135 M4, 136 o., 138 o., 157 M4, 157 M7, 154 M1, 154 M2, 155 M4, 155 M6, 155 M7, 155 M8, 156 o., 161 M3, 161 M4, 161 M5, 161 M6, 161 M7, 161 M8, 162 o., 163 M2, 163 M3, 163 M4, 163 M6, 164 o., 164 M2, 164 M3, 165 M6, 166 M1, 170 M3, 171 M4, 171 M5, 172 o., 172 M1, 173 M5, 173 M6, 173 M7, 176 o., 176 M2, 177 M3, 177 M7, 180 M3, 180 M4, 185 M4, 186 M1, 186 M2, 187 M5, 187 M6, 187 M7, 187 M8, 188 o., 188 M2, 189 M6, 190 o., 190 M1, 190 M4, 191 M6, 191 M7, 192 M1, 193 M5, 196 M1, 196 M2.r., 196 M2.l., 197 M1, 198 M1, 199 M1, 200 M1, 200 M2, 200 M4, 201 M1, 201 M2, 201 M3, 201 M4, 202 M1, 202 M2, 203 M1, 205 M2, 206 M1, 207 M1, 207 M2, 207 M3, 207 M4; **Cornelsen/Hans Wunderlich:** 12 M2, 20 M1, 22/23, 25 M6, 49 M6, 53 M7, 75 M2, 79 M3, 81 M4, 85 M3, 85 M4, 97 M4.

Erde: Politische Gliederung